全国高等院校土建类应用型规划教材
住房和城乡建设领域关键岗位技术人员培训教材

建设工程职业健康安全与环境

《建设工程职业健康安全与环境》编委会　编

主　　编：李　军　刘　丹
副 主 编：刘启泓　柳献忠
组编单位：住房和城乡建设部干部学院
　　　　　北京土木建筑学会

中国林业出版社

图书在版编目（CIP）数据

建设工程职业健康安全与环境 /《建设工程职业健康安全与环境》编委会编. — 北京 ：中国林业出版社，2019.5

住房和城乡建设领域关键岗位技术人员培训教材

ISBN 978-7-5219-0022-4

Ⅰ.①建… Ⅱ.①建… Ⅲ.①建筑企业－劳动保护－劳动管理－技术培训－教材②建筑企业－劳动卫生－卫生管理－技术培训－教材 Ⅳ. ①TU714

中国版本图书馆 CIP 数据核字（2019）第 065534 号

本书编写委员会

主　编：李　军　刘　丹

副主编：刘启泓　柳献忠

组编单位：住房和城乡建设部干部学院　北京土木建筑学会

国家林业和草原局生态文明教材及林业高校教材建设项目

策　　划：杨长峰　纪　亮

责任编辑：陈　惠　王思源　吴　卉　樊　菲

出版：中国林业出版社

（100009 北京西城区德内大街刘海胡同 7 号）

网站：http：//lycb. forestry. gov. cn/

印刷：固安县京平诚乾印刷有限公司

发行：中国林业出版社

电话：(010)83143610

版次：2019 年 5 月第 1 版

印次：2019 年 5 月第 1 次

开本：1/16

印张：25

字数：400 千字

定价：150.00 元

编写指导委员会

前　言

“全国高等院校土建类应用型规划教材”是依据我国现行的规程规范，结合院校学生实际能力和就业特点，根据教学大纲及培养技术应用型人才的总目标来编写。本教材充分总结教学与实践经验，对基本理论的讲授以应用为目的，教学内容以必需、够用为度，突出实训、实例教学，紧跟时代和行业发展步伐，力求体现高职高专、应用型本科教育注重职业能力培养的特点。同时，本套书是结合最新颁布实施的《建筑工程施工质量验收统一标准》（GB50300—2013）对于建筑工程分部分项划分要求，以及国家、行业现行有效的专业技术标准规定，针对各专业应知识、应会和必须掌握的技术知识内容，按照“技术先进、经济适用、结合实际、系统全面、内容简洁、易学易懂”的原则，组织编制而成。

考虑到工程建设技术人员的分散性、流动性以及施工任务繁忙、学习时间少等实际情况，为适应新形势下工程建设领域的技术发展和教育培训的工作特点，一批长期从事建筑专业教育培训的教授、学者和有着丰富的一线施工经验的专业技术人员、专家，根据建筑施工企业最新的技术发展，结合国家及地方对于建筑施工企业和教学需要编制了这套可读性强，技术内容最新，知识系统、全面，适合不同层次、不同岗位技术人员学习，并与其工作需要相结合的教材。

本教材根据国家、行业及地方最新的标准、规范要求，结合了建筑工程技术人员和高校教学的实际，紧扣建筑施工新技术、新材料、新工艺、新产品、新标准的发展步伐，对涉及建筑施工的专业知识，进行了科学、合理的划分，由浅入深，重点突出。

本教材图文并茂，深入浅出，简繁得当，可作为应用型本科院校、高职高专院校土建类建筑工程、工程造价、建设监理、建筑设计技术等专业教材；也可作为面向建筑与市政工程施工现场关键岗位专业技术人员职业技能培训的教材。

前言

目　　录

第一章　概　　述

第一节　基础知识

目前，由于有关法律更趋严格，促进良好职业健康安全与环境实践的经济政策和其他措施更多地出台，企业（单位）越来越关注职业健康安全与环境问题，越来越重视依照其职业健康安全与环境方针和目标来控制职业健康安全与环境风险，以实现并证实其良好职业健康安全与环境绩效。

《职业健康安全管理体系要求》（GB/T28001）与《环境管理体系要求及使用指南》（GB/T24001）规定了对职业健康安全管理体系和环境管理体系的要求，旨在使企业（单位）在制定和实施其方针和目标时能够考虑到法律法规要求和职业健康安全与环境风险信息。职业健康安全管理体系的方法基础如图1-1所示，体系使企业（单位）能够制定其职业健康安全方针，建立实现方针承诺的目标和过程，为改进体系绩效而采取必要的措施。环境管理体系运行模式如图1-2所示，可供企业（单位）制定其环境方针，建立实现所承诺的方针的目标和过程，采取必要的措施来改进环境绩效，并证实体系符合国家相关标准的要求。

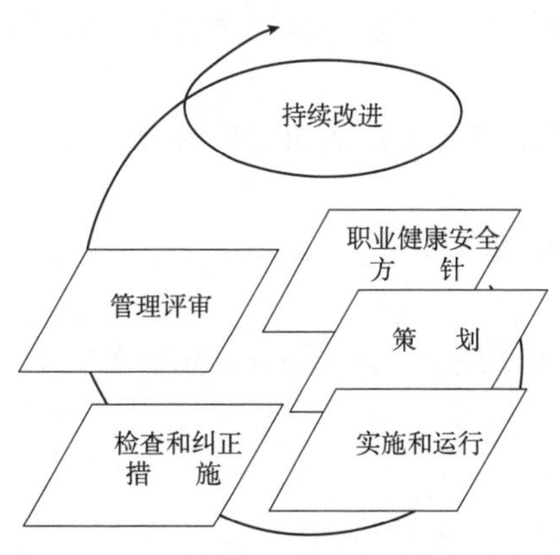

图1-1　职业健康安全管理体系的方法基础

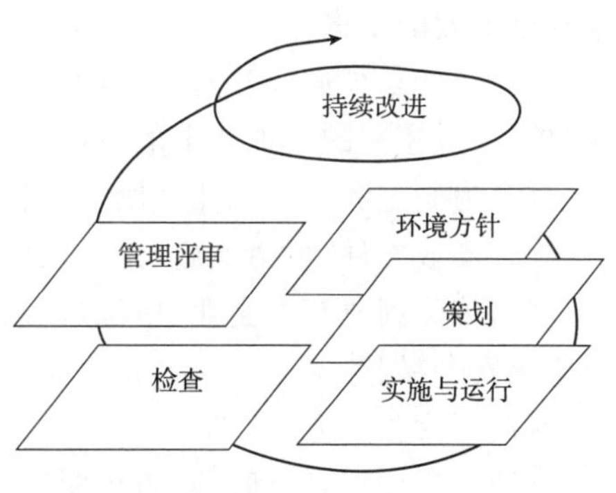

图1-2　环境管理体系运行模式

职业健康安全与环境管理是基于被称为"策划—实施—检查—改进(PDCA)"的方法论。关于PDCA的含意,简要说明如下:

策划:建立所需的目标和过程,以实现企业(单位)的职业健康安全与环境方针所期望的结果。

实施:对过程予以实施。

检查:依据职业健康安全与环境方针、目标、法律法规和其他要求,对过程进行监视和测量,并报告结果。

改进:采取措施以持续改进职业健康安全与环境绩效。

第二节　建设工程职业健康安全管理体系标准

一、职业健康安全管理体系基本内容

1. 总要求

企业(单位)应根据设计文件、施工组织设计、单位规章制度及相关法律法规的要求,建立、实施、保持和持续改进职业健康安全管理体系,确定如何满足这些要求,并形成文件。

企业(单位)应界定其职业健康安全管理体系的范围,并形成文件。

2. 职业健康安全方针

最高管理者应确定和批准本单位的职业健康安全方针,并确保职业健康安全方针在界定的职业健康安全管理体系范围内:

(1)适合于企业(单位)职业健康安全风险的性质和规模;

(2)包括防止人身伤害与健康损害和持续改进职业健康安全管理与职业健康安全绩效的承诺;

(3)包括至少遵守与其职业健康安全危险源有关的适用法律法规要求及企业(单位)应遵守的其他要求的承诺;

(4)为制定和评审职业健康安全目标提供框架;

(5)形成文件,付诸实施,并予以保持;

(6)传达到所有在企业(单位)控制下工作的人员,旨在使其认识到各自的职业健康安全义务;

(7)可为相关方所获取;

(8)定期评审,以确保其与企业(单位)保持相关和适宜。

3. 策划

(1)危险源辨识、风险评价和控制措施的确定

企业（单位）应建立、实施并保持程序，以便持续进行危险源辨识、风险评价和必要控制措施的确定。

对于变更管理，企业（单位）应在变更前，识别在企业（单位）内、职业健康安全管理体系中或企业（单位）活动中与该变更相关的职业健康安全危险源和职业健康安全风险。

企业（单位）应将危险源辨识、风险评价和控制措施的确定的结果形成文件并及时更新。

在建立、实施和保持职业健康安全管理体系时，企业（单位）应确保对职业健康安全风险和确定的控制措施能够得到考虑。

(2)法律法规和其他要求

企业（单位）应建立、实施并保持程序，以识别和获取适用于本企业（单位）的法律法规和其他职业健康安全要求。

在建立、实施和保持职业健康安全管理体系时，企业（单位）应确保对适用法律法规要求和企业（单位）应遵守的其他要求得到考虑。

企业（单位）应使这方面的信息处于最新状态。

企业（单位）应向在其控制下工作的人员和其他有关的相关方传达相关法律法规和其他要求的信息。

(3)目标和方案

企业（单位）应在其内部相关职能和层次，建立、实施和保持形成文件的职业健康安全目标。

可行时，目标应可测量。目标应符合职业健康安全方针，包括对防止人身伤害与健康损害，符合适用法律法规要求与企业（单位）应遵守的其他要求，以及持续改进的承诺。

在建立和评审目标时，企业（单位）应考虑法律法规要求和应遵守的其他要求及其职业健康安全风险。企业（单位）还应考虑其可选技术方案，财务、运行和经营要求，以及有关的相关方的观点。

应定期和按计划的时间间隔对方案进行评审，必要时进行调整，以确保目标得以实现。

4. 实施和运行

(1)资源、作用、职责、责任和权限最高管理者应对职业健康安全和职业健康安全管理体系承担最终责任。

最高管理者应通过以下方式证实其承诺：

1)确保为建立、实施、保持和改进职业健康安全管理体系提供必要的资源；

2)明确作用、分配职责和责任、授予权力以提供有效的职业健康安全管理，作用、职责、责任和权限应形成文件和予以沟通；

企业(单位)应确保工作场所的人员在其能控制的领域承担职业健康安全方面的责任，包括遵守企业(单位)适用的职业健康安全要求。

(2)能力、培训和意识

企业(单位)应确保在其控制下完成对职业健康安全有影响的任务的人员都具有相应的能力，该能力应依据适当的教育、培训或经历来确定。企业(单位)应保存相关的记录。

企业(单位)应确定与职业健康安全风险及职业健康安全管理体系相关的培训需求。应提供培训或采取其他措施来满足这些需求，评价培训或所采取的措施的有效性，并保存相关记录。

(3)沟通、参与和协商

沟通针对其职业健康安全危险源和职业健康安全管理体系，企业(单位)应建立、实施和保持程序，用于：在企业(单位)内不同层次和职能进行内部沟通；与进入工作场所的承包方和其他访问者进行沟通；接收、记录和回应来自外部相关方的相关沟通。

(4)文件

职业健康安全管理体系文件应包括：

1)职业健康安全方针和目标；

2)对职业健康安全管理体系覆盖范围的描述；

3)对职业健康安全管理体系的主要要素及其相互作用的描述，以及相关文件的查询途径；

4)企业(单位)为确保对涉及其职业健康安全风险管理过程进行有效策划、运行和控制所需的文件，包括记录。

重要的是，文件要与建筑工程的复杂程度、相关的危险源和风险相匹配，按有效性和效率的要求使文件数量尽可能少。

(5)文件控制

应对本标准和职业健康安全管理体系所要求的文件进行控制。记录是一种特殊类型的文件，应依据下列规定进行控制：

1)在文件发布前进行审批，确保其充分性和适宜性；

2)必要时对文件进行评审和更新，并重新审批；

3)确保对文件的更改和现行修订状态做出标识；

4)确保在使用处能得到适用文件的有关版本；

5)确保文件字迹清楚，易于识别；

6)确保对策划和运行职业健康安全管理体系所需的外来文件做出标识，并对其发放予以控制；

7)防止对过期文件的非预期使用，若须保留，则应做出适当的标识。

(6)运行控制

企业(单位)应确定那些与已辨识的、需实施必要控制措施的危险源相关的运行和活动，以管理职业健康安全风险。这应包括变更管理。

(7)应急准备和响应

企业(单位)应建立、实施并保持程序，用于：

1)识别潜在的紧急情况；

2)对此紧急情况做出响应。

企业(单位)应对实际的紧急情况作出响应，防止和减少相关的职业健康安全不良后果。

企业(单位)在策划应急响应时，应考虑有关相关方的需求，如应急服务机构、相邻企业(单位)或居民。

正常生产期间，也应定期测试其响应紧急情况的程序，并让有关的相关方适当参与其中。

企业(单位)应定期评审其应急准备和响应程序，必要时对其进行修订，特别是在定期测试和紧急情况发生后。

5. 检查

(1)绩效测量和监视

企业(单位)应建立、实施并保持程序，对职业健康安全绩效进行例行监视和测量。程序应规定：

1)适合企业(单位)需要的定性和定量测量；

2)对企业(单位)职业健康安全目标满足程度的监视；

3)对控制措施有效性(既针对健康也针对安全)的监视；

4)主动性绩效测量，即监视是否符合职业健康安全方案、控制措施和运行准则；

5)被动性绩效测量，即监视健康损害、事件(包括事故、未遂事故等)和其他不良职业健康安全绩效的历史证据；

6)对监视和测量的数据和结果的记录，以便于其后续的纠正措施和预防措施的分析。

如果测量或监视绩效需要设备，适当时，企业(单位)应建立并保持程序，对此类设备进行校准和维护。应保存校准和维护活动及其结果的记录。

(2)合规性评价

为了履行遵守法律法规要求的承诺，企业(单位)应建立、实施并保持程序，以定期评价对适用法律法规的遵守情况。企业(单位)应保存定期评价结果的记录,对不同法律法规要求的定期评价的频次可以有所不同。

(3)事件调查、不符合、纠正措施和预防措施

企业(单位)应建立、实施并保持程序,记录、调查和分析事件,以处理实际和潜在的不符合,并采取纠正措施和预防措施。程序应明确下述要求。

如果在纠正措施或预防措施中识别出,新的或变化的危险源,或者对新的或变化的控制措施的需求,则程序应要求对拟定的措施在其实施前先进行风险评价。

为消除实际和潜在不符合的原因而采取的任何纠正或预防措施,应与问题的严重性相适应,并与面临的职业健康安全风险相匹配。

对因纠正措施和预防措施而引起的任何必要变化,企业(单位)应确保其体现在职业健康安全管理体系文件中。

(4)记录控制

企业(单位)应建立并保持必要的记录,用于证实符合职业健康安全管理体系要求,以及所实现的结果。

企业(单位)应建立、实施并保持程序,用于记录的标识、贮存、保护、检索、保留和处置。

记录应保持字迹清楚,标识明确,并可追溯。

(5)内部审核

企业(单位)应确保按照计划的时间间隔对职业健康安全管理体系进行内部审核。

6. 管理评审

最高管理者应按计划的时间间隔,对企业(单位)的职业健康安全管理体系进行评审,以确保其持续适宜性、充分性和有效性。评审应包括评价改进的可能性和对职业健康安全管理体系进行修改的需求,包括对职业健康安全方针和职业健康安全目标的修改需求,应保存管理评审记录。

二、建设工程安全管理

1. 建设工程安全管理特点

(1)作业人员素质的不稳定性

从目前的建筑市场情况看,绝大多数操作工人文化程度总体较低,绝大多数未受过专业训练,人员素质总体较差。由于各工种专业技能和安全施工操作要点主要是通过工作实践逐步积累,人员素质受到作业年限长短的影响非常明显,而每年都有大批新民工涌入建筑市场,致使作业人员及其素质极不稳定。在建

筑施工过程中，生产管理人员根据生产进度情况灵活地组织操作人员进场，施工队伍、操作人员就不可避免地经常处于动态的调整过程，为适应作业量的变化、满足工期和工序搭接的需要，在同一项目工程的不同建筑之间以及同一建筑不同施工部位也存在施工队伍、操作人员的流动。随着相关建筑企业管理意识不断优化，进场施工作业人员的素质正逐步提高，但是，现实中还是有一些单位的经营承包管理人员由于受利益的驱动，在管理和监督稍有薄弱的情况下，非法转包和招聘一些不能胜任作业的队伍、人员，导致建筑施工现场操作人员素质更不稳定。建设工程施工操作人员素质的不稳定，作为"人的不安全因素"，是建设工程施工现场的重要安全隐患。

(2)体积庞大、受外部环境影响的因素多

建筑产品多为高耸庞大、固定的大体量产品，由于建筑产品的体积庞大，地点固定，使建筑施工生产只能在露天条件下进行。正是因为露天作业这一特点，导致施工现场存在更多事故隐患，同时使建设工程施工现场的安全管理工作的难度加大。

施工现场安全直接受到天气变化的制约，如严寒、大雪、暴雨、台风、高温等都会给现场施工带来许多问题，各种较恶劣的气候条件对施工现场的安全生产都是很大的威胁；建筑产品所处的地理、地质、水文和现场内外水、电、路等环境条件也会影响施工现场的安全问题。

(3)设施设备投入量大、布局分散

由于建筑产品体积庞大，物资消耗和人力消耗巨大，在有限的施工现场上集中大量的建筑材料、设备设施、施工机具，露天的电气线路、装置多，塔吊、井架、脚手架等危险性较大的设备设施多，无型号、无专门标准、自制和组装的中小型机械类型数量多，手持移动工具多，而且使用广泛、布局分散，致使安全生产管理工作的难度加大。

(4)人力物力投入量大、生产周期长

建设工程往往需要长期地、大量地投入人力、物力、财力，少则几个单位，多则二三十个单位共同进行作业；在有限的施工现场上集中大量的人力、建筑材料、设备设施、施工机具，再加上施工生产过程各施工工序及工艺流程都需要衔接配合，连续性较强，致使安全生产管理工作要综合考虑多方面的安全隐患，稍有疏忽便有可能发生安全事故。

(5)产品自身的固定性与作业的流动性

不同于其他行业商品，建筑产品是特殊的，地点、位置相对固定，建成后就不能移动。而在生产过程中，施工机械、机具设备、建筑材料、施工操作人员等都必须根据施工流程，持续动态地流动，各设备、材料等周转使用，一个项目产品完成后，又要投入到其他新的项目产品中去，人、材、机作业流动性非常大。

(6)建筑产品形式多样、规则性差

建筑产品在设计时不仅考虑到结构耐久性，又要考虑到其本身的经济实用性，还要满足人们对建筑产品美观上的要求；建筑产品所在地理位置、民族特征、风俗习惯和所处环境不同，致使施工过程处于不同的外部作业条件；为服从各行各业的需要，外观和使用功能各异，形式和结构灵活多变；即使同类工程、同样工艺和工序，其施工方法和施工情况也会有所差异和变化。因此，建筑产品规则性差。在这个过程中“人的不安全行为”“物的不安全状态”以及“组织管理的不安全因素”等因素互相影响，致使施工安全生产管理工作更为复杂。

2. 施工现场的不安全因素

人的不安全行为和物的不安全状态，是造成绝大部分事故的两个潜在的不安全因素，通常也可称作事故隐患，是事故发生的直接原因。

人的不安全因素，是指影响安全的人的因素。人的不安全因素可分为个人的不安全因素和人的不安全行为两个大类。个人的不安全因素是指人员的心理、生理、能力方面所具有不能适应工作、作业岗位要求的影响安全的因素。人的不安全行为是指能造成事故的人为错误，即人为地使系统发生故障或发生性能不良事件，是违背设计和操作规程的错误行为。各种各样的伤亡事故，绝大多数是由人的不安全因素造成的，是在人的能力范围内可以预防的。

物的不安全状态是指能导致事故发生的物质条件，它包括机械设备等物质或环境存在的不安全因素，人们将此称为物的不安全状态或物的不安全条件，也可简称为不安全状态。管理上的不安全因素，通常也可称为管理上的缺陷，它也是事故潜在的不安全因素，是事故发生的间接原因。

3. 施工项目安全管理的对象

安全管理通常包括安全法规、安全技术、工业卫生三个方面。安全法规侧重于“劳动者”的管理、约束，控制劳动者的不安全行为；安全技术侧重于“劳动对象和劳动手段”的管理，消除或减少物的不安全因素；工业卫生侧重于“环境”的管理，以形成良好的劳动条件，做到文明施工。施工项目安全管理的对象主要是施工活动中的人、物、环境构成的施工生产体系，主要包括劳动者、劳动手段与劳动对象、劳动条件与劳动环境。

4. 安全管理的工作重点与主要任务

(1)安全生产管理工作的重点

据调查分析，事故中有90%都是因违章所致。主要体现在没有安全技术措施、安全技术措施落实不到位、不做安全技术交底、安全生产责任制不落实、违章指挥、违章作业等人为因素。

各种各样的伤亡事故，绝大多数是由于人的不安全因素造成的。人的不安全因素，是指影响安全的人的因素，无论是个人自身的不安全因素还是人的不安全行为所造成的安全事故，都是在人的能力范围内，都是可以预防的。所以，建设工程施工现场安全管理人员在消除“物”的不安全状态的基础上，更应该以“人”为本，从“人”的因素着手，消除“个人自身的不安全因素”及“人的不安全行为”等方面所潜在的事故隐患。

随着科学技术的发展，施工现场劳动条件的改善，机械设备的进一步完善，在造成事故的原因中，由人的不安全因素所占的比例还会有所增加。因此，我们就更应该重视人的因素，杜绝和预防由于人的不安全因素而导致的安全事故。

(2)安全生产管理的主要内容

建筑安全生产管理的主要内容包括以下几个方面：

1)做好岗位培训和安全教育工作；

2)建立健全全员性安全生产责任制；

3)建立健全有效的安全生产管理机构；

4)认真贯彻施工组织设计或施工方案的安全技术措施；

5)编制安全技术措施计划；

6)进行多种形式的安全检查；

7)对施工现场进行安全管理；

8)做好伤亡事故的调查和处理等。

总之，通过开展安全管理工作，加强劳动保护工作，改善劳动条件，加强安全施工管理，搞好安全生产，保护职工人身安全和健康。

(3)施工现场安全管理的原则要求

施工现场安全管理主要包括施工现场作业管理、设施设备管理和作业环境管理三个方面。

施工安全贯穿于现场的生产和生活的所有时间自始至终的全过程。施工过程的每时每刻都可能存在不安全因素，危及安全。施工生产贯穿于施工的每一项施工工艺、每一项分部分项作业、每一个工种、每一位成员的生产活动，涉及全方位、所有空间。在施工现场的每一项与生产相关的活动都可能存在不安全因素，因此建筑施工现场的安全管理工作必须贯穿施工的全过程、全方位。

施工现场的工地围挡、道路、施工临时用电线路装置，排水、供水设施，构件、材料堆放及场地、工棚、库房、办公生活等临建设施，各类施工设备设施，安全宣传图牌、标志，安全防护装置设施和其他临时工程的设施和使用，均要在符合安全、消防、卫生、环境保护的前提下按有关法律法规要求，加强过程的控制，做到合理有序，便利施工。

5. 安全管理的目标

(1)安全生产管理目标包括如下两方面：

1)事故控制方面。要求杜绝死亡、火灾、管线事故、设备事故等重大事故的发生，即死亡、火灾、管线事故、设备事故发生率为零。

2)创优达标方面。要求达到《建筑施工安全检查标准》(JGJ59—2011)合格标准要求的同时，达到当地建设工程安全标准化管理的标准。

(2)工程项目安全生产管理目标包括以下内容：

1)伤亡事故控制目标：杜绝死亡、避免重伤，一般事故应有控制指标。

2)安全达标目标：根据项目工程的实际特点，按部位制定安全达标的具体目标值。

3)文明施工实现目标：根据项目工程施工现场环境及作业条件的要求，制定实现文明工地的目标。

(3)安全生产管理目标，主要体现在“六杜绝”“三消灭”“二控制”“一创建”。

1)六杜绝：杜绝重伤及死亡事故、杜绝坍塌伤害事故、杜绝高处坠落事故、杜绝物体打击事故、杜绝机械伤害事故、杜绝触电事故。

2)三消灭：消灭违章指挥、消灭违章操作、消灭“惯性事故”。

3)二控制：控制年负伤率、控制年生产安全事故率。

4)一创建：创建安全文明工地。

三、我国安全生产现状与管理方针

1. 我国安全生产工作现状

中国现阶段不仅处于一个全面而深刻的经济转型与社会变革时期，同时也正处于大规模的工业化、城市化进程之中。在这样的特定时代背景下，一方面是原有产业结构与劳动就业格局被打破，城镇劳动者面临着转换工作环境与就业岗位的压力与新的职业风险，原有的劳动保护制度也不可避免地要遇到许多前所未有的新问题；另一方面是工业化的发展进程，必然促使乡村劳动者大规模地向非农产业转化，新的劳动环境、劳动工具与劳动方式，同样不可避免地会带来新的劳动风险；这些新问题与新风险的出现，决定了中国需要有健全的、科学的劳动保护与社会保障制度。经济改革与社会转型，工业化与城市化进程加快，劳动和社会保障制度尚在重新构建之中，这种特定的时代背景导致劳动者的职业风险急剧增长，不仅表现在显性的工伤事故方面，也表现在具有迟发性的各种职业病方面；加之隐瞒不报或者漏报，现有的工伤事故受害人数与职业病患者数只是全部遭受工作伤害的劳动者中的一部分,可见,中国现阶段安全生产形势十分严峻。

(1)安全生产事故情况

目前,我国安全生产事故的总体现状是:工矿企业事故发生总数有下降趋势;事故发生次数多,事故伤亡人数多,事故发生率远高于美国、英国、日本等工业化国家;重大事故和特别重大事故多发和死亡人数多是安全生产事故的一大特点。

(2)安全生产法律体系建设情况

改革开放以来,我国相继制定并颁布了几十部有关安全生产方面的法律和行政法规,如《海上交通安全法》《铁路法》《矿山安全法》《民航法》《煤炭法》《公路法》《建筑法》和《消防法》等。这些法律和行政法规对依法加强安全生产管理工作发挥了重要作用,促进了安全生产法制建设。

2002 年,为全面、完整地反映国家关于加强安全生产监督管理的基本方针、基本原则,确定对各行业、各部门和各类企业普遍适用的安全生产基本管理制度,并对安全生产管理中普遍存在的共性的、基本的法律问题作出统一规范,全国人大颁布实施了《安全生产法》。2014 年 8 月 31 日第十二届全国人民代表大会常务委员会第十次会议通过全国人民代表大会常务委员会关于修改《中华人民共和国安全生产法》的决定,自 2014 年 12 月 1 日起施行。以《安全生产法》为核心,包括法律、行政法规、部门规章和地方性安全生产法规和规章的我国安全生产法律体系正在逐步建立并完善。

(3)安全生产监督管理情况

近年来,国家、省(自治区、直辖市)、地(市)、县(区)级安全生产监督管理机构相继建立,安全监管体系日趋健全。但整体上来说,我国安全生产监管还存在薄弱环节,如安全生产监察执法人数少、监督机构不够健全、监督执行人员素质低等。

(4)安全生产技术情况

随着我国经济能力的增强,国家已经规定淘汰了两批落后设备。企业按照产品升级换代的需要,也逐渐淘汰了一些落后的工艺和设备,自主开发和引进了一些先进的安全检测、监测仪器设备。国家整体安全生产技术水平在逐年提高。但是,总体安全技术水平仍然比较低,特别是安全监测技术设备、应急救援技术装备远远落后于工业化国家。

(5)安全生产管理情况

近年来,我国一些企业在安全生产中引入了“以人为本”“持续改进”的管理理念,建立了系统化、科学化的职业健康安全管理体系。按照《中华人民共和国安全生产法》及其他安全生产法律法规的要求，大型建设项目、高风险建设项目和高风险企业开展了安全预评价和安全现状综合评价，使其整体安全生产管理水平有了很大提高。但应该看到，我国大部分企业的管理水平还很低。

2. 安全生产管理方针及其含义

《安全生产法》在总结我国安全生产管理经验的基础上，将“安全第一，预防为主”规定为我国安全生产工作的基本方针。

所谓“安全第一”，就是在生产经营活动中，在处理保证安全与生产经营活动的关系上，要始终把安全放在首要位置，优先考虑从业人员和其他人员的人身安全，实行“安全优先”的原则。在确保安全的前提下，努力实现生产的其他目标。

所谓“预防为主”，就是按照系统化、科学化的管理思想，按照事故发生的规律和特点，千方百计预防事故的发生，做到防患于未然，将事故消灭在萌芽状态。虽然人类在生产活动中还不可能完全杜绝事故的发生，但只要思想重视，预防措施得当，事故是可以大大减少的。

第三节　建设工程环境管理体系标准

1. 总要求

企业(单位)应根据本标准的要求建立、实施、保持并持续改进环境管理体系，确定如何实现这些要求的，并形成文件。

企业(单位)应界定环境管理体系覆盖的范围，并形成文件。

2. 环境方针

最高管理者应确定本企业(单位)的环境方针，并在界定的环境管理体系的覆盖范围内，确保其：

(1)适合于企业(单位)活动、产品和服务性质、规模和环境影响；

(2)包括对持续改进和污染预防的承诺；

(3)包括对遵守与其环境因素有关的适用法律、法规要求和其他要求的承诺；

(4)提供建立和评审环境目标和指标的框架；

(5)形成文件，付诸实施，并予以保持；

(6)传达到所有为企业(单位)工作或代表企业(单位)工作的人员；

(7)可为公众所获取。

3. 策划

(1)环境因素

企业(单位)应建立并保持一个或多个程序，用来：

1)识别其环境管理体系覆盖范围内的活动、产品和服务中能够控制、或能够施加影响的环境因素,此时还应考虑到已纳入计划的或新的开发、新的或修改的活动、产品和服务等因素;

2)确定对环境具有,或可能具有重大影响的因素(即重要环境因素)。

企业(单位)应将这些信息形成文件并及时更新。

企业(单位)应确保在建立、实施和保持环境管理体系时,对重要环境因素加以考虑。

(2)法律法规和其他要求

企业(单位)应建立、实施并保持一个或多个程序,用来:

1)识别适用于其活动、产品和服务中环境因素的法律法规要求和其他应遵守的要求,并建立获取这些要求的渠道;

2)确定这些要求如何应用于企业(单位)的环境因素。

企业(单位)应确保在建立、实施和保持环境管理体系时,对这些适用的法律、法规要求和其他环境要求加以考虑。

(3)目标、指标和方案

企业(单位)应对其内部各个有关职能和层次,建立、实施并保持形成文件的环境目标和指标。

如可行,目标和指标应可测量。目标和指标应符合环境方针,包括对污染预防、持续改进和遵守适用的法律、法规要求和其他要求的承诺。

企业(单位)在建立和评审环境目标时,应考虑法律法规要求和其他要求,以及它自身的重要环境因素。此外,还应考虑可选技术方案,财务、运行和经营要求,以及相关方的观点。

企业(单位)应制定、实施并保持一个或多个用于实现其目标和指标的方案,其中应包括:

1)规定企业(单位)内各有关职能和层次实现目标和指标的职责;

2)实现目标和指标的方法和时间表。

4. 实施与运行

(1)资源、作用职责和权限

管理者应确保为环境管理体系的建立、实施、保持和改进提供必要的资源。资源包括人力资源和专项技能、企业(单位)的基础设施以及技术和财力资源。

为便于环境管理工作的有效开展,应当对作用、职责和权限作出明确规定,形成文件,并予以传达。

企业(单位)的最高管理者应专门任命管理者代表,无论他(们)是否还负有其他方面的责任,应明确规定其作用、职责和权限,以便:

1)确保按照现行标准的要求建立、实施和保持环境管理体系；

2)向最高管理者汇报环境管理体系的运行情况以供评审，并提出改进建议。

(2)能力、培训和意识

企业(单位)应确保所有为它(或代表它)从事可能具有重大环境影响工作的人员，都具备相应的能力。该能力基于必要的教育、培训，或经历。企业(单位)应保存相关的记录。

企业(单位)应确定和其环境因素及环境管理体系有关的培训需求，并提供培训，或采取其他措施来满足这些需求。应保存相关的记录。

企业(单位)应建立、实施并保持一个或多个程序，使为它或代表它工作的人员都意识到：

1)符合环境方针与程序和符合环境管理体系要求的重要性；

2)他们工作中的重要环境因素和实际或潜在的重大环境影响，以及个人工作的改进所能带来的环境效益；

3)他们在实现与环境管理体系要求符合性方面的作用与职责；

4)偏离规定的运行程序的潜在后果。

(3)信息交流

企业(单位)应建立、实施并保持一个或多个程序，用于有关其环境因素和环境管理体系的信息交流：

1)企业(单位)内部各层次和职能间的信息交流；

2)与外部相关方联络的接收、形成文件和回应。

企业(单位)应决定是否对它的重要环境因素与外界进行信息交流，并将其决定形成文件。如决定进行外部交流，则应规定交流的方式并予以实施。

(4)文件

环境管理体系文件应包括：

1)环境方针、目标和指标；

2)对环境管理体系的覆盖范围的描述；

3)对环境管理体系主要要素及其相互作用的描述，以及相关文件的查询途径；

4)本标准要求的文件，包括记录；

5)企业(单位)为确保对涉及重大环境因素的过程进行有效策划、运行和控制所需的文件，包括记录。

(5)文件控制

应对本标准和环境管理体系所要求的文件进行控制。记录是一种特殊类型的文件，应依据本条第(4)项的要求进行控制。企业(单位)应建立、实施并保持

一个或多个程序,以规定:

1)在文件发布前进行审批,以确保其充分性和适宜性;

2)必要时对文件进行评审和更新,并重新审批;

3)确保对文件的更改和现行修订状态做出标识;

4)确保在使用处能得到适用文件的有关版本;

5)确保文件字迹清楚,易于识别;

6)确保对策划和运行环境管理体系所需的外来文件做出标识,并对其发放予以控制;

7)防止对过期文件的非预期使用。如需将其保留,要做出适当的标识。

(6)运行控制企业(单位)应根据其方针、目标和指标,识别和策划与所确定的重要环境因素有关的运行,以确保其通过下列方式在规定的条件下进行:

1)建立、实施并保持一个或多个形成文件的程序,以控制因缺乏程序文件而导致偏离环境方针、目标和指标的情况;

2)在程序中规定运行准则;

3)对于企业(单位)使用的产品和服务中所确定的重要环境因素,应建立、实施并保持程序,并将适用的程序和要求通报供方及合同方。

(7)应急准备和响应企业(单位)应建立、实施并保持一个或多个程序,用于识别可能对环境造成影响的潜在的紧急情况和事故,并规定相应措施。企业(单位)应对实际发生的紧急情况和事故做出响应,并预防或减少随之产生的有害环境影响。企业(单位)应定期评审其应急准备和响应程序。必要时对其进行修订,特别是当事故或紧急情况发生后。可行时,企业(单位)还应定期试验上述程序。

5. 检查

(1)监测和测量企业(单位)应建立、实施并保持一个或多个程序,对可能具有重大环境影响的运行的关键特性进行例行监测和测量。程序中应规定将监测环境绩效、适用的运行控制、目标和指标符合情况的信息形成文件。企业(单位)应确保所使用的监测和测量设备经过校准或验证,并予以妥善维护,且应保存相关的记录。

(2)合规性评价

1)为了履行遵守法律法规要求的承诺,企业(单位)应建立、实施并保持一个或多个程序,以定期评价对适用法律法规的遵守情况。企业(单位)应保存对上述定期评价结果的记录。

2)企业(单位)应评价对其他要求的遵守情况。这可以和本项第1)目中所要求的评价一起进行,也可以另外制定程序,分别进行评价。企业(单位)应保存对上述定期评价结果的记录。

(3)不符合,纠正措施和预防措施

企业(单位)应建立、实施并保持一个或多个程序,用来处理实际或潜在的不符合,采取纠正措施和预防措施。程序中应规定以下方面的要求:

1)识别和纠正不符合,并采取措施减少所造成的环境影响;

2)对不符合进行调查,确定其产生原因,并采取措施避免再度发生;

3)评价采取预防措施的需求,实施所制定的适当措施,以避免不符合的发生;

4)记录采取纠正措施和预防措施的结果;

5)评审所采取的纠正措施和预防措施的有效性,所采取的措施应与问题和环境影响的严重程度相符,企业(单位)应确保对环境管理体系文件进行必要的更改。

(4)记录控制

企业(单位)应根据需要,建立并保持必要的记录,用来证实对环境管理体系及本标准要求的符合,以及所实现的结果。

企业(单位)应建立、实施并保持一个或多个程序,用于记录的标识、存放、保护、检索、留存和处置。

环境记录应字迹清楚,标识明确,并具有可追溯性。

(5)内部审核

企业(单位)应确保按照计划的时间间隔对环境管理体系进行内部审核。目的如下:

1)判定环境管理体系:

①是否符合企业(单位)对环境管理工作的预定安排和本标准的要求;

②是否得到了恰当的实施和保持。

2)向管理者报告审核结果。

企业(单位)应策划、制定、实施和保持一个或多个审核方案,此时,应考虑到相关运行的环境重要性和以往的审核结果。

应建立、实施和保持一个或多个审核程序,用来规定:

①策划和实施审核及报告审核结果,保存相关记录的职责和要求;

②审核准则、范围、频次和方法,审核员的选择和审核的实施均应确保审核过程的客观性和公正性。

6. 管理评审

最高管理者应按规定的时间间隔,对企业(单位)的环境管理体系进行评审,以确保它的持续适宜性、充分性和有效性。评审应包括评价改进的机会和对环境管理体系进行修改的需求，包括环境方针、环境目标和指标的修改需求。应保存管理评审记录。

管理评审的输入至少应包括：

(1)内部审核和合规性评价的结果；

(2)来自外部相关方的交流信息，包括抱怨；

(3)企业(单位)的环境绩效；

(4)目标和指标的实现程度；

(5)纠正和预防措施的状况；

(6)以前管理评审的后续措施；

(7)客观环境的变化，包括与企业(单位)环境因素有关的法律法规和其他要求的发展变化；

(8)改进建议。

管理评审的输出应包括，为实现持续改进的承诺作出的，与环境方针、目标以及其他环境管理体系要素的修改有关的决策和行动。

第二章　建设工程安全生产管理

第一节　建设工程职业健康安全管理基础

一、安全管理的内容

1. 建筑施工安全管理的主要内容

(1)制定安全政策。任何一个单位或机构要想成功地进行安全管理,必须有明确的安全政策。这种政策不仅要满足法律上的规定和道义上的责任,而且要最大限度地满足业主、雇员和全社会的要求。施工单位的安全政策必须有效并有明确的目标。政策的目标应保证现有的人力、物力资源的有效利用,并且减少发生经济损失和承担责任的风险。安全政策能够影响施工单位很多决定和行为,包括资源和信息的选择、产品的设计和施工以及现场废弃物的处理等。加强制度建设是确保安全政策顺利实施的前提。

(2)建立、健全安全管理组织体系。一项政策的实施,有赖于一个恰当的组织结构和系统,去贯彻落实。仅有一项政策,没有相应的组织去贯彻、落实,政策仅是一纸空文。一定的组织结构和系统,是确保安全政策、安全目标顺利实现的前提。

(3)安全生产管理计划和实施。成功的施工单位能够有计划地、系统地落实所制定的安全政策。计划和实施的目标是最大限度地减少施工过程中的事故损失。计划和实施的重点是使用风险管理的方法,确定清除危险和规避风险的目标以及应该采取的步骤和先后顺序,建立有关标准以规范各种操作。对于必须采取的预防事故和规避风险的措施,应该预先加以计划,要尽可能通过对设备的精心选择和设计,消除或通过使用物理控制措施来减少风险。如果上述措施仍不能满足要求,就必须使用相应的工作设备和个人保护装备来控制风险。

(4)安全生产管理业绩考核。任何一个施工单位对安全生产管理的成功与否,应该由事先订立的评价标准进行测量,以发现何时何地需要改进哪方面的工作。施工单位应采用涉及一系列方法的自我监控技术,用于判断控制风险的措施成功与否，包括对硬件（设备、材料）和软件（人员、程序和系统），也包括对个人行为的检查进行评价，也可通过对事故及可能造成损失的事件的调查和分析，识别安全控制失败的原因。但不管是主动的评价还是对事故的调查，其目的都不仅仅是评价各种标准中所规定的行为本身，而更重要的是找出存在于安全管理系统的设计和实施过程中存在的问题，以避免事故和损失。

（5）安全管理业绩总结。施工单位需要对过去的资料和数据进行系统的分析总结，以用于今后工作的参考，这是安全生产管理的重要工作环节。安全业绩良好的施工单位能通过企业内部的自我规范和约束以及与竞争对手的比较，不断持续改进。

2. 建设工程施工安全管理程序

（1）确定安全管理目标

（2）编制安全措施计划

（3）实施安全措施计划

（4）安全措施计划实施结果的验证

（5）评价安全管理绩效并持续改进

3. 安全措施计划的主要内容

（1）工程概况

（2）管理目标

（3）组织机构与职责权限

（4）规章制度

（5）风险分析与控制措施

（6）安全专项施工方案

（7）应急准备与响应

（8）资源配置与费用投入计划

（9）教育培训

（10）检查评价、验证与持续改进

二、安全生产标准化

1. 安全标准化建设的意义

2004年，国务院颁布实施了《国务院关于进一步加强安全生产工作的决定》（国发〔2004〕2号），提出了“强化管理，落实生产经营单位安全生产主体责任”，要求在重点行业和领域内开展安全标准化活动。同年5月，国家安全监管总局下发了《关于开展安全质量标准化活动的指导意见》。

为进一步落实企业安全生产主体责任，加强企业安全生产规范化建设，国家安全监管总局发布了《企业安全生产标准化基本规范》(AQ/T9006—2010)(以下简称《基本规范》)，自 2010 年 6 月 1 日起实施。《基本规范》是在总结近年安全生产监管工作经验的基础上，制定的全面规范企业安全生产工作的行业标准。《基本规范》的发布实施，对加强企业安全生产规范化建设，促进安全生产工作具有重要意义。一是有利于进一步落实企业安全生产的主体责任。《基本规范》采用了国际通用的策划、实施、检查、改进动态循环的现代安全管理模式，对企业安全生产工作的组织机构、安全投入、安全管理制度、隐患排查和治理、重大危险源监控、绩效评定和持续改进等方面的内容作了具体规定，进一步明确了企业安全生产工作干什么和怎么干的问题，能够更好地引导企业落实安全生产主体责任，建立安全生产长效机制。二是有利于进一步推进企业安全生产标准化工作。安全生产法律法规对安全生产工作提出了原则要求。《基本规范》是对这些法律原则和法律制度内容的具体化和系统化，并通过运行使之成为企业的生产行为规范，从而更好地促进安全生产法律法规的贯彻落实。同时，《基本规范》要求企业对安全生产标准化工作进行自主评定和申请外部评审定级，也能增强企业贯彻落实安全生产法律法规的积极性和主动性。

安全生产标准化是指通过建立安全生产责任制，制定安全管理制度和操作规程，排查治理隐患和监控重大危险源，建立预防机制，规范生产行为，使各生产环节符合有关安全生产法律法规和标准规范的要求，人、机、物、环处于良好的生产状态，并持续改进，不断加强企业安全生产规范化建设。

所谓安全生产标准化建设，就是用科学的方法和手段，提高人的安全意识，创造人的安全环境，规范人的安全行为，使人——机——环境达到最佳统一，从而实现最大限度地防止和减少伤亡事故的目的。安全生产标准化建设的核心是人——企业的每个员工。因此，它涉及的面很广，既涉及人的思想，又涉及人的行为，还涉及人所从事的环境，所管理的机械设备、物体材料等方面的内容。

开展安全生产标准化工作，要遵循“安全第一、预防为主、综合治理”的方针，以隐患排查治理为基础，提高安全生产水平，减少事故发生，保障人身安全健康，保证生产经营活动的顺利进行。

生产经营单位安全生产标准化工作采用“策划、实施、检查、改进”动态循环的模式，结合自身的特点，建立并保持安全生产标准化系统；通过自我检查、自我纠正和自我完善，建立安全绩效持续改进的安全生产长效机制。

安全生产标准化工作实行自主评定、外部评审的方式。生产经营单位根据有关评分细则，对本单位开展安全生产标准化工作情况进行评定；自主评定后申请外部评审定级。安全生产标准化评审分为一级、二级、三级，一级为最高。

2. 开展安全标准化建设的重点内容

(1)确定目标

生产经营单位根据自身安全生产实际,制定总体和年度安全生产目标。按照所辖部门在生产经营中的职能,制定安全生产指标和考核办法。

(2)设置组织机构,确定相关岗位职责

生产经营单位按规定设立安全管理机构,配备安全生产管理人员。生产经营单位主要负责人按照法律法规赋予的职责,全面负责安全生产工作,并履行安全生产义务。

生产经营单位应建立安全生产责任制,明确各级单位、部门和人员的安全生产职责。

(3)安全生产投入保证

生产经营单位应建立安全生产投入保障制度,完善和改进安全生产条件,按规定提取安全费用,专项用于安全生产,并建立安全费用台账。

(4)法律法规的执行与完善安全管理制度

生产经营单位应建立识别和获取适用的安全生产法律法规、标准规范的制度,明确主管部门,确定获取的渠道、方式,及时识别和获取适用的安全生产法律法规、标准规范。生产经营单位各职能部门应及时识别和获取本部门适用的安全生产法律法规、标准规范,并跟踪、掌握有关法律法规、标准规范的修订情况,及时提供给本单位内负责识别和获取适用的安全生产法律法规的主管部门汇总。

生产经营单位应将适用的安全生产法律法规、标准规范及其他要求传达给从业人员。生产经营单位应遵守安全生产法律法规、标准规范,并将相关要求及时转化为本单位的规章制度,贯彻到各项工作中。

(5)教育培训

生产经营单位应确定安全教育培训主管部门,按规定及岗位需要,定期识别安全教育培训需求,制定、实施安全教育培训计划,提供相应的资源保证。应做好安全教育培训记录,建立安全教育培训档案,实施分级管理,并对培训效果进行评估和改进。

生产经营单位应对操作岗位人员进行安全教育和生产技能培训,使其熟悉有关的安全生产规章制度和安全操作规程,并确认其能力符合岗位要求。未经安全教育培训,或培训考核不合格的从业人员,不得上岗作业。

(6)生产设备设施管理

生产经营单位建设项目的所有设备设施应符合有关法律法规、标准规范的要求;安全设备设施应与建设项目主体工程同时设计、同时施工、同时投入生产和使用。生产设备设施变更应执行变更管理制度,履行变更程序,并对变更的全过程进行隐患控制。

生产经营单位应对设备设施进行规范化管理,保证其安全运行。应有专人负责管理各种安全设施,建立台账,定期检维修。对安全设备设施应制定检维修计划。设备设施检维修前应制定方案,检维修方案应包含作业行为分析和控制措施,检维修过程应执行隐患控制措施并进行监督检查。安全设备设施不得随意拆除、挪用或弃置不用;确因检维修拆除的,应采取临时安全措施,检维修完毕后立即复原。

设备的设计、制造、安装、使用、检测、维修、改造、拆除和报废,应符合有关法律法规、标准规范的要求。执行生产设备设施到货验收和报废管理制度,应使用质量合格、设计符合要求的生产设备设施。拆除的设备设施应按规定进行处置。拆除的生产设备设施涉及危险物品的,须制定危险物品处置方案和应急措施,并严格按照规定组织实施。

(7)作业安全

1)生产现场管理和生产过程控制

生产经营单位应加强生产规场安全管理和生产过程的控制。对生产过程及物料、设备设施、器材、通道、作业环境等存在的隐患,应进行分析和控制。对动火作业、起重作业、受限空间作业、临时用电作业、高处作业等危险性较高的作业活动实施作业许可管理,严格履行审批手续。作业许可证应包含危害因素分析和安全措施等内容。

对于吊装、爆破等危险作业,应当安排专人进行现场安全管理,确保安全规程的遵守和安全措施的落实。

2)作业行为管理

生产经营单位应加强生产作业行为的安全管理。对作业行为隐患、设备设施使用隐患、工艺技术隐患等进行分析,采取控制措施,实现“人、机、环”的和谐统一。

3)安全警示标志

根据作业场所的实际情况,在有较大危险因素的作业场所和设备设施上,设置明显的安全警示标志,进行危险提示、警示,告知危险的种类、后果及应急措施等。

在进行设备设施检维修、施工、吊装等作业现场设置警戒区域和警示标志,在检维修现场的坑、井、洼、沟、陡坡等场所设置围栏和警示标志。

4)相关方管理

生产经营单位应执行承包商、供应商等相关方管理制度,对其资格预审、选择、服务前准备、作业过程、提供的产品、技术服务、表现评估、续用等进行管理,建立合格相关方的名录和档案,根据服务作业行为定期识别服务行为风险,并采取行之有效的控制措施。对进入同一作业区的相关方进行统一安全管理。不得将项目委托给不具备相应资质或条件的相关方。生产经营单位和相关方的项目协议应明确规定双方的安全生产责任和义务，或签订专门的安全协议，明确双方的安全责任。

5)变更管理

生产经营单位应执行变更管理制度，对机构、人员、工艺、技术、设备设施、作业过程及环境等永久性或暂时性的变化进行有计划的控制。变更的实施应履行审批及验收程序，并对变更过程及变更所产生的隐患进行分析和控制。

(8)隐患排查和治理

生产经营单位应组织事故隐患排查工作，对隐患进行分析评估，确定隐患等级，登记建档，及时采取措施治理。

1)排查前提及依据

法律法规、标准规范发生变更或有新的公布，以及操作条件或工艺改变，新建、改建、扩建项目建设，相关方进入、撤出或改变，对事故、事件或其他信息有新的认识，组织机构发生大的调整的，应及时组织隐患排查。

2)排查范围与方法

隐患排查的范围应包括所有与生产经营相关的场所、环境、人员、设备设施和活动。生产经营单位应根据安全生产的需要和特点，采用综合检查、专业检查、季节性检查、节假日检查、日常检查、专项检查等方式进行隐患排查。

3)隐患治理

根据隐患排查的结果，制定隐患治理方案，对隐患及时进行治理。隐患治理方案应包括目标和任务、方法和措施、经费和物资、机构和人员、时限和要求。重大事故隐患在治理前应采取临时控制措施并制订应急预案。

隐患治理措施包括工程技术措施、管理措施、教育措施、防护措施和应急措施。治理完成后，应对治理情况进行验证和效果评估。

4)预测预警

生产经营单位应根据生产经营状况及隐患排查治理情况，运用定量的安全生产预测预警技术，建立体现本单位安全生产状况及发展趋势的预警指数系统。

(9)重大危险源监控

生产经营单位应根据国家重大危险源有关标准对本单位的危险设施或场所进行重大危险源辨识与安全评估。对构成国家规定的重大危险源应及时登记建档，并按规定向政府有关部门备案。生产经营单位应建立健全重大危险源安全管理制度，制定重大危险源安全管理技术措施。

(10)职业健康

1)职业健康管理

生产经营单位应按照法律法规、标准规范的要求,为从业人员提供符合职业健康要求的工作环境和条件,配备与职业健康保护相适应的设施、工具。

定期对作业场所职业危害进行检测,在检测点设置标识牌予以告知,并将检测结果录入职业健康档案。

对可能发生急性职业危害的有毒、有害工作场所,应设置报警装置,制订应急预案,配置现场急救用品、设备,设置应急撤离通道和必要的泄险区。

各种防护器具应定点存放在安全、便于取用的地方,并有专人负责保管,定期校验和维护。应对现场急救用品、设备和防护用品进行经常性的检维修,定期检测其性能,确保其处于正常状态。

2)职业危害告知和警示

生产经营单位与从业人员订立劳动合同时,应将工作过程中可能产生的职业危害及其后果和防护措施如实告知从业人员,并在劳动合同中写明。

生产经营单位应采用有效的方式对从业人员及相关方进行宣传,使其了解生产过程中的职业危害、预防和应急处理措施,降低或消除危害后果。对存在严重职业危害的作业岗位,应设置警示标识和警示说明。警示说明应载明职业危害的种类、后果、预防和应急救治措施。

3)职业危害申报

生产经营单位应按规定及时、如实向当地主管部门申报生产过程存在的职业危害因素,并依法接受其监督。

(11)应急救援

1)应急机构和队伍

生产经营单位应建立安全生产应急管理机构,或指定专人负责安全生产应急管理工作。建立与本单位生产特点相适应的专兼职应急救援队伍,或指定专兼职应急救援人员,并组织训练;无需建立应急救援队伍的,可与附近具备专业资质的应急救援队伍签订服务协议。

2)应急预案

生产经营单位应按规定制定生产安全事故应急预案,并针对重点作业岗位制定应急处置方案或措施,形成安全生产应急预案体系。应急预案应根据规定报当地主管部门备案,并通报有关应急协作单位。应急预案应定期评审,并根据评审结果或实际情况的变化进行修订和完善。

3)应急设施、装备、物资

生产经营单位应按规定建立应急设施,配备应急装备,储备应急物资,并进行经常性的检查、维护、保养，确保其完好、可靠。

4)应急演练

生产经营单位应组织生产安全事故应急演练，并对演练效果进行评估。根据评估结果，修订、完善应急预案，改进应急管理工作。

5)事故救援

发生事故后，应立即启动相关应急预案，积极开展事故救援。

(12)事故管理

1)事故报告

生产经营单位发生事故后，应按规定及时向上级单位、政府有关部门报告，并妥善保护事故现场及有关证据，必要时向相关单位和人员通报。

2)事故调查和处理

发生事故后，应按规定成立事故调查组，明确其职责与权限，进行事故调查或配合上级部门的事故调查。

事故调查应查明事故发生的时间、经过、原因和人员伤亡情况及直接经济损失等。事故调查组应根据有关证据、资料，分析事故的直接、间接原因和事故责任，提出整改措施和处理建议，编制事故调查报告。

(13)绩效评定和持续改进

生产经营单位每年至少一次对本单位安全生产标准化的实施情况进行评定，验证各项安全生产制度措施的适宜性、充分性和有效性，检查安全生产工作目标、指标的完成情况。主要负责人应对绩效评定工作全面负责。评定工作应形成正式文件，并将结果向所有部门、所属单位和从业人员通报，作为年度考评的重要依据。生产经营单位发生死亡事故后应重新进行评定。

生产经营单位应根据安全生产标准化评定结果和安全生产预警指数系统所反映的趋势，对安全生产目标、指标、规章制度、操作规程等进行修改完善，持续改进，不断提高安全生产管理水平。

三、企业(单位)安全文化

文化是一种无形的力量，影响着人的思维方法和行为方式。相对于提高设备设施安全标准和强制性安全制度规程来讲，安全文化建设是事故预防的一种“软”力量，是一种人性化管理手段。安全文化建设通过创造一种良好的安全人文氛围和协调的人机环境，对人的观念、意识、态度、行为等形成从无形到有形的影响，从而对人的不安全行为产生控制作用，以达到减少人为事故的效果。利用文化的力量，可以利用文化的导向、凝聚、辐射和同化等功能，引导全体员工采用科学的方法从事安全生产活动。利用文化的约束功能，一方面形成有效的规章制度的约束，引导员工遵守安全规章制度；另一方面，通过道德规范的约束，创造一种团结友爱、相互信任，工作中相互提醒、相互发现不安全因素，共同保障安全的和睦气氛，形成凝聚力和信任力。利用文化的激励功能，使每个人能明白自己的存在和行为的价值，体现出自我价值的实现。持之以恒地坚持企业安全文化建设，在企业形成尊重生命的价值观，形成统一的思维方式和行为方式，进而提升企业安全目标、政策、制度的贯彻执行力。

1. 安全文化的定义与内涵

(1)安全文化的定义

安全文化有广义和狭义之分。广义的安全文化是指在人类生存、繁衍和发展历程中，在其从事生产、生活乃至生存实践的一切领域内，为保障人类身心安全并使其能安全、舒适、高效地从事一切活动，预防、避免、控制和消除意外事故和灾害，为建立起安全、可靠、和谐、协调的环境和匹配运行的安全体系，为使人类变得更加安全、康乐、长寿，使世界变得友爱、和平、繁荣而创造的物质财富和精神财富的总和。

狭义的安全文化是企业在长期安全生产和经营活动中，逐步形成的，或有意识塑造的为全体员工接受、遵循的，具有企业特色的安全价值观、安全思想和意识、安全作风和态度，安全管理机制及行为规范，安全生产和奋斗目标，为保护员工身心安全与健康而创造的安全、舒适的生产和生活环境条件，是企业安全物质因素和安全精神因素的总和。由此可见，安全文化的内容十分丰富，应主要包括：一是处于深层的安全观念文化；二是处于中间层的安全制度文化；三是处于表层的安全行为文化和安全物质文化。

(2)安全文化的内涵

一个企业的安全文化是企业在长期安全生产和经营活动中逐步培育形成的、具有本企业特点、为全体员工认可遵循并不断创新的观念、行为、环境、物态条件的总和。企业安全文化包括保护员工在从事生产经营活动中的身心安全与健康，既包括无损、无害、不伤、不亡的物质条件和作业环境，也包括员工对安全的意识、信念、价值观、经营思想、道德规范、企业安全激励进取精神等安全的精神因素。企业安全文化是“以人为本”多层次的复合体，由安全物质文化、安全行为文化、安全制度文化、安全精神文化组成。企业文化是“以人为本”，提倡对人的“爱”与“护”，以“灵性管理”为中心，以员工安全文化素质为基础所形成的，群体和企业的安全价值观和安全行为规范，表现于员工在受到激励后的安全生产的态度和敬业精神。企业安全文化是尊重人权、保护人的安全健康的实用性文化，也是人类生存、繁衍和发展的高雅文化。要使企业员工建起自护、互爱、互救，心和人安，以企业为家，以企业安全为荣的企业形象和风貌，要在员工的心灵深处树立起安全、健康、高效的个人和群体的共同奋斗意识。安全文化教育，从法制、制度上保障员工受教育的权利，不断创造和保证提高员工安全技能和安全文化素质的机会。

2. 企业安全文化的基本特征与主要功能

（1）安全文化是指企业生产经营过程中，为保障企业安全生产，保护员工身心安全与健康所涉及的种种文化实践及活动。

（2）企业安全文化与企业文化目标是基本一致的，即“以人为本”，以人的“灵性管理”为基础。

（3）企业安全文化更强调企业的安全形象、安全奋斗目标、安全激励精神、安全价值观和安全生产及产品安全质量、企业安全风貌及“商誉”效应等，是企业凝聚力的体现，对员工有很强的吸引力和无形的约束作用，能激发员工产生强烈的责任感。

（4）企业安全文化对员工有很强的潜移默化的作用，能影响人的思维，改善人们的心智模式，改变人的行为。

（5）导向功能。企业安全文化所提出的价值观为企业的安全管理决策活动提供了为企业大多数职工所认同的价值取向，它们能将价值观内化为个人的价值观，将企业目标“内化”为自己的行为目标，使个体的目标、价值观、理想与企业的目标、价值观、理想有了高度一致性和同一性。

（6）凝聚功能。当企业安全文化所提出的价值观被企业职工内化为个体的价值观和目标后就会产生一种积极而强大的群体意识，将每个职工紧密地联系在一起。这样就形成了一种强大的凝聚力和向心力。

（7）激励功能。企业安全文化所提出的价值观向员工展示了工作的意义，员工在理解工作的意义后，会产生更大的工作动力，这一点已为大量的心理学研究所证实。一方面用企业的宏观理想和目标激励职工奋发向上；另一方面它也为职工个体指明了成功的标准与标志，使其有了具体的奋斗目标。还可用典型、仪式等行为方式不断强化职工追求目标的行为。

（8）辐射和同化功能。企业安全文化一旦在一定的群体中形成，便会对周围群体产生强大的影响作用，迅速向周边辐射。而且，企业安全文化还会保持一个企业稳定的、独特的风格和活力，同化一批又一批新来者，使他们接受这种文化并继续保持与传播，使企业安全文化的生命力得以持久。

3. 安全文化建设的基本内容

（1）企业安全文化建设的总体要求

企业在安全文化建设过程中，应充分考虑自身内部的和外部的文化特征，引导全体员工的安全态度和安全行为，实现在法律和政府监管要求基础上的安全自我约束，通过全员参与实现企业安全生产水平持续提高。

(2)企业安全文化建设基本要素

1)安全承诺

企业应建立包括安全价值观、安全愿景、安全使命和安全目标等在内的安全承诺。安全承诺应做到:切合企业特点和实际,反映共同安全志向;明确安全问题在组织内部具有最高优先权;声明所有与企业安全有关的重要活动都追求卓越;含义清晰明了,并被全体员工和相关方所知晓和理解。

企业应将自己的安全承诺传达到相关方。必要时应要求供应商、承包商等相关方提供相应的安全承诺。

2)行为规范与程序

企业内部的行为规范是企业安全承诺的具体体现和安全文化建设的基础要求。企业应确保拥有能够达到和维持安全绩效的管理系统,建立清晰界定的组织结构和安全职责体系,有效控制全体员工的行为。行为规范的建立和执行应做到:体现企业的安全承诺;明确各级各岗位人员在安全生产工作中的职责与权限;细化有关安全生产的各项规章制度和操作程序;行为规范的执行者参与规范系统的建立,熟知自己在组织中的安全角色和责任;由正式文件予以发布;引导员工理解和接受建立行为规范的必要性,知晓由于不遵守规范所引发的潜在不利后果;通过各级管理者或被授权者观测员工行为,实施有效监控和缺陷纠正;广泛听取员工意见,建立持续改进机制。

程序是行为规范的重要组成部分。企业应建立必要的程序,以实现对与安全相关的所有活动进行有效控制的目的。程序的建立和执行应做到:识别并说明主要的风险,简单易懂,便于操作;程序的使用者(必要时包括承包商)参与程序的制定和改进过程,并应清楚理解不遵守程序可导致的潜在不利后果;由正式文件予以发布;通过强化培训,向员工阐明在程序中给出特殊要求的原因;对程序的有效执行保持警觉,即使在生产经营压力很大时,也不能容忍走捷径和违反程序;鼓励员工对程序的执行保持质疑的安全态度,必要时采取更加保守的行动并寻求帮助。

3)安全行为激励

企业在审查和评估自身安全绩效时,除使用事故发生率等消极指标外,还应使用旨在对安全绩效给予直接认可的积极指标。员工应该受到鼓励,在任何时间和地点,挑战所遇到的潜在不安全实践,并识别所存在的安全缺陷。对员工所识别的安全缺陷,企业应给予及时处理和反馈。

企业应建立员工安全绩效评估系统,建立将安全绩效与工作业绩相结合的奖励制度。审慎对待员工的差错,应避免过多关注错误本身,而应以吸取经验教训为目的。应仔细权衡惩罚措施,避免因处罚而导致员工隐瞒错误。

企业宜在组织内部树立安全榜样或典范，发挥安全行为和安全态度的示范作用。

4）安全信息传播与沟通

企业应建立安全信息传播系统，综合利用各种传播途径和方式，提高传播效果。企业应优化安全信息的传播内容，将组织内部有关安全的经验、实践和概念作为传播内容的组成部分。企业应就安全事项建立良好的沟通程序，确保企业与政府监管机构和相关方、各级管理者与员工、员工相互之间的沟通。沟通应满足：确认有关安全事项的信息已经发送，并被接受方所接收和理解；涉及安全事件的沟通信息应真实、开放；每个员工都应认识到沟通对安全的重要性，从他人处获取信息和向他人传递信息。

5）自主学习与改进

企业应建立有效的安全学习模式，实现动态发展的安全学习过程，保证安全绩效的持续改进。企业应建立正式的岗位适任资格评估和培训系统，确保全体员工充分胜任所承担的工作。应制定人员聘任和选拔程序，保证员工具有岗位适任要求的初始条件；安排必要的培训及定期复训，评估培训效果；培训内容除有关安全知识和技能外，还应包括对严格遵守安全规范的理解，以及个人安全职责的重要意义和因理解偏差或缺乏严谨而产生失误的后果；除借助外部培训机构外，应选择、训练和聘任内部培训教师，使其成为企业安全文化建设过程的知识和信息传播者。

6）安全事务参与

全体员工都应认识到自己负有对自身和同事安全做出贡献的重要责任。员工对安全事务的参与是落实这种责任的最佳途径。企业组织应根据自身的特点和需要确定员工参与的形式。

所有承包商对企业的安全绩效改进均可做出贡献。企业应建立让承包商参与安全事务和改进过程的机制，将与承包商有关的政策纳入安全文化建设的范畴；应加强与承包商的沟通和交流，必要时给予培训，使承包商清楚企业的要求和标准；应让承包商参与工作准备、风险分析和经验反馈等活动；倾听承包商对企业生产经营过程中所存在的安全改进机会的意见。

7）审核与评估

企业应对自身安全文化建设情况进行定期的全面审核，审核内容包括领导者应定期组织各级管理者评审企业安全文化建设过程的有效性和安全绩效结果；领导者应根据审核结果确定并落实整改不符合、不安全实践和安全缺陷的优先次序，并识别新的改进机会；必要时，应鼓励相关方实施这些优先次序和改进机会，以确保其安全绩效与企业协调一致。在安全文化建设过程中及审核时，应采用有效的安全文化评估方法,关注安全绩效下滑的前兆,给予及时的控制和改进。

(3)推进与保障

1)规划与计划

企业应充分认识安全文化建设的阶段性、复杂性和持续改进性,由企业最高领导人组织制定推动本企业安全文化建设的长期规划和阶段性计划。规划和计划应在实施过程中不断完善。

2)保障条件

企业应充分提供安全文化建设的保障条件,包括明确安全文化建设的领导职能,建立领导机制;确定负责推动安全文化建设的组织机构与人员,落实其职能;保证必需的建设资金投入;配置适用的安全文化信息传播系统。

3)推动骨干的选拔和培养

企业宜在管理者和普通员工中选拔和培养一批能够有效推动安全文化发展的骨干。这些骨干扮演员工、团队和各级管理者指导老师的角色,承担辅导和鼓励全体员工向良好的安全态度和行为转变的职责。

4. 安全文化建设的操作步骤

(1)建立机构

领导机构可以定为"安全文化建设委员会",必须由生产经营单位主要负责人亲自担任委员会主任,同时要确定一名生产经营单位高层领导人担任委员会的常务副主任。

其他高层领导可以任副主任,有关管理部门负责人任委员。其下还必须建立一个安全文化办公室,办公室可以由生产(经营〉、宣传、党群、团委、安全管理等部门的人员组成,负责日常工作。

(2)制定规划

1)对本单位的安全生产观念、状态进行初始评估;

2)对本单位的安全文化理念进行定格设计;

3)制定出科学的时间表及推进计划。

(3)培训骨干

培养骨干是推动企业安全文化建设不断更新、发展,非做不可的事情。训练内容可包括理论、事例、经验和本企业应该如何实施的方法等。

(4)宣传教育

宣传、教育、激励、感化是传播安全文化,促进精神文明的重要手段。规章制度那些刚性的东西固然必要,但安全文化这种柔的东西往往能起到制度和纪律起不到的作用。

(5)努力实践

安全文化建设是安全管理中高层次的工作，是实现零事故目标的必由之路，是超越传统安全管理来解决安全生产问题的根本途径。安全文化要在生产经营单位安全工作中真正发挥作用，必须让所倡导的安全文化理念深入到员工头脑里，落实到员工的行动上。在安全文化建设过程中，紧紧围绕“安全——健康——文明——环保”的理念，通过采取管理控制、精神激励、环境感召、心理调适、习惯培养等一系列方法，既推进安全文化建设的深入发展，又丰富安全文化的内涵。

四、建设工程单位的安全责任

(1)施工单位从事建设工程的新建、扩建、改建和拆除等活动，应当具备国家规定的注册资本、专业技术人员、技术装备和安全生产等条件，依法取得相应等级的资质证书，并在其资质等级许可的范围内承揽工程。

(2)施工单位主要负责人依法对本单位的安全生产工作全面负责。施工单位应当健全安全生产责任制度和安全生产教育培训制度，制定安全生产规章制度和操作规程，保证本单位安全生产条件所需资金的投入，对所承担的建设工程进行定期和专项安全检查，并做好安全检查记录。

施工单位的项目负责人应当取得相应执业资格的人员担任，对建设工程的安全施工负责，落实安全生产责任制度、安全生产规律制度和操作规程，确保安全生产费用的有效使用，并根据工程的特点组织制定安全施工措施，消除安全事故隐患，及时、如实报告生产安全事故。

(3)施工单位对列入建设工程概算的安全作业环境及安全施工措施所需费用，应当用于施工安全防护用具及设施的采购和更新、安全施工措施的落实。安全生产条件的改善，不得挪作他用。

(4)施工单位应当设立安全生产管理机构，配备专职安全生产管理人员。

专职安全生产管理人员负责对安全生产进行现场监督检查。发现安全事故隐患，应当及时向项目负责人和安全生产管理机构报告；对于违章指挥、违章操作的，应当立即制止。

专职安全生产管理人员的配备办法由国务院建设行政主管部门会同国务院其他有关部门制定。

(5)建设工程实行施工总承包的，由总承包单位对施工现场的安全生产负总责。

总承包单位应当自行完成建设工程主体结构的施工。

总承包单位依法将建设工程分包给其他单位的，分包合同中应当明确各自的安全生产方面的权利、义务。总承包单位和分包单位对分包工程的安全生产承担连带责任。

分包单位应当服从总承包单位的安全生产管理，分包单位不服从管理导致生产安全事故的，由分包单位承担主要责任。

(6)施工单位应当在施工组织设计中编制安全技术措施和施工现场临时用电方案，对下列达到一定规模的危险性较大的分部分项工程编制专项施工方案，并附具安全验算结果，经施工单位技术负责人、总监理工程师签字后实施，由专职安全生产管理人员进行现场监督：

1)基坑支护与降水工程；

2)土方开挖工程；

3)模板工程；

4)起重吊装工程；

5)脚手架工程；

6)拆除、爆破工程；

7)国务院建设行政主管部门或者其他有关部门规定的其他危险性较大的工程。

对前款所列工程中涉及深基坑、地下暗挖工程、高大模板工程的专项施工方案，施工单位还应当组织专家进行论证、审查。

(7)建设工程施工前，施工单位负责项目管理的技术人员应当对有关安全施工的技术要求向施工作业班组、作业人员作出详细说明，并由双方签字确认。

(8)施工单位应当在施工现场入口处、施工起重机械、临时用电设施、脚手架、出入通道口、楼梯口、电梯井口、孔洞口、桥梁口、隧道口、基坑边沿、爆破物及有害危险气体和液体存放处等危险部位，设置明显的安全警示标志。安全警示标志必须符合国家标准。

(9)施工单位应当将施工现场的办公、生活区与作业区分开设置，并保持安全距离；办公、生活区的选址应当符合安全性要求。职工的膳食、饮水、休息场所等应当符合卫生标准。施工单位不得在尚未竣工的建筑物内设置员工集体宿舍。

(10)施工单位对因建设工程施工可能造成损害的毗邻建筑物、构筑物和地下管线等，应当采取专项防护措施。在城市市区内的建设工程，施工单位应当对施工现场实行封闭围挡。

(11)施工单位应当在施工现场建立消防安全责任制度，确定消防安全责任人，制定用火、用电、使用易燃易爆材料等各项消防安全管理制度和操作规程，设置消防通道、消防水源，配备消防设施和灭火器材，并在施工现场入口处设置明显标志。

(12)施工单位应当向作业人员提供安全防护用具和安全防护服装，并书面告知危险岗位的操作规程和违章操作的危害。

在施工中发生危及人身安全的紧急情况时，作业人员有权立即停止作业或者在采取必要的应急措施后撤离危险区域。

(13)作业人员应当遵守安全施工的强制性标准、规章制度和操作规程，正确使用安全防护用具、机械设备等。

(14)施工单位采购、租赁的安全防护用具、机械设备、施工机具及配件，应当具有生产(制造)许可证、产品合格证，并在进入施工现场前进行查验。

(15)施工单位在使用施工起重机械和整体提升脚手架、模板等自升式架设设施前，应当组织有关单位进行验收，也可以委托具有相应资质的检验检测机构进行验收；使用承租的机械设备和施工机具及配件的，由施工总承包单位、分包单位、出租单位和安装单位共同进行验收。验收合格的方可使用。

(16)施工单位的主要负责人、项目负责人、专职安全生产管理人员应在建设行政主管部门或者其他有关部门考核合格后方可任职。

施工单位应当对管理人员和作业人员每年至少进行一次安全生产教育培训，其教育培训情况记入个人工作档案。安全生产教育培训考核不合格的人员，不得上岗。

(17)作业人员进入新的岗位或者新的施工现场前，应当接受安全生产教育培训。为经教育培训或者教育培训考核不合格的人员，不得上岗作业。

(18)施工单位应当为施工现场从事危险作业的人员办理意外伤害保险。

意外伤害保险费由施工单位支付。实行施工总承包的，由总承包单位支付意外伤害保险费。意外伤害保险期限自建设工程开工之日起竣工验收合格止。

第二节　建设工程安全规章制度与组织保障

一、安全规章制度

1. 安全生产规章制度体系的建立

目前我国还没有明确的安全生产规章制度分类标准。从广义上讲，安全生产规章制度应包括安全管理和安全技术两个方面的内容。在长期的安全生产实践过程中，生产经营单位按照自身的习惯和传统，形成了各具特色的安全生产规章制度体系。按照安全系统工程和人机工程原理建立的安全生产规章制度体系，一般把安全生产规章制度分为四类，即综合管理、人员管理、设备设施管理、环境管理；按照标准化工作体系建立的安全生产规章制度体系，一般把安全规章规章制度分为技术标准、工作标准和管理标准，通常称为“三大标准体系”；按职业安全健康管理体系建立的安全生产规章制度，一般包括手册、程序文件、作业指导书。

一般施工单位安全生产规章制度体系应主要包括以下内容：

(1)综合安全管理制度

1)安全生产管理目标、指标和总体原则

应包括施工单位安全生产的具体目标、指标，明确安全生产的管理原则、责任，明确安全生产管理的体制、机制、组织机构、安全生产风险防范和控制的主要措施，日常安全生产监督管理的重点工作等内容。

2)安全生产责任制

应明确施工单位各级领导、各职能部门、管理人员及各生产岗位的安全生产责任、权利和义务等内容。

安全生产责任制属于安全生产规章制度范畴。通常把“安全生产责任制”与“安全生产规章制度”并列来提，主要是为了突出安全生产责任制的重要性。安全生产责任制的核心是清晰安全管理的责任界面，解决“谁来管，管什么，怎么管，承担什么责任”的问题，安全生产责任制是施工单位安全生产规章制度建立的基础。其他的安全生产规章制度，重点是解决“干什么，怎么干”的问题。

建立安全生产责任制，一是增强施工单位各级主要负责人、各管理部门管理人员及各岗人员对安全生产的责任感；二是明确责任，充分调动各级人员和各管理部门安全生产的积极性和主观能动性，加强自主管理，落实责任；三是责任追究的依据。

建立安全生产责任制，应体现安全生产法律法规和政策、方针的要求；应与生产经营单位安全生产管理体制、机制协调一致；应做到与岗位工作性质、管理职责协调一致，做到明确、具体、有可操作性；应有明确的监督、检查标准或指标，确保责任制切实落实到位；应根据施工单位管理体制变化及安全生产新的法规、政策及安全生产形势的变化及时修订完善。

3)安全管理定期例行工作制度

应包括施工单位定期安全分析会议，定期安全学习制度，定期安全活动，定期安全检查等内容。

4)承包与发包工程安全管理制度

应明确施工单位承包与发包工程的条件、相关资质审查、各方的安全责任、安全生产管理协议、施工安全的组织措施和技术措施、现场的安全检查与协调等内容。

5)安全设施和费用管理制度

应明确施工单位安全设施的日常维护、管理;安全生产费用保障;根据国家、行业新的安全生产管理要求或季节特点,以及生产、经营情况等发生变化后,生产经营单位临时采取的安全措施及费用来源等。

6)重大危险源管理制度

应明确重大危险源登记建档,定期检测、评估、监控,相应的应急预案管理;上报有关地方人民政府负责安全生产监督管理的部门和有关部门备案内容及管理。

7)危险物品使用管理制度

应明确施工单位存在的危险物品名称、种类、危险性;使用和管理的程序、手续;安全操作注意事项;存放的条件及日常监督检查;针对各类危险物品的性质,在相应的区域设置人员紧急救护、处置的设施等。

8)消防安全管理制度

应明确施工单位消防安全管理的原则、组织机构、日常管理、现场应急处置原则和程序;消防设施、器材的配置、维护保养、定期试验;定期防火检查、防火演练等。

9)隐患排查和治理制度

应明确应排查的设备、设施、场所的名称,排查周期、排查人员、排查标准;发现问题的处置程序、跟踪管理等。

10)交通安全管理制度

应明确车辆调度、检查维护保养、检验标准,驾驶员学习、培训、考核的相关内容。

11)防灾减灾管理制度

应明确施工单位根据地区的地理环境、气候特点以及生产经营性质,针对在防范台风、洪水、泥石流、地质滑坡、地震等自然灾害相关工作的组织管理、技术措施、日常工作等内容和标准。

12)事故调查报告处理制度

应明确施工单位内部事故标准,报告程序、现场应急处置、现场保护、资料收集、相关当事人调查、技术分析、调查报告编制等。还应明确向上级主管部门报告事故的流程、内容等。

13)应急管理制度

应明确施工单位的应急管理部门,预案的制定、发布、演练、修订和培训等;总体预案、专项预案、现场处置方案等。

制定应急管理制度及应急预案过程中,除考虑施工单位自身可能对环境和公众的影响外，还应重点考虑施工单位周边环境的特点，针对周边环境可能给生产、经营过程中的安全所带来的影响。如施工单位附近存在化工厂，就应调查了解可能会发生何种有毒、有害物质泄漏，可能泄漏物质的特性、防范方法，以便与施工单位自身的应急预案相衔接。

14）安全奖惩制度

应明确施工单位安全奖惩的原则；奖励或处分的种类、额度等。

（2）人员安全管理制度

1）安全教育培训制度

应明确施工单位各级管理人员安全管理知识培训、新员工三级教育培训、转岗培训；新材料、新工艺、新设备的使用培训；特种作业人员培训；岗位安全操作规程培训；应急培训等。还应明确各项培训的对象、内容、时间及考核标准等。

2）劳动防护用品发放使用和管理制度

应明确施工单位劳动防护用品的种类、适用范围、领取程序、使用前检查标准和用品寿命周期等内容。

3）安全工器具的使用管理制度

应明确施工单位安全工器具的种类、使用前检查标准、定期检验和器具寿命周期等内容。

4）特种作业及特殊危险作业管理制度

应明确施工单位特种作业的岗位、人员，作业的一般安全措施要求等。特殊危险作业是指危险性较大的作业，应明确作业的组织程序，保障安全的组织措施、技术措施的制定及执行等内容。

5）岗位安全规范

应明确施工单位除特种作业岗位外，其他作业岗位保障人身安全、健康，预防火灾、爆炸等事故的一般安全要求。

6）职业健康检查制度

应明确施工单位职业禁忌的岗位名称、职业禁忌证、定期健康检查的内容和标准、女工保护，以及按照《职业病防治法》要求的相关内容等。

7）现场作业安全管理制度

应明确现场作业的组织管理制度，如工作联系单、工作票、操作票制度，以及作业现场的风险分析与控制制度、反违章管理制度等内容。

（3）设备设施安全管理制度

1）“三同时”制度

应明确施工单位新建、改建、扩建工程“三同时”的组织审查、验收、上报、备案的执行程序等。

2)定期巡视检查制度

应明确施工单位日常检查的责任人员，检查的周期、标准、线路，发现问题的处置等内容。

3)定期维护检修制度

应明确施工单位所有设备、设施的维护周期、维护范围、维护标准等内容。

4)定期检测、检验制度

应明确施工单位须进行定期检测的设备种类、名称、数量；有权进行检测的部门或人员；检测的标准及检测结果管理；安全使用证、检验合格证或者安全标志的管理等。

5)安全操作规程

应明确为保证国家、企业、员工的生命财产安全，根据物料性质、工艺流程、设备使用要求而制定的符合安全生产法律法规的操作程序。对涉及人身安全健康、生产工艺流程及周围环境有较大影响的设备、装置，如电气、起重设备、锅炉压力容器、内部机动车辆、建筑施工维护、机加工等，施工单位应制定安全操作规程。

(4)环境安全管理制度

1)安全标志管理制度

应明确施工单位现场安全标志的种类、名称、数量、地点和位置；安全标志的定期检查、维护等。

2)作业环境管理制度

应明确施工单位生产经营场所的通道、照明、通风等管理标准；人员紧急疏散方向、标志的管理等。

3)职业卫生管理制度

应明确施工单位尘、毒、噪声、高低温、辐射等涉及职业健康有害因素的种类、场所；定期检查、检测及控制等管理内容。

2. 安全生产规章制度的管理

(1)起草。根据施工单位安全生产责任制，由负责安全生产管理部门或相关职能部门负责起草。起草前应对目的、适用范围、主管部门、解释部门及实施日期等给予明确，同时还应做好相关资料的准备和收集工作。

规章制度的编制，应做到目的明确、条理清楚、结构严谨、用词准确、文字简明、标点符号正确。

(2)会签或公开征求意见。起草的规章制度，应通过正式渠道征得相关职能部门或员工的意见和建议，以利于规章制度颁布后的贯彻落实。当意见不能取得一致时，应由分管领导组织讨论，统一认识，达成一致。

(3)审核。制度签发前,应进行审核。一是由施工单位负责法律事务的部门进行合规性审查;二是专业技术性较强的规章制度应邀请相关专家进行审核;三是安全奖惩等涉及全员性的制度,应经过职工代表大会或职工代表进行审核。

(4)签发。技术规程、安全操作规程等技术性较强的安全生产规章制度,一般由生产经营单位主管生产的领导或总工程师签发,涉及全局性的综合管理制度应由施工单位的主要负责人签发。

(5)发布。施工单位的规章制度,应采用固定的方式进行发布,如红头文件形式、内部办公网络等。发布的范围应涵盖应执行的部门、人员。有些特殊的制度还正式送达相关人员,并由接收人员签字。

(6)培训。新颁布的安全生产规章制度、修订的安全生产规章制度,应组织进行培训,安全操作规程类规章制度还应组织相关人员进行考试。

(7)反馈。应定期检查安全生产规章制度执行中存在的问题,或建立信息反馈渠道,及时掌握安全生产规章制度的执行效果。

(8)持续改进。施工单位应每年制定规章制度制定、修订计划,并应公布现行有效的安全生产规章制度清单。对安全操作规程类规章制度,除每年进行审查和修订外,每3～5年应进行一次全面修订,并重新发布,确保规章制度的建设和管理有序进行。

3. 建筑施工安全生产责任制

(1)项目经理安全生产责任制

1)认真执行国家安全生产方针政策、法令、规章制度和上级的安全生产指令,组织编制并监督实施相关的施工组织设计、施工方案;

2)教育工人正确使用防护用品;

3)对该施工项目的安全生产负有直接责任;

4)在计划、布置、检查、总结、评比生产活动中,必须同时把安全工作贯穿到每个具体环节中去,督促各施工工序要做到有针对性的书面安全交底;

5)遇到生产与安全发生矛盾时,生产必须服从安全;

6)领导所属项目部搞好安全生产,组织项目班子人员学习安全技术操作规程和安全管理知识,对特殊作业人员按规定送出培训,坚持有证操作规定;

7)有权拒绝不科学、不安全的生产指令,制订项目安全生产管理计划,并组织实施;

8)经常组织相关人员检查施工现场的机械设备、安全防护装置、工具、材料、工作地点和生活用房的安全卫生,制止违章作业、冒险蛮干,消除事故隐患,保证安全生产;

9)发生重大事故、重大未遂事故,要保护现场并立即上报,参加事故的调查、处理工作，拟定整改措施，督促检查贯彻实施。

(2)项目部副经理安全生产责任制

1)认真执行安全劳动保护方针政策、法规及公司安全管理制度；

2)加强安全管理教育，总结推广安全生产经验；

3)发生重大事故或重大未遂事故，立即保护现场并上报；

4)认真消除事故隐患，按“三定”方案实施并监督实行；

5)督促各部门认真做好各种安全运行台账记录和安全技术交底；

6)进行安全生产教育和遵章守纪教育，不违章指挥、冒险蛮干；

7)组织好各项安全活动，定期、不定期的安全检查，开展安全竞赛活动；

8)对施工现场防护和电气、机械设备等安全防护设施组织验收，合格后方可使用；

9)安排工作计划，要把安全工作贯彻到每个环节中去，做好“安全生产，预防第一”的方针；

10)对项目工程安全全面负责，督促各部门在自己工作范围内做好安全生产工作；

11)参加事故调查、处理，分析事故原因，制订整改措施，督促有关人员认真贯彻执行，监督实施。

(3)工程项目技术负责人安全生产责任制

1)对职工进行经常性的安全技术教育；

2)参加重大事故调查，并做出技术方面的鉴定；

3)在采用新技术、新工艺时，研究和采取安全防护措施；

4)有权拒绝执行上级安排的严重危及安全生产的指令和意见；

5)定期主持召开技术、质量、安全组负责人会议，分析本单位的安全生产形势，研究解决安全技术问题；

6)贯彻上级有关安全生产方针、政策、法令和规章制度，负责组织制订本单位安全技术规程并认真贯彻执行；

7)督促技术部门对新产品、新材料的使用、储存、运输等环节提出安全技术要求，组织有关部门研究解决生产过程中出现的安全技术问题；

8)定期布置和检查安全部门的工作，协助组织安全大检查，对检查中发现的重大隐患，负责制订整改计划，组织有关部门实施。

(4)安全经理安全生产责任制

1)认真贯彻国家的安全生产方针政策和劳动保护法规及项目经理的安全生产方面的指示，协助项目经理把好安全生产大关，对项目部的安全生产负有一定的责任；

2)督促检查各制度、规程完善与实施；

3)组织专题安全会议,协调各部门和基层的安全生产工作；

4)建立安全机构和配备专职安全员,指导专职安全员的日常工作；

5)建立健全项目部安全生产各项管理制度、章程、各责任制及规程；

6)指导有关部门做好新工人三级教育、特殊工种安全技术培训,提高安全的可靠性,保障安全生产；

7)对重大事故、重大未遂事故及时组织调查,分析事故原因,按“四不放过”的原则进行处理,拟定整改方案,落实整改措施；

8)合理安排技术措施经费,专款专用,并组织力量,保证安全技术措施实施；

9)参加各种安全检查活动,掌握安全生产情况,总结推广安全生产先进经验,及时表彰安全生产成绩突出者。

(5)项目专职安全员安全生产责任制

1)认真贯彻执行国家有关劳动保护、安全生产方针政策及上级领导指示,协助领导组织和推动公司的安全生产和监督检查工作；

2)进行工伤事故统计、分析、报告,参加工伤事故的调查和处理工作；

3)对违反安全条例和安全法规行为,经说服劝阻无效,有权处理或越级上报；

4)与有关部门做好新工人的安全生产三级教育,特殊工种安全技术培训、考核、复审工作；

5)协助有关部门制订安全生产制度和安全操作规程,并对制度、规程的执行情况进行检查；

6)协助有关部门制订安全生产措施,参加编制施工组织设计或施工方案,参与制订安全技术交底,督促有关部门实施；

7)组织定期、不定期安全生产检查,制止违章指挥、违章作业,遇有严重险情,有权暂停生产,并报告主管领导处理；

8)经常深入基层,指导下级安全员工作,掌握安全生产情况,调研生产中不安全因素,提出改进措施,总结推广安全生产经验。

(6)项目工长(施工员)安全生产责任制

1)认真执行国家安全生产方针、政策、规章制度和上级批准的施工组织设计、安全施工方案,如需修改,必须经过原编制、审批部门的批准；

2)在计划、布置、检查、总结、评比的生产活动中,必须同时把安全工作贯穿到每一个具体环节中去,特别是要做好有针对性的书面安全技术交底；

3)遇到生产与安全发生矛盾时,生产必须服从安全；

4)有权拒绝不科学、不安全的生产指令,不违章指挥；坚持有证操作规定；

5)发生重大事故、重大未遂事故,保护现场并立即上报,同时采取防范措施;

6)负责所管辖的施工现场环境卫生,以及一切安全防护设施,严格遵守、执行各项安全技术交底;

7)领导所属班组搞好安全生产,组织班组学习安全技术操作规程,并检查执行情况;教育工人正确使用安全防护用品。

(7)班组长安全生产责任制

1)开好班前、班后的安全会议;

2)对新工人进行现场教育,并使其熟悉施工现场工作环境;

3)班组长除了掌握施工技术、质量等问题外,还应负责本班组的安全生产;

4)及时采纳安全员、兼职安全员的正确意见,发动班组共同搞好文明施工工作;

5)组织本班组职工学习规程、规章制度,组织安全活动、检查执行规章制度的落实情况;

6)听从专职安全人员的指导,教育班组职工坚守岗位,做好交接班和自检工作;

7)认真遵守生产规程和有关安全生产制度,根据本班组的技术、思想等情况,合理安排工作,对本班组在生产中的安全负责;

8)经常检查施工场地的安全情况,发现问题及时处理或上报,检查机械设备等是否处于良好状态,并消除一切可能引起事故的隐患,采取有效的安全防范措施;

9)发生重大事故或重大未遂事故时,保护好现场,及时上报,并组织全班组人员认真分析,吸取教训,提出防范措施。

二、组织保障

建设工程施工单位的安全生产管理必须有组织上的保障,否则安全生产管理工作就无从谈起。所请组织保障,主要包括两方面:一是安全生产管理机构的保障;二是安全生产管理人员的保障。

安全生产管理机构是指施工单位中专门负责安全生产监督管理的内设机构。安全生产管理人员是指在施工单位从事安全生产管理工作的专职或兼职人员。在施工单位专门从事安全生产管理工作的人员则是专职安全生产管理人员。在施工单位既承担其他工作职责,同时又承担安全生产管理职责的人员则为兼职安全生产管理人员。安全生产管理机构和安全生产管理人员的作用是落实国家有关安全生产的法律法规,组织单位内部各种安全检查活动,督促各种事故隐患及时整改,监督安全生产责任制的落实等等。

1. **公司安全管理机构与人员配备**

(1)机构设置。建筑公司要设专职安全管理部门(安全部),配备专职人员。公司安全管理部门是公司安全委员会的办事机构,是公司贯彻执行安全施工方针、政策和法规,实行安全目标管理的具体工作部门,是领导的参谋和助手。

(2)人员配备

1)人数要求。建筑施工企业安全生产管理机构专职安全生产管理人员的配备应满足下列要求,并应根据企业经营规模、设备管理和生产需要予以增加。

①建筑施工总承包资质序列企业:特级资质不少于 6 人;一级资质不少于 4 人;二级和二级以下资质企业不少于 3 人。

②建筑施工专业承包资质序列企业:一级资质不少于 3 人;二级和二级以下资质企业不少于 2 人。

③建筑施工劳务分包资质序列企业:安全管理人员不少于 2 人。

④建筑施工企业的分公司、区域公司等较大的分支机构(以下简称分支机构)应依据实际生产情况配备不少于 2 人的专职安全生产管理人员。

2)资格要求。建筑施工企业安全生产管理机构专职安全生产管理人员,必须持有省级住房和城乡建设主管部门颁发的安全员岗位证书(C 类)。安全施工管理工作技术性、政策性、群众性很强,因此安全管理人员应挑选责任心强、有一定的经验和相当文化程度的工程技术人员担任,以利促进安全科技活动,进行目标管理。

2. **项目部安全管理机构与人员配备**

(1)机构设置。公司下属项目部,是组织和指挥施工的单位,对管施工、管安全有极为重要的影响。项目经理为本项目部安全施工工作第一责任者,根据项目部的施工规模及职工人数设置专职安全管理机构或配备专职安全员,并建立项目处领导干部安全施工值班制度。

1)项目部安全生产委员会(领导小组)。项目部安全生产委员会(领导小组),是依据工程规模和施工特点建立的项目安全生产最高权力机构。

建筑面积在 50000m^2(含 50000m^2)以上或造价在 3000 万元人民币(含 3000 万元)以上的工程项目,须设置安全生产委员会;建筑面积在 50000m^2 以下或造价 3000 万元人民币以下的工程项目,须设置安全领导小组。

安全生产委员会的组织成员包括工程项目经理、主管生产和技术的副经理、安全部负责人、分包单位负责人以及人事、财务、工会等有关部门负责人,人员应为 5～7 人。安全生产领导小组的成员包括工程项目经理、主管生产和技术的副经理、专职安全管理人员、分包单位负责人以及人事、财务、工会等负责人,人员应为 3～5 人。安全生产委员会(或安全生产领导小组)主任(或组长)由工程项目经理担任。

2)项目部专职安全管理机构。项目部专职安全管理机构,是项目部安全生产委员会(领导小组)的办事机构,是项目部贯彻执行安全施工方针、政策和法规,实行安全目标管理的具体工作部门。

(2)人员配备

1)总承包单位配备项目专职安全生产管理人员应当满足下列要求:

①建筑工程、装修工程按照建筑面积配备

a. 10000m^2以下的工程不少于 1 人;

b. 10000～50000m^2的工程不少于 2 人;

c. 50000m^2及以上的工程不少于 3 人,且按专业配备专职安全生产管理人员。

②土木工程、线路管道、设备安装工程按照工程合同价配备

a. 5000 万元以下的工程不少于 1 人;

b. 5000 万元～1 亿元的工程不少于 2 人;

c. 1 亿元及以上的工程不少于 3 人,且按专业配备专职安全生产管理人员。

2)分包单位配备项目专职安全生产管理人员应当满足下列要求:

①专业承包单位应当配置至少 1 人,并根据所承担的分部分项工程的工程量和施工危险程度增加。

②劳务分包单位施工人员在 50 人以下的,应当配备 1 名专职安全生产管理人员;50～200 人的,应当配备 2 名专职安全生产管理人员;200 人及以上的,应当配备 3 名及以上专职安全生产管理人员,并根据所承担的分部分项工程施工危险实际情况增加,不得少于工程施工人员总人数的 5%。

③采用新技术、新工艺、新材料或致害因素多、施工作业难度大的工程项目,项目专职安全生产管理人员的数量应当根据施工实际情况,在《建筑施工企业安全生产管理机构设置及专职安全生产管理人员配备方法》第十三条、第十四条规定的配备标准上增加。

3. 班组安全管理组织与人员配备

班组是搞好安全施工的前沿阵地,加强班组安全建设是公司加强安全施工管理的基础。各施工班组要设不脱产安全员,协助班长搞好班组安全管理。各班组要坚持岗位安全检查、安全值日和安全日活动制度,同时要坚持做好班组安全记录。由于建筑施工点多、面广、流动、分散,往往一个班组人员不会集中在一处作业,因此,工人要提高自我保护意识和自我保护能力,在同一作业面的人员要互相关照。

第三节　建设工程危险源与重大危险源管理

一、建设工程危险源

危险源是指可能导致人员伤害或疾病、物质财产损失、工作环境破坏的情况或这些情况组合的根源或状态的因素。危险因素与危害因素同属于危险源。危险源是安全管理的主要对象。

1. 两类危险源

根据危险源在安全事故发生发展过程中的机理，一般把危险源划分为两大类，即第一类危险源和第二类危险源。

(1)第一类危险源：能量和危险物质的存在是危害产生的最根本原因，通常把可能发生意外释放的能量或危害物质称作第一类危险源。此类危险源是事故发生的物理本质，一般来说，系统具有的能量越大，存在的危险物质越多，则其潜在的危险性和危害性也就越大。

(2)第二类危险源：造成约束、限制能量和危险物质措施失控的各种不安全因素称为第二类危险源。该类危险源主要体现在设备故障或缺陷、人为失误和管理缺陷等几个方面。

(3)危险源与事故：事故的发生是两类危险源共同作用的结果。第一类危险源是事故发生的前提，第二类危险源的出现是第一类危险源导致事故的必要条件。

2. 危险源的辨识

危险源辨识是安全管理的基础工作，主要目的就是从组织的活动中识别出可能造成人员伤害或疾病、财产损失、环境破坏的危险或危害因素，并判定其可能导致的事故类别和导致事故发生的直接原因的过程。

(1)危险源的类型：为做好危险源的辨识工作，可以把危险源按工作活动的专业进行分类，如机械类、电器类、辐射类、物质类、高坠类、火灾类和爆炸类等。

(2)危险源辨识的方法：危险源辨识的方法很多，常用的方法有专家调查法、头脑风暴法、德尔菲法、现场调查法、工作任务分析法、安全检查表法、危险与可操作性研究法、事件树分析法和故障树分析法等。

(3)施工现场采用危险源提问表时的设问范围：

1)在平地上滑倒(跌倒)；

2)人员从高处坠落(包括从地平处坠入深坑)；

3)工具、材料等从高处坠落；

4)头顶以上空间不足;

5)用手举起搬运工具、材料等有关的危险源;

6)与装配、试车、操作、维护、改造、修理和拆除等有关的装置、机械的危险源;

7)车辆危险源,包括场地运输和公路运输;

8)火灾和爆炸;

9)邻近高压线路和起重设备伸出界外;

10)吸入的物质;

11)可伤害眼睛的物质或试剂;

12)可通过皮肤接触和吸收而造成伤害的物质;

13)可通过摄入(如通过口腔进入体内)而造成伤害的物质;

14)有害能量(如电、辐射、噪声以及振动等

15)由于经常性的重复动作而造成的与工作有关的上肢损伤;

16)不适的热环境(如过热等);

17)照度;

18)易滑、不平坦的场地(地面);

19)不合适的楼梯护栏和扶手;

20)合同方人员的活动。

二、施工重大危险源基本规定

建筑施工重大危险源指因工程施工发生可能导致死亡及伤害、财产损失、环境破坏和这些情况组合的根源或状态,预后危害严重。其因素包括:物的不安全状态与能量、不良的环境影响、人的不安全行为及管理上的缺陷等。

(1)建设工程施工重大危险源的监控应纳入政府的城市公共安全危害防范的范围,建立施工重大危险源监管体系,防止工程建设特、重大事故的发生。

(2)建设工程施工重大危险源监管体系应符合下列要求:

1)建立与贯彻实施《安全生产法》《建设工程安全生产管理条例》等法律、法规相配套的地方建设工程安全生产相关管理制度;

2)建立以施工安全责任主体(建设、勘察、设计、施工、监理及检测单位等)负责、政府监管的工程建设项目施工重大危险源监控与应急管理机制;

3)特、重大建设项目的施工重大危险源监控技术方案应经过设区市及以上工程质量安全协会等机构的论证通过;

4)施工重大危险源监控费用应纳入建设工程施工安全文明措施费范围;

5)建设工程施工安全重大危险源及灾害的应急救援体系应包括救援指挥、

信息响应、抢险队伍及物资、设备储备等。

(3)建设单位负责工程建设施工重大危险源监控的费用投入，提供施工现场及毗邻区域内的安全环境资料及评价；负责项目安全生产管理，向工程安全监督机构报备《施工重大危险源记录清单》，建立建设、监理、施工项目负责人参加的项目施工重大危险源监控组织，协调应急救援。

(4)勘察设计单位应执行现行国家有关技术标准，不得降低工程项目安全标准及技术要求；勘察设计文件对涉及建设施工安全重要措施应有安全技术要求、说明，并向建设、监理、施工单位交底。

(5)检测单位承担施工重大危险源监测时，必须具备与其业务范围相适应的监测条件和能力，出具的监测数据和结论必须真实、准确，并及时向工程安全监督机构监控中心传输或报告。

(6)施工图设计审查单位，应将设计文件涉及施工安全的重点部位和环节、防范安全生产事故指导意见和安全技术措施，列入审查范围。

(7)施工总承包单位在项目施工前，应编制项目施工重大危险源监控与防治措施、应急救援预案，对项目施工过程实施管理，并应符合下列规定：

1)施工重大危险源监控与防治措施、应急救援预案经施工企业技术负责人和项目总监理工程师审批后，由建设单位按规定组织论证通过后实施，并向工程安全监督机构备案；

2)施工项目经理及技术负责人在工程施工前应对施工人员进行安全技术教育及交底；

3)建立施工重大危险源的关键工序、关键部位、关键措(设)施及关键环境条件监测、隐蔽检查验收、日常巡查及记录报告工作机制，并组织实施；

4)组织施工重大危险源应急救援演练；

5)在具体危险单元完成施工后，及时向工程监理或建设单位报备该危险单元消除；

6)工程竣工后，应提交项目施工重大危险源监控实施报告。

(8)监理单位应审查项目工程施工重大危险源监控与防治措施，落实以下工作：

1)对施工重大危险源的重大部位、关键工序等实行过程监理；

2)对施工中违反本规程规定及存在重大隐患的应及时提出，采取有效的督促整改措施；

3)对施工单位拒不执行规定的，应及时向工程安全监督机构及建设行政主管部门报告；

4)对施工单位提交的施工重大危险源消除报告，应组织检查验收，填写《施工重大危险源检查验收记录表》，并向工程安全监督机构备案。

(9)项目施工重大危险源监控管理结果，应列入工程竣工验收施工安全评价的内容，并录入企业信用评价信息系统。

(10)各设区市工程安全监督机构应以既有建筑工程质量安全管理信息系统为载体，增加工程施工重大危险源监控信息子系统，构成监控中心；向当地建设行政主管部门提供实时信息。

三、施工重大危险源识别

施工总承包单位和分包单位应在施工前根据工程特点和施工范围，对施工过程进行安全风险分析，对可能出现的危险因素进行辨识与评价，列出施工重大危险源，并将编制的《施工重大危险源记录清单》报监理单位审核。

建设单位应在工程开工前，将经审核的《施工重大危险源记录清单》向工程安全监督机构备案。建设行政主管部门及其委托的工程安全监督机构根据《施工重大危险源记录清单》，对施工重大危险源进行核查，建立施工重大危险源信息管理系统。

1. 常见的重大危险源

建设单位在施工前应对下列工程进行施工重大危险源辨识，并逐项登记。

(1)开挖深度超过 4m(含 4m)的深基坑，或深度虽未超过 4m(含 4m)，但地质条件和周围环境及地下管线极其复杂的基坑、沟(槽)工程；

(2)地下暗挖工程；

(3)邻近有建筑物(构筑物)、市政管线，需爆破、降水的人工挖孔桩工程；

(4)水平混凝土构件模板支撑系统高度超过 8m，或跨度超过 18m，施工总荷载大于 $10kN/m^2$，或集中线荷载大于 $15kN/m^2$ 的高大模板工程以及各类工具式模板工程，包括滑模、爬模、大模板等；

(5)高度超过 8m 或虽未超过 8m，但地质情况和周围环境较复杂的高边坡、高切坡支挡工程，堤岸工程；

(6)30m 及以上高空作业；

(7)立交桥、高架桥等桥梁工程；

(8)跨度大于 24m 的钢结构、建筑构配件吊装、拼装工程；

(9)建筑物(构筑物)爆破与拆除和其他土石方爆破，爆炸性物质的储存与使用；

(10)建筑起重吊装和垂直运输机械安装拆卸；

(11)大型起重吊装工程；

(12)悬挑式脚手架、高度超过 24m 的落地式钢管脚手架、附着式升降脚手架、吊篮脚手架；

(13)建筑施工防火；

(14)封闭、半封闭场所施工；

(15)装饰装修工程中危险物质的储存与使用；

(16)其他专业性强、工艺复杂、危险性大等易发生重大事故的施工部位及作业活动。

2. 应单独编制安全专项施工方案的工程

(1)对于下列危险性较大的分部分项工程，应单独编制专项施工方案。

1)基坑支护与降水工程。开挖深度超过3m(含3m)或虽未超过3m，但地质条件和周边环境复杂的基坑(槽)支护、降水工程。

2)土方开挖工程。开挖深度超过3m(含3m)的基坑(槽)的土方开挖工程。

3)模板工程及支撑体系

①各类工具式模板工程：包括大模板、滑模、爬模、飞模等工程。

②混凝土模板支撑工程：搭设高度5m及以上；搭设跨度10m及以上；施工总荷载10kN/m^{2}及以上；集中线荷载15kN/m及以上；高度大于支撑水平投影宽度且相对独立无联系构件的混凝土模板支撑工程。

③承重支撑体系：用于钢结构安装等满堂支撑体系。

4)起重吊装及安装拆卸工程。采用非常规起重设备、方法且单件起吊重量在10kN及以上的起重吊装工程；采用起重机械进行安装的工程；起重机械设备自身的安装、拆卸。

5)脚手架工程。搭设高度24m及以上的落地式钢管脚手架工程；附着式整体和分片提升脚手架工程；悬挑式脚手架工程；吊篮脚手架工程；自制卸料平台、移动操作平台工程；新型及异型脚手架工程。

6)拆除、爆破工程。建筑物、构筑物拆除工程；采用爆破拆除的工程。

7)其他。建筑幕墙安装工程；钢结构、网架和索膜结构安装工程；人工挖扩孔桩工程；地下暗挖、顶管及水下作业工程；预应力工程；采用新技术、新工艺、新材料、新设备及尚无相关技术标准的危险性较大的分部分项工程。

(2)对于超过一定规模的危险性较大的分部分项工程，还应组织专家对单独编制的专项施工方案进行论证。

1)深基坑工程。开挖深度超过5m(含5m)的基坑(槽)的土方开挖、支护、降水工程；或开挖深度虽未超过5m，但地质条件、周围环境和地下管线复杂，或影响毗邻建筑(构筑)物安全的基坑(槽)的土方开挖、支护、降水工程。

2)模板工程及支撑体系

①工具式模板工程：包括滑模、爬模、飞模工程。

②混凝土模板支撑工程：搭设高度8m及以上；搭设跨度18m及以上，施工总荷载15kN/m^{2}及以上；集中线荷载20kN/m及以上。

③承重支撑体系：用于钢结构安装等满堂支撑体系，承受单点集中荷载700kg以上。

3)起重吊装及安装拆卸工程。采用非常规起重设备、方法，且单件起吊重量在100kN及以上的起重吊装工程；起重量300kN及以上的起重设备安装工程；高度200m及以上内爬起重设备的拆除工程。

4)脚手架工程。搭设高度50m及以上落地式钢管脚手架工程；提升高度150m及以上附着式整体和分片提升脚手架工程；架体高度20m及以上悬挑式脚手架工程。

5)拆除、爆破工程。采用爆破拆除的工程；码头、桥梁、高架、烟囱、水塔或拆除中容易引起有毒有害气(液)体或粉尘扩散、易燃易爆事故发生的特殊建、构筑物的拆除工程；可能影响行人、交通、电力设施、通信设施或其他建、构筑物安全的拆除工程；文物保护建筑、优秀历史建筑或历史文化风貌区控制范围的拆除工程。

6)其他

①施工高度50m及以上的建筑幕墙安装工程；

②跨度大于36m及以上的钢结构安装工程，跨度大于60m及以上的网架和索膜结构安装工程；

③开挖深度超过16m的人工挖孔桩工程；

④地下暗挖工程、顶管工程、水下作业工程；

⑤采用新技术、新工艺、新材料、新设备及尚无相关技术标准的危险性较大的分部分项工程。

(3)施工单位应当在危险性较大的分部分项工程施工前编制专项方案。

(4)建筑工程实行施工总承包的，专项方案应当由施工总承包单位组织编制。其中，起重机械安装拆卸工程、深基坑工程、附着式升降脚手架等专业工程实行分包的，其专项方案可由专业承包单位组织编制。

(5)专项方案应当由施工单位技术部门组织本单位施工技术、安全、质量等部门的专业技术人员进行审核。经审核合格的，由施工单位技术负责人签字。实行施工总承包的，专项方案应当由总承包单位技术负责人及相关专业承包单位技术负责人签字。不需专家论证的专项方案，经施工单位审核合格后报监理单位，由项目总监理工程师审核签字后执行。

四、施工重大危险源监控

通过分析工程施工重大危险源项目风险的特性和工程项目在建设中所面临

的主要风险因素及其影响程度，根据评价指标体系的系统性、相关性、实用性等原则，将众多因素按其性质分为若干层次，对重大危险源进行评价。工程建设应根据施工重大危险源评价结果，采取相应的监控措施对施工重大危险源实时监控。

建设工程项目施工重大危险源监控必须由专业人员实施。需由专业队伍实施监控的，建设单位应委托具有相应资质的单位承担。监测单位应按下列要求对重大危险源进行监测与控制。

(1)在遇到台风暴雨季节及地下水位涨落大、地质情况复杂等情形时，监测单位应当加强对边坡及深基坑和周围环境的变形、地下水位变化、地表水的排泄情况等观察。

(2)爆破拆除、装饰装修等工程，现场储存和使用爆炸性物质、易燃性物质、有毒物质等的临界量确定及相应监控办法参照《危险化学品重大危险源辨识》(GB 18218—2014)的规定进行。

(3)高边坡、高切坡支挡工程、堤岸工程、深基坑及地质条件和周围环境及地下管线极其复杂的基坑、沟(槽)工程应按表 2-1 进行监测。

表 2-1　高边坡、深基坑等工程监测项目(单位:mm)

序号	监测项目	监测项目选择与监控预警值					
		一级		二级		三级	
1	自然环境(雨水、气温、洪水、地质等)	Δ	—	Δ	—	Δ	—
2	边坡土体顶部的水平位移	Δ	$H_1/300$	Δ	$H_1/250$	Δ	$H_1/200$
3	边坡土体顶部的垂直位移	Δ	设计值	O	设计值	×	—
4	围护结构墙顶位移	Δ	30	Δ	60	Δ	80
5	围护结构墙体最大位移	Δ	50	Δ	80	Δ	100
6	围护结构垂直位移	Δ	设计值	O	设计值	×	—
7	基坑周围地表沉降	Δ	30	O	60	O	100
8	基坑周围地表裂缝	Δ	10	Δ	10	O	15
9	围护结构的应力应变	O	设计值	O	设计值	×	设计值
10	围护结构的裂缝	Δ	＞0.3	Δ	＞0.3	O	＞0.3
11	支撑与锚杆的应力与轴力	Δ	设计值	O	设计值	×	—
12	基坑底部回弹和隆起	O	明显	×	—	×	—
13	基坑外地下水位下降	Δ	1000	O	1000	×	—
14	围护结构内外土压力	O	设计值	×	—	×	—
15	围护结构内外孔隙水压力	O	设计值	×	—	×	—

（续）

序号	监测项目	监测项目选择与监控预警值					
		一级		二级		三级	
16	周围建（构）筑物的变形（沉降、侧向位移、倾斜、裂缝）	Δ	（注 1）	Δ	（注 1）	Δ	（注 1）
17	周围地下管线的变位与破损	Δ	（注 2）	Δ	（注 2）	Δ	（注 2）
18	基坑周围地面超载状况	Δ	设计值	Δ	设计值	Δ	设计值
19	基坑渗漏水情况	Δ	线流或漏泥砂	Δ	线流或漏泥砂	Δ	线流或漏泥砂

注：1. （1）沉降与倾斜：建筑物的不均匀沉降（差异沉降）不应大于现行国家标准《建筑地基基础设计规范》（GB 50007—2011）规定的允许沉降差；

（2）裂缝：建筑物上部结构的沉降裂缝发展明显，砌体的裂缝宽度大于 10mm、预制构件之间的连接部位裂缝大于 3mm、现浇结构个别部位也已开始出现沉降裂缝；

（3）侧向位移：见表 2-2。

2. 应控制地下管线的挠度及变形速率，地下管线差异沉降对一级基坑应控制在 0.3%，二级基坑应控制在 0.6%；煤气管道的变形、沉降或水平位移不能超过 10mm，位移速率不超过 2mm/d；自来水管道的变形、沉降或水平位移不能超过 30mm，位移速率不超过 5mm/d。

3. Δ——必测项目；O——宜测项目；×——可不测项目。

4. H_1——基坑开挖深度。

表 2-2　各类结构不适于继续承载的侧向位移

检查项目	结构类别				顶点位移	层间位移
结构平面内侧向位移(mm)	混凝土结构或钢结构	单层建筑			$>H/400$	—
		多层建筑			$>H/450$	$>H_i/350$
		高层建筑	框架		$>H/550$	$>H_i/450$
			框架剪力墙		$>H/700$	$>H_i/700$
	砌体结构	单层建筑	墙	$H\leqslant 7$m	>25	—
				$H>7$m	$>H/280$ 或 >50	—
			柱	$H\leqslant 7$m	>20	—
				$H>7$m	$>H/350$ 或 >40	—
		多层建筑	墙	$H\leqslant 10$m	>40	$>H_i/100$ 或 >20
				$H>10$m	$>H/250$ 或 >90	
			柱	$H\leqslant 10$m	>30	$>H_i/150$ 或 >15
				$H>10$m	$>H/330$ 或 70	
单层排架平面外侧移(mm)					$>H/750$ 或 30	—

注：H_i——第 i 层层间高度。

(4)地下暗挖工程(城市隧道、地铁、海底隧道、逆作法地下室等)应按表2-3进行监测。

表2-3 地下暗挖工程监测项目

序号	监测项目	监控预警值
1	自然环境(雨水、气温、洪水、地质等)	—
2	周围地表沉降	30mm
3	周围地表裂缝	10mm
4	支护结构的裂缝	>0.3mm
5	洞内外观测	设计值
6	水平净空变化量测	设计值
7	拱顶下沉量测	设计值
8	地下水位	设计值
9	洞内有毒气体情况	致生物窒息、中毒的气体浓度
10	洞内涌水涌泥状况	明显
11	周围建(构)筑物的变形(沉降、侧向位移、倾斜、裂缝)	(见表2-1注1)
12	周围地下管线的变位与破损	(见表2-1注2)
13	支护结构渗漏水情况	线流或漏泥沙

(5)邻近建筑物需爆破、降水的人工挖孔桩工程应按表2-4进行监测。

表2-4 人工挖孔桩工程监测项目

序号	监测项目	监控预警值
1	自然环境(雨水、气温、洪水、地质等)	—
2	周围地表沉降	30mm
3	周围地表裂缝	10mm
4	护壁的裂缝	>0.3mm
5	地下水位	设计值
6	孔内有毒气体情况	致生物窒息、中毒的气体浓度
7	孔内涌水涌泥状况	明显
8	周围建(构)筑物的变形(沉降、侧向位移、倾斜、裂缝)	(见表2-1注1)
9	周围地下管线的变位与破损	(见表2-1注2)
10	孔口周围地面超载状况	孔口四周1m范围不得堆载
11	护壁渗漏水情况	线流或漏泥砂

(6)水平混凝土构件模板支撑系统高度超过8m或跨度超过18m,施工总荷载大于10kN/m²或集中线荷载大于15kN/m²的高大模板工程以及各类工具式模板工程,包括滑模、爬模、大模板等,应按表2-5进行监测。

表2-5　模板工程监测项目

序号	监测项目	监控预警值
1	支撑系统荷载变化	施工方案计算值
2	支架变形	施工方案计算值
3	地基土沉降	施工方案计算值
4	扣件扭矩	65N·m

(7)桥梁工程应按表2-6进行监测。

表2-6　桥梁工程监测项目

序号	监测项目	监控预警值
1	跨海施工潮汐等水文变化	—
2	支撑系统施工堆载试验检测	施工方案计算值
3	施工过程支架变形	施工方案计算值
4	地基土沉降	施工方案计算值
5	桥梁吊装、滑移、落架过程主体结构和临时支撑结构的内力和位移监测	设计值或施工方案计算值
6	架桥机受力监测	施工方案计算值
7	预应力监测	设计值或施工方案计算值
8	竣工荷载试验	设计值

(8)钢结构吊装、拼装工程应按表2-7进行监测。

表2-7　钢结构吊装、拼装工程监测项目

序号	监测项目	监控预警值
1	落架过程主体结构和临时支撑结构的内力和位移监测	设计值或施工方案计算值
2	滑移过程主要构件应力应变	设计值
3	卸载过程主要构件应力应变	设计值
4	合拢温度监测	施工方案计算值
5	卸载支撑点卸载位移监测	施工方案计算值
6	滑移过程的稳定性(倾覆、沉降)监测	施工方案计算值

注:起重机械的监测按第(12)项实施。

(9)城市房屋拆除爆破和其他土石方爆破工程应按表 2-8 进行监测。

表 2-8　拆除与爆破工程监测项目

序号	监测项目	监控预警值
1	振动速度测试	设计值或施工方案计算值
2	应力应变测试	设计值或施工方案计算值
3	冲击波测试	设计值或施工方案计算值
4	周围建(构)筑物的变形(沉降、侧向位移、倾斜、裂缝)	(见表 2-1 注 1)
5	周围地下管线的变位与破损	(见表 2-1 注 2)

(10)30m 及以上高空作业应进行以下监控：

1)所有临边、洞口等各类技术措施的设置；

2)技术措施所用的配件、材料和工具的规格和材质；

3)技术措施的节点构造及其与建筑物的固定；

4)扣件和连接件的紧固；

5)安全防护设施的用品及设备的性能。

(11)建筑起重吊装和垂直运输机械装拆应进行以下监控：

1)拆装作业技术方案的编制及交底；

2)路基和轨道铺设或混凝土基础是否符合技术要求；

3)对所拆装起重设备的各机构、各部位、各部件的检查；

4)拆装作业中配备的起重机、运输汽车等辅助机械的状况、性能；

5)现场电源电压、运输道路、作业场地等作业条件；

6)安全监督岗的设置及安全技术措施的落实情况；

7)拆装所使用的工具、安全保护用品的完好情况及使用；

8)指挥信号清楚情况；

9)拆装是否严格按技术方案及使用说明书进行。

(12)起重吊装工程应进行以下监控：

1)起重机的变幅指示器、力矩限制器、起重量限制器以及各种行程限位开关等安全保护装置的完好齐全、灵敏可靠情况；

2)起重作业时,起重臂和重物下方严禁有人停留和通过。重物吊运时,严禁从人上方通过。严禁用起重机载运人员；

3)起吊载荷与起重机额定起重量的符合性；

4)起重机使用钢丝绳的结构形式、规格及强度是否符合该型起重机使用说明书的要求。钢丝绳的固结、连接、缠绕、更换；

5)吊钩、吊环的完好性。

(13)建筑施工防火应进行以下监控：

1)施工现场明火(含焊、割)作业的动火审批情况；动火作业时的监护情况、灭火器材的配备；高处实施电焊、气割作业时，对作业场所的周边及下方防护遮挡、焊渣接装；

2)建筑施工消防管道、加压泵的配备(必须使用直径 100mm 以上立管并配置加压泵，且每层留有消防水源接口)；

3)施工现场平面禁火作业区(易燃、可燃材料的堆放场地)、仓库区(易燃废料的堆放区)布置；

4)施工作业层、木工厂、配电室、食堂、职工宿舍及仓库重点防火部位灭火器材配备；

5)电源线路故障消除、易燃易爆物品管理等。

(14)封闭、半封闭等施工作业场所应进行以下监控：

1)作业人员防毒、防辐射等用具的使用；

2)现场通风、排烟及送风措施与设施配备及运行；

3)疏散通道畅通，指示标识有效。

五、施工重大危险源防治管理

县(区)级及以上政府的建设行政主管部门负责本行政区域内施工重大危险源防治的监管，工程安全监督机构受委托负责具体实施。施工单位负责对工程项目施工重大危险源实施辨识评价，并根据监控要求制定防治技术措施；单位的安全生产负责人对施工重大危险源管理工作负责。总监理工程师应对施工重大危险源的防治组织实施监理。

工程项目参建各方应根据已辨识的施工重大危险源采取相应的防治措施，消除、降低危害发生的可能性。

施工总承包单位应制定施工重大危险源防治技术方案，主要内容包括：

(1)工程概况，包括地质条件、地理环境状况、毗邻建筑物、管线状况等；

(2)重大危险源名称、现状及防治目标；

(3)主要防治技术措施，包括安全技术工艺、设备、测试仪器、人员以及检查计划等；

(4)相关图示；

(5)安全控制措施计划。

建设单位应检查落实施工重大危险源防治资金的投入及使用情况。监理单位应制定施工重大危险源防治监理细则。

施工现场必须在施工重大危险源存在的位置或部位设置符合标准的安全警示标志。施工单位应定期对施工重大危险源的安全状况进行检查，实施施工重大危险源防治动态管理。施工单位应及时报告施工重大危险源防治与整改情况，报备施工重大危险源清除情况。

存在施工重大危险源的现场应编制施工重大危险源应急救援预案，预案由建设单位组织施工、监理单位共同编制，并报工程安全监督机构备案。施工单位应按应急救援预案建立应急救援管理制度和应急救援体系，并通过应急救援演练不断进行完善。应急救援预案的编制与应急救援演练的开展参见“第十一章 应急救援与事故处理”的相关内容。

第四节　建设工程职业病防范

1. 建筑工程施工主要职业危害种类

(1)粉尘危害

(2)噪声危害

(3)高温危害

(4)振动危害

(5)密闭空间危害

(6)化学毒物危害

(7)其他因素危害

2. 建筑工程施工易发的职业病类型

(1)矽尘肺。例如：碎石设备作业、爆破作业。

(2)水泥尘肺。例如：水泥搬运、投料、拌和。

(3)电焊尘肺。例如：手工电弧焊、气焊作业。

(4)锰及其化合物中毒。例如：手工电弧焊作业。

(5)氮氧化物中毒。例如：手工电弧焊、电渣焊、气割、气焊作业。

(6)一氧化碳中毒。例如：手工电弧焊、电渣焊、气割、气焊作业。

(7)苯中毒。例如：油漆作业、防腐作业。

(8)甲苯中毒。例如：油漆作业、防水作业、防腐作业。

(9)二甲苯中毒。例如：油漆作业、防水作业、防腐作业。

(10)中暑。例如：高温作业。

(11)手臂振动病。例如：操作混凝土振动棒、风镐作业。

(12)接触性皮炎。例如：混凝土搅拌机械作业、油漆作业、防腐作业。

(13)电光性皮炎。例如：手工电弧焊、电渣焊、气割作业。

(14)电光性眼炎。例如:手工电弧焊、电渣焊、气割作业。

(15)噪声致聋。例如:木工圆锯、平刨操作,无齿锯切割作业,卷扬机操作,混凝土振捣作业。

(16)苯致白血病。例如:油漆作业、防腐作业。

3. 职业病的预防

(1)工作场所的职业卫生防护与管理要求

1)危害因素的强度或者浓度应符合国家职业卫生标准;

2)有与职业病危害防护相适应的设施;

3)现场施工布局合理,符合有害与无害作业分开的原则;

4)有配套的卫生保健设施;

5)设备、工具、用具等设施符合保护劳动者生理、心理健康的要求;

6)法律、法规和国务院卫生行政主管部门关于保护劳动者健康的其他要求。

(2)生产过程中的职业卫生防护与管理要求

1)要建立健全职业病防治管理措施;

2)要采取有效的职业病防护设施,为劳动者提供个人使用的职业病防护用具、用品,防护用具、用品必须符合防治职业病的要求,不符合要求的,不得使用;

3)应优先采用有利于防治职业病和保护劳动者健康的新技术、新工艺、新材料、新设备,不得使用国家明令禁止使用的可能产生职业病危害的设备或材料;

4)应书面告知劳动者工作场所或工作岗位所产生或者可能产生的职业病危害因素、危害后果和应采取的职业病防护措施;

5)应对劳动者进行上岗前的职业卫生培训和在岗期间的定期职业卫生培训;

6)对从事接触职业病危害作业的劳动者,应当组织上岗前、在岗期间和离岗时的职业健康检查;

7)不得安排未经上岗前职业健康检查的劳动者从事接触职业病危害的作业,不得安排有职业禁忌的劳动者从事其所禁忌的作业;

8)不得安排未成年工从事接触职业病危害的作业,不得安排孕期、哺乳期的女职工从事对本人和胎儿、婴儿有危害的作业;

9)用于预防和治理职业病危害、工作场所卫生检测、健康监护和职业卫生培训等的费用,应按照国家有关规定,在生产成本中据实列支,专款专用。

(3)劳动者享有的职业卫生保护权利

1)有获得职业卫生教育、培训的权利;

2)有获得职业健康检查、职业病诊疗、康复等职业病防治服务的权利;

3)有了解工作场所产生或者可能产生的职业病危害因素、危害后果和应当采取的职业病防护措施的权利；

4)有要求用人单位提供符合防治职业病要求的职业病防护设施和个人使用的职业病防护用具、用品，改善工作条件的权利；

5)对违反职业病防治法律、法规以及危及生命健康的行为有提出批评、检举和控告的权利；

6)有拒绝违章指挥和拒绝强令进行没有职业病防护措施作业的权利；

7)参与用人单位职业卫生工作的民主管理，对职业病防治工作有提出意见和建议的权利。

第三章　建设工程职业健康安全检查

第一节　安全教育培训与安全活动

一、建设工程安全教育培训

1. 安全教育培训相关规定

(1)各省、自治区、直辖市建设厅(建委),根据企业职工情况,分别规定安全教育时间和要求。

(2)建筑施工企业对新进场工人和调换工种的职工,必须按规定进行安全教育和技术培训,经考核合格,发给证书方准上岗。

(3)采用新技术、新工艺、新设备施工和调换工作岗位时,要对操作人员进行新技术操作和新岗位的安全教育,未经教育不得上岗操作。

(4)要定期培训企业各级领导干部和安全干部,其中施工队长,工长(施工员)、班组长是安全教育的重点。

(5)电工、焊工、架子工、司炉工、爆破工、机械操作工及起重工、打桩机和各种机动车辆司机等特殊工人除进行一般安全教育外,还要经过本工种的安全技术教育,经考核合格发证后,方准独立操作;每年还要进行一次复审。对从事有尘毒危害作业的工人,要进行尘毒危害和防治知识教育。

2. 新工人三级安全教育

新进公司职工(包括新调入人员、实习生、代培人员等)及新入场工人必须进行三级安全教育,并经考试合格后方可上岗。

(1)一级(公司级)安全教育

时间应不少于15h,其教育内容包括:

1)职业安全卫生有关知识;

2)国家有关安全生产法令、法规和规定;

3)本公司和同类型企业的典型事故及教训;

4)本公司的性质、生产特点及安全生产规章制度;

5)安全生产基本知识、消防知识及个体防护常识。

(2)二级(项目级)安全教育

时间应不少于15h,其教育内容包括:

1)本单位概况,施工生产或工作特点,主要设施、设备的危险源和相应的安全措施和注意事项;

2)本单位安全生产实施细则及安全技术操作规程;

3)安全设施、工具、个人防护用品、急救器材、消防器材的性能和使用方法等;

4)以往的事故教训。

(3)三级(班组级)安全教育

时间应不少于20h,由班长或班组安全员负责教育,可采取理论了解和实际操作相结合的方式进行,新工人经班组安全教育考核合格后,方可指定师傅带领进行工作或学习。其教育内容包括:

1)本岗位(工种)安全操作规程;

2)发现紧急情况时的急救措施及报告方法;

3)本岗位(工种)的施工生产程序及工作特点和安全注意事项;

4)本岗位(工种)设备、工具的性能,安全装置、安全设施、安全监测、监控仪器的作用,防护用品的使用和保管方法。

三级安全教育、考试、考核情况,要逐级填写在三级安全教育卡片上,建立安全教育档案。三级安全教育完毕,经公司安全管理部门审核后,方可准许发放劳动保护用品和本工种所享受的劳保待遇。未经三级安全教育或考试不合格,不得分配工作,否则由此而发生的事故由分配及接受其工作的单位领导负责。

3. 特种作业人员安全培训

(1)直接从事对操作者本人,尤其对他人和周围设施的安全有重大危害因素的作业者通称为特种作业人员,如起重工、电焊工、架子工、司机等。

(2)特种作业人员必须具备的基本条件如下:

1)年满十八周岁;

2)初中以上文化程度;

3)工作认真负责,遵章守纪;

4)身体健康,无妨碍从事本工种作业的疾病和生理缺陷;

5)按上岗要求的技术业务理论考核和实际操作技能考核成绩合格。

(3)考核与发证

1)经考核成绩合格者,发给“特种作业人员操作证”;不合格者,允许补考一次。补考仍不合格者,应重新培训。

2)考核与发证工作,由特种作业人员所在单位负责组织申报,地、市级劳动行政主管部门负责实施。

3)离开特种作业岗位一年以上的特种作业人员,需重新进行安全技术考核,合格者方可从事原作业。

4)考核内容严格按照《特种作业人员安全技术培训考核大纲》进行。考核包括安全技术理论考试与实际操作技能考核,以实际操作技能考核为主。

(4)复审及其他

1)劳动行政主管部门及特种作业人员所在单位,均需建立特种作业人员的管理档案。

2)取得"特种作业人员操作证"者,每两年进行一次复审。未按期复审或复审不合格者,其操作证自行失效。复审由特种作业人员所在单位提出申请,由发证部门负责审验。

3)项目部将已培训合格的特种作业人员登记造册,并报公司。特种作业和机械操作人员的安全培训,由分公司企管部负责。参加专业性安全技术教育和培训,经考核合格取得市级以上劳动行政主管部门颁发的"特种作业操作证后",方可独立上岗作业。

4. 外包单位及外来人员安全教育

(1)外包人员入场作业前必须接受入场安全教育,并经考核合格后方可入场使用。安全教育内容主要包括本单位施工生产特点、入场须知,所从事工作的性质、注意事项和事故教训等。

(2)对外包单位的安全教育,由使用单位安全部门负责,受教育时间不得少于 8h,并在工作中指定专人负责管理和检查。

(3)对外借人员的安全教育,由用工单位负责,经考核后,方能允许进入现场施工。

(4)对进入施工现场参观人员的安全教育,项目负责人负责;其教育内容为有关项目的安全规定及安全注意事项,并安排专人陪同。

5. 经常性安全生产宣传教育

经常性安全生产教育形式可采用安全活动日、班前班后会、各种安全会议、安全技术交底、广播、黑板报、标语、简报、电视、播放录像等,结合公司生产、施工任务开展安全生产经常性教育。

(1)经常性安全生产宣传内容

1)宣传安全生产经验,树立搞好安全生产的信心,克服"事故难免论"。

2)宣传"安全生产,人人有责",动员全体职工人人重视、人人动手安全生产和文明施工。

3)宣传党和政府十分重视劳动保护工作,体现党和政府对劳动者的无限关怀,激发职工的工作积极性。

4)宣传安全生产在政治上和经济上的重大意义,使每个职工能时刻重视安全生产工作,牢固树立“安全第一”的思想。

5)教育职工克服麻痹思想,克服安全生产工作“重视主体工程,忽视收尾工程”,“重视高大危险工程,忽视一般工程”的错误倾向。

6)宣传“生产必须安全,安全为了生产”的关系,使职工懂得不重视安全生产,会给企业、劳动者本人以及社会、家庭带来损失与不幸。

7)教育职工尊重科学,按客观规律办事,不违章指挥,不违章作业,使职工认识到安全生产规章制度是长期实践经验的总结,有的付出了血的代价,要自觉地学习规程,执行规程。

(2)经常性安全教育知识内容

1)安全标准、制度等知识;

2)经常性安全教育的主要内容;

3)防触电和触电后急救知识;

4)防尘、防毒、防电光伤眼等基本知识;

5)安全法制知识教育,增强安全法制观念,严格按章办事,领导不违章指挥,工人不违章作业;

6)脚手架、吊篮安全使用知识,如不准随意拆除架子或吊篮的任何杆件和部件;

7)防止起重伤害事故基本知识,如严格安全纪律,不准随意乱开动起重机械,不准随意乘坐起重装置升降,不准乘坐井架、龙门架、吊笼等。

(3)经常性安全生产宣传教育的形式多种多样,应贯彻及时性、严肃性、真实性,做到简明、醒目,避免恐怖形象。既要有批评,也要有表扬,不仅要指出什么是错误的,同时也应指出怎样才是正确的。具体形式有:

1)举办事故分析会;

2)举办安全保护广播;

3)举办安全保护展览;

4)举办劳动保护讲座;

5)举办安全生产训练班;

6)举办安全保护报告会;

7)建立安全保护教育室;

8)举办安全保护文艺演出;

9)放映安全保护幻灯或电影;

10)书写安全标志和标语口号；

11)办安全保护黑板报、宣传栏；

12)印发安全保护简报、通报等；

13)张贴悬挂安全保护挂图或宣传画；

14)组织家属做职工安全生产思想工作；

15)施工现场入口处的安全纪律标牌。

6. 季节性教育及节假日特殊安全教育

(1)由项目部结合季节特征，凡是自然条件变化，大风、大雪、暴雨、冰冻或雷雨季节，应抓住气候变化特点，进行安全教育。

(2)节假日特殊教育。节假日前后，人员容易疏忽而放松安全生产，应抓住主要环节，进行安全教育。

1)集体宿舍内严禁使用电加热器，严禁使用明火与电炉；

2)节日期间，如果动用明火，要严格按照动火升级审批制度进行审批；

3)工地加班加点，要思想集中，遵守安全纪律，严格做好交接班工作，严禁酒后作业；

4)节日期间不使用的机械设备及电气设备，应切断电源、拔掉保险丝、电箱上锁；移动电具、危险物品应妥善保管；

5)节后开工前，应认真组织对周围环境、机具设备机动车辆、现场设施进行检查，确认正常方可施工，并相应做好记录；

6)对节日期间必须使用的机械设备、机动车辆、现场设施、防火器材等，应组织专业人员，进行一次技术状况的检查，确认良好才能使用。

7. 其他形式的安全教育

(1)新工艺、新技术、新设备、新品种投产使用前，各主管部门要写出新的安全操作规程，对岗位和有关人员进行安全教育，经考试合格后，方可从事新人岗位工作。

(2)对严重违章违纪职工，由所在单位安全部门进行单独再教育，经考察认定后，再回岗工作。

(3)对脱离操作岗位(如产假、病假、学习、外借等)六个月以上重返岗位操作者，应进行岗位复工教育。

(4)参加特殊区域、高危场所作业(如附着脚架、塔吊、升降机、高支撑模板等)的人员，在作业前，必须进行有针对性的安全教育。

(5)职工在公司内调动工作岗位变动工种(岗位)时，接受单位应对其实行二和三级安全教育，经考试合格后，方可从事新岗位工作。

二、施工现场安全活动

1. 日常安全会议

(1)公司安全例会每季度一次,由公司质安部主持,公司安全主管经理、有关科室负责人、项目经理、分公司经理及其职能部门(岗位)安全负责人参加,总结一季度的安全生产情况,分析存在的问题,对下季度的安全工作重点作出布置。

(2)公司每年末召开一次安全工作会议,总结一年来安全生产上取得的成绩和不足,对本年度的安全生产先进集体和个人进行表彰,并布置下一年度的安全工作任务。

(3)各项目部每月召开安全例会,由其安全部门(岗位)主持,安全分管领导、有关部门(岗位)负责人及外包单位负责人参加。传达上级安全生产文件、信息;对上月安全工作进行总结,提出存在问题;对当月安全工作重点进行布置,提出相应的预防措施。推广施工中的典型经验和先进事迹,以施工中发生的事故教育班组干部和施工人员,从中吸取教训。由安全部门做好会议记录。

(4)各项目部必须开展以项目全体、职能岗位、班组为单位的每周安全日活动,每次时间不得少于 2h,不得挪作他用。

(5)各班组在班前会上要进行安全讲话,预想当前不安全因素,分析班组安全情况,研究布置措施。做到"三交一清"(即交施工任务、交施工环境、交安全措施和清楚本班职工的思想及身体情况)。

(6)班前安全讲话和每周安全日活动要做到有领导、有计划、有内容、有记录,防止走过场。

(7)工人必须参加每周的安全日活动,各级领导及部门有关人员须定期参加基层班组的安全日活动及时了解安全生产中存在的问题。

2. 每周的安全日活动内容

(1)检查安全规章制度执行情况和消除事故隐患。

(2)结合本单位安全生产情况,积极提出安全合理化建议。

(3)学习安全生产文件、通报,安全规程及安全技术知识。

(4)开展反事故演习和岗位练兵,组织各类安全技术表演。

(5)针对本单位安全生产中存在的问题,展开安全技术座谈和攻关。

(6)讲座分析典型事故,总结经验、吸取教训,找出事故原因,制定预防措施。

(7)总结上周安全生产情况,布置本周安全生产要求,表扬安全生产中的好人好事。

(8)参加公司和本单位组织的各项安全活动。

3. 班前安全活动

班前安全活动是班组安全管理的一个重要环节，是提高班组安全意识，做到遵章守纪，实现安全生产的途径。建设工程安全生产管理过程中必须做好此项活动。

(1)每个班组每天上班前 15min，由班长认真组织全班人员进行安全活动，总结前一天安全施工情况，结合当天任务，进行分部分项的安全交底，并做好交底记录。

(2)对班前使用的机械设备、施工机具、安全防护用品、设施、周围环境等要认真进行检查，确认安全完好，才能使用和进行作业。

(3)对新工艺、新技术、新设备或特殊部位的施工，应组织作业人员对安全技术操作规程及有关资料的学习。

(4)班组长每月 25 日前要将上个月安全活动记录交给安全员，安全员检查登记并提出改进意见之后交资料员保管。

第二节 安全检查与隐患整改

安全检查是指对安全管理体系活动和结果的符合性和有效性进行的常规监测活动，建筑施工企业通过安全检查掌握安全管理体系运行的动态，发现并纠正安全管理体系运行活动或结果的偏差，并为确定和采取纠正措施或预防措施提供信息。

一、安全检查内容

1. 建筑工程施工安全检查的主要内容

(1)建筑工程施工安全检查主要是以查安全思想、查安全责任、查安全制度、查安全措施、查安全防护、查设备设施、查教育培训、查操作行为、查劳动防护用品使用和查伤亡事故处理等为主要内容。

(2)安全检查，要根据施工生产特点，具体确定检查的项目和检查的标准。

1)查安全思想主要是检查以项目经理为首的项目全体员工(包括分包作业人员)的安全生产意识和对安全生产工作的重视程度。

2)查安全责任主要是检查现场安全生产责任制度的建立；安全生产责任目标的分解与考核情况；安全生产责任制与责任目标是否已落实到了每一个岗位和每一个人员，并得到了确认。

3)查安全制度主要是检查现场各项安全生产规章制度和安全技术操作规程的建立和执行情况。

4)查安全措施主要是检查现场安全措施计划及各项安全专项施工方案的编制、审核、审批及实施情况;重点检查方案的内容是否全面、措施是否具体并有针对性,现场的实施运行是否与方案规定的内容相符。

5)查安全防护主要是检查现场临边、洞口等各项安全防护设施是否到位,有无安全隐患。

6)查设备设施主要是检查现场投入使用的设备设施的购置、租赁、安装、验收、使用、过程维护保养等各个环节是否符合要求;设备设施的安全装置是否齐全、灵敏、可靠,有无安全隐患。

7)查教育培训主要是检查现场教育培训岗位、教育培训人员、教育培训内容是否明确、具体、有针对性;三级安全教育制度和特种作业人员持证上岗制度的落实情况是否到位;教育培训档案资料是否真实、齐全。

8)查操作行为主要是检查现场施工作业过程中有无违章指挥、违章作业、违反劳动纪律的行为发生。

9)查劳动防护用品的使用主要是检查现场劳动防护用品、用具的购置,产品质量、配备数量和使用情况是否符合安全与职业卫生的要求。

10)查伤亡事故处理主要是检查现场是否发生伤亡事故,对发生的伤亡事故是否已按照“四不放过”的原则进行了调查处理,是否已有针对性地制定了纠正与预防措施;制定的纠正与预防措施是否已得到落实并取得实效。

2. 建筑工程施工安全检查的主要形式

(1)建筑工程施工安全检查的主要形式一般可分为:日常巡查、专项检查、定期安全检查、经常性安全检查、季节性安全检查、节假日安全检查、开工(或复工)安全检查、专业性安全检查和设备设施安全验收检查等。

(2)安全检查的组织形式,应根据检查的目的、内容而定,因此参加检查的组成人员也就不完全相同。

1)定期安全检查。建筑施工企业应建立定期分级安全检查制度,定期安全检查属全面性和考核性的检查,建筑工程施工现场应至少每旬开展一次安全检查工作,施工现场的定期安全检查应由项目经理亲自组织。

2)经常性安全检查。建筑工程施工应经常开展预防性的安全检查工作,以便于及时发现并消除事故隐患,保证施工生产正常进行。施工现场经常性的安全检查方式主要有:

①现场专(兼)职安全生产管理人员及安全值班人员每天例行开展的安全巡视、巡查。

②现场项目经理、责任工程师及相关专业技术管理人员在检查生产工作的同时进行的安全检查。

③作业班组在班前、班中、班后进行的安全检查。

3)季节性安全检查。季节性安全检查主要是针对气候特点(如:暑季、雨季、风季、冬季等)可能给安全生产造成的不利影响或带来的危害而组织的安全检查。

4)节假日安全检查。在节假日、特别是重大或传统节假日(如:"五一"、"十一"、元旦、春节等)前后和节日期间,为防止现场管理人员和作业人员思想麻痹、纪律松懈等而进行的安全检查。节假日加班,更要认真检查各项安全防范措施的落实情况。

5)开工、复工安全检查。针对工程项目开工、复工之前进行的安全检查,主要是检查现场是否具备保障安全生产的条件。

6)专业性安全检查。由有关专业人员对现场某项专业安全问题或在施工生产过程中存在的比较系统性的安全问题进行的单项检查。这类检查专业性强,主要应由专业工程技术人员、专业安全管理人员参加。

7)设备设施安全验收检查。针对现场塔吊等起重设备、外用施工电梯、龙门架及井架物料提升机、电气设备、脚手架、现浇混凝土模板支撑系统等设备设施在安装、搭设过程中或完成后进行的安全验收、检查。

3. 安全检查的要求

(1)根据检查内容配备力量,抽调专业人员,确定检查负责人,明确分工。

(2)应有明确的检查目的和检查项目、检查内容和检查标准,及重点、关键部位。对大面积或数量多的项目可采取系统的观感和一定数量的测点相结合的检查方法。检查时尽量采用检测工具,用数据说话。

(3)对现场管理人员和操作工人不仅要检查是否有违章指挥和违章作业行为,还应进行"应知应会"的抽查,以便了解管理人员及操作工人的安全素质。对于违章指挥、违章作业行为,检查人员可以当场指出、进行纠正。

(4)认真、详细进行检查记录,特别是对隐患的记录必须具体,如隐患的部位、危险性程度及处理意见等。采用安全检查评分表的,应记录每项扣分的原因。

(5)检查中发现的隐患应该进行登记,并发出隐患整改通知书,引起整改单位的重视,并作为整改的备查依据。对凡是有即发型事故危险的隐患,检查人员应责令其停工,被查单位必须立即整改。

(6)尽可能系统、定量地作出检查结论,进行安全评价。以利受检单位根据安全评价研究对策、进行整改、加强管理。

(7)检查后应对隐患整改情况进行跟踪复查,查被检单位是否按"三定"原则(定人、定期限、定措施)落实整改,经复查整改合格后,进行销案。

二、安全检查方法

建筑工程安全检查在正确使用安全检查表的基础上，可以采用“听”“问”“看”“量”“测”“运转试验”等方法进行。

(1)“听”。听取基层管理人员或施工现场安全员汇报安全生产情况，介绍现场安全工作经验、存在的问题、今后的发展方向。

(2)“问”。主要是指通过询问、提问，对以项目经理为首的现场管理人员和操作工人进行的应知应会抽查，以便了解现场管理人员和操作工人的安全意识和安全素质。

(3)“看”。主要是指查看施工现场安全管理资料和对施工现场进行巡视。例如查看项目负责人、专职安全管理人员、特种作业人员等的持证上岗情况；现场安全标志设置情况；劳动防护用品使用情况；现场安全防护情况；现场安全设施及机械设备安全装置配置情况等。

(4)“量”。主要是指使用测量工具对施工现场的一些设施、装置进行实测实量。例如对脚手架各种杆件间距的测量；对现场安全防护栏杆高度的测量；对电气开关箱安装高度的测量；对在建工程与外电边线安全距离的测量等。

(5)“测”。主要是指使用专用仪器、仪表等监测器具对特定对象关键特性技术参数的测试。例如使用漏电保护器测试仪对漏电保护器漏电动作电流、漏电动作时间的测试；使用地阻仪对现场各种接地装置接地电阻的测试；使用兆欧表对电机绝缘电阻的测试；使用经纬仪对塔吊、外用电梯安装垂直度的测试等。

(6)“运转试验”。主要是指由具有专业资格的人员对机械设备进行实际操作、试验，检验其运转的可靠性或安全限位装置的灵敏性。例如对塔吊力矩限制器、变幅限位器、起重限位器等安全装置的试验；对施工电梯制动器、限速器、上下极限限位器、门连锁装置等安全装置的试验；对龙门架超高限位器、断绳保护器等安全装置的试验等。

三、安全检查标准

《建筑施工安全检查标准》(JGJ 59—2011)使建筑工程安全检查由传统的定性评价上升到定量评价，使安全检查进一步规范化、标准化。安全检查内容中包括保证项目和一般项目。

1.《建筑施工安全检查标准》(JGJ 59—2011)中各检查表检查项目的构成

(1)《建筑施工安全检查评分汇总表》主要内容包括安全管理、文明施工、脚手架、基坑工程、模板支架、高处作业、施工用电、物料提升机与施工升降机、塔式起重机与起重吊装、施工机具 10 项，所示得分作为对一个施工现场安全生产情况的综合评价依据。

(2)《安全管理检查评分表》检查评定保证项目应包括安全生产责任制、施工组织设计及专项施工方案、安全技术交底、安全检查、安全教育、应急救援。一般项目应包括分包单位安全管理、持证上岗、生产安全事故处理、安全标志。

(3)《文明施工检查评分表》检查评定保证项目应包括现场围挡、封闭管理、施工场地、材料管理、现场办公与住宿、现场防火。一般项目应包括:综合治理、公示标牌、生活设施、社区服务。

(4)脚手架检查评分表分为《扣件式钢管脚手架检查评分表》《悬挑式脚手架检查评分表》《门式钢管脚手架检查评分表》《碗扣式钢管脚手架检查评分表》《承插型盘扣式钢管脚手架检查评分表》《满堂脚手架检查评分表》《高处作业吊篮检查评分表》《附着式升降脚手架检查评分表》等 8 种脚手架的安全检查评分表。

(5)《基坑工程检查评分表》检查评定保证项目包括施工方案、临边防护、基坑支护及支撑拆除、基坑降排水、坑边荷载。一般项目包括上下通道、土方开挖、基坑工程监测、作业环境。

(6)《模板支架检查评分表》检查评定保证项目包括施工方案、立杆基础、支架稳定、施工荷载、交底与验收。一般项目包括立杆设置、水平杆埠置、支架拆除、支架材质。

(7)《高处作业检查评分表》检查评定项目包括安全帽、安全网、安全带、临边防护、洞口防护、通道口防护、攀登作业、悬空作业、移动式操作平台、物料平台、悬挑式钢平台。

(8)《施工用电检查评分表》检查评定的保证项目应包括外电防护、接地与接零保护系统、配电线路、配电箱与开关箱。一般项目应包括配电室与配电装置、现场照明、用电档案。

(9)《物料提升机检查评分表》检查评定保证项目应包括安全装置、防护设施、附墙架与缆风绳、钢丝绳、安拆、验收与使用。一般项目应包括基础与导轨架、动力与传动、通信装置、卷扬机操作棚、避雷装置。

(10)《施工升降机检查评分表》检查评定保证项目应包括安全装置、限位装置、防护设施、附墙架、钢丝绳、滑轮与对重、安拆、验收与使用。一般项目应包括导轨架、基础、电气安全、通信装置。

(11)《塔式起重机检查评分表》检查评定保证项目应包括载荷限制装置、行程限位装置、保护装置、吊钩、滑轮、卷筒与钢丝绳、多塔作业、安拆、验收与使用。一般项目应包括附着、基础与轨道、结构设施、电气安全。

(12)《起重吊装安全检查评分表》检查评定保证项目应包括施工方案、起重机械、钢丝绳与地锚、索具、作业环境、作业人员。一般项目应包括起重吊装、高处作业、构件码放、警戒监护。

(13)《施工机具检查评分表》检查评定项目应包括平刨、圆盘锯、手持电动工具、钢筋机械、电焊机、搅拌机、气瓶、翻斗车、潜水泵、振捣器、桩工机械。

2. 检查评分方法

(1)分项检查评分表和检查评分汇总表的满分分值均应为100分,评分表的实得分值应为各检查项目所得分值之和。

(2)评分应采用扣减分值的方法,扣减分值总和不得超过该检查项目的应得分值。

(3)当按分项检查评分表评分时,保证项目中有一项未得分或保证项目小计得分不足40分,此分项检查评分表不应得分。

(4)检查评分汇总表中各分项项目实得分值应按下式计算:

$$A_1=\frac{B\times C}{100}$$

式中:A_1——汇总表各分项项目实得分值;

B——汇总表中该项应得满分值;

C——该项检查评分表实得分值。

(5)当评分遇有缺项时,分项检查评分表或检查评分汇总表的总得分值应按下式计算:

$$A_2=\frac{D}{E}\times 100$$

式中:A_2——遇有缺项时总得分值;

D——实查项自在该表的实得分值之和;

E——实查项目在该表的应得满分值之和。

(6)脚手架、物料提升机与施工升降机、塔式起重机与起重吊装项目的实得分值,应为所对应专业的分项检查评分表实得分值的算术平均值。

(7)等级的划分原则

施工安全检查的评定结论分为优良、合格、不合格三个等级,依据是汇总表的总得分和保证项目的达标情况。建筑施工安全检查评定的等级划分应符合下列规定。

1)优良

分项检查评分表无零分,汇总表得分值应在80分及以上。

2)合格

分项检查评分表无零分,汇总表得分值应在80分以下,70分及以上。

3)不合格

①当汇总表得分值不足70分时;

②当有一分项检查评分表得零分时。

当建筑施工安全检查评定的等级为不合格时,必须限期整改达到合格。

四、隐患整改复查与奖惩

1. 安全检查的结果

每次检查都要由负责检查的领导主持,对检查结果进行总结,写出书面报告。还应复查和通报上次安全隐患的整改情况。

安全生产检查报告的内容大体上可以分成以下四个部分。

(1)安全生产检查的概况。主要包括检查的宗旨和指导思想,检查的重点,检查的时间,负责人,参加人员,分几个检查组,检查了哪些单位,以及对检查活动的基本评价等。

(2)安全生产工作的经验和成绩。总结安全生产工作经验、成绩,加以肯定并组织推广。

(3)安全生产工作存在的问题。对存在的问题进行分析,找出问题的产生原因。

(4)对今后安全工作的意见和建议。主要是针对检查中发现的问题,提出有针对性的改进措施。

建筑施工企业对安全检查中发现的问题,应定期统计、分析,确定多发和重大隐患,制定并实施治理措施。各级检查组应将检查结果、查出的隐患和改进活动记录整理存档,同时按要求报上一级主管部门。

2. 隐患整改与复查

(1)隐患登记。对检查出来的隐患和问题,检查组应分门别类地逐项进行登记。登记的目的是积累信息资料,并作为整改的备查依据,以便对施工安全进行动态管理。

(2)隐患分析。将隐患信息进行分级,然后从管理上、安全防护技术措施上进行动态分析,对各个项目工程施工存在的问题进行横向和纵向的比较,找出"通病"和个例,发现"顽固症",具体问题具体对待,查清产生安全隐患的原因,并分析原因,制定对策。

(3)隐患整改

1)针对安全检查过程发现的安全隐患,检查组应签发安全检查隐患整改通知单(见表3-1),由受检单位及时组织整改。

表 3-1　安全检查隐患整改通知单

项目名称				检查时间	年　月　日	
序号	查出的隐患	整改措施	整改人	整改日期	复查人	复查结果及时间
签发部门及签发人： 年　月　日				整改单位及签认人： 年　月　日		

2)整改时，要做到"四定"，即定整改责任人、定整改措施、定整改完成时间、定整改验收人。

3)对检查中发现的违章指挥、违章作业行为，应立即制止，并报告有关人员予以纠正。

4)对有即发性事故危险的隐患，检查组、检查人员应责令停工，立即整改。

5)对客观条件限制暂时不能整改的隐患，应采取相应的临时防护措施，并报公司安全部门备案，制订整改计划或列入公司隐患治理整改项目，按照相应的规定进行治理。

(4)复查。受检单位收到隐患整改通知书或停工指令书应立即进行整改，隐患进行整改后，受检单位应填写隐患整改回执单，按规定的期限上报隐患整改结果，由检查负责人派专人进行隐患整改情况的验收。

(5)销案。检查单位针对相关复查部位确认合格后，在原隐患整改通知书及停工指令书上签署复查意见，复查人签名，即行销案。

3. 奖励与处罚

(1)依据检查结果，对安全生产取得良好成绩和避免重大事故的有关人员给予表扬和奖励。

(2)对安全体系不能正常运行，存在诸多事故隐患，危及安全生产的单位和个人按规定予以批评和处罚；对违章指挥、违章作业、违反劳动纪律的单位和个人按照公司奖惩规定予以处罚。

第四章　建设工程施工分部分项工程安全技术

第一节　基础工程安全技术

一、基础工程安全技术

基础工程施工容易发生基坑坍塌、中毒、触电、机械伤害等类型生产安全事故，坍塌事故尤为突出。

1. 基础工程施工安全隐患的主要表现形式

(1)挖土机械作业无可靠的安全距离

(2)没有按规定放坡或设置可靠的支撑

(3)设计的考虑因素和安全可靠性不够

(4)地下水没做到有效控制

(5)土体出现渗水、开裂、剥落

(6)在底部进行掏挖

(7)沟槽内作业人员过多

(8)施工时地面上无专人巡视监护

(9)堆土离坑槽边过近、过高

(10)邻近的坑槽有影响土体稳定的施工作业

(11)基础施工离现有建筑物过近，其间土体不稳定

(12)防水施工无防火、防毒措施

(13)灌注桩成孔后未覆盖孔口

(14)人工挖孔桩施工前不进行有毒气体检测

2. 基坑发生坍塌以前的主要迹象

(1)周围地面出现裂缝，并不断扩展

(2)支撑系统发出挤压等异常响声

(3)环梁或排桩、挡墙的水平位移较大，并持续发展

(4)支护系统出现局部失稳

(5)大量水土不断涌入基坑

(6)相当数量的锚杆螺母松动,甚至有的槽钢松脱等

3. 基础工程施工安全控制的主要内容

(1)挖土机械作业安全

(2)边坡与基坑支护安全

(3)降水设施与临时用电安全

(4)防水施工时的防火、防毒安全

(5)桩基施工的安全防范

4. 基坑(槽)施工安全控制要点

(1)专项施工方案的编制

1)土方开挖之前要根据土质情况、基坑深度以及周边环境确定开挖方案和支护方案,深基坑或土层条件复杂的工程应委托具有岩土工程专业资质的单位进行边坡支护的专项设计。

2)编制专项方案的范围

①开挖深度超过3m(含3m)或虽未超过3m,但地质条件和周边环境复杂的基坑(槽)支护、降水工程;

②开挖深度超过3m(含3m)的基坑(槽)的土方开挖工程。

3)编制专项方案且进行专家论证的范围

①开挖深度超过5m(含5m)的基坑(槽)的土方开挖、支护、降水工程;

②开挖深度虽未超过5m,但地质条件、周围环境和地下管线复杂,或影响毗邻建筑(构筑)物安全的基坑(槽)的土方开挖、支护、降水工程。深基坑工程专项方案还需进行专家论证。

4)土方开挖专项施工方案的主要内容应包括:放坡要求、支护结构设计、机械选择、开挖时间、开挖顺序、分层开挖深度、坡道位置、车辆进出道路、降水措施及监测要求等。

(2)基坑(槽)开挖前的勘察内容

1)详尽搜集工程地质和水文地质资料;

2)认真查明地上、地下各种管线(如上下水、电缆、煤气、污水、雨水、热力等管线或管道)的分布和性状、位置和运行状况;

3)充分了解和查明周围建(构)筑物的状况;

4)充分了解和查明周围道路交通状况;

5)充分了解周围施工条件。

(3)基坑(槽)土方开挖与回填安全技术措施

1)基坑(槽)开挖时,两人操作间距应大于2.5m。多台机械开挖,挖土机间

距应大于10m。在挖土机工作范围内,不允许进行其他作业。挖土应由上而下,逐层进行,严禁先挖坡脚或逆坡挖土。

2)土方开挖不得在危岩、孤石的下边或贴近未加固的危险建筑物的下面进行。施工中在基坑周边应设排水沟,防止地面水流入或渗入坑内,以免发生边坡塌方。

3)基坑周边严禁超堆荷载。在坑边堆放弃土、材料和移动施工机械时,应与坑边保持一定的距离,当土质良好时,要距坑边1m以外,堆放高度不能超过1.5m。

4)基坑(槽)开挖应严格按要求进行放坡。施工时应随时注意土壁的变化情况,如发现有裂纹或部分坍塌现象,应及时进行加固支撑或放坡,并密切注意支撑的稳固和土壁的变化,同时对坡顶、坡面、坡脚采取降排水措施。当采取不放坡开挖时,应设置临时支护,各种支护应根据土质及基坑深度经计算确定。

5)采用机械多台阶同时开挖时,应验算边坡的稳定,挖土机离边坡应保持一定的安全距离,以防塌方,造成翻机事故。

6)在有支撑的基坑(槽)中使用机械挖土时,应采取必要措施防止碰撞支护结构、工程桩或扰动基底原土。在坑槽边使用机械挖土时,应计算支护结构的整体稳定性,必要时应采取措施加强支护结构。

7)开挖至坑底标高后坑底应及时满封闭并进行基础工程施工。

8)地下结构工程施工过程中应及时进行夯实回填土施工。在进行基坑(槽)和管沟回填土时,其下方不得有人,所使用的打夯机等要检查电器线路,防止漏电、触电,停机时要切断电源。

9)在拆除护壁支撑时,应按照回填顺序,从下而上逐步拆除。更换护壁支撑时,必须先安装新的,再拆除旧的。

(4)基坑开挖的监控

1)基坑开挖前应制定系统的开挖监控方案,监控方案应包括监控目的、监测项目、监控报警值、监测方法及精度要求、监测点的布置、监测周期、工序管理和记录制度以及信息反馈系统等。

2)基坑工程的监测包括支护结构的监测和周围环境的监测。重点是做好支护结构水平位移、周围建筑物、地下管线变形、地下水位等的监测。

(5)地下水控制

1)为保证基坑开挖安全,在支护结构设计时,应根据场地及周边工程地质条件、水文地质条件和环境条件并结合基坑支护和基础施工方案综合确定地下水控制的设施和施工。

2)地下水控制方法分为集水明排、降水、截水和回灌等形式,可单独或组合使用。

3)当因降水而危及基坑及周边环境安全时,宜采用截水或回灌方法。如果截水后，基坑中的水量或水压较大时，宜采用基坑内降水。

4)当基坑底为隔水层且层底作用有承压水时，应进行坑底突涌验算，必要时可采取水平封底隔渗或钻孔减压措施保证坑底土层稳定。

(6)基坑施工的安全应急措施

1)在基坑开挖过程中，一旦出现了渗水或漏水，应根据水量大小，采用坑底设沟排水、引流修补、密实混凝土封堵、压密注浆、高压喷射注浆等方法及时进行处理。

2)如果水泥土墙等重力式支护结构位移超过设计估计值时，应予以高度重视，同时做好位移监测，掌握发展趋势。如果位移持续发展，超过设计值较多时，则应采用水泥土墙背后卸载、加快垫层施工及加大垫层厚度和加设支撑等方法及时进行处理。

3)如果悬臂式支护结构位移超过设计值时，应采取加设支撑或锚杆、支护墙背卸土等方法及时进行处理。如果悬臂式支护结构发生深层滑动时，应及时浇筑垫层，必要时也可以加厚垫层，形成下部水平支撑。

4)如果支撑式支护结构发生墙背土体沉陷，应采取增设坑外回灌井、进行坑底加固、垫层随挖随浇、加厚垫层或采用配筋垫层、设置坑底支撑等方法及时进行处理。

5)对于轻微的流沙现象，在基坑开挖后可采用加垫层浇筑或加厚垫层的方法“压住”流沙。对于较严重的流沙，应增加坑内降水措施进行处理。

6)如果发生管涌，可以在支护墙前再打设一排钢板桩，在钢板桩与支护墙间进行注浆。

7)对邻近建筑物沉降的控制一般可以采用回灌井、跟踪注浆等方法。对于沉降很大，而压密注浆又不能控制的建筑，如果基础是钢筋混凝土的，则可以考虑采用静力锚杆压桩的方法进行处理。

8)对于基坑周围管线保护的应急措施一般包括增设回灌井、打设封闭桩或管线架空等方法。

5. 打(沉)桩施工安全控制要点

(1)打(沉)桩施工前，应编制专项施工方案，对邻近的原有建筑物、地下管线等进行全面检查，对有影响的建筑物或地下管线等，应采取有效的加固措施或隔离措施，以确保施工安全。

(2)打桩机行走道路必须保持平整、坚实，保证桩机移动时的安全。场地的四周应挖排水沟用于排水。

(3)在施工前应先对机械进行全面的检查，发现有问题时应及时解决。对机械全面检查后要进行试运转，严禁机械带病作业。

(4)在吊装就位作业时,起吊速度要慢,并要拉住溜绳。在打桩过程中遇有地坪隆起或下陷时,应随时调平机架及路轨。

(5)机械操作人员在施工时要注意机械运转情况,发现异常要及时进行纠正。要防止机械倾斜、倾倒、桩锤突然下落等事故、事件的发生。打桩时桩头垫料严禁用手进行拨正。

(6)钻孔灌注桩在已钻成的孔尚未浇筑混凝土前,必须用盖板封严桩孔。钢管桩打桩后必须及时加盖临时桩帽。预制混凝土桩送桩入土后的桩孔,必须及时用砂或其他材料填灌,以免发生人身伤害事故。

(7)在进行冲抓钻或冲孔锤操作时,任何人不准进入落锤区施工范围内。在进行成孔钻机操作时,钻机要安放平稳,要防止钻架突然倾倒或钻具突然下落而发生事故。

(8)施工现场临时用电设施的安装和拆除必须由持证电工操作。机械设备电器必须按规定做好接零或接地,正确使用漏电保护装置。

6. 灌注桩施工安全控制要点

(1)灌注桩施土前应编制专项施工方案,严格按方案规定的程序组织施工。

(2)灌注桩在已成孔未浇筑前,应用盖板封严或沿四周设安全防护栏杆,以免掉土或发生人身安全事故。

(3)所有的设备电路应架空设置,不得使用不防水的电线或绝缘层有损坏的电线。电器必须有接地、接零和漏电保护装置。

(4)现场施工人员必须戴安全帽,拆除串筒时上垒不得进行作业。严禁酒后操作机械和上岗作业。

(5)混凝土浇筑完毕后,及时抽干空桩部分泥浆,立即用素土回填,以免发生人、物陷落事故。

7. 人工挖孔桩施工安全控制要点

(1)人工挖孔桩施工前应编制专项施工方案,严格按方案规定的程序组织施工。开挖深度超过 16m 的人工挖孔桩工程还要对专项施工方案进行专家论证。

(2)桩孔内必须设置应急软爬梯供人员上下井,使用的电葫芦、吊笼等应安全可靠,并配有自动卡紧保险装置。

(3)每日开工前必须对井下有毒有害气体成分和含量进行检测,并应采取可靠的安全防护措施。桩孔开挖深度超过 10m 时,应配置专门向井下送风的设备。

(4)孔口四周必须挖出的土石方应及时运离孔口,不得堆放在孔口四周 1m 范围内。机动车辆通行应远离孔口。

(5)挖孔桩各孔内用电严禁一闸多用。孔上电缆必须架空 2.0m 以上,严禁拖地和埋压土中,孔内电缆线必须有防磨损、防潮、防断等措施。照明应采用安全矿灯或12V以下的安全电压。

二、土方及基坑工程专项施工安全技术

1. 土方开挖工程施工安全技术

(1)大型土方和开挖较深的基坑工程,施工前要认真研究整个施工区域和施工场地内的工程地质和水文资料、邻近建筑物或构筑物的质量和分布状况、挖土和弃土要求、施工环境及气候条件等,编制专项施工组织设计(方案),制定有针对性的安全技术措施,严禁盲目施工。

(2)基坑开挖后应及时修筑基础,不得长期暴露。基础施工完毕,应抓紧基坑的回填工作。回填基坑时,必须事先清除基坑中不符合回填要求的杂物。在相对的两侧或四周同时均匀进行,并且分层夯实。

(3)施工机械进入施工现场所经过的道路、桥梁和卸车设备等,应事先做好检查和必要的加宽、加固工作。开工前应做好施工场地内机械运行的道路,开辟适当的工作面,以利安全施工。

(4)在饱和黏性土、粉土的施工现场不得边打桩边开挖基坑,应待桩全部打完并间歇一段时间后再开挖,以免影响边坡或基坑的稳定性,并应防止开挖基坑可能引起的基坑内外的桩产生过大位移、倾斜或断裂。

(5)土方开挖前,应会同有关单位对附近已有建筑物或构筑物、道路、管线等进行检查和鉴定,对可能受开挖和降水影响的邻近建(构)筑物、管线,应制定相应的安全技术措施,并在整个施工期间,加强监测其沉降和位移、开裂等情况,发现问题应与设计或建设单位协商采取防护措施,并及时处理。

相邻基坑深浅不等时,一般应按先深后浅的顺序施工,否则应分析后施工的深坑对先施工的浅坑可能产生的危害,并应采取必要的保护措施。

(6)山区施工,应事先了解当地地形地貌、地质构造、地层岩性、水文地质等,如因土石方施工可能产生滑坡时,应采取可靠的安全技术措施。在陡峻山坡脚下施工,应事先检查山坡坡面情况,如有危岩、孤石、崩塌体、古滑坡体等不稳定迹象时,应妥善处理后,才能施工。

(7)基坑开挖工程应验算边坡或基坑的稳定性,并注意由于土体内应力场变化和淤泥土的塑性流动而导致周围土体向基坑开挖方向位移,使基坑邻近建筑物等产生相应的位移和下沉。验算时应考虑地面堆载、地表积水和邻近建筑物的影响等不利因素,决定是否需要支护,选择合理的支护形式。在基坑开挖期间应加强监测。

(8)施工前,应对施工区域内存在的影响施的各种障碍物,如建筑物、道路、沟渠、管线、防空洞、旧基础、坟墓、树木等,进行拆除、清理或迁移,并做好妥善处

理，确保施工安全。

(9)挖土方前对周围环境要认真检查，不能在危险岩石或建筑物下面进行作业。

(10)基坑开挖深度超过9m(或地下室超过二层)，或深度虽未超过9m，但地质条件和周围环境复杂时，在施工过程中要加强监测，施工方案必须由单位总工程师审定，报企业上一级主管部门备查。

(11)上下坑沟应先挖好阶梯或设木梯，不应踩踏土壁及其支撑上下。

(12)土方工程、基坑工程在施工过程中，如发现有文物、古迹遗址或化石等，应立即保护现场并报请有关部门处理。

(13)深基坑四周设防护栏杆，人员上下要有专用爬梯。

(14)用挖土机施工时，挖土机的工作范围内，不得有人进行其他工作；多台机械开挖，挖土机间距大于10m；挖土要自上而下，逐层进行，严禁先挖坡脚的危险作业。

(15)夜间施工时，应合理安排施工项目，防止挖方超挖或铺填超厚。施工现场应根据需要安设照明设施，在危险地段应设置红灯警示。

(16)基坑开挖应严格按要求放坡，操作时应随时注意边坡的稳定情况，如发现有裂纹或部分塌落现象，要及时进行支撑或改缓放坡，并注意支撑的稳固和边坡的变化。

(17)人工开挖时，两人操作间距应保持2～3m，并应自上而下挖掘，严禁采用掏洞的挖掘操作方法。

(18)机械挖土，多台阶同时开挖土方时，应验算边坡的稳定，根据规定和验算确定挖土机离边坡的安全距离。

(19)基坑深度超过14m、地下室为三层或三层以上，地质条件和周围特别复杂及工程影响重大时，有关设计和施工方案，施工单位要协同建设单位组织评审后，报市建设行政主管部门备案。

(20)挖土施工安全要求

1)在斜坡上方弃土时，应保证挖方边坡的稳定。弃土堆应连续设置，其顶面应向外倾斜，以防山坡水流入挖方场地。但坡度陡于1/5或在软土地区，禁止在挖方上侧弃土。在挖方下侧弃土时，要将弃土堆表面整平，并向外倾斜，弃土表面要低于挖方场地的设计标高，或在弃土堆与挖方场地间设置排水沟，防止地面水流入挖方场地。

2)土方开挖宜从上到下分层分段进行，并随时做成一定的坡势以利泄水，且不应在影响边坡稳定的范围内积水。

3)使用时间较长的临时性挖方，土坡坡度要根据工程地质和土坡高度，结合当地同类土体的稳定坡度值确定。

4)在滑坡地段挖方时，应符合下列要求：

①开挖过程中如发现滑坡迹象(如裂缝、滑动等)时，应暂停施工，必要时，所有人员和机械要撤至安全地点，并采取措施及时处理。

②遵循先整治后开挖的施工顺序，在开挖时，须遵循由上到下的开挖顺序，严禁先切除坡脚。

③爆破施工时，严防因爆破震动产生滑坡。

④不宜雨季施工，同时不应破坏挖方上坡的自然植被，并事先作好地面和地下排水设施。

⑤施工前先了解工程地质勘察资料、地形、地貌及滑坡迹象等情况，并制定相应的施工方法和安全技术措施。

⑥抗滑挡土墙要尽量在旱季施工，基槽开挖应分段跳槽进行，并加设支撑；开挖一段就要将挡土墙做好一段。

(21)基坑(槽)和管沟施工安全要求

1)基坑(槽)底部的开挖宽度，除基础底部宽度外，应根据施工需要增加工作面、排水设施和支撑结构的宽度。

2)基坑(槽)、管沟的开挖或回填应连续进行，尽快完成。施工中应防止地面水流入坑、沟内，以免边坡塌方或基土遭到破坏。

雨季施工或基坑(槽)、管沟挖好后不能及时进行下一工序时，可在基底标高以上留 150～300mm 厚的土层暂时不挖，待下一工序开始前再挖除。

采用机械开挖基坑(槽)或管沟时，可在基底标高以上预留一层用人工清理，其厚度应根据施工机械确定。

3)管沟底部开挖宽度(有支撑者为撑板间的净宽)，除管道结构宽度外，应增加工作面宽度。每侧工作面宽度应符合表 4-1 的要求。

表 4-1　管沟底部每侧工作面宽度

管道结构宽度/mm	每侧工作面宽度/mm	
	非金属管道	金属管道或砖沟
200～500	400	300
600～1000	500	400
1100～1500	600	600
1600～2500	800	800

注：1. 管道结构宽度指无管座按管身外皮计；有管座按管座外皮计，砖砌或混凝土管沟按管沟外皮计。

2. 沟底需增设排水沟时，工作面宽度可适当增加。

3. 有外防水的砖沟或混凝土沟时，每侧工作面宽度宜取 800mm。

4)土质均匀且地下水位低于基坑(槽)或管沟底面标高时,其挖方边坡可做成直立壁不加支撑。挖方深度应根据土质确定,但不宜超过下列要求:

密实、中实的砂土和碎石类土(充填物为砂土):1m;

硬塑、可塑的轻亚黏土和碎亚黏土:1.25m;

硬塑、可塑的黏土和碎石类土(充填物为黏性土):1.5m;

坚硬的黏土:2m。

基坑(槽)或管沟挖好后,应及时进行地下结构和安装工程施工。在施工过程中,应经常检查坑壁的稳定情况。

挖方深度超过本要求时,应按第5)目的要求放坡或做成直立壁加支撑。

5)地质条件良好、土质均匀且地下水位低于基坑(槽)或管沟底面标高时,挖方深度在5m以内开挖后暴露时间不超过15天的,不加支撑的边坡的最陡坡度应符合表4-2的要求。

表4-2　不加支护基坑(槽)边坡的最大坡度

土的类别	坑壁坡度		
	坑缘无荷载	坑缘静荷载	坑缘有动荷载
中密的砂土	1∶1.00	1∶1.25	1∶1.50
中密的砂石土(充填物为砂土)	1∶0.75	1∶1.00	1∶1.25
稍湿的粉土	1∶0.67	1∶0.75	1∶1.00
中密的砂碎石土(充填物为黏土)	1∶0.50	1∶0.67	1∶0.45
硬塑的粉质黏土、黏土	1∶0.33	1∶0.5	1∶0.67
软土(经井点降水后)	1∶1.00	—	—
泥岩、白垩土、黏土夹有石块	1∶0.25	1∶0.33	1∶0.67
未风化页岩	1∶0	1∶0.1	1∶0.25
岩石	1∶0	1∶0	1∶0

6)坑壁垂直开挖,在土质湿度正常的条件下,对松软土质的基坑,其开挖深度宜小于0.75m;中等密度的(锹挖)土质宜小于1.23m。密实(镐挖)土质宜小于2.0m。黏性土中的垂直坑壁的允许高度尚可用下式决定:

$$h_{max}=2c/K\cdot\tan(45°-\varphi/2)-q/\gamma$$

式中:K——安全系数,可采用1.25;

γ——坑壁土的重力密度(kN/m^2);

φ——坑壁土的内摩擦角(°),对饱和软土,取$\varphi=0$;

q——坑顶护道上的均布荷载(kN/m^2);

c——坑壁土的黏聚力,对饱和软土,取不排水抗剪强度C_n(kN/m^2);

h_{max}——垂直坑壁的允许高度(m)。

7)深基坑或雨季施工的浅基坑的边坡开挖以后，必须随即采取护坡措施，以免边坡坍塌或滑移。护坡方法视土质条件、施工季节、工期长短等情况，可采用塑料布和聚丙烯编织物等不透水薄膜加以覆盖、砂袋护坡、碎石铺砌、喷抹水泥砂浆、铁丝网水泥浆抹面等，并应防止地表水或渗漏水冲刷边坡。

8)基坑深度大于5m且无地下水时，如现场条件许可且较为经济、合理时，可将坑壁坡度适当放缓，或可采取台阶式的放坡形式，并在坡顶和台阶处宜加设宽1m以上的平台。

9)采用钢筋混凝土地下连续墙作坑壁支撑时，混凝土达到设计强度后，方许进行挖土方。

10)开挖基坑(槽)或管沟时，应合理确定开挖顺序和分层开挖深度。当接近地下水位时，应先完成标高最低处的挖方，以便于在该处集中排水。

11)基坑(槽)、管沟的直立壁和边坡，在开挖过程和敞露期间应防止塌陷，必要时应加以保护。

在挖方边坡上侧堆土或材料以及移动施工机械时，应与挖方边缘保持一定距离，以保证边坡和直立壁的稳定。当土质良好时，堆土或材料应距挖方边缘0.8m以外，高度不宜超过1.5m。

在柱基周围、墙基或围墙一侧，不得堆土过高。

12)基坑(槽)或管沟需设置坑壁支撑时，应根据开挖深度、土质条件、地下水位、施工方法、相邻建筑物和构筑物等情况进行选择和设计。支撑必须牢固可靠，确保安全施工。

13)基坑(槽)、管沟回填时，应符合下列要求：

①基础或管沟的现浇混凝土应达到一定强度，不致因填土而受损伤时，方可回填。

②回填土料、每层铺填厚度和压实要求，应按有关规定执行，如设计允许回填土自行沉实时，可不夯实。

③沟(槽)回填顺序，应按基底排水方向由高至低分层进行。

④填土前，应清除沟槽内的积水和有机杂物。

⑤基坑(槽)回填应在相对两侧和四周同时进行。

⑥回填管沟时，为防止管道中心线位移或损坏管道，应用人工先在管子周围夯实，并应从管道两边同时进行，直至管顶0.5m以上。在不损坏管道的情况下，方可采用机械回填和压实。

14)在软土地区开挖基坑(槽)或管沟时，除应按照本节有关要求外，尚应符合下列要求：

①相邻基坑(槽)和管沟开挖时，应遵循先深后浅或同时进行的施工顺序，并

应及时做好基础。

②基坑(槽)开挖后,应尽量减少对基土的扰动。如基础不能及时施工时,可在基底标高以上留 0.1～0.3m 土层不挖,待做基础时挖除。

③施工机械行驶道路应填筑适当厚度的碎(砾)石,必要时应铺设工具式路基箱(板)或梢排等。

④在密集群桩上开挖基坑时,应在打桩完成后间隔一段时间,再对称挖土,邻近四周不得有振动作用。挖土宜分层进行,并应注意基坑土体的稳定,加强土体变形监测,防止由于挖土过快或边坡过陡使基坑中卸载过速、土体失稳等原因而引起桩身上浮、倾斜、位移、断裂等事故。

⑤施工前必须做好地面排水和降低地下水位工作,地下水位应降低至基底以下 0.5～1.0m 后,方可开挖。降水工作应持续到回填完毕,采用明排水时可不受此限。

⑥挖出的土不得堆放在边坡顶上或建筑物(构筑物)附近,应立即转运至规定的距离以外。

15)膨胀土地区开挖基坑(槽)或管沟时,除按照本节有关要求外,尚应符合下列要求:

①开挖前应做好排水工作,防止地表水、施工用水和生活废水浸入施工场地或冲刷边坡。

②基坑(槽)或管沟的开挖、地基与基础的施工和回填土等应连续进行,并应避免在雨天施工。

③采用砂地基时,应先将砂浇水至饱和后再铺填夯实,不得采用基坑(槽)或管沟内浇水使砂沉落的施工方法。

④开挖后,基土不得受烈日暴晒或雨水浸泡,必要时可预留一层不挖,待做基础时挖除。

⑤场地平整后至基坑(槽)、管沟开挖宜间隔一段时间,以减少基土的膨胀变形。

⑥回填土料应符合设计要求。如无设计要求时,宜选用非膨胀土、弱膨胀土或掺有适当比例的石灰及其他松散材料的膨胀土。

2. 基坑支护工程施工安全基本要求

(1)施工现场应划定作业区,安设护栏并设安全标志,非作业人员不得入内。

(2)先开挖后支护的沟槽、基坑,支护必须紧跟挖土工序,土壁裸露时间不宜超过 4h。先支护后开挖的沟槽、基坑,必须根据施工设计要求,确定开挖时间。

(3)施工场地应平整、坚实、无障碍物,能满足施工机具的作业要求。

(4)在现场建(构)筑物附近进行桩工作业前,必须掌握其结构和基础情况,确认安全;机械作业影响建(构)筑物结构安全时,必须先对建(构)筑物采取安全技术措施,经验收确认合格,形成文件后,方可进行机械作业。

(5)沟槽、基坑支护施工前,主管施工技术人员应熟悉支护结构施工设计图纸和地下管线等设施状况,掌握支护方法、设计要求和地下设施的位置、埋深等现况。

(6)上下沟槽、基坑应设安全梯或土坡道、斜道,其间距不宜大于 50m,严禁攀登支护结构。

(7)土壁深度超过 6m,不宜使用悬臂桩支护。

(8)编制施工组织设计中,应根据工程地质、水文地质、开挖深度、地面荷载、施工设备和沟槽、基坑周边环境等状况,对专护结构进行施工设计,其强度、刚度和稳定性应满足邻近建(构)筑物和施工安全的要求,并制定相应的安全技术措施。

(9)施工过程中,严禁利用支护结构支搭作业平台、挂装起重设施等。

(10)拆除支护结构应设专人指挥,作业中应与土方回填密切配合,并设专人负责安全监护。

(11)支护结构施工完成后,应进行检查、验收,确认质量符合施工设计要求,并形成文件后,方可进入沟槽、基坑作业。

(12)大雨、大雪、大雾、沙尘暴和风力 6 级以上(含 6 级)的恶劣天气,必须停止露天桩工、起重机械作业。

(13)施工过程中,对支护结构应经常检查,发现异常应及时处理,并确认合格。

3. 钢木支护施工安全技术

(1)现场支护材料应分类码放整齐,不得随意堆放。支护时,应随支设随供应,不得集中堆放在沟槽、基坑边上。运入槽、坑内的材料应卧放平稳。

(2)使用起重机从地面向沟槽、基坑内运送支护材料时,应符合下列要求。

1)吊运时,沟槽上下均应划定作业区域,非作业人员禁止入内。

2)起吊时,钢丝绳应保持垂直,不得斜吊。

3)运输车辆和起重机与沟槽、基坑边缘的距离,应依荷载、土质、槽深和槽(坑)壁状况确定,且不得小于 1.5m。

4)严禁起重机械超载吊运。

5)作业时,必须由信号工指挥。起吊前,指挥人员应检查吊点、吊索具和周围环境状况,确认安全。

6)作业时,机臂回转范围内严禁有人。

7)起重机、吊索具应完好,防护装置应齐全有效。作业前应检查、试运行,确认符合要求。

8)吊运材料距槽底50cm时，作业人员方可靠近，吊物落地确认稳固或临时支撑牢固后方可摘钩。

(3)支护材料应符合下列要求：

1)木质支护材料的材质应均匀、坚实，严禁使用劈裂、腐朽、扭曲和变形的木料。

2)支护材料的材质、规格、型号应满足施工设计要求。

3)严禁使用断裂、破损、扭曲、变形和腐蚀的钢材。

(4)预钻孔埋置桩施工应符合下列要求：

1)使用机械吊桩时，必须由信号工指挥。吊点应符合施工设计规定。作业时，应缓起、缓转、缓移，速度均匀并用控制绳保持桩平稳。向钻孔内吊桩时，严禁手、脚伸入桩与孔壁间隙。

2)埋置桩间隔设置时，相邻两桩间的土壁在土方开挖过程中，应及时安设挡土板，或挂网喷射护壁混凝土。

3)钻孔应连续完成。成孔后，应及时埋桩至施工设计高度。

4)挡土板安设应符合下列要求：

①挡土板两端的支撑长度应满足施工设计要求；

②挡土板后的空隙应填实；

③挡土板拼接应严密。

5)当桩、墙有支撑或土钉时，支撑、土钉施工应符合下列要求：

①有横梁的支撑结构，应在横梁连接处或其附近设支撑。横梁为焊接钢梁时，接头位置与近支撑点的距离应在支撑间距的1/3以内。

②支撑或土钉作业应与挖土密切配合。每层开挖的深度，不得超过底部撑杆或土钉以下30cm，或施工设计规定的位置。

③施工中，应按照施工设计规定的位置及时安设撑杆或土钉。

6)支撑、土钉必须牢固，严禁碰撞。

(5)人工锤击沉入木桩支护应符合下列要求：

1)作业中，应划定作业区，非作业人员禁止入内。

2)沉桩过程中，应随时检查木夯、铁夯、大锤等，确认操作工具完好，发现松动、破损，必须立即修理或更换。

3)锤击时夯头应对准桩头，严禁用手扶夯头或桩帽。

4)作业时，必须由作业组长负责指挥，统一信号，作业人员的动作应协调一致。

(6)使用人工方法从地面向沟槽、基坑内运送支护材料，应符合下列要求：

1)运送材料过程中，被运送物下方严禁有人，槽内作业人员必须位于安全地带。

2)使用溜槽溜放时，溜槽应坚固，且必须支搭牢固，使用前应检查，确认合格。

3)严禁向沟槽、基坑内投掷和倾卸支护材料。

4)手工传送时，应缓慢，上下作业人员应相互呼应，协调一致。

5)系放时，应根据系放材料的质量确定绳索直径。绳索应坚固，使用前应检查确认符合要求。

(7)拆除支护结构应符合下列要求：

1)拆除支护结构应和回填土紧密结合，自下而上分段、分层进行，拆除中严禁碰撞、损坏未拆除部分的支护结构。

2)拆除前，应根据槽壁土体、支护结构的稳定情况和沟槽、基坑附近建(构)筑物、管线等状况，制订拆除安全技术措施。

3)采用机械拆除沉、埋桩时应符合下列要求：

①拆除作业必须由信号工负责指挥。

②拔除桩后的孔应及时填实，恢复地面原貌。

③吊拔桩的拔出长度至半桩长时，应系控制缆绳保持桩的稳定。

④作业前，应划定作业区和设安全标志，非作业人员不得入内。

⑤吊拔困难或影响邻近建(构)筑物安全时，应暂停作业，待采取相应的安全技术措施，确认安全后方可实施。

⑥拆除前宜先用千斤顶将桩松动。吊拔时应垂直向上，不得斜拉、斜吊，严禁超过机械的起拔能力。

4)拆除立板撑，应在还土至撑杆底面 30cm 以内，方可拆除撑杆和相应的横梁；撑板应随还土的加高逐渐上拔，其埋深不得小于施工设计规定。

5)拆除相邻桩间的挡土板时，每次拆除高度应依据土质、槽深而定；拆除后应及时回填土，槽壁的外露时间不宜超过 4h。

6)拆除沉、埋桩的撑杆时，应待回填土还至撑杆以下 30cm 以内或施工设计规定位置，方可倒撑或拆除撑杆。

7)拆除与回填土施工过程中，应设专人检查，发现槽壁现坍塌征兆或支护结构发生劈裂、位移、变形等情况必须暂停施工，待及时采取安全技术措施，确认安全后方可继续施工。

8)拆除横板密撑应随还土的加高自下而上拆除，一次拆除撑板不宜大于 30cm 或一横板宽。一次拆撑不能保证安全时应倒撑，每步倒撑不得大于原支撑的间距。

9)拆除单板撑、稀撑、井字撑一次拆撑不能保证安全时,必须进行倒撑。

10)采用排水井的沟槽应由排水沟的分水线向两端延伸拆除。

11)拆除的支护材料应及时集中到指定场地,分类码放整齐。

(8)沟槽中采用板撑支护应符合下列要求:

1)施工过程中,应设专人检查,确认支护结构的支设符合施工设计的要求。

2)施工中应根据土质、施工季节、施工环境等情况选用单板撑或井字撑、稀撑、横板密撑、立板密撑支护,如图 4-1、图 4-2、图 4-3、图 4-4、图 4-5 所示。

3)支护前,应将槽壁整修平整,撑板安装应密贴槽壁,立梁或横梁应紧贴撑板,撑杆应水平,支靠应紧密,连接应牢固。

4)倒撑或缓撑,必须在新撑安装牢固后,方可松动旧撑。

5)支护应紧跟沟槽挖土。槽壁开挖后应及时支护,土壤外露时间不宜超过 4h。

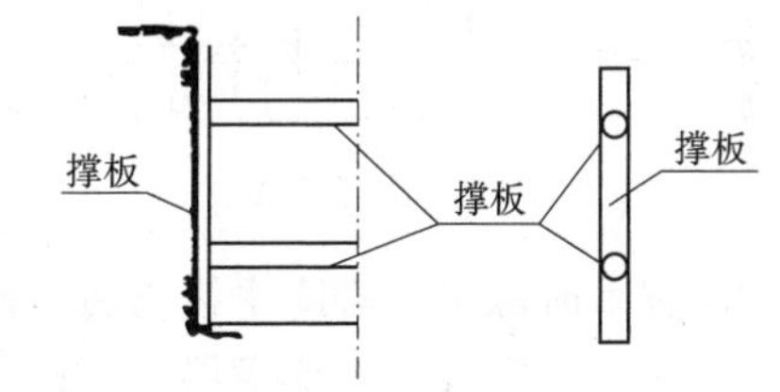

图 4-1　单板撑图

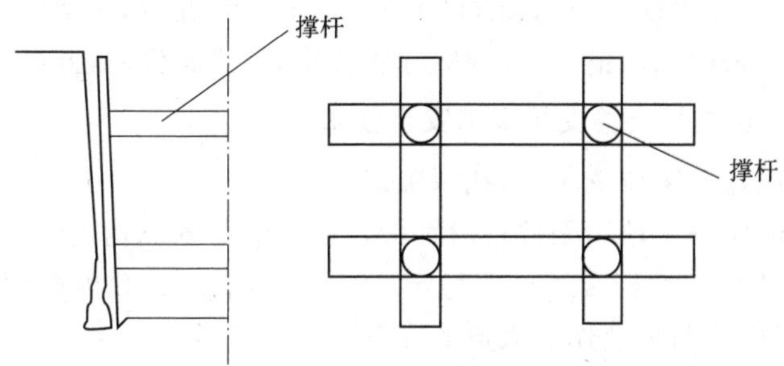

图 4-2　井字撑图

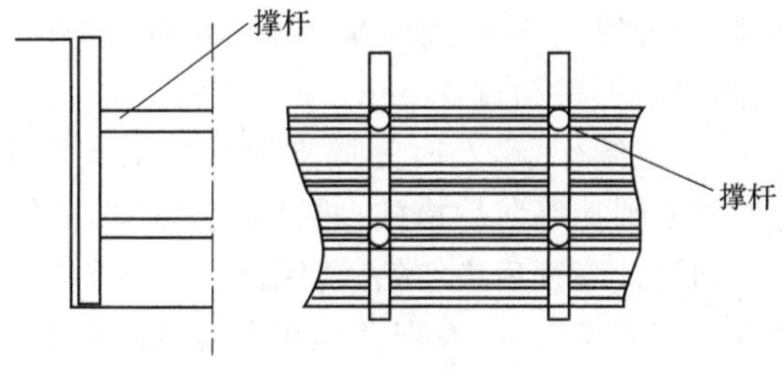

图 4-3　稀撑

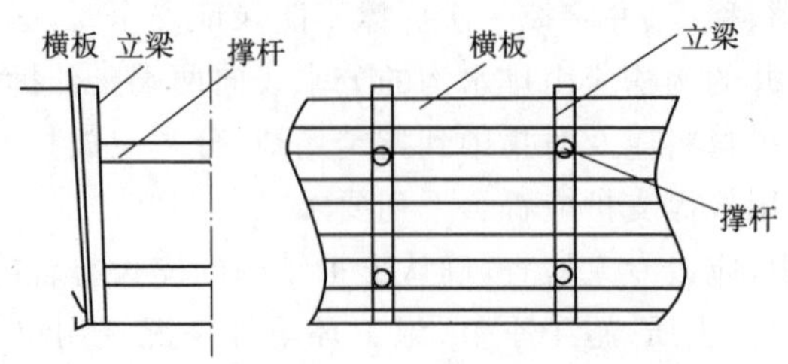

图 4-4　横板密撑

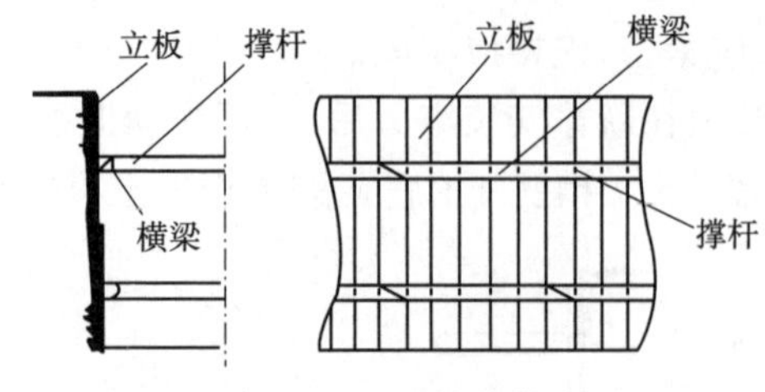

图 4-5　立板密撑

6)沟槽土壤中应无水，有水时应采取排降水措施将水降至槽底 50cm 以下。

7)安设撑板并稳固后，应立即安设立梁或横梁、撑杆。

8)严禁用短木接长作撑杆。

9)槽壁出现裂缝或支护结构发生位移、变形等情况时，必须停止该部位的作业，对支护结构采取加固措施，经检查验收合格，形成文件后，方可继续施工。

4. 碎石压浆混凝土桩支护施工安全技术

(1)桩的成孔间距应依土质、孔深确定。

(2)施工前应根据地质条件，桩径、桩长选择适用的成孔机械。

(3)提出钻孔的钻杆必须放置稳定，并不得影响向钻孔内放钢筋笼、填注碎石和二次注浆作业与危及作业人员的安全。

(4)注浆应分二次进行：首次注浆应在钻孔达到设计高程，经空钻、清底后进行；在注浆过程中应借助浆液的浮力同步提升钻杆；桩孔内有地下水时，在注浆液面达到无塌孔危险位置以上 50cm 处，方可提出钻杆；向碎石的空隙内二次注浆与首次注浆的间隔时间不得超过 45min。

(5)桩孔成孔后，应连续作业，及时完成支护桩施工。特殊情况不能连续施工时，孔口应采取加盖或围挡等防护措施，并设安全标志。

(6)钻孔深度达到设计高程后应空钻、清底。

(7)向钻孔内置入钢筋笼前，应检查绑扎在钢筋笼内侧的高压注浆管的牢固性、接头的严密性和喷孔的通畅性，确认合格。

(8)吊装钢筋笼应使用起重机。作业时，必须设信号工指挥。起吊前信号工应检查吊索具及其与钢筋笼的连接和环境状况，确认安全。

5. **土钉墙支护施工安全技术**

(1)土钉钢筋宜采 HRB335 或 HRB400 级钢筋，钢筋直径宜为 16～32mm，钻孔直径宜为 70～120mm。

(2)土钉墙的墙面坡度不宜大于 1∶0.1。

(3)坡面上下段钢筋网搭接长度应大于 30cm。

(4)土钉墙支护适用于无地下水的沟槽。当沟槽范围内有地下水时，应在施工前采取排降水措施降低地下水。在砂土、虚填土、房碴土等松散土质中，严禁使用土钉墙支护。

(5)土钉的长度宜为开挖深度的 0.5～1.2 倍，间距宜为 1～2m，与水平面夹角宜为 5°～20°。

(6)喷射混凝土和注浆作业人员应按规定佩戴防护用品，禁止裸露身体作业。

(7)土钉墙施工设计中，应确认土钉抗拉承载力、土钉墙整体稳定性满足施工各个阶段施工安全的要求。

(8)注浆材料宜采用水泥浆或水泥砂浆，其强度等级不宜低于 M10。

(9)喷射混凝土面层宜配置钢筋网，钢筋直径宜为 6～10mm，网间距宜为 15～30mm；喷射混凝土强度等级不宜低于 C20，面层厚度不宜小于 8cm。

(10)土钉墙支护，应先喷射混凝土面层后施工土钉。

(11)进入沟槽和支护前，应认真检查和处理作业区的危石、不稳定土层，确认沟槽土壁稳定。

(12)喷射管道安装应正确，连接处应紧固密封。管道通过道路时，应设置在地槽内并加盖保护。

(13)土钉必须和面层有效连接，应设置承压板或加强钢筋等构造措施，承压板、加强钢筋应分别与土钉螺栓、钢筋焊接连接。

(14)喷射支护施工应紧跟土方开挖面。每开挖一层土方后，应及时清理开挖面，安设骨架、挂网，喷射混凝土或砂浆，并符合下列要求：

1)骨架和挂网应安装稳固，挂网应与骨架连接牢固。

2)喷射混凝土或砂浆配比、强度应符合施工设计规定。喷射过程中，应设专人随时观察土壁变化状况，发现异常必须立即停止喷射，采取安全技术措施，确认安全后，方可继续进行。

(15)土钉墙支护应按施工设计规定的开挖顺序自上而下分层进行，随开挖随支护。

(16)施工中应随时观测土体状况，发现墙体裂缝、有坍塌征兆时，必须立即将施工人员撤出基坑、沟槽的危险区，并及时处理，确认安全。

(17)土钉宜在喷射混凝土终凝3h后进行施工，并符合下列要求：

1)钻孔过程应连续完成。作业时，严禁人员触摸钻杆。

2)搬运、安装土钉时，不得碰撞人、设备。

3)土钉类型、间距、长度和排列方式应符合施工设计的规定。

(18)钻孔完成后应及时注浆，并符合下列要求：

1)作业和试验人员应按规定佩戴安全防护用品，严禁裸露身体作业。

2)作业中注浆罐内应保持一定数量的浆液，防止放空后浆液喷出伤人。

3)作业中遗洒的浆液和刷洗机具、器皿的废液，应及时清理，妥善处置。

4)注浆机械操作工和浆液配制人员，必须经安全技术培训，考核合格方可上岗。

5)注浆初始压力不得大于0.1MPa。注浆应分级、逐步升压至控制压力。填充注浆压力宜控制在0.1～0.3MPa。

6)浆液原材料中有强酸、强碱等材料时，必须储存在专用库房内，设专人管理，建立领发料制度，且余料必须及时退回。

7)注浆的材料、配比和控制压力等，必须根据土质情况、施工工艺、设计要求，通过试验确定。浆液材料应符合环境保护要求。

8)使用灰浆泵应符合下列要求：

①作业后应将输送管道中的灰浆全部泵出，并将泵和输送管道清洗干净；

②作业前应检查并确认球阀完好，泵内无干硬灰浆等物，各连接件紧固牢靠，安全阀已调到预定安全压力；

③故障停机时，应先打开泄浆阀使压力下降，再排除故障。灰浆泵压力未达到零时，不得拆卸空气室、安全阀和管道。

(19)施工中每一工序完成后，应隐蔽验收，确认合格并形成文件后，方可进入下一工序。

(20)遇有不稳定的土体，应结合现场实际情况采取防塌措施，并应符合下列要求：

1)土钉支护宜与预应力锚杆联合使用。

2)施工中应加强现场观测，掌握土体变化情况，及时采取应急措施。

3)支护面层背后的土层中有滞水时，应设水平排水管，并将水引出支护层外。

4)在修坡后应立即喷射一层砂浆、素混凝土或挂网喷射混凝土，待达到规定强度后方可设置土钉。

(21)土钉墙的土钉注浆和喷射混凝土层达到设计强度的70%后，方可开挖下层土方。

6. **地下连续墙支护施工安全技术**

(1)用泥浆护壁挖槽施工的地下连续墙,应先构筑导墙。导墙应能满足地下连续墙的施工导向、蓄积泥浆并维持其表面高度、支承挖槽机械设备和其他荷载、维护槽顶表土层的稳定和阻止地面水流入沟槽的要求。

(2)地下连续墙支护的施工设计应遵守现行《建筑基坑支护技术规程》(JGJ 120—2012)的有关规定。

(3)导墙的构造应符合下列要求:

1)导墙支撑应每隔 1～1.5m 距离设置。

2)导墙宜采用钢筋混凝土材料构筑,混凝土强度等级不宜低于 C20。

3)导墙的平面轴线应与地下连续墙轴线平行,两导墙的内侧间距宜比地下连续墙体厚度大 4～6cm。

4)导墙底端埋入土内深度宜大于 1m,基底土层应夯实,遇特殊情况应妥善处理。导墙顶面应高出地面,遇地下水位较高时,导墙顶端应高出地下水位。墙后应填土,并与墙顶平齐,全部导墙顶面应保持水平。内墙面应保持垂直。

(4)地下连续墙支护必须具备施工区域内完整的工程地质、水文地质和建(构)筑物结构状况的资料。

(5)导墙施工应符合下列要求:

1)安装预制块导墙时,块件连接处应严密,防止渗漏。

2)导墙混凝土强度达到设计规定后,方可开挖该导墙槽段下的土方。

3)混凝土导墙浇筑和养护时,重型机械、车辆不得在其附近作业。

4)导墙分段施工时,段落划分应与地下连续墙划分的节段错开。

5)导墙土方开挖后,直至导墙混凝土浇筑前,必须在导墙槽边设围挡或护栏和安全标志。

(6)槽壁式地下连续墙的沟槽开挖应符合下列要求:

1)开挖到槽底设计高程后,应对成槽质量进行检查,确认符合技术规定并记录。

2)现场应设泥浆沉淀池,周围应设防护栏杆;废弃泥浆和钻渣,应妥善处理,不得污染环境。

3)开挖前应按已划分的单元节段,决定各段开挖先后次序。挖槽开始后应连续进行,直至节段完成。

4)挖掘的槽壁和接头处应竖直,竖直度允许偏差应符合技术规定;接头处相邻两槽段中心线在任一深度的偏差值不得大于墙厚的 1/3。

5)成槽机械开挖一定深度后,应立即输入调好的泥浆,并保持槽内浆面不低于导墙顶面 30cm。泥浆浓度应满足槽壁稳定的要求，重复使用的泥浆如性能发生变化，应进行再生处理。

6)挖槽时应加强观测，遇槽壁发生坍塌、沟槽偏斜等故障时，应立即停止作业，查明原因，采取相应的安全技术措施，待确认安全后，方可继续作业。遇严重大面积坍塌，应先退出挖掘机械，待采取安全技术措施，确认安全后方可挖掘。

(7)地下连续墙沟槽开挖应选择专业机械，并应符合下列要求：

1)作业前，应检查挖槽机械状况，经试运行，确认合格。

2)施工前应划定作业区，非施工人员不得入内。

3)施工场地应平整、坚实。

4)挖槽机械应安装稳固。

(8)槽段清底应在吊放接头装置前进行，并应符合下列要求：

1)清底工作应包括清除槽底沉淀的泥渣和置换槽中的泥浆。

2)清理槽底和置换泥浆工作结束 1h 后，应检查槽底以上 20cm 处的泥浆密度，确认符合施工设计的规定；并检查槽底沉淀物厚度，确认符合施工设计的要求。

3)清底前应检查节段平面、横截面和竖面位置。遇槽壁竖向倾斜、弯曲和宽度不足等超过允许偏差时，应进行修槽，并确认符合要求。节段接头处应用刷子或高压射水清扫。

(9)挖槽前应完成准备工作，保持挖槽和浇筑混凝土施工正常连续进行。

7. 沉井施工安全技术

(1)沉井的制作高度不宜使重心离地太高，以不超过沉井短边或直径的长度为宜。一般不应超过 12m。特殊情况需要加高时，必须有可靠的计算数据，并采取必要的技术措施。

(2)沉井顶部周围应设防护栏杆。井内的水泵、水力机械管道等设施，必须架设牢固，以防坠落伤人。

(3)采用套井与触变泥浆法施工时，套井四周应设置防护设施。

(4)抽承垫木时，应有专人统一指挥，分区域，按规定顺序进行。并在抽承垫木及下沉时，严禁人员从刃脚、底梁和隔墙下通过。

(5)潜水员的增、减压规定及有关职业病的防治，应按照有关规定进行。

(6)空压机的贮气罐应设有安全阀，输气管道编号，供气控制应有专人负责，在有潜水员工作时，应有滤清器，进气口应设置在能取得洁净空气处。

(7)沉井下沉采用加载助沉时，加载平台应经过计算，加载或卸载范围内，应停止其他作业。

(8)沉井下沉前应把井壁上拉杆螺栓和圆钉割掉。特别在不排水下沉时，应全部清除井内障碍和插筋，以防割破潜水员的潜水服。

(9)当沉井面积较大，采用不排水下沉时，在井内隔墙上应设有潜水员通行的预留孔。井内应搭设专供潜水员使用的浮动操作平台。

(10)沉井的内外脚手，如不能随同沉井下沉时，应和沉井的模板、钢筋分开。井字架、扶梯等设施均不得固定在井壁上，以防沉井突然下沉时被拉倒发生事故。

(11)浮运沉井的防水围壁露出水面的高度，在任何情况下均不得小于1m。

(12)沉井在淤泥质黏土或亚黏土中下沉时，井内的工作平台应用活动平台，严禁固定在井壁、隔墙和底梁上。沉井发生突然下沉，平台应能随井内涌土上升。

(13)采用抓斗抓土时，井孔内的人员和设备应事前撤出，如不撤出，应采取有效的安全措施进行妥善保护。

(14)沉井下沉时，在四周的影响区域内，不应有高压电线杆、地下管道、固定式机具设备和永久性建筑物，否则应采取安全措施。

(15)采用人工挖土机械运输时，土斗装满后，待井下工人躲开，并发出信号，方可起吊。

(16)沉井如由不排水转换为排水下沉时，抽水后应经过观测，确认沉井已经稳定，方允许下井作业。

(17)采用水力机械时，井内作业面与水泵站应建立通信联系。水力机械的水枪和吸泥机应进行试运转，各连接处应严密不漏水。

(18)采用井内抽水强制下沉时，井上人员应离开沉井，不能离开时，应采取安全措施。

(19)沉井水下混凝土封底时，工作平台应搭设牢固，导管周围应有栏杆。平台周围应有栏杆。平台的荷载除考虑人员、机具重量外，还应考虑漏斗和导管堵塞后，装满混凝土时的悬吊重量。

三、建筑施工降、排水工程专项安全技术

1. 一般规定

(1)排降水结束后，集水井、管井和井点孔应及时填实，恢复地面原貌或达到设计要求。

(2)现场施工排水，宜排入已建排水管道内。排水口宜设在远离建(构)筑物的低洼地点并应保证排水畅通。

(3)施工期间施工排降水应连续进行，不得间断。构筑物、管道及其附属构筑物未具备抗浮条件时，不得停止排降水。

(4)施工排水不得在沟槽、基坑外漫流回渗,危及边坡稳定。

(5)排降水机械设备的电气接线、拆卸、维护必须由电工操作,严禁非电工操作。

(6)施工现场应备有充足的排降水设备,并宜设备用电源。

(7)施工降水期间,应设专人对临近建(构)筑物、道路的沉降与变位进行监测,遇异常征兆,必须立即分析原因,采取防护、控制措施。

(8)对临近建(构)筑物的排降水方案必须进行安全论证,确认能保证建(构)筑物、道路和地下设施的正常使用和安全稳定,方可进行排降水施工。

(9)采用轻型井点、管井井点降水时,应进行降水检验,确认降水效果符合要求。降水后,通过观测井水位,确认水位符合施工设计规定,方可开挖沟槽或基坑。

2. 排水井排水

(1)采用明沟排水,排水井宜布置在管道和构筑物基础的范围以外,并不得扰动地基。当构筑物基坑面积较大或基坑底部呈倒锥形时,可在基坑范围内设置,但应使排水井井筒与基础紧密连接,并在终止排水时,便于采取封堵的安全措施。

(2)采用明沟排水,不得扰动地基,并应保证沟槽、基坑边坡的稳定。

(3)修建排水井应符合下列要求:

1)排水井应设安全梯;

2)排水井井底高程,应保证水泵吸水口距动水位以下不小于50cm;

3)排水井处于细砂、粉砂等砂土层时,井底应采取过滤或封闭措施;

4)排水井应根据土质、井深情况对井壁采取支护措施;

5)排水井进水口处土质不稳定时,应采取支护措施;

6)安装预制井筒时,井内严禁有人。

(4)排水井应在沟槽、基坑土方开挖至地下水位以下前建成。

(5)排水沟开挖过程中,遇土质不良,应采取护坡技术措施,保持排水沟和沟槽、基坑的边坡稳定。

(6)排水井内掏挖土方应符合下列要求:

1)井内环境恶劣时,人工掏挖应轮换作业,每次下井时间不宜大于1h;掏挖作业时,井上应设专人监护;

2)上、下排水井应走安全梯;

3)掏挖过程中,应随时观察土壁和支护的变形、稳定情况,发现土壁有坍塌征兆和支护位移、井筒裂缝和歪斜现象,必须立即停止作业,并撤至地面安全地带,待采取措施,确认安全后方可继续作业;

4)在孔口1m范围内不得堆土(泥)。

(7)排水沟应随沟槽基坑的开挖及时超前开挖,其深度不宜小于30cm,并保持排水通畅。

3. 地表水排除

(1)潜水泵运转中30m水域内,人、畜不得入内。

(2)离心泵运转中严禁人员从机上越过。

(3)进入水深超过1.2m水域作业时,必须选派熟悉水性的人员,并应采取防止发生溺水事故的措施。

(4)施工现场水域周围应设护栏和安全标志。

(5)离心式水泵吸水口应设网罩,且距动水位不得小于50cm;潜水泵泵体距动水位不得小于50cm。严禁潜水泵陷入污泥中运行。

4. 管井井点降水

(1)成孔后,应及时安装井管。由于条件限制,不能及时安装时,必须安设围挡、防护栏杆等安全防护设施和安全标志。

(2)电缆不得与井壁或其他尖利物摩擦遭受损伤。

(3)管井井口必须高出地面,不得小于50cm。井口必须封闭,并设安全标志。当环境限制不允许井口高出地面时,井口应设在防护井内;防护井井盖应与地面同高;防护井必须盖牢。

(4)向井管内吊装水泵时,应对准井管,不得将手脚伸入管口,严禁用电缆做吊绳。

(5)井管安装时,吊点位置应正确,吊绳必须拴系牢固,并用控制绳保持井管平衡。向孔内下井管时,严禁手脚伸入管与孔之间。

(6)使用深井泵应符合下列要求:

1)泵在试运转过程中,有明显声响、不出水、出水不连续和电流超过额定值等情况,应停泵查明原因,排除故障后方可投入使用。

2)停泵前应先关闭出水阀,再切断电源,锁闭闸箱。

3)深井泵抽水的含砂量应低于0.01%。

4)泵在运转过程中,应经常观察井中水位变化,水泵的1~2级叶轮应浸入动水位1m以下。

5. 轻型井点降水

(1)高压水冲孔成型应符合下列要求:

1)冲孔水压应从0.2MPa开始,逐步调试至控制压力值。冲孔过程中,不得超过控制压力,且不宜大于1.0MPa。

2)冲孔时应设专人指挥,并划定作业区。非操作人员不得入内。

3)施工场地应平整、坚实,道路通畅,作业空间应满足冲孔机械设备操作的要求。

4)作业中,严禁高压水枪对向人、设备、建(构)筑物。

5)现场应设泥水沉淀池,冲孔排出的泥水,不得任意漫流。

6)严禁在架空线路下方及其附近进行冲孔作业;在电力架空线路一侧冲孔时,应符合施工用电安全要求。

7)吊管时,吊点位置应正确,吊索栓系必须牢固,保持吊装稳定;吊管下方禁止有人。

(2)拔除井点管时应先试拔,确认松动后,方可将井管抽出,不得强拔、斜拔。

(3)降水过程中,应按技术要求观测其真空度和井水位,发现异常应及时采取技术措施,保持正常降水。

(4)井点管、干管、机、泵接头安装应严密。真空度应满足降水要求;滤管的顶部高程应在设计动水位以下且不得小于50cm。

(5)多层井点拆除,必须自底层开始逐层向上进行。当拆除下层井点时,上层井点不得中断抽水。

6. 砂井降水

(1)当钻孔采用套管成孔,吊拔套管时,应垂直向上,边吊拔边填砂滤料,不得一次填满后吊拔。吊拔困难时,应先松动后方可继续吊拔,不得强拔。

(2)砂井中滤料回填后,道路范围内的砂井上端,应恢复原道路结构;道路以外的砂井上端应夯填厚度不小于50cm的非渗透性材料,并与地面同高。

第二节　主体结构工程安全技术

一、混凝土结构工程安全技术

现浇混凝土工程容易发生模板支撑系统整体坍塌、高空坠落、物体打击、触电等类型安全事故。在混凝土浇筑过程中,模板支撑系统整体坍塌事故尤为突出。

1. 现浇混凝土工程安全隐患的主要表现形式

(1)模板与支撑系统部分

1)模板支撑架体地基、基础下沉。

2)架体的杆件间距或步距过大。

3)架体未按规定设置斜杆、剪刀撑和扫地杆。

4)构架的节点构造和连接的紧固程度不符合要求。

5)主梁和荷载显著加大部位的构架未加密、加强。

6)高支撑架未设置一至数道加强的水平结构层。

7)大荷载部位的扣件指标数值不够。

8)架体整体或局部变形、倾斜、架体出现异常响声。

(2)混凝土浇筑过程

1)高处作业安全防护设施不到位。

2)机械设备的安装、使用不符合安全要求。

3)用电不符合安全要求。

4)混凝土浇筑方案不当使支撑架受力不均衡,产生过大的集中荷载、偏心荷载、冲击荷载或侧压力。

5)过早地拆除支撑和模板。

2. 现浇混凝土工程安全控制的主要内容

(1)模板支撑系统设计

(2)模板支拆施工安全

(3)钢筋加工及绑扎、安装作业安全

(4)混凝土浇筑高处作业安全

(5)混凝土浇筑用电安全

(6)混凝土浇筑设备使用安全

3. 现浇混凝土工程的安全控制要点

(1)现浇混凝土工程施工方案的编制

1)现浇混凝土工程施工应编制专项施工方案。

2)施工方案的主要内容应包括模板支撑系统的设计、制作、安装和拆除的施工程序、作业条件。有关模板和支撑系统的设计计算、材料规格、接头方法、构造大样及剪刀撑的设置要求等均应详细说明,并绘制施工详图。

(2)现浇混凝土工程模板支撑系统的选材及安装的安全技术措施

1)支撑系统的选材及安装应按设计要求进行,基土上的支撑点应牢固平整,支撑在安装过程中应考虑必要的临时固定措施,以保证其稳定性。

2)支撑系统的立柱材料可选用钢管、门形架、木杆,其材质和规格应符合设计和安全要求。

3)立柱底部支承结构必须具有支承上层荷载的能力。为合理传递荷载,立柱底部应设置木垫板,禁止使用砖及脆性材料铺垫。当支承在地基上时,应对地基土的承载力进行验算。

4)为保证立柱的整体稳定,在安装立柱的同时,应加设水平支撑和剪刀撑。

5)立柱的间距应经计算确定,按照施工方案的规定设置。若采用多层支模,上下层立柱要垂直,并应在同一垂直线上。

(3)模板工程专项方案的编制

模板工程及支撑体系施工前,要按有关规定编制专项方案,必要时进行专家论证。

1)模板工程及支撑体系需编制专项方案的范围。

①各类工具式模板工程:包括大模板、滑模、爬模、飞模等工程。

②混凝土模板支撑工程:搭设高度5m及以上;搭设跨度10m及以上;施工总荷载$10kN/m^2$及以上;集中线荷载$15kN/m^2$及以上;高度大于支撑水平投影宽度且相对独立无联系构件的混凝土模板支撑工程。

③承重支撑体系:用于钢结构安装等满堂支撑体系。

2)模板工程及支撑体系须编制专项方案,且必须进行专家论证的范围。

①工具式模板工程:包括滑模、爬模、飞模工程。

②混凝土模板支撑工程:搭设高度8m及以上;搭设跨度18m及以上;施工总荷载$15kN/m^2$及以上;集中线荷载20kN/m及以上。

③承重支撑体系:用于钢结构安装等满堂支撑体系,承受单点集中荷载700kg以上。

(4)混凝土浇筑施工的安全技术措施

1)混凝土浇筑作业人员的作业区域内,应按高处作业的有关规定,设置临边、洞口安全防护设施。

2)混凝土浇筑所使用机械设备的接零(接地)保护、漏电保护装置应齐全有效,作业人员应正确使用安全防护用具。

3)交叉作业应避免在同一垂直作业面上进行,否则应按规定设置隔离防护设施。

4)用井架运输混凝土时,应设制动安全装置,升降应有明确信号,操作人员未离开提升台时,不得发升降信号。提升台内停放的手推车不得伸出台外,车辆前后要挡牢。

5)用料斗进行混凝土吊运时,料斗的斗门在装料吊运前一定要关好卡牢,以防止吊运过程被挤开抛卸。

6)用溜槽及串筒下料时,溜槽和串筒应固定牢固,人员不得直接站到溜槽帮上操作。

7)用混凝土输送泵泵送混凝土时,混凝土输送泵的管道应连接和支撑牢固,试送合格后才能正式输送,检修时必须卸压。

8)有倾倒、掉落危险的浇筑作业应采取相应的安全防护措施。

二、模板施工安全技术

1. 模板构造与安装

(1)一般规定

1)模板安装前必须做好下列安全技术准备工作：

①应审查模板结构设计与施工说明书中的荷载、计算方法、节点构造和安全措施，设计审批手续应齐全。

②应进行全面的安全技术交底，操作班组应熟悉设计与施工说明书，并应做好模板安装作业的分工准备。采用爬模、飞模、隧道模等特殊模板施工时，所有参加作业人员必须经过专门技术培训，考核合格后方可上岗。

③应对模板和配件进行挑选、检测，不合格者应剔除，并应运至工地指定地点堆放。

④备齐操作所需的一切安全防护设施和器具。

2)模板构造与安装应符合下列规定：

①模板安装应按设计与施工说明书顺序拼装。木杆、钢管、门架等支架立柱不得混用。

②竖向模板和支架立柱支承部分安装在基土上时，应加设垫板，垫板应有足够强度和支承面积，且应中心承载。基土应坚实，并应有排水措施。对湿陷性黄土应有防水措施；对特别重要的结构工程可采用混凝土、打桩等措施防止支架柱下沉。对冻胀性土应有防冻融措施。

③当满堂或共享空间模板支架立柱高度超过 8m 时，若地基土达不到承载要求，无法防止立柱下沉，则应先施工地面下的工程，再分层回填夯实基土，浇筑地面混凝土垫层，达到强度后方可支模。

④模板及其支架在安装过程中，必须设置有效防倾覆的临时固定设施。

⑤现浇钢筋混凝土梁、板，当跨度大于 4m 时，模板应起拱；当设计无具体要求时，起拱高度宜为全跨长度的 1/1000～3/1000。

⑥现浇多层或高层房屋和构筑物，安装上层模板及其支架应符合下列规定：

a. 下层楼板应具有承受上层施工荷载的承载能力，否则应加设支撑支架；

b. 上层支架立柱应对准下层支架立柱，并应在立柱底铺设垫板；

c. 当采用悬臂吊模板、桁架支模方法时，其支撑结构的承载能力和刚度必须符合设计构造要求。

⑦当层间高度大于 5m 时，应选用桁架支模或钢管立柱支模；当层间高度小于或等于 5m 时，可采用木立柱支模。

3)安装模板应保证工程结构和构件各部分形状、尺寸和相互位置的正确，防止漏浆，构造应符合模板设计要求。

模板应具有足够的承载能力、刚度和稳定性，应能可靠承受新浇混凝土自重和侧压力以及施工过程中所产生的荷载。

4)拼装高度为 2m 以上的竖向模板，不得站在下层模板上拼装上层模板。安装过程中应设置临时固定设施。

5)当承重焊接钢筋骨架和模板一起安装时，应符合下列规定：

①梁的侧模、底模必须固定在承重焊接钢筋骨架的节点上；

②安装钢筋模板组合体时，吊索应按模板设计的吊点位置绑扎。

6)当支架立柱成一定角度倾斜，或其支架立柱的顶表面倾斜时，应采取可靠措施确保支点稳定，支撑底脚必须有防滑移的可靠措施。

7)除设计图另有规定者外，所有垂直支架柱应保证其垂直。

8)对梁和板安装二次支撑前，其上不得有施工荷载，支撑的位置必须正确。安装后所传给支撑或连接件的荷载不应超过其允许值。

9)支撑梁、板的支架立柱构造与安装应符合下列规定：

①梁和板的立柱，其纵横向间距应相等或成倍数。

②木立柱底部应设垫木，顶部应设支撑头。钢管立柱底部应设垫木和底座，顶部应设可调支托，U 形支托与楞梁两侧间如有间隙，必须楔紧，其螺杆伸出钢管顶部不得大于 200mm，螺杆外径与立柱钢管内径的间隙不得大于 3mm，安装时应保证上下同心。

③在立柱底距地面 200mm 高处，沿纵横水平方向应按纵下横上的程序设扫地杆。可调支托底部的立柱顶端应沿纵横向设置一道水平拉杆。扫地杆与顶部水平拉杆之间的间距，在满足模板设计所确定的水平拉杆步距要求条件下，进行平均分配确定步距后，在每一步距处纵横向应各设一道水平拉杆。当层高在 8～20m 时，在最顶步距两水平拉杆中间应加设一道水平拉杆；当层高大于 20m 时，在最顶两步距水平拉杆中间应分别增加一道水平拉杆。所有水平拉杆的端部均应与四周建筑物顶紧顶牢。无处可顶时，应在水平拉杆端部和中部沿竖向设置连续式剪刀撑。

④木立柱的扫地杆、水平拉杆、剪刀撑应采用 40mm×50mm 木条或 25mm×80mm 的木板条与木立柱钉牢。钢管立柱的扫地杆、水平拉杆、剪刀撑应采用 ϕ48mm×3.5mm 钢管，用扣件与钢管立柱扣牢。木扫地杆、水平拉杆、剪刀撑应采用搭接，并应采用铁钉钉牢。钢管扫地杆、水平拉杆应采用对接，剪刀撑应采用搭接，搭接长度不得小于 500mm，并应采用 2 个旋转扣件分别在离杆端不小于 100mm 处进行固定。

10)施工时，在已安装好的模板上的实际荷载不得超过设计值。已承受荷载的支架和附件，不得随意拆除或移动。

11）组合钢模板、滑升模板等的构造与安装，尚应符合现行国家标准《组合钢模板技术规范》（GB/T 50214—2013）和《滑动模板工程技术规范》（GB 50113—2005）的相应规定。

12）安装模板时，安装所需各种配件应置于工具箱或工具袋内，严禁散放在模板或脚手板上；安装所用工具应系挂在作业人员身上或置于所佩戴的工具袋中，不得掉落。

13）当模板安装高度超过 3.0m 时，必须搭设脚手架，除操作人员外，脚手架下不得站其他人。

14）吊运模板时，必须符合下列规定：

①作业前应检查绳索、卡具、模板上的吊环，必须完整有效，在升降过程中应设专人指挥，统一信号，密切配合。

②吊运大块或整体模板时，竖向吊运不应少于 2 个吊点，水平吊运不应少于 4 个吊点。吊运必须使用卡环连接，并应稳起稳落，待模板就位连接牢固后，方可摘除卡环。

③吊运散装模板时，必须码放整齐，待捆绑牢固后方可起吊。

④严禁起重机在架空输电线路下面工作。

⑤遇 5 级及以上大风时，应停止一切吊运作业。

15）木料应堆放在下风向，离火源不得小于 30m，且料场四周应设置灭火器材。

（2）支架立柱构造与安装

1）梁式或桁架式支架的构造与安装应符合下列规定：

①采用伸缩式桁架时，其搭接长度不得小于 500mm，上下弦连接销钉规格、数量应按设计规定，并应采用不少于 2 个 U 形卡或钢销钉销紧，2 个 U 形卡距或销距不得小于 400mm；

②安装的梁式或桁架式支架的间距设置应与模板设计图一致；

③支承梁式或桁架式支架的建筑结构应具有足够强度，否则，应另设立柱支撑；

④若桁架采用多榀成组排放，在下弦折角处必须加设水平撑。

2）工具式立柱支撑的构造与安装应符合下列规定：

①工具式钢管单立柱支撑的间距应符合支撑设计的规定；

②立柱不得接长使用；

③所有夹具、螺栓、销子和其他配件应处在闭合或拧紧的位置。

3）木立柱支撑的构造与安装应符合下列规定：

①木立柱宜选用整料，当不能满足要求时，立柱的接头不宜超过 1 个，并应

采用对接夹板接头方式。立柱底部可采用垫块垫高,但不得采用单码砖垫高,垫高高度不得超过 300mm;

②木立柱底部与垫木之间应设置硬木对角楔调整标高,并应用铁钉将其固定在垫木上;

③木立柱间距、扫地杆、水平拉杆、剪刀撑的设置应符合规范要求,严禁使用板皮替代规定的拉杆;

④所有单立柱支撑应在底垫木和梁底模板的中心,并应与底部垫木和顶部梁底模板紧密接触,且不得承受偏心荷载;

⑤当仅为单排立柱时,应在单排立柱的两边每隔 3m 加设斜支撑,且每边不得少于 2 根,斜支撑与地面的夹角应为 60°。

4)当采用扣件式钢管作立柱支撑时,其构造与安装应符合下列规定:

①钢管规格、间距、扣件应符合设计要求。每根立柱底部应设置底座及垫板,垫板厚度不得小于 50mm。

②钢管支架立柱间距、扫地杆、水平拉杆、剪刀撑的设置应符合规范要求。当立柱底部不在同一高度时,高处的纵向扫地杆应向低处延长不少于 2 跨,高低差不得大于 1m,立柱距边坡上方边缘不得小于 0.5m。

③立柱接长严禁搭接,必须采用对接扣件连接,相邻两立柱的对接接头不得在同步内,且对接接头沿竖向错开的距离不宜小于 500mm,各接头中心距主节点不宜大于步距的 1/3。

④严禁将上段的钢管立柱与下段钢管立柱错开固定在水平拉杆上。

⑤满堂模板和共享空间模板支架立柱,在外侧周围应设由下至上的竖向连续式剪刀撑;中间在纵横向应每隔 10m 左右设由下至上的竖向连续式剪刀撑,其宽度宜为 4～6m,并在剪刀撑部位的顶部、扫地杆处设置水平剪刀撑(图 4-6)。剪刀撑杆件的底端应与地面顶紧,夹角宜为 45°～60°。当建筑层高在 8～20m 时,除应满足上述规定外,还应在纵横向相邻的两竖向连续式剪刀撑之间增加之字斜撑,在有水平剪刀撑的部位,应在每个剪刀撑中间处增加一道水平剪刀撑(图 4-6)。当建筑层高超过 20m 时,在满足以上规定的基础上,应将所有之字斜撑全部改为连续式剪刀撑(图 4-7)。

⑥当支架立柱高度超过 5m 时,应在立柱周圈外侧和中间有结构柱的部位,按水平间距 6～9m、竖向间距 2～3m 与建筑结构设置一个固结点。

5)当采用标准门架作支撑时,其构造与安装应符合下列规定:

①门架的跨距和间距应按设计规定布置,间距宜小于 1.2m;支撑架底部垫木上应设固定底座或可调底座。门架、调节架及可调底座,其高度应按其支撑的高度确定。

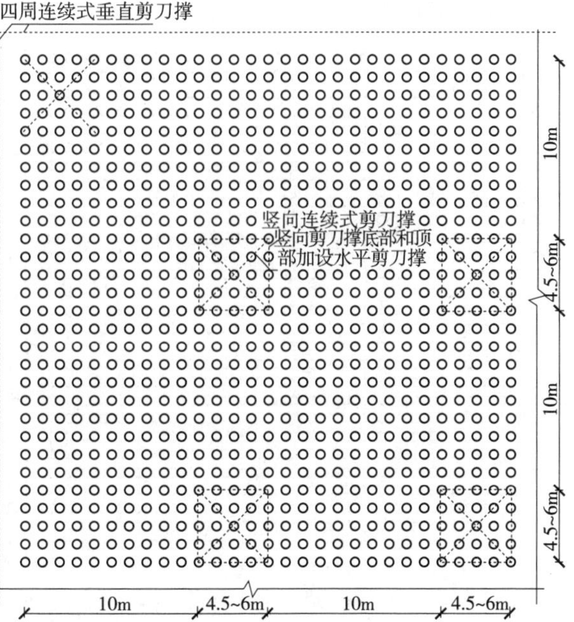

图 4-6　剪刀撑布置图(一)

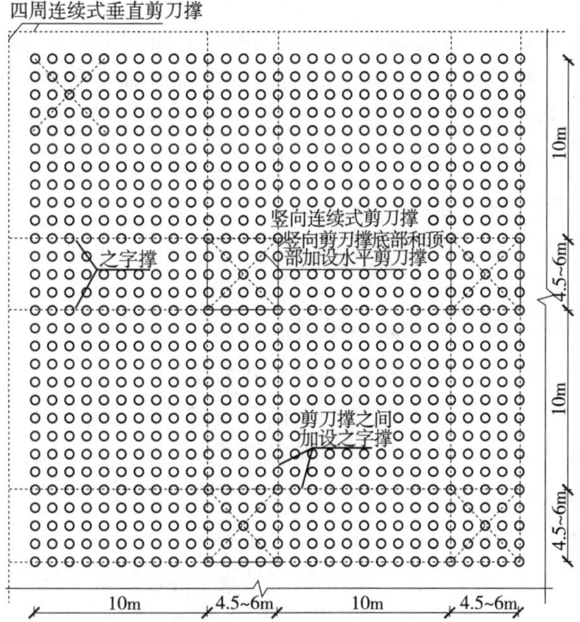

图 4-7　剪刀撑布置图(二)

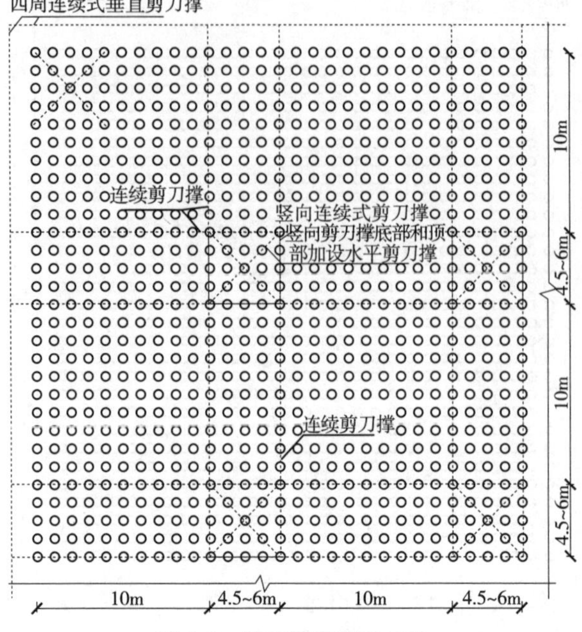

图 4-8　剪刀撑布置图(三)

②门架支撑可沿梁轴线垂直和平行布置。当垂直布置时，在两门架间的两侧应设置交叉支撑；当平行布置时，在两门架间的两侧亦应设置交叉支撑，交叉支撑应与立杆上的锁销锁牢，上下门架的组装连接必须设置连接棒及锁臂。

③当门架支撑宽度为 4 跨及以上或 5 个间距及以上时，应在周边底层、顶层、中间每 5 列、5 排在每门架立杆跟部设 ϕ48mm×3.5mm 通长水平加固杆，并应采用扣件与门架立杆扣牢。

④当门架支撑高度超过 8m 时，剪刀撑不应大于 4 个间距，并应采用扣件与门架立杆扣牢。

⑤顶部操作层应采用挂扣式脚手板满铺。

6)悬挑结构立柱支撑的安装应符合下列要求：

①多层悬挑结构模板的上下立柱应保持在同一条垂直线上；

②多层悬挑结构模板的立柱应连续支撑，并不得少于 3 层。

(3)普通模板构造与安装

1)基础及地下工程模板应符合下列规定：

①地面以下支模应先检查土壁的稳定情况，当有裂纹及塌方危险迹象时，应采取安全防范措施后，方可下人作业。当深度超过 2m 时，操作人员应设梯上下。

②距基槽(坑)上口边缘 1m 内不得堆放模板。向基槽(坑)内运料应使用起

重机、溜槽或绳索；运下的模板严禁立放在基槽(坑)土壁上。

③斜支撑与侧模的夹角不应小于45°，支在土壁的斜支撑应加设垫板，底部的对角楔木应与斜支撑连牢。高大长脖基础若采用分层支模时，其下层模板应经就位校正并支撑稳固后，方可进行上一层模板的安装。

④在有斜支撑的位置，应在两侧模间采用水平撑连成整体。

2)柱模板应符合下列规定：

①现场拼装柱模时，应适时地安设临时支撑进行固定，斜撑与地面的倾角宜为60°，严禁将大片模板系在柱子钢筋上。

②待四片柱模就位组拼经对角线校正无误后，应立即自下而上安装柱箍。

③若为整体预组合柱模，吊装时应采用卡环和柱模连接，不得采用钢筋钩代替。

④柱模校正(用四根斜支撑或用连接在柱模顶四角带花篮螺栓的揽风绳，底端与楼板钢筋拉环固定进行校正)后，应采用斜撑或水平撑进行四周支撑，以确保整体稳定。当高度超过4m时，应群体或成列同时支模，并应将支撑连成一体，形成整体框架体系。当需单根支模时，柱宽大于500mm应每边在同一标高上设置不得少于2根斜撑或水平撑。斜撑与地面的夹角宜为45°～60°，下端尚应有防滑移的措施。

⑤角柱模板的支撑，除满足上款要求外，还应在里侧设置能承受拉力和压力的斜撑。

3)墙模板应符合下列规定：

①当采用散拼定型模板支模时，应自下而上进行，必须在下一层模板全部紧固后，方可进行上一层安装。当下层不能独立安设支撑件时，应采取临时固定措施。

②当采用预拼装的大块墙模板进行支模安装时，严禁同时起吊2块模板，并应边就位、边校正、边连接，固定后方可摘钩。

③安装电梯井内墙模前，必须在板底下200mm处牢固地满铺一层脚手板。

④模板未安装对拉螺栓前，板面应向后倾一定角度。

⑤当钢楞长度需接长时，接头处应增加相同数量和不小于原规格的钢楞，其搭接长度不得小于墙模板宽或高的15％～20％。

⑥拼接时的U形卡应正反交替安装，间距不得大于300mm；2块模板对接接缝处的U形卡应满装。

⑦对拉螺栓与墙模板应垂直，松紧应一致，墙厚尺寸应正确。

⑧墙模板内外支撑必须坚固、可靠，应确保模板的整体稳定。当墙模板外面无法设置支撑时，应在里面设置能承受拉力和压力的支撑。多排并列且间距不

大的墙模板，当其与支撑互成一体时，应采取措施，防止灌筑混凝土时引起临近模板变形。

4)独立梁和整体楼盖梁结构模板应符合下列规定：

①安装独立梁模板时应设安全操作平台，并严禁操作人员站在独立梁底模或柱模支架上操作及上下通行；

②底模与横楞应拉结好，横楞与支架、立柱应连接牢固；

③安装梁侧模时，应边安装边与底模连接，当侧模高度多于2块时，应采取临时固定措施；

④起拱应在侧模内外楞连固前进行；

⑤单片预组合梁模，钢楞与板面的拉结应按设计规定制作，并应按设计吊点试吊无误后，方可正式吊运安装，侧模与支架支撑稳定后方准摘钩。

5)楼板或平台板模板应符合下列规定：

①当预组合模板采用桁架支模时，桁架与支点的连接应固定牢靠，桁架支承应采用平直通长的型钢或木方；

②当预组合模板块较大时，应加钢楞后方可吊运。当组合模板为错缝拼配时，板下横楞应均匀布置，并应在模板端穿插销；

③单块模就位安装，必须待支架搭设稳固、板下横楞与支架连接牢固后进行；

④U形卡应按设计规定安装。

6)其他结构模板应符合下列规定：

①安装圈梁、阳台、雨篷及挑檐等模板时，其支撑应独立设置，不得支搭在施工脚手架上。

②安装悬挑结构模板时，应搭设脚手架或悬挑工作台，并应设置防护栏杆和安全网。作业处的下方不得有人通行或停留。

③烟囱、水塔及其他高大构筑物的模板，应编制专项施工设计和安全技术措施，并应详细地向操作人员进行交底后方可安装。

④在危险部位进行作业时，操作人员应系好安全带。

(4)爬升模板构造与安装

1)进入施工现场的爬升模板系统中的大模板、爬升支架、爬升设备、脚手架及附件等，应按施工组织设计及有关图纸验收，合格后方可使用。

2)爬升模板安装时，应统一指挥，设置警戒区与通信设施，做好原始记录。并应符合下列规定：

①检查工程结构上预埋螺栓孔的直径和位置，并应符合图纸要求；

②爬升模板的安装顺序应为底座、立柱、爬升设备、大模板、模板外侧吊

脚手。

3)施工过程中爬升大模板及支架时,应符合下列规定:

①爬升前,应检查爬升设备的位置、牢固程度、吊钩及连接杆件等,确认无误后,拆除相邻大模板及脚手架间的连接杆件,使各个爬升模板单元彻底分开。

②爬升时,应先收紧千斤钢丝绳,吊住大模板或支架,然后拆卸穿墙螺栓,并检查再无任何连接,卡环和安全钩无问题,调整好大模板或支架的重心,保持垂直,开始爬升。爬升时,作业人员应站在固定件上,不得站在爬升件上爬升,爬升过程中应防止晃动与扭转。

③每个单元的爬升不宜中途交接班,不得隔夜再继续爬升。每单元爬升完毕应及时固定。

④大模板爬升时,新浇混凝土的强度不应低于 1.2N/mm^2。支架爬升时的附墙架穿墙螺栓受力处的新浇混凝土强度应达到 10N/mm^{2}以上。

⑤爬升设备每次使用前均应检查,液压设备应由专人操作。

4)作业人员应背工具袋,以便存放工具和拆下的零件,防止物件跌落。且严禁高空向下抛物。

5)每次爬升组合安装好的爬升模板、金属件应涂刷防锈漆,板面应涂刷脱模剂。

6)爬模的外附脚手架或悬挂脚手架应满铺脚手板,脚手架外侧应设防护栏杆和安全网。爬架底部亦应满铺脚手板和设置安全网。

7)每步脚手架间应设置爬梯,作业人员应由爬梯上下,进入爬架应在爬架内上下,严禁攀爬模板、脚手架和爬架外侧。

8)脚手架上不应堆放材料,脚手架上的垃圾应及时清除。如需临时堆放少量材料或机具,必须及时取走,且不得超过设计荷载的规定。

9)所有螺栓孔均应安装螺栓,螺栓应采用 50～60N·m 的扭矩紧固。一般每爬升一次应全数检查一次。

(5)飞模构造与安装

1)飞模的制作组装必须按设计图进行。运到施工现场后,应按设计要求检查合格后方可使用安装。安装前应进行一次试压和试吊,检验确认各部件无隐患。对利用组合钢模板、门式脚手架、钢管脚手架组装的飞模,所用的材料、部件应符合现行国家标准《组合钢模板技术规范》(GB/T 50214—2013)、《冷弯薄壁型钢结构技术规范》(GB 50018—2002)以及其他专业技术规范的要求。凡属采用铝合金型材、木或竹塑胶合板组装的飞模,所用材料及部件应符合有关专业标准的要求。

2)飞模起吊时,应在吊离地面0.5m后停下,待飞模完全平衡后再起吊。吊装应使用安全卡环,不得使用吊钩。

3)飞模就位后,应立即在外侧设置防护栏,其高度不得小于1.2m,外侧应另加设安全网,同时应设置楼层护栏。并应准确、牢固地搭设出模操作平台。外挑出模操作平台一般分为两种情况,一是为框架结构时,可直接在飞模两端或一端的建筑物外直接搭设出模操作平台。二是因剪力墙或其他构件的障碍,使飞模不能从飞模两端的建筑物外一边或两边搭设出模平台,此时飞模就必须在预定出口处搭设出模操作平台,而将所有飞模都陆续推至一个或两个平台,然后再用吊车吊走。

4)当梁、板混凝土强度达到设计强度的75%时方可拆模,先拆柱、梁模板(包括支架立柱)。然后松动飞模顶部和底部的调节螺栓,使台面下降至梁底以下100mm。此时转运的具体准备工作为:对双肢柱管架式飞模应用撬棍将飞模撬起,在飞模底部木垫板下垫入$\phi 50$钢管滚杠,每块垫板不少于4根。对钢管组合式飞模应将升降运输车推至飞模水平支撑下部合适位置,退出支垫木楔,拔出立柱伸缝腿插销,同时下降升降运输车,使飞模脱模并降低到离梁底50mm。对门式架飞模在留下的4个底托处,安装4个升降装置,并放好地滚轮,开动升降机构,使飞模降落在地滚轮上。对支腿衍架式飞模在每榀桁架下放置3个地滚轮,操纵升降机构,使飞模同步下降,面板脱离混凝土,飞模落在地滚轮上。另外下面的信号工一般负责飞模推出、控制地滚轮、挂捆安全绳和挂钩、拆除安全网及起吊;上面的信号工一般负责平衡吊具的调整,指挥飞模就位和摘钩。当飞模在不同楼层转运时,上下层的信号人员应分工明确、统一指挥、统一信号,并应采用步话机联络。

5)当飞模转运采用地滚轮推出时,前滚轮应高出后滚轮10～20mm,并应将飞模重心标画在旁侧,严禁外侧吊点在未挂钩前将飞模向外倾斜。

6)飞模外推时,必须用多根安全绳一端牢固拴在飞模两侧,另一端围绕在飞模两侧建筑物的可靠部位上,并应设专人掌握;缓慢推出飞模,并松放安全绳,飞模外端吊点的钢丝绳应逐渐收紧,待内外端吊钩挂牢后再转运起吊。

7)在飞模上操作的挂钩作业人员应穿防滑鞋,且应系好安全带,并应挂在上层的预埋铁环上。

8)吊运时,飞模上不得站人和存放自由物料,操作电动平衡吊具的作业人员应站在楼面上,并不得斜拉歪吊。

9)飞模出模时,下层应设安全网,且飞模每运转一次后应检查各部件的损坏情况,同时应对所有的连接螺栓重新进行紧固。

(6)隧道模构造与安装

1)在墙体钢筋绑扎后,检查预埋管线和留洞的位置、数量,并及时清除墙内杂物，组装好的半隧道模应按模板编号顺序吊装就位，并应将2个半隧道模顶板边缘的角钢用连接板和螺栓进行连接，连接板孔的中心距为84mm，以保持顶板间有2～4mm的间隙，以便拆模。如房间开间大于4m，顶板应考虑起拱1/1000。

2)合模后应采用千斤顶升降模板的底沿，按导墙上所确定的水准点调整到设计标高，并应采用斜支撑和垂直支撑调整模板的水平度和垂直度，再将连接螺栓拧紧。

当模板用千斤顶就位固定后，模板底梁上的滚轮距地面的净空不应小于25mm，同时旋转垂直支撑杆，使其离地面20～30mm不再受力，这时应使整个模板的自重及顶板上的活荷载都集中到底梁上的千斤顶上。

3)支卸平台构架的支设，必须符合下列规定：

①两个桁架上弦工字钢的水平方向中心距，必须比开间的净尺寸小400mm，即工字钢各离两侧横墙面200mm；桁架间的水平撑和剪刀撑必须与墙面相距150mm，便于支卸平台吊装就位，平台的受力应合理。

②平台桁架中立柱下面的垫板，必须落在楼板边缘以内400mm左右，并应在楼层下相应位置加设临时垂直支撑。

③支卸平台台面的顶面，必须和混凝土楼面齐平，并应紧贴楼面边缘。相邻支卸平台间的空隙不得过大。支卸平台外周边应设安全护栏和安全网。

4)山墙作业平台应符合下列规定：

①隧道模拆除吊离后，应将特制U形卡承托对准山墙的上排对拉螺栓孔，从外向内插入，并用螺帽紧固。U形卡承托的间距不得大于1.5m。

②将作业平台吊至已埋设的U形卡位置就位，并将平台每根垂直杆件上的ϕ30水平杆件落入U形卡内，平台下部靠墙的垂直支撑用穿墙螺栓紧固。

③每个山墙作业平台的长度不应超过7.5m，且不应小于2.5m，并应在端头分别增加外挑1.5m的三角平台。作业平台外周边应设安全护栏和安全网。

2. 模板拆除

(1)一般规定

1)模板的拆除措施应经技术主管部门或负责人批准，拆除模板的时间可按现行国家标准《混凝土结构工程施工质量验收规范》(GB 50204—2015)的有关规定执行。冬期施工的拆模，应符合专门规定。

2)当混凝土未达到规定强度或已达到设计规定强度，需提前拆模或承受部分超设计荷载时，必须经过计算和技术主管确认其强度能足够承受此荷载后，方可拆除。

3)在承重焊接钢筋骨架作配筋的结构中，承受混凝土重量的模板，应在混凝土达到设计强度的25%后方可拆除承重模板。当在已拆除模板的结构上加置荷载时，应另行核算。

4）大体积混凝土的拆模时间除应满足混凝土强度要求外，还应使混凝土内外温差降低到25℃以下时方可拆模。否则应采取有效措施防止产生温度裂缝。

5）后张预应力混凝土结构的侧模宜在施加预应力前拆除，底模应在施加预应力后拆除。当设计有规定时，应按规定执行。

6）拆模前应检查所使用的工具有效和可靠，扳手等工具必须装入工具袋或系挂在身上，并应检查拆模场所范围内的安全措施。

7）模板的拆除工作应设专人指挥。作业区应设围栏，其内不得有其他工种作业，并应设专人负责监护。拆下的模板、零配件严禁抛掷。

8）拆模的顺序和方法应按模板的设计规定进行。当设计无规定时，可采取先支的后拆、后支的先拆、先拆非承重模板、后拆承重模板，并应从上而下进行拆除。拆下的模板不得抛扔，应按指定地点堆放。

9）多人同时操作时，应明确分工、统一信号或行动，应具有足够的操作面，人员应站在安全处。

10）高处拆除模板时，应符合有关高处作业的规定。严禁使用大锤和撬棍，操作层上临时拆下的模板堆放不能超过3层。

11）在提前拆除互相搭连并涉及其他后拆模板的支撑时，应补设临时支撑。拆模时，应逐块拆卸，不得成片撬落或拉倒。

12）拆模如遇中途停歇，应将已拆松动、悬空、浮吊的模板或支架进行临时支撑牢固或相互连接稳固。对活动部件必须一次拆除。

13）已拆除了模板的结构，应在混凝土强度达到设计强度值后方可承受全部设计荷载。若在未达到设计强度以前，需在结构上加置施工荷载时，应另行核算，强度不足时，应加设临时支撑。

14）遇6级或6级以上大风时，应暂停室外的高处作业。雨、雪、霜后应先清扫施工现场，方可进行工作。

15）拆除有洞口模板时，应采取防止操作人员坠落的措施。洞口模板拆除后，应按国家现行标准《建筑施工高处作业安全技术规范》(JGJ 80—2016)的有关规定及时进行防护。

（2）支架立柱拆除

1）当拆除钢楞、木楞、钢桁架时，应在其下面临时搭设防护支架，使所拆楞梁及桁架先落在临时防护支架上。

2）当立柱的水平拉杆超出2层时，应首先拆除2层以上的拉杆。当拆除最后一道水平拉杆时，应和拆除立柱同时进行。

3)当拆除 4～8m 跨度的梁下立柱时,应先从跨中开始,对称地分别向两端拆除。拆除时,严禁采用连梁底板向旁侧一片拉倒的拆除方法。

4)对于多层楼板模板的立柱,当上层及以上楼板正在浇筑混凝土时,下层楼板立柱的拆除,应根据下层楼板结构混凝土强度的实际情况,经过计算确定。

5)拆除平台、楼板下的立柱时,作业人员应站在安全处。

6)对已拆下的钢楞、木楞、桁架、立柱及其他零配件应及时运到指定地点。对有芯钢管立柱运出前应先将芯管抽出或用销卡固定。

(3)普通模板拆除

1)拆除条形基础、杯形基础、独立基础或设备基础的模板时,应符合下列规定:

①拆除前应先检查基槽(坑)土壁的安全状况,发现有松软、龟裂等不安全因素时,应在采取安全防范措施后,方可进行作业。

②模板和支撑杆件等应随拆随运,不得在离槽(坑)上口边缘 1m 以内堆放。

③拆除模板时,施工人员必须站在安全地方。应先拆内外木楞、再拆木面板;钢模板应先拆钩头螺栓和内外钢楞,后拆 U 形卡和 L 形插销,拆下的钢模板应妥善传递或用绳钩放置地面,不得抛掷。拆下的小型零配件应装入工具袋内或小型箱笼内,不得随处乱扔。

2)拆除柱模应符合下列规定:

①柱模拆除应分别采用分散拆和分片拆 2 种方法。

分散拆除的顺序应为:

拆除拉杆或斜撑,自上而下拆除柱箍或横楞,拆除竖楞,自上而下拆除配件及模板,运走;分类堆放,清理,拔钉,钢模维修,刷防锈油或脱模剂,入库备用。

分片拆除的顺序应为:

拆除全部支撑系统,自上而下拆除柱箍及横楞,拆掉柱角 U 形卡,分 2 片或 4 片拆除模板,原地清理,刷防锈油或脱模剂,分片运至新支模地点备用。

②柱子拆下的模板及配件不得向地面抛掷。

3)拆除墙模应符合下列规定:

①墙模分散拆除顺序应为:

拆除斜撑或斜拉杆,自上而下拆除外楞及对拉螺栓,分层自上而下拆除木楞或钢楞及零配件和模板,运走分类堆放,拔钉清理或清理检修后刷防锈油或脱模剂,入库备用。

②预组拼大块墙模拆除顺序应为:

拆除全部支撑系统;拆卸大块墙模接缝处的连接型钢及零配件;拧去固定埋设件的螺栓及大部分对拉螺栓;挂上吊装绳扣并略拉紧吊绳后,拧下剩余对拉螺栓，用方木均匀敲击大块墙模立楞及钢模板，使其脱离墙体，用撬棍轻轻外撬大块墙模板使全部脱离，指挥起吊；运走；清理；刷防锈油或脱模剂备用。

③拆除每一大块墙模的最后 2 个对拉螺栓后，作业人员应撤离大模板下侧，以后的操作均应在上部进行。个别大块模板拆除后产生局部变形者应及时整修好。

④大块模板起吊时，速度要慢，应保持垂直，严禁模板碰撞墙体。

4)拆除梁、板模板应符合下列规定：

①梁、板模板应先拆梁侧模，再拆板底模，最后拆除梁底模，并应分段分片进行，严禁成片撬落或成片拉拆；

②拆除时，作业人员应站在安全的地方进行操作，严禁站在已拆或松动的模板上进行拆除作业；

③拆除模板时，严禁用铁棍或铁锤乱砸，已拆下的模板应妥善传递或用绳钩放至地面；

④严禁作业人员站在悬臂结构边缘敲拆下面的底模；

⑤待分片、分段的模板全部拆除后，方允许将模板、支架、零配件等按指定地点运出堆放，并进行拔钉、清理、整修、刷防锈油或脱模剂，入库备用。

(4)特殊模板拆除

1)对于拱、薄壳、圆穹屋顶和跨度大于 8m 的梁式结构，应按设计规定的程序和方式从中心沿环圈对称向外或从跨中对称向两边均匀放松模板支架立柱。

2)拆除圆形屋顶、筒仓下漏斗模板时，应从结构中心处的支架立柱开始，按同心圆层次对称地拆向结构的周边。

3)拆除带有拉杆拱的模板时，应在拆除前先将拉杆拉紧。以避免脱模后无水平拉杆来平衡拱的水平推力，导致上弦拱的混凝土断裂垮塌。

(5)爬升模板拆除

1)拆除爬模应有拆除方案，且应由技术负责人签署意见，应向有关人员进行安全技术交底后，方可实施拆除。

2)拆除时应先清除脚手架上的垃圾杂物，并应设置警戒区由专人监护。

3)拆除时应设专人指挥，严禁交叉作业。拆除顺序应为：悬挂脚手架和模板、爬升设备、爬升支架。

①拆除悬挂脚手架和模板的顺序及方法如下：

a. 应自下而上拆除悬挂脚手架和安全措施；

b. 拆除分块模板间的拼接件；

c. 用起重机或其他起吊设备吊住分块模板，并收紧起重索；

d. 拆除模板爬升设备，使模板和爬架脱开；

e. 将模板吊离墙面和爬架，并吊放至地面；

f. 拆除过程中，操作人员必须站在爬架上，严禁站在被拆除的分块模板上。

②支架柱和附墙架的拆除应采用起重机或其他垂直运输机械进行，并符合以下的顺序和方法：

a. 用绳索捆绑爬架，用吊钩吊住绳索，在建筑物内拆除附墙螺栓，如要进入爬架内拆除时，应用绳索拉住爬架，防止晃动；

b. 若螺栓已拆除，必须待人离开爬架后方准将爬架吊放至地面进行拆卸。

4)已拆除的物件应及时清理、整修和保养，并运至指定地点备用。

5)遇 5 级以上大风应停止拆除作业。

(6)飞模拆除

1)脱模时，梁、板混凝土强度等级不得小于设计强度的 75%，或符合《混凝土结构工程施工质量验收规范》(GB 50204—2015)的规定后方可拆模。

2)飞模的拆除顺序、行走路线和运到下一个支模地点的位置，均应按飞模设计的有关规定进行。

飞模脱模转移应根据双支柱管架式飞模、钢管组合式飞模、门式架飞模、铝桁架式飞模、跨越式钢管桁架式飞模和悬架式飞模等各类型的特点作出规定执行。飞模推移至楼层口外约 1.2m 时(重心仍处于楼层支点里面)，将 4 根吊索与飞模吊耳扣牢，然后使安装在吊车主钩下的两只倒链收紧，先使靠外两根吊索受力，使外端处于略高于内的状态，随着主吊钩上升，外端倒链逐渐放松，里端倒链逐渐收紧，使飞模一直保持平衡状态外移。

3)拆除时应先用千斤顶顶住下部水平连接管，再拆去木楔或砖墩(或拔出钢套管连接螺栓，提起钢套管)。推入可任意转向的四轮台车，松千斤顶使飞模落在台车上，随后推运至主楼板外侧搭设的平台上，用塔吊吊至上层重复使用。若不需重复使用时，应按普通模板的方法拆除。

4)飞模拆除必须有专人统一指挥，飞模尾部应绑安全绳，安全绳的另一端应套在坚固的建筑结构上，且在推运时应徐徐放松。

5)飞模推出后，楼层外边缘应立即绑好护身栏。

(7)隧道模拆除

1)拆除前应对作业人员进行安全技术交底和技术培训。

2)拆除导墙模板时，应在新浇混凝土强度达到 1.0N/mm^{2}后，方准拆模。

3)拆除隧道模应按下列顺序进行：

①新浇混凝土强度应在达到承重模板拆模要求后，方准拆模；

②应采用长柄手摇螺帽杆将连接顶板的连接板上的螺栓松开，并应将隧道模分成 2 个半隧道模；

③拔除穿墙螺栓，并旋转垂直支撑杆和墙体模板的螺旋千斤顶，让滚轮落地，使隧道模脱离顶板和墙面；

④放下支卸平台防护栏杆，先将一边的半隧道模推移至支卸平台上，然后再推另一边半隧道模；

⑤为使顶板不超过设计允许荷载，经设计核算后，应加设临时支撑柱。

4)半隧道模的吊运方法，可根据具体情况采用单点吊装法、两点吊装法、多点吊装法或鸭嘴形吊装法。

①单点吊装法。当房间进深不大或吊运单元角模时采用。采用单点吊装法，其吊点应设在模板重心的上方，即待模板重心吊点露出楼板外500mm时，塔吊吊具穿过模板顶板上的预留吊点孔与吊梁牢固连接，这时塔吊稍稍用力，待半隧道模全部推出楼板结构后，再吊至下一个流水段就位。

②两点吊装法。当房间开间比较大而进深不大时采用。吊运程序和单点吊装法基本相同，只是模板的吊点在重心的上方对称设置，塔吊吊运时必须同时挂钩。

③多点吊装法。当房间进深比较大时，需采用三点或四点吊装法，吊点的位置要通过计算来确定，吊运前先进行试吊，经验证无误后方可使用。吊点分两侧挂钩，当半隧道模向楼外推移至前排吊点露出楼板时，塔吊先挂上两个吊点，待半隧道模后排吊点露出楼外时，再挂后排吊点，全部吊点同时吃上力后，再将模板全部吊出楼外送至下一个流水段。

④鸭嘴形吊装法。半隧道模采用鸭嘴形吊梁作吊具，当模板降至预定的标高后，装卸平台护身栏放平，将鸭嘴形吊具插入模板，重心靠横墙模板的一侧，即可吊起半隧道模至楼外，运至下一流水段。

3. 安全管理

(1)从事模板作业的人员，应经安全技术培训。从事高处作业人员，应定期体检，不符合要求的不得从事高处作业。

(2)安装和拆除模板时，操作人员应配戴安全帽、系安全带、穿防滑鞋。安全帽和安全带应定期检查，不合格者严禁使用。

(3)模板及配件进场应有出厂合格证或当年的检验报告，安装前应对所用部件(立柱、楞梁、吊环、扣件等)进行认真检查，不符合要求者不得使用。

(4)模板工程应编制施工设计和安全技术措施，并应严格按施工设计与安全技术措施的规定进行施工。满堂模板、建筑层高8m及以上和梁跨大于或等于15m的模板，在安装、拆除作业前，工程技术人员应以书面形式向作业班组进行施工操作的安全技术交底，作业班组应对照书面交底进行上、下班的自检和互检。

(5)施工过程中的检查项目应符合下列要求：

1)立柱底部基土应回填夯实；

2)垫木应满足设计要求；

3)底座位置应正确，顶托螺杆伸出长度应符合规定；

4)立杆的规格尺寸和垂直度应符合要求，不得出现偏心荷载；

5)扫地杆、水平拉杆、剪刀撑等的设置应符合规定，固定应可靠；

6)安全网和各种安全设施应符合要求。

(6)在高处安装和拆除模板时，周围应设安全网或搭脚手架，并应加设防护栏杆。在临街面及交通要道地区，尚应设警示牌，派专人看管。

(7)作业时，模板和配件不得随意堆放，模板应放平放稳，严防滑落。脚手架或操作平台上临时堆放的模板不宜超过3层，连接件应放在箱盒或工具袋中，不得散放在脚手板上。脚手架或操作平台上的施工总荷载不得超过其设计值。

(8)对负荷面积大和高4m以上的支架立柱采用扣件式钢管、门式钢管脚手架时，除应有合格证外，对所用扣件应采用扭矩扳手进行抽检，其扭矩值必须达到40～65N·m。

(9)多人共同操作或扛抬组合钢模板时，必须密切配合、协调一致、互相呼应。

(10)施工用的临时照明和行灯的电压不得超过36V；当为满堂模板、钢支架及特别潮湿的环境时，不得超过12V。照明行灯及机电设备的移动线路应采用绝缘橡胶套电缆线。

(11)有关避雷、防触电和架空输电线路的安全距离应符合国家现行标准《施工现场临时用电安全技术规范》(JGJ 46—2012)的有关规定。施工用的临时照明和动力线应采用绝缘线和绝缘电缆线，且不得直接固定在钢模板上。夜间施工时，应有足够的照明，并应制定夜间施工的安全措施。施工用临时照明和机电设备线严禁非电工乱拉乱接。同时还应经常检查线路的完好情况，严防绝缘破损漏电伤人。

(12)模板安装高度在2m及以上时，应符合国家现行标准《建筑施工高处作业安全技术规范》(JGJ 80—2016)的有关规定。

(13)模板安装时，上下应有人接应，随装随运，严禁抛掷。且不得将模板支搭在门窗框上，也不得将脚手板支搭在模板上，并严禁将模板与上料井架及有车辆运行的脚手架或操作平台支成一体。

(14)支模过程中如遇中途停歇，应将已就位模板或支架连接稳固，不得浮搁或悬空。拆模中途停歇时，应将已松扣或已拆松的模板、支架等拆下运走，防止构件坠落或作业人员扶空坠落伤人。

(15)作业人员严禁攀登模板、斜撑杆、拉条或绳索等,不得在高处的墙顶、独立梁或在其模板上行走。高空作业人员应通过马道或专用爬梯以及电梯上下通行。

(16)模板施工中应设专人负责安全检查,发现问题应报告有关人员处理。当遇险情时,应立即停工和采取应急措施;待修复或排除险情后,方可继续施工。模板安装应检查如下一些内容:

1)检查模板和支架的布置和施工顺序是否符合施工设计和安全措施的规定;

2)各种连接件、支承件的规格、质量和紧固情况;关键部位的紧固螺栓、支承扣件尚应使用扭矩扳手或其他专用工具检查;

3)支承着力点和组合钢模板的整体稳定性;

4)标高、轴线位置、内廓尺寸、全高垂直度偏差、侧向弯曲度偏差、起拱拱度、表面平整度、板块拼缝、预埋件和预留孔洞等。

(17)寒冷地区冬期施工用钢模板时,不宜采用电热法加热混凝土,否则应采取防触电措施。

(18)在大风地区或大风季节施工时,模板应有抗风的临时加固措施。

(19)当钢模板高度超过 15m 时,应安设避雷设施,避雷设施的接地电阻不得大于 4Ω。

(20)当遇大雨、大雾、沙尘、大雪或 6 级以上大风等恶劣天气时,应停止露天高处作业。5 级及以上风力时,应停止高空吊运作业。雨、雪停止后,应及时清除模板和地面上的积水及冰雪。

(21)使用后的木模板应拔除铁钉,分类进库,堆放整齐。若为露天堆放,顶面应遮防雨篷布。

(22)使用后的钢模、钢构件应符合下列规定:

1)使用后的钢模、桁架、钢楞和立柱应将黏结物清理洁净,清理时严禁采用铁锤敲击的方法。

2)清理后的钢模、桁架、钢楞、立柱,应逐块、逐榀、逐根进行检查,发现翘曲、变形、扭曲、开焊等必须修理完善。

3)清理整修好的钢模、桁架、钢楞、立柱应刷防锈漆。

4)钢模板及配件,使用后必须进行严格清理检查,已损坏断裂的应剔除,不能修复的应报废。螺栓的螺纹部分应整修上油,然后应分别按规格分类装在箱笼内备用。

5)钢模板及配件等修复后,应进行检查验收。凡检查不合格者应重新整修。待合格后方准应用,其修复后的质量标准应符合表 4-3 的规定。

表 4-3　钢模板及配件修复后的质量标准

项目		允许偏差(mm)	项目		允许偏差(mm)
钢结构	板面局部不平度		钢模板	板面锈皮麻面，背面粘混凝土	≤2.0
	板面翘曲矢高			孔洞破裂	≤2.0
	板侧凸棱面翘曲矢高		零配件	U形卡卡口残余变形	≤1.0
	板肋平直度			钢楞及支柱长度方向弯曲度	≤2.0
	焊点脱焊		桁架	侧向平直度	不允许　≤2.0

6)钢模板由拆模现场运至仓库或维修场地时，装车不宜超出车栏杆，少量高出部分必须拴牢，零配件应分类装箱，不得散装运输。

7)经过维修、刷油、整理合格的钢模板及配件，如需运往其他施工现场或入库，必须分类装入集装箱内，杆应成捆、配件应成箱，清点数量，入库或接收单位验收。

8)装车时，应轻搬轻放，不得相互碰撞；卸车时，严禁成捆从车上推下和拆散抛掷。

9)钢模板及配件应放入室内或敞棚内，当需露天堆放时，应装入集装箱内，底部垫高100mm，顶面应遮盖防水篷布或塑料布，集装箱堆放高度不宜超过2层。

三、砌体工程安全技术

(1)砌体结构工程施工中，应按施工方案对施工作业人员进行安全交底，并应形成书面交底记录。

(2)施工机械的使用，应符合现行行业标准《建筑机械使用安全技术规程》(JGJ 33—2012)和《施工现场临时用电安全技术规范》(JGJ 46—2012)的有关规定，并应定期检查、维护。

(3)用升降机、龙门架及井架物料提升机运输材料设备时，应符备现行行业标准《建筑施工升降机安装、使用、拆卸安全技术规程》(JGJ 215—2010)和《龙门架及井架物料提升机安全技术规范》(JGJ 88—2010)的有关规定，且一次提升总重量不得超过机械额定起重或提升能力，并应有防散落、抛洒措施。

(4)车辆运输块材的装箱高度不得超出车厢，砂浆车内浆料应低于车厢上口0.1m。

(5)安全通道应搭设可靠，并应有明显标识。

(6)现场人员应佩戴安全帽，高处作业时应系好安全带。在建工程外侧应设置密目安全网。

(7)采用滑槽向基槽或基坑内人工运送物料时,落差不宜超过5m。严禁向有人作业的基槽或基坑内抛掷物料。

(8)距基槽或基坑边沿2.0m以内不得堆放物料;当在2.0m以外堆放物料时,堆置高度不应大于1.5m。

(9)基础砌筑前应仔细检查基坑和基槽边坡的稳定性,当有塌方危险或支撑不牢固时,应采取可靠措施。作业人员出入基槽或基坑,应设上下坡道、踏步或梯子,并应有雨雪天防滑设施或措施。

(10)砌筑用脚手架应按经审查批准的施工方案搭设,并应符合国家现行相关脚手架安全技术规范的规定。验收合格后,不得随意拆除和改动脚手架。

(11)作业人员在脚手架上施工时,应符合下列规定:

1)在脚手架上砍砖时,应向内将碎砖打在脚手板上,不得向架外砍砖;

2)在脚手架上堆普通砖、多孔砖不得超过3层,空心砖或砌块不得超过2层;

3)翻拆脚手架前,应将脚手板上的杂物清理干净。

(12)在建筑高处进行砌筑作业时,应符合现行行业标准《建筑施工高处作业安全技术规范》(JGJ 80—2016)的相关规定。不得在卸料平台上、脚手架上、升降机、龙门架及井架物料提升机出人口位置进行块材的切割、打凿加工。不得站在墙顶操作和行走。工作完毕应将墙上和脚手架上多余的材料、工具清理干净。

(13)楼层卸料和备料不应集中堆放,不得超过楼板的设计活荷载标准值。

(14)作业楼层的周围应进行封闭围护,同时应设置防护栏及张挂安全网。楼层内的预留洞口、电梯口、楼梯口,应搭设防护栏杆,对大于1.5m的洞口,应设置围挡。预留孔洞应加盖封堵。

(15)生石灰运输过程中应采取防水措施,且不应与易燃易爆物品共同存放、运输。

(16)淋灰池、水池应有护墙或护栏。

(17)未施工楼层板或屋面板的墙或柱,当可能遇到大风时,其允许自由高度不得超过表4-4的规定。当超过允许限值时,应采用临时支撑等有效措施。

表4-4 墙和柱的允许自由高度(m)

墙(柱)厚(mm)	1300＜砌体密度≤1600(kg/m³)			砌体密度＞1600(kg/m³)		
	风载(kN/m²)			风载(kN/m²)		
	0.3(约7级风)	0.4(约8级风)	0.5(约9级风)	0.3(约7级风)	0.4(约8级风)	0.5(约9级风)
190	1.4	1.1	0.7	—	—	—
240	2.2	1.7	1.1	2.8	2.1	1.4

（续）

墙(柱)厚(mm)	1300<砌体密度≤1600(kg/m³) 风载(kN/m²)			砌体密度>1600(kg/m³) 风载(kN/m²)		
	0.3(约7级风)	0.4(约8级风)	0.5(约9级风)	0.3(约7级风)	0.4(约8级风)	0.5(约9级风)
370	4.2	3.2	2.1	5.2	3.9	2.6
490	7.0	5.2	3.5	8.6	6.5	4.3
620	11.4	8.6	5.7	14.0	10.5	7.0

注:1. 本表适用于施工处相对标高H在10m范围内的情况。当10m<H<15m、15m<H<20m时，表中的允许自由高度应分别乘以0.9、0.8的系数;当H>20m时，应通过抗倾覆验算确定其允许自由高度。

2. 当所砌筑的墙有横墙或其他结构与其连接，而且间距小于表内允许自由高度限值的2倍时，砌筑高度可不受本表的限制。

(18)现场加工区材料切割、打凿加工人员，砂浆搅拌作业人员以及搬运人员，应按相关要求佩戴好劳动防护用品。

(19)工程施工现场的消防安全应符合现行国家标准《建设工程施工现场消防安全技术规范》(GB 50720—2011)的有关规定。

四、钢结构工程安全技术

1. 登高作业

(1)搭设登高脚手架应符合现行行业标准《建筑施工扣件式钢管脚手架安全技术规范》(JGJ 130—2001)和《建筑施工碗扣式钢管脚手架安全技术规范》(JGJ 166—2008)的有关规定;当采用其他登高措施时，应进行结构安全计算。

(2)多层及高层钢结构施工应采用人货两用电梯登高，对电梯尚未到达的楼层应搭设合理的安全登高设施。

(3)钢柱吊装松钩时，施工人员宜通过钢挂梯登高，并应采用防坠器进行人身保护。钢挂梯应预先与钢柱可靠连接，并应随柱起吊。钢柱安装时应将安全爬梯、安全通道或安全绳在地面上铺设，固定在构件上，减少高空作业安全隐患。钢柱吊装采取登高摘钩的方法时，尽量使用防坠器，对登高作业人员进行保护。安全爬梯的承载必须经过安全计算。

2. 安全通道

(1)钢结构安装所需的平面安全通道应分层平面连续搭设。

(2)钢结构施工的平面安全通道宽度不宜小于600mm，且两侧应设置安全护栏或防护钢丝绳。

(3)在钢梁或钢桁架上行走的作业人员应佩戴双钩安全带。

3. 洞口和临边防护

(1)边长或直径为 20cm～40cm 的洞口应采用刚性盖板固定防护;边长或直径为 40cm～150cm 的洞口应架设钢管脚手架、满铺脚手板等;边长或直径在 150cm 以上的洞口应张设密目安全网防护并加护栏。

(2)建筑物楼层钢梁吊装完毕后,应及时分区铺设安全网。

(3)楼层周边钢梁吊装完成后,应在每层临边设置防护栏,且防护栏高度不应低于 1.2m。

(4)搭设临边脚手架、操作平台、安全挑网等应可靠固定在结构上。

4. 施工机械和设备

(1)钢结构施工使用的各类施工机械,应符合现行行业标准《建筑机械使用安全技术规程》(JGJ 33—2012)的有关规定。

(2)起重吊装机械应安装限位装置,并应定期检查。

(3)安装和拆除塔式起重机时,应有专项技术方案。

(4)群塔作业应采取防止塔吊相互碰撞措施。

(5)塔吊应有良好的接地装置。

(6)采用非定型产品的吊装机械时,必须进行设计计算,并应进行安全验算。

5. 吊装区安全

(1)吊装区域应设置安全警戒线,非作业人员严禁入内。

(2)吊装物吊离地面 200mm～300mm 时,应进行全面检查,并应确认无误后再正式起吊。

(3)当风速达到 10m/s 时,宜停止吊装作业;当风速达到 15m/s 时,不得吊装作业。

(4)高空作业使用的小型手持工具和小型零部件应采取防止坠落措施。

(5)施工用电应符合现行行业标准《施工现场临时用电安全技术规范》(JGJ 46—2012)的有关规定。

(6)施工现场应有专业人员负责安装、维护和管理用电设备和电线路。

(7)每天吊至楼层或屋面上的构件未安装完时,应采取牢靠的临时固定措施。

(8)压型钢板表面有水、冰、霜或雪时,应及时清除,并应采取相应的防滑保护措施。

6. 消防安全措施

(1)钢结构施工前,应有相应的消防安全管理制度。

(2)现场施工作业用火应经相关部门批准。

(3)施工现场应设置安全消防设施及安全疏散设施,并应定期进行防火巡查。

(4)气体切割和高空焊接作业时,应清除作业区危险易燃物,并应采取防火措施。

(5)现场油漆涂装和防火涂料施工时,应按产品说明书的要求进行产品存放和防火保护。

7. 防腐蚀工程安全

(1)涂装作业安全、卫生应符合现行国家标准《涂装作业安全规程涂漆工艺安全及其通风净化》(GB 6514—2008)、《金属和其他无机覆盖层热喷涂操作安全》(GB 11375—1999)、《涂装作业安全规程安全管理通则》(GB 7691—2011)和《涂装作业安全规程涂漆前处理工艺安全及其通风净化》(GB 7692—2012)的有关规定。

(2)涂装作业场所空气中有害物质不得超过最高允许浓度。

(3)施工现场应远离火源,不得堆放易燃、易爆和有毒物品。

(4)涂料仓库及施工现场应有消防水源、灭火器和消防器具,并应定期检查。消防道路应畅通。

(5)密闭空间涂装作业应使用防爆灯具,安装防爆报警装置;作业完成后油漆在空气中的挥发物消散前,严禁电焊修补作业。

(6)施工人员应正确穿戴工作服、口罩、防护镜等劳动保护用品。

(7)所有电气设备应绝缘良好,临时电线应选用胶皮线,工作结束后应切断电源。

(8)工作平台的搭建应符合有关安全规定。高空作业人员应具备高空作业资格。

第三节 建筑装饰装修安全技术

一、抹灰工程职业健康安全管理

(1)脚手架搭设必须牢固,脚手板铺设不应有空隙、探头板,挡架高度必须满足操作要求。脚手板不得搭设在门窗、暖气片、洗脸池等非承重的器物上。阳台通廊部位抹灰,外侧必须挂设安全网。严禁踩踏脚手架的护身栏杆和阳台栏板进行操作。

(2)采用井字架、龙门架、外用电梯垂直运送材料时,预先检查卸料平台通道的两侧边安全防护是否齐全、牢固,吊盘(笼)内小推车必须加挡车掩,不得向井内探头张望。

(3)作业过程中遇有脚手架与建筑物之间拉接,未经主管同意,严禁拆除。

(4)室内抹灰采用高凳上铺脚手板时,宽度不得少于两块(500mm)脚手板,间距不得大于2m,移动高凳时上面不得站人,作业人员最多不得超过2人。高度超过2m时,应由架子工搭设脚手架。外墙抹灰采用吊篮架子时,其吊篮升降由架子工负责,非架子工不得擅自拆改或升降。遇有六级以上强风、大雨、大雾,应停止室外高处作业。严禁酒后作业和高血压患者上架作业。

(5)强化个人安全意识。施工时禁止穿拖鞋、高跟鞋、硬底鞋在脚手架上工作;架上的工具、材料堆载不应集中,堆载不应超过200kg/m²;工具要搁置稳当,以防止掉落伤人。在两层脚手架上操作时,应尽量避免在同垂直线上作业。施工人员必须戴安全帽。

(6)注意用电安全。临时用移动照明灯时,必须用不大于36V的安全电压。机械操作人员须持证上岗。非操作人员不得动用现场各种用电机械设备。严禁酒后作业和高血压患者上架作业。

(7)冬期施工室内用火炉加热时,必须装设烟囱,严防煤气中毒。

(8)抹灰时,应防止砂浆掉入眼中。

二、门窗工程职业健康安全管理

1. 木门窗安装

(1)安装门、窗,在2m以上的梯子或站在窗台上进行高空作业时,必须系好安全带。

(2)使用电锯、电刨等电动工具,应有防护罩,防止意外、伤人。

(3)施工中使用的电动工具及电气设备,均应符合国家现行标准《施工现场临时用电安全技术规范》(JGJ 46—2012)的规定。

(4)施工现场不得使用明火,并设防火标志,配备数量足够的消防器具。

2. 金属门窗安装

(1)施工人员进入施工现场必须佩戴安全帽,穿防滑的工作鞋,严禁穿拖鞋或光脚。

(2)室外高空作业时必须要有安全网、防护栏等防护设施,同时必须系好安全带。

(3)焊接机具的使用要符合《施工现场临时用电安全技术规范》(JGJ 46—2012)的规定,并应注意电焊火花的防火安全。电动螺丝刀、手电钻、冲击电钻、曲线锯等必须选用二类手持式电动工具。现场用电要符合《施工现场临时用电安全技术规范》(JGJ 46—2012)的规定。

(4)使用射钉枪的人员应进行培训,严格按规定程序操作,严禁枪口对人。

射钉弹要按有关爆炸和危险物品的规定进行搬运、储存和使用，存放环境要整洁、干燥、通风良好，温度不高于40℃，不得碰撞，不用火烘烤或高温加热射钉弹，哑弹不得随地乱扔。

(5)使用射钉枪时，墙体必须稳固、坚实并具承受射击冲力的刚度。在薄墙、轻质墙上射钉时，墙的另一面不得有人，以防射穿伤人。

3. 塑料门窗安装

(1)施工现场成品及辅助材料应堆放整齐、平稳，并应采取防火等安全措施。

(2)安装门窗、玻璃或擦拭玻璃时，严禁手攀窗框、窗扇、窗挺和窗撑；操作时，应系好安全带，且安全带必须有坚固牢靠的挂点，严禁把安全带挂在窗体上。

(3)应经常检查电动工具，不得有漏电现象，当使用射钉枪时应采取安全保护措施。

(4)劳动保护、防火防毒等施工安全技术，应按国家现行标准《建筑施工高处作业安全技术规范》(JGJ 80—2016)执行。

(5)施工过程中，楼下应设警示区域，并应设专人看守，不得让行人进入。

(6)施工中使用电、气焊等设备时，应做好木质品等易燃物的防火措施。

(7)施工中使用的角磨机设备应设有防护罩。

4. 特种门安装

(1)操作人员应戴好安全帽，在2m以上作业面施工应系好安全带，安全带应高挂低用，挂在牢固、结实的地方。

(2)施工用的临时脚手架、高凳等，必须稳固、可靠，确保安全。

(3)使用各种机具应按相应操作规程，并将操作规程挂牌在相应明显位置。

(4)现场用电应符合国家现行标准《施工现场临时用电安全技术规范》(JGJ 46—2012)的规定。

(5)搬运及裁切玻璃和安装玻璃门时应戴手套，防止割破手指或身体其他部位。

(6)施工完的全玻门交工前应做醒目的安全标识，以防人员误撞造成伤害。

(7)卷帘施工时，卷帘下严禁人员停留和行走。

(8)电焊作业时，操作人员应持证上岗，并佩戴劳动保护用品。电焊机应设有空载断电和漏电保护装置。

5. 门窗玻璃安装

(1)包装箱及剩余和损坏的玻璃，应及时清理或送回仓库，以免伤害其他人员。

(2)高处作业和在窗台上安装玻璃时，操作人员应将安全带系在牢固处。安装玻璃时应戴手套，以防伤手。

三、吊顶工程职业健康安全管理

(1)施工中使用的各种架子搭设应符合安全规定,并经安全部门检查合格。铺板不得有探头板和飞挑板。采用高凳上铺脚手板时,宽度不得少于两块脚手板(宽 500mm),间距不得大于 2m,移动高凳时上面不得站人,作业人员最多不得超过 2 人。高度超过 1m 时,应由架子工搭设脚手架。

(2)施工中使用的电动工具及电气设备,均应符合国家现行标准《施工现场临时用电安全技术规范》(JGJ 46—2012)的规定。

(3)使用冲击电钻时,钻头应顶在工件上再打钻,不得空打或顶死,钻孔时应避开混凝土中的钢筋,必须垂直地顶在工件上,不得在钻孔中晃动。

(4)使用各种切割机和电锯,作业时,不得用手触摸刃具、模具、砂轮,发现有磨钝、破损情况应立即停机修整或更换后再使用。操作时,加力要平稳,不得用力过猛。

(5)所有龙骨不能作施工或其他重物悬吊支点。

(6)在高处作业时,上面的材料码放必须平稳可靠,工具不得乱放,应放入工具袋内。工人进入施工现场应戴安全帽,2m 以上作业必须系安全带并应穿防滑鞋。

(7)严格落实各项消防规章管理制度,防止施工现场火灾、爆炸事故的发生。电、气焊工应持证上岗并配备防护用具,使用电、气焊等明火作业时,应清除周围及焊渣溅落区的可燃物,并设专人监护。

(8)施工现场必须配备灭火器、砂箱或其他灭火工具。

四、轻质隔墙工程职业健康安全管理

(1)施工作业人员施工前必须进行安全技术交底。

(2)施工中使用的各种架子搭设应符合安全规定,并经安全部门检查合格。工人进入施工现场应戴安全帽,2m 以上作业必须系安全带并应穿防滑鞋。

(3)施工现场临时用电及机械操作应符合国家现行标准的有关规定。

(4)施工中所用的手持电动工具的开关箱内必须安装隔离开关、短路保护、过负荷保护和漏电保护器。

(5)电气设备应有接地、接零保护,电动工具移动时必须先断电再移动。使用完毕和下班时,必须拉闸断电。

(6)搬运玻璃应戴手套或用布、纸垫等柔软物将手及身体裸露部分与玻璃边缘隔开,散装玻璃必须采用专用运输工具(架)运输。现场玻璃应直立存放并采取措施防止倾倒。

(7)玻璃在安装和搬运过程中,避免碰撞到人体。在竖起玻璃时,人员不得站在玻璃倒向的下方,确保安装工人的安全。大块玻璃存放时,下部应采用木方垫平,斜放85°靠实。

五、饰面板(砖)工程职业健康安全管理

1. 脚手架

(1)操作前,按有关操作规程检查脚手架搭设是否牢固,跳板有无腐朽和探头板。凡不符合安全要求之处应及时修理改正,经检查鉴定合格后,方能进行操作。

(2)距地面3m以上的作业面外侧,必须绑两道牢固的防护栏,并设180mm高的挡脚板或绑扎防护网;利用挑出脚手架时,必须设1m高防护栏杆。

(3)层高在3.6m的抹灰,脚手架必须由架子工搭设,并且宜采用双排脚手架。

(4)在多层脚手架上作业时,尽量避免在同一垂线上工作;如需立体交叉作业时,应有防护措施。

(5)脚手板(跳板)严禁搭设在门窗上、暖气片上、水暖管道上。

(6)无论进行任何作业,一律禁止搭设飞跳板。

2. 垂直运输

(1)垂直运输工具(吊篮、外用电梯等),必须在安装后,经有关部门检查合格方可起用。垂直运输机械必须有防雷接地装置。

(2)超过4m高的建筑必须搭设马道,严禁操作人员乘坐吊篮等不允许载人的垂直运输工具上下。

(3)升降吊篮的卷扬机操作必须搭安全顶棚,并有良好视线。

3. 电动工具及电气器具

(1)施工中使用的电动工具及电气器具,均应符合国家现行标准《施工现场临时用电安全技术规范》(JGJ 46—2012)的要求。

(2)电器机具必须有专人负责,电动机必须有安全可靠的接地装置,电器机具必须设置安全防护装置。

(3)现场临时用电线,不允许架设在钢管脚手架上。在潮湿和易触及带电体场所(如地下室)行灯电压不得超过24V。

4. 施工现场

(1)进入施工现场必须戴安全帽,高空作业必须系安全带;二层以上外脚手架必须设置安全网,禁止穿硬底鞋上脚手架。

(2)未安栏杆的洞口、电梯井口、楼梯间等危险口,必须设置盖板、围栏、安全网等。没有以上措施,操作人员不得进入现场。

(3)夜间施工必须有足够照明灯;洗灰池、蓄水池必须设有栏杆。

5. 其他注意事项

(1)大风、大雨等恶劣天气时,不得进行室外作业。

(2)作业时,不得从高处往下乱扔东西,脚手架上不得集中堆放材料;操作工具应搁置稳当,以防坠下伤人。

(3)操作人员必须遵守操作规程,听从安全员指挥,消除隐患,防止事故发生。

(4)电、气焊等特种作业人员应持证上岗,并严格落实各项消防规章管理制度,防止施工现场火灾、爆炸事故的发生。

(5)密封胶等化工类产品应注意防火防潮,分类堆放在阴凉处。

(6)石材板和瓷板等开槽、钻孔、切割的操作人员应佩戴防护眼镜;使用挥发性材料时,应戴防毒口罩,操作人员连续操作不得超过 2h。

六、涂饰工程职业健康安全管理

(1)对施工操作人员进行安全教育,使之对使用的涂料的性能及安全措施有基本了解,并在操作中严格执行劳动保护制度。

(2)涂饰工程所用的电动吊篮、外脚手架等防护设施应齐全,且需经安全部门验收合格后方能使用。高空作业必须系安全带。

(3)操作人员上、下脚手架或吊篮必须走专用通道,不得从窗口上、下或攀爬脚手架。

(4)涂饰施工时,在同一垂直作业面内不得出现交叉作业,特殊情况必须采取经批准的防护措施。

(5)采用喷涂作业方法时,操作人员应配备口罩、护目镜、手套、呼吸保护器等防护设施。

(6)喷涂时,如发现喷枪出漆不匀,严禁对着人检查。一般应在施工前用水代替进行检查,无问题后再正式喷涂。

(7)施工现场应保持适当通风,狭窄隐蔽的工作面应安置通风设备。施工时,喷涂操作人员如感到头疼、心悸、恶心时,应立即停止作业,到户外呼吸新鲜空气。

(8)手上或皮肤上粘有涂料时,要尽量不用有害溶剂洗涤,可用煤油、肥皂、洗衣粉等洗涤,再用温水洗净。下班或吃饭前必须洗手洗脸。使用有害涂料时间较长时需用淋浴冲洗。

(9)施工现场严禁设油漆仓库;涂料应放在干燥、通风的专用库房内,远离火源。料房与建筑物必须保持一定的安全距离,要有严格的管理制度,专人负责。料房内严禁烟火,并有明显的标志,配备足够的消防器材。料房内的稀释剂和易燃涂料必须堆放在安全处,切勿放在入口和人经常运动的地方。

(10)喷涂场地的照明灯应用玻璃罩保护,以防漆雾沾上灯泡而引起爆炸。熬胶、熬油时,应清除周围的易燃物和火源,并应配备相应的消防设施。

(11)涂料施工中常见毒物及防护措施见表4-5。

表4-5 涂料施工常见毒物及防护措施

项次	有毒物名称	中毒后的反应	防止方法
1	苯	头痛、头昏、无力、失眠,及皮肤干燥、痒,脱脂皮炎等	加强自然和局部通风,不能用苯洗手,加强劳动保护
2	汽油	使神经系统和造血系统受损,产生皮炎、湿疹、皮肤干燥等症状	加强自然和局部通风,少用汽油洗手
3	铅	中毒后体弱易倦、食欲不振、体重减轻、脸色苍白、腹痛、头痛、关节痛	用一般防锈漆代替红丹。饭前洗手、下班淋浴,采用刷涂,并加强通风
4	刺激性气体	对眼睛、呼吸道及皮肤等有强烈刺激,并有损害	掌握有关防护知识,加强个人防护,操作时加强通风
5	胺类	对皮肤、黏膜有刺激作用,可能引起过敏性皮炎	对症治疗,过敏严重时,可改用加成物固化剂。加强通风或采用劳保措施
6	甲苯、二甲苯	对皮肤黏膜有刺激性,会产生麻醉性	同苯
7	甲醛	对眼及呼吸道产生黏膜刺激,会造成结膜炎、咽喉炎	加强通风及个人防护
8	甲醇	产生头昏、头痛、喉痛、失眠、干咳、视力模糊等症状	加强通风,严禁口服
9	丙酮	对黏膜有轻度刺激,可导致头昏	加强通风
10	四氯化碳	使黏膜受刺激,神经系统、肝脏受到损害	避免直接接触,不能用四氯化碳洗手。戴过滤式防毒面具或送风式面罩

七、裱糊与软包工程职业健康安全管理

(1)施工现场临时用电应符合国家现行标准《施工现场临时用电安全技术规范》(JGJ 46—2012)的规定。

(2)禁止穿硬底鞋、拖鞋和高跟鞋作业,工具应搁置妥当,防止坠落伤人。

(3)在较高处进行作业时,应使用高凳或架子,并应采取安全防护措施;高度超过 2m 时,应系安全带。

(4)在超高的墙面裱糊时,逐层架木要牢固,并设防护栏等。

(5)用刀裁割壁纸、墙布时,注意操作,防止裁刀伤手。

(6)裱糊施工作业面,必须设置足够的照明。

(7)对软包面料使用填塞料的阻燃性能严格把关,达不到防火要求的,不予使用。

(8)软包面料附近尽量避免使用碘钨灯或其他高温照明设备,不得动用明火,避免损坏。

八、细部工程职业健康安全管理

(1)操作前检查脚手架和跳板是否搭设牢固,高度是否满足操作要求,合格后才能上架操作。凡不符合安全之处应及时修整。高度超过 2m 时,应系好安全带。

(2)禁止穿硬底鞋、拖鞋、高跟鞋在架子上工作,架子上施工人员不得集中在一起,工具要搁置稳定,防止坠落伤人。

在两层脚手架上操作时,施工人员应尽量避免同时在同一垂直线上工作。

(3)施工现场临时用电应符合国家现行标准《施工现场临时用电安全技术规范》(JGJ 46—2012)的规定。夜间临时用的移动照明灯,必须用安全电压。

(4)电锯和电刨应有防护罩及一机一闸一漏保护装置,所用导线、插座等应符合用电安全要求,并设专人保护及使用。操作时必须遵守机电设备有关安全规程。电动工具应先试运转正常后方能使用。

(5)机器操作人员必须经考试合格持证上岗。

(6)玻璃安装时操作人员要戴手套。安装完的玻璃做好标识,以防玻璃破损,人员受伤。

(7)施工现场内严禁吸烟,明火作业要有动火证,并设置看火人员,配备消防器具。

第四节 屋面工程安全技术

一、盖瓦(粘土瓦)屋面施工安全技术

(1)凡患有严重心脏病、高血压、神经衰弱症及贫血症等不适于高处作业者,不能进行屋面工程施工作业。

(2)施工前应先检查脚手架、防护栏杆或安全网架设是否牢固。

(3)用车子运瓦应注意稳定,不得猛跑,前后车距离应不小于 2m;坡度行车两车距离应不小于 10m。禁止并行或超车。

(4)垂直运瓦应用器物吊运,不准从下向上手抛。如用人工传递时,则上下方的人员要注意递准和接稳,位置应相互避开。

(5)在金字屋面运瓦和挂瓦,应在两坡均衡地同时进行,保持屋架荷重的均衡;严禁单坡堆放和集中堆放。

(6)屋面无望板时,应铺设有防滑条走道,严禁在桁条、瓦条上行走。如屋面的顺水边无搭设脚手架时,檐口应架设防护栏杆或张挂安全网。

(7)屋面坡度大于 25°时,必须使用移动式板梯挂瓦,板梯应设有牢固的挂钩。必要时还须系好安全带。

(8)操作人员不准穿硬底鞋、易滑鞋和拖鞋。

(9)挂瓦范围的下方,应有警示标志或围栏,禁止人员通过和停留。

(10)屋面上如有霜雪时,要及时清扫,并应有可靠的防滑措施。

(11)碎瓦杂物应集中往下运,不准随便往下乱掷。

二、石棉水泥波形瓦屋面施工安全技术

(1)安装石棉瓦,必须做好各项安全措施。在没有望板的屋面上安装石棉瓦应在屋架下全面积张挂安全网或其他安全措施,无安全网或安全措施不准施工。

(2)屋面檐口周围应设不低于 4m 高的防护栏杆。

(3)施工时应搭设有防滑条的临时走道板,并随铺瓦进度随移随搭,

(4)运瓦工作应在两坡对称进行,铺瓦时,亦沿两坡对称进行。

(5)工具和螺栓(螺母、垫圈等)应放在工具袋内,严禁散丢在屋面上,以防掉下伤人。

(6)操作时精神要集中,严禁嬉笑打闹,也不准互相上下抛掷物品。

(7)在已安装好的石棉瓦上行走时,应沿已铺好屋面的檩条方向踩踏(以露出的螺母为标志),严禁直接在石棉瓦屋面上行走。

三、轻型复合板屋面施工安全技术

(1)升运屋面板及泛水等构件,必须采用专用的吊索及提升架,按规定的吊点起吊。各种起吊用具在使用前,必须进行检查,确认安全可靠,方可使用。

(2)卸放屋面板时,应缓慢轻放,不得碰坏板边及擦伤板面,待放平垫稳后,方可解除吊索。

(3)安装屋面板时必须架设操作平台。平台应有防护栏杆和安全爬梯。

(4)操作人员必须穿防滑的软底鞋,鞋底要清洁,不要粘有泥沙和杂物,以防划破表面涂层。

(5)操作时,应随手清理撒落在屋面板上的抽芯、铆钉芯及其他杂物等。

(6)每班工作后,必须将放在屋面或脚手架上的尚未安装的复合板和泛水板等构件,用绳索牢固地绑扎稳妥,或吊下地面放好。

四、轻质隔热夹心板屋面施工安全技术

(1)屋面施工时,必须全面积支挂安全网,无安全网不许施工。

(2)起吊夹心板时,应使用尼龙吊索或其他专用器具。吊点位置如无规定,一般以吊点到板端距离为 0.2L 为宜(L 等于板长)。

(3)屋面堆放夹心板时,应放在主桁架的位置上。堆放高度不得超过 10 块,且应有措施保证夹心板不滑落。下班前或天气不好时应用绳索将夹心板与桁条系牢,以防跌落。

(4)风速达到 10m/s 时,应停止起重及屋面作业。雨后及露水大的天气,要做好屋面的防滑工作。

(5)使用手持电动工具,必须严格遵守相关规程的安全规定,确保使用安全。

(6)施工场地及夹心板堆放位置要严格做好防火工作。堆放夹心板等材料的地方要防止电焊溅落火花而损坏夹心板表面的涂漆。密封胶是易燃物品,注意烟火勿近。

第五节　脚手架施工安全技术

一、脚手架工程施工安全基本要求

(1)大雾及雨、雪天气和 6 级以上大风时,不得进行脚手架上的高处作业。雨、雪天后作业,必须采取安全防滑措施。

(2)搭设作业,应按以下要求作好自我保护和保护好作业现场人员的安全。

1)架上作业人员应作好分工和配合,传递杆件应掌握好重心,平稳传递。不要用力过猛,以免引起人身或杆件失衡。对每完成的一道工序,要相互询问并确认后才能进行下一道工序。

2)作业人员应佩戴工具袋,工具用后装于袋中,不要放在架子上,以免掉落伤人。

3)在架上作业人员应穿防滑鞋和佩挂好安全带。保证作业的安全,脚下应铺设必要数量的脚手板,并应铺设平稳,且不得有探头板。当暂时无法铺设落脚

板时，用于落脚或抓握、把(夹)持的杆件均应为稳定的构架部分，着力点与构架节点的水平距离应不大于 0.8m，垂直距离应不大于 1.5m。位于立杆接头之上的自由立杆(尚未与水平杆连接者)不得用作把持杆。

4)每次收工以前，所有上架材料应全部搭设上，不要存留在架子上，而且一定要形成稳定的构架，不能形成稳定构架的部分应采取临时撑拉措施予以加固。

5)架设材料要随上随用，以免放置不当时掉落。

6)在搭设作业进行中，地面上的配合人员应避开可能落物的区域。

(3)操作人员应持证上岗。操作时必须佩戴安全帽，系好安全带，穿防滑鞋。

(4)架上作业时的安全注意事项

1)作业时应注意随时清理落在架面上的材料，保持架面上规整清洁，不要乱放材料、工具，以免影响作业的安全和发生掉物伤人。

2)作业前应注意检查作业环境是否可靠，安全防护设施是否齐全有效，确认无误后方可作业。

3)当架面高度不够、需要垫高时，一定要采用稳定可靠的垫高办法，且垫高不要超过 50cm；超过 50cm 时，应按搭设规定升高铺板层。在升高作业面时，应相应加高防护设施。

4)在进行撬、拉、推等操作时，要注意采取正确的姿势，站稳脚跟，或一手把持在稳固的结构或支持物上，以免用力过猛身体失去平衡或把东西甩出。在脚手架上拆除模板时，应采取必要的支托措施，以防拆下的模板材料掉落架外。

5)严禁在架面上打闹戏耍、退着行走和跨坐在外防护横杆上休息。不要在架面上抢行、跑跳，相互避让时应注意身体不要失衡。

6)在架面上运送材料经过正在作业中的人员时，要及时发出“请注意”、“请让一让”的信号。材料要轻搁稳放，不许采用倾倒、猛磕或其他匆忙卸料方式。

(5)在脚手架上进行电气焊作业时，要铺铁皮接着火星或移去易燃物，以防火星点着易燃物，并应有防火措施。一旦着火时，及时予以扑灭。

(6)脚手架搭设作业时，应按形成基本构架单元的要求逐排、逐跨和逐步地进行搭设，矩形周边脚手架宜从其中的一个角部开始向两个方向延伸搭设。确保已搭部分稳定。门式脚手架以及其他纵向竖立面刚度较差的脚手架，在连墙点设置层宜加设纵向水平长横杆与连接件连接。

(7)其他安全注意事项

1)除搭设过程中必要的 1～2 步架的上下外，作业人员不得攀缘脚手架上下，应走房屋楼梯或另设安全人梯。

2)运送杆配件应尽量利用垂直运输设施或悬挂滑轮提升，并绑扎牢固。尽量避免或减少用人工层层传递。

3)作业人员要服从统一指挥,不得自行其是。

4)在搭设脚手架时,不得使用不合格的架设材料。

(8)钢管脚手架的高度超过周围建筑物或在雷暴较多的地区施工时,应安设防雷装置。其接地电阻应不大于4Ω。

(9)架上作业应按规范或设计规定的荷载使用,严禁超载。并应遵守如下要求。

1)架面荷载应力求均匀分布,避免荷载集中于一侧。

2)垂直运输设施(如物料提升架等)与脚手架之间的转运平台的铺板层数和荷载控制应按施工组织设计的规定执行,不得任意增加铺板层的数量和在转运平台上超载堆放材料。

3)脚手架的铺脚手板层和同时作业层的数量不得超过规定。

4)过梁等墙体构件要随运随装,不得存放在脚手架上。

5)作业面上的荷载,包括脚手板、人员、工具和材料,当施工组织设计无规定时,应按规范的规定值控制,即结构脚手架不超过3kN/m^2;装修脚手架不超过2kN/m^2;维护脚手架不超过1kN/m^2。

6)较重的施工设备(如电焊机等)不得放置在脚手架上。严禁将模板支撑、缆风绳、泵送混凝土及砂浆的输送管等固定在脚手架上及任意悬挂起重设备。

(10)架上作业时,不要随意拆除安全防护设施,未有设置或设置不符合要求时,必须补设或改善后,才能上架进行作业。

(11)架上作业时,不要随意拆除基本结构杆件和连墙件,因作业的需要必须拆除某些杆件和连墙点时,必须取得施工主管和技术人员的同意,并采取可靠的加固措施后方可拆除。

(12)脚手架拆除作业前,应制订详细的拆除施工方案和安全技术措施。并对参加作业全体人员进行技术安全交底,在统一指挥下,按照确定的方案进行拆除作业,注意事项如下:

1)拆卸脚手板、杆件、门架及其他较长和较重,或有两端联结的部件时,必须要两人或多人一组进行。禁止单人进行拆卸作业,防止把持杆件不稳、失衡而发生事故。拆除水平杆件时,松开联结后,水平托持取下。拆除立杆时,在把稳上端后,再松开下端联结取下。

2)多人或多组进行拆卸作业时,应加强指挥,并相互询问和协调作业步骤,严禁不按程序进行的任意拆卸。

3)拆卸现场应有可靠的安全围护,并设专人看管,严禁非作业人员进入拆卸作业区内。

4)因拆除上部或一侧的附墙拉结而使架子不稳时,应加设临时撑拉措施,以防因架子晃动影响作业安全。

5)一定要按照先上后下、先外后里、先架面材料后构架材料、先辅件后结构件和先结构件后附墙件的顺序，一件一件地松开联结，取出并随即吊下(或集中到毗邻的未拆的架面上，扎捆后吊下)。

6)严禁将拆卸下的杆部件和材料向地面抛掷。已吊至地面的架设材料应随时运出拆卸区域，保持现场文明。

(13)脚手架立杆的基础(地)应平整夯实，具有足够的承载力和稳定性。设于坑边或台上时，立杆距坑、台的上边缘不得小于1m，且边坡的坡度不得大于土的自然安息角，否则，应作边坡的保护和加固处理。脚手架立杆之下必须设置垫座和垫板。

(14)搭设和拆除作业中的安全防护

1)设置材料提上或吊下的设施，禁止投掷。

2)在无可靠的安全带扣挂物时，应拉设安全网。

3)对尚未形成或已失去稳定结构的脚手架部位加设临时支撑或拉结。

4)作业现场应设安全围护和警示标志，禁止无关人员进入危险区域。

(15)作业面的安全防护

1)脚手架的作业面的脚手板必须满铺，不得留有空隙和探头板。脚手板与墙面之间的距离一般不应大于20cm。脚手板应与脚手架可靠拴结。

2)作业面的外侧立面的防护设施视具体情况可采用：

①其他可靠的围护办法；

②二道防护栏杆绑挂高度不小于1m的竹笆；

③挡脚板加二道防护栏杆；

④二道防护横杆满挂安全立网。

(16)临街防护视具体情况可采用以下两种方法：

1)视临街情况设安全通道。通道的顶盖应满铺脚手板或其他能可靠承接落物的板篷材料。篷顶临街一侧应设高于篷顶不小于1m的墙，以免落物又反弹到街上。

2)采用安全立网、竹笆板或帆布将脚手架的临街面完全封闭。

(17)人行和运输通道的防护

1)上下脚手架有高度差的入口应设坡度或踏步，并设栏杆防护。

2)贴近或穿过脚手架的人行和运输通道，必须设置板篷。

(18)脚手架搭设或拆除人员必须由符合原劳动部颁发的《特种作业人员安全技术培训考核管理规定》经考核合格，领取《特种作业人员操作证》的专业架子工进行。

(19)吊挂架子的防护。当吊、挂脚手架在移动至作业位置后,应采取撑、拉措施将其固定或减少其晃动。

二、竹脚手架搭设与拆除施工安全技术

1. 竹脚手架搭设的安全技术要求

(1)根据建筑物的平面几何形状和搭设高度,确定脚手架的搭设形式及各部分(如斜道、上料平台架等)的位置。夯实搭设脚手架范围内的回填土。

(2)施工程序

确定立杆位置→挖立杆坑→竖立杆→绑大横杆→绑顶撑→绑小横杆→铺脚手板→绑栏杆→绑抛撑、斜撑、剪刀撑等→设置连墙点→搭设安全网。

1)绑小横杆。小横杆绑扎在立杆上。采用竹笆、木或钢筋网预制脚手板,小横杆应置于大横杆之下;采用纵向支承的脚手板,小横杆应置于大横杆之上。

2)竖立杆。先竖里排两端头的立杆,再立中间立杆,外排立杆照里排立杆依次进行。立杆竖好后,应纵向成行,横向成方,杆身垂直。立杆弯曲时,其弯曲面应顺纵向方向,既不能朝墙面也不能背墙面,以保证大横杆能与立杆接触良好。

3)绑大横杆。脚手架两端大横杆的大头应朝外。绑扎第一步架的大横杆时,应检查立杆是否埋正、埋牢。同一步架的大横杆大头朝向应一致,上下相邻两步架的大横杆大头朝向应相反,以增强脚手架的整体稳定。

4)扫地杆。脚手架的搭设高度较小,地基为岩石等坚硬土层时,可不挖立杆坑,直接在地面上竖立杆,在立杆底部加绑扫地杆。

5)绑顶撑。顶撑并立在立杆旁,与立杆绑扎三道,顶住顶紧小横杆。脚手架的小横杆在大横杆之下时,则必须设置顶撑。顶撑应选用整根竹竿,不允许接长。上下顶撑应保持在同一直线上,底层顶撑下端应支承在夯实地面的垫块上,如砖、木等。其他各层顶撑下端不得加垫块。

6)立杆坑。坑深300～500mm,坑口直径较立杆直径大100mm。坑底直径稍大于坑口直径,这样可容纳较多的回填土,坑口自然土破坏较少,易于将立杆挤紧,埋设稳固。

7)铺脚手板。横铺脚手板绑扎在搁栅上,直铺脚手板绑扎在小横杆上。操作层脚手板必须满铺,直铺脚手板搭接必须在小横杆处。

8)搭设安全网。按照建筑施工安全网搭设安全技术要求进行。

9)设置连墙点。脚手架高度超过7m时,随搭设脚手架随设置连墙点。整体脚手架向里的倾斜度为1%,脚手架全高倾斜不允许大于150mm,严禁向外倾斜。

10)绑抛撑、斜撑、剪刀撑。脚手架搭设至三步架以上时,即应绑扎抛撑、斜

撑(脚手架长 15m 以内)、剪刀撑(脚手架长超过 15m)。

(3)双排外脚手架安全技术要求

1)立杆必须按规定进行接长,相邻两立杆的接头应上下错开一个步距。

2)为使接长后的立杆位于同一平面内,上下立杆的接头应沿纵向左右错开。竹竿存在弯曲时,应将弯曲部分弯向脚手架纵向。

3)小横杆。小横杆垂直于墙面,绑扎在立杆上。采用竹笆或木、钢筋网预制脚手板,小横杆应置于大横杆下;采用纵向支撑的脚手板,小横杆位于大横杆之上。操作层的小横杆应加密间距:砌筑用脚手架不大于 0.5m;装饰用脚手架不大于 0.75m。

4)立杆的垂直偏差。脚手架顶端向内水平倾斜不得大于架高 1/250、且不大于 100mm,不得向外倾斜。

5)大横杆。大横杆绑扎在立杆的内侧,沿纵向平放。大横杆必须按规定进行接长,接头置于立杆处,接头位置应上下、里外错开一倍的立杆纵距。

同一排大横杆的水平偏差不得大于脚手架总长度的 1/300,且不大于 200mm。

6)斜撑。斜撑设置在脚手架外侧转角处,与地面成 45°角倾斜。斜撑底端埋入土中深度不小于 0.3m,底脚距立杆纵距为 700mm。脚手架纵向长度小于 15m 或架高小于 10m,可设置斜撑代替剪刀撑,从下而上连续设置,呈“之”字形。

7)顶撑。顶撑应并立在立杆边顶住小横杆,与立杆必须绑扎三道。

8)立杆。立杆应小头朝上,上下垂直。搭设到建筑物顶端时,里排立杆要求低于檐口 0.4～0.5m;外排立杆要求高出檐口,其中平屋顶为 1～1.2m,坡屋顶不小于 1.5m。最后一根立杆应小头朝下,为使立杆顶端齐平,可将高出立杆向下错动。

9)连墙点。连墙点设置在立杆与横杆交点附近,呈梅花形交错布置,将脚手架连接在建筑物上,连接处既要承受拉力也要承受压力。两排连墙点的垂直距离为 2～3 步架高,但不大于 4m,两排连墙点的水平距离不大于 4 倍立杆纵距。转角两侧立杆和预排架必须设置连墙点。混凝土结构墙、梁、柱部位,可预埋钢筋环或膨胀螺栓;混合结构承重砖墙部位可在墙内侧布置短竹竿,用 8 号镀锌铁丝双股穿过钢筋环或将短竹竿与内侧立杆绑牢,承受拉力。利用小横杆顶住墙面,承受压力。窗洞口处采用 2 根竹竿夹墙,将小横杆与夹墙杆绑扎,以承受拉力和压力。

10)剪刀撑。剪刀撑设置在脚手架外侧,是与地面成 45°～60°的交叉杆件,从下至上与脚手架其他杆件同步搭设。杆件的交叉点要互相绑扎,与立杆相交处绑扎点间距不得大于 4.5m。脚手架端头、转角和中间每隔 10m 净距设置一道剪刀撑，宽度为4倍立杆纵距。可以根据需要设置间断式剪刀撑或纵向连续式剪刀撑，剪刀撑的最大跨度不得超过4倍的立杆纵距。剪刀撑的斜杆底脚埋入土中深度不得小于0.3m。

11）抛撑。抛撑与地面成45°～60°。脚手架搭设到3步架高，而墙面暂时无法设置连墙点，其架高低于10m时，每隔5～7根立杆应设置抛撑一道。抛撑底脚埋入土中深度不得小于0.5m。

12）格栅。格栅应设在小横杆上，间距不大于0.25m。格栅绑扎在小横杆上，搭接处竹竿应头搭头，梢搭梢，搭接端应在小横杆上，伸出200～300mm。

13）护栏和挡脚板。脚手架搭设到三步架以上，操作层必须设防护栏和挡脚板，护栏高1.2m，挡脚板高不小于0.18m。也可以加设一道0.2～0.4m高的低护栏代替挡脚板。

14）脚手板。横铺脚手板铺设在格栅上，直铺脚手板铺设在小横杆上。操作层脚手板必须铺满，每块脚手板用铁丝与格栅、小横杆绑牢。直铺脚手板搭接必须在小横杆上，脚手板端伸出小横杆长度为100～150mm，靠墙边的脚手板离开墙面120～150mm。

（4）斜道

斜道用于人员上下和施工材料、施工工具的运输。斜道与脚手架应同步进行搭设。斜道的搭设和安全技术要求。

1）附设于脚手架外侧的斜道，可用脚手架的外立杆兼作斜道里排立柱，斜道内立柱应加密，纵距缩小。

2）斜道两侧及平台外侧应设剪刀撑。沿斜道纵向每隔6～7根立杆设一道抛撑，高度超过7m，可将抛撑附设于脚手架外侧，同时应适当加密脚手架的连墙点。

3）人行斜道坡度宜为1∶3，宽度不小于1m；运料斜道坡度宜为1∶6，宽度不小于1.5m。平台面积不小于$3m^2$。

4）斜道两侧及转角平台外围应设防护栏杆和挡脚板。

5）斜横杆间距300mm，靠边的斜横杆与立杆绑扎，中间的斜横杆与小横杆绑扎。

6）脚手架高4步以下，可搭设一字形斜道或中间设休息平台的上折形斜道；脚手架高4步以上，搭设之字形斜道，转弯处设休息平台。

7）斜道脚手板顺铺时，脚手板直接铺在小横杆上，小横杆绑扎在斜横杆上，间距不大于1m，脚手板接头处应设双根小横杆，搭接长度不小于400mm。斜道脚手板横铺或铺竹笆及木，钢筋网预制脚手板时，脚手板平铺在斜横杆上，斜横杆绑扎在小横杆上，斜横杆的水平距离应小于200mm。斜道脚手板上每隔300mm设置一道防滑条。

(5)满堂脚手架

1)设水平斜撑与横杆成45°,绑扎在立杆上。每道水平斜撑水平间距为5根立杆,垂直间距为三步架高。

2)横向水平杆绑扎在立杆上,纵向水平杆每隔一步架绑扎一道。

3)操作层脚手板必须满铺,四边的脚手板与横杆绑牢。

4)满堂脚手架高度大于其短边长度2倍时,应与建筑物采取可靠的连接措施,如用连墙点以保证整架的稳定。

5)满堂脚手架搭设先立四角的立杆,再立四周的立杆,最后立中间的立杆,必须保证纵横向立杆距离相等。立杆底部应垫垫木,垫木规格应满足使用的要求。

6)满堂脚手架四角设抱角斜撑,四边每隔四排立杆沿纵向设一道剪刀撑。斜撑和剪刀撑均须由底到顶连续设置。剪刀撑宽度为3倍立杆纵距。

7)爬梯绑扎牢固,供人员上下及上料井口四边,应设安全栏杆。

(6)上料平台架的搭设和安全技术要求

1)上料平台架的四周垂直面应自下至上设置连续剪刀撑。每五步架高设一道,每度剪刀撑的顶部应设置水平剪刀撑。

2)上料平台架立杆布置方格,横向常用4根立杆,纵向根据所需长度确定立杆数,但不得少于4根。

3)上料平台架高不超过10m时,顶部设一组缆风绳(4～6根缆风绳),每增高7m加设一组缆风绳。缆风绳宜选用直径不小于10mm的钢丝绳。

4)沿平台架横向设置大横杆,纵向外侧立杆每步架设一水平拉杆,纵向里排立杆每两步架设一水平拉杆。

5)脚手板应满铺、铺稳,绑扎牢固。

6)上料平台架封顶时,立杆大头应朝上,四周立杆必须高出顶层脚手板1.2～1.4m,以绑扎防护栏杆和挡脚板。里排立杆应低于脚手板下表面,而上表面小横杆取齐。

2. 竹脚手架拆除的安全技术要求

(1)脚手架拆除时,作业区及进出口处必须设置警戒标志,派专人指挥,严禁非作业人员进入。

(2)施工完毕由专业架子工拆除脚手架。

(3)脚手架拆除必须自上而下按顺序进行,先绑的后拆,后绑的先拆。拆除顺序:栏杆→脚手板→剪刀撑→斜撑→小横杆→大横杆→立杆等。严禁上下同时进行拆除作业,严禁采用推倒或拉倒的方法进行拆除。

(4)拆除的杆件应自上而下传递或利用滑轮和绳索运送,不得从架子上向下抛落。

(5)杆件拆除时注意事项

1)整片脚手架拆除后的斜道、上料平台,必须在脚手架拆除前进行加固,以保证其整体稳定和安全。

2)抛撑,先用临时支撑加固后,才允许拆除抛撑。

3)大横杆、剪刀撑、斜撑,先拆中间扣,托住中间再解开头扣。

4)剪刀撑、斜撑及连墙点只能在拆除层上拆除,不得一次全部拆掉。

5)立杆,先抱住立杆再解开最后两个扣。

6)特殊搭设的脚手架,应单独制定拆除方案,保证拆除工作安全进行。

三、扣件式钢管脚手架搭设与拆除施工安全技术

1. 扣件式钢管脚手架搭设的安全技术要求

(1)地基处理与底座安放

1)根据脚手架的搭设高度、搭设场地土质情况,可按表4-6或根据计算要求进行地基处理。

表4-6 立杆地基基础构造

搭设高度 H/m	地基土质		
	中、低压缩性且压缩性均匀	回填土	高压缩性或压缩性不均匀
≤24	夯实原土,立杆底座置于面积不小于0.075m² 的垫块、垫木上	土夹石或灰土回填夯实,立杆底座置于面积不小于0.10m² 的混凝土垫块或垫木上	夯实原土,铺设宽度不小于200mm的通长槽钢或垫木
25~35	垫块、垫木面积不小于0.1m²,其余同上	砂夹石回填夯实,其余同上	夯实原土,铺厚度不小于200mm砂垫层,其余同上
36~50	垫块、垫木面积不小于0.15m² 或铺通专用槽钢或木板,其余同上	砂夹石回填夯实,垫块或垫木面积不小于0.15m² 或铺通专用槽钢或木板	夯实原土,铺150mm厚道渣夯实,再铺通长槽钢或垫木,其余同上

注:表中混凝土垫块厚度不小于200mm;垫木厚度不小于50mm。

当脚手架搭设在结构楼面、挑台上时,立杆底座下应铺设垫板或垫块,并对楼面或挑台等结构进行强度验算。

2)铺设垫板(块)和安放底座,并应注意以下事项:

①垫板必须铺放平稳,不得悬空;

②垫板、底座应准确地放在定位线上;

③双管立柱应采用双管底座或点焊于一根槽钢上。

3)按脚手架的柱距和排距要求进行放线、定位。

(2)在搭设脚手架前,单位工程负责人应按施工组织设计中有关脚手架的要求,逐级向架设和使用人员进行技术交底。

1)对钢管、扣件、脚手板等进行检查验收,不合格的构配件不得使用。

2)清除地面杂物,平整搭设场地,并使排水畅通。

(3)扣件式钢管脚手架的构造参数

根据国内外的使用经验及经济合理性,单管立柱的扣件式脚手架搭设高度不宜超过 50m。50m 以上的高架有以下两种常用做法。

1)将脚手架的下部柱距减半,较大柱距的上部高度在 35m 以下。

扣件式钢管脚手架构造参数,见表 4-7。

表 4-7　扣件式钢管脚手架构造参数

用途	构造形式	水平运输条件	立杆间距/m		操作层小横杆间距/m	大横杆步距/m	小横杆挑向墙面的悬臂长/m
			横向	纵向			
砌筑	单排	不推车	1.2～1.5	≤2	≤1.0	1.2～1.4	0.45
	双排	推车	1.5	≤1.5	≤0.75	1.2～1.4	
装修	单排	不推车	1.2～1.5	≤2	≤1.5	1.5～1.8	0.40
	双排	推车	1.5	≤1.5	≤1.0	1.6～1.8	

注:最下一步的步距可放大到 1.8m。

2)脚手架的下部采用双管立柱,上部采用单管立柱,单管部分高度在 35m 以下。

(4)扣件式钢管脚手架的搭设和安全技术要求

1)脚手架搭设顺序如下:放置纵向扫地杆→立柱→横向扫地杆→第一步纵向水平杆→第一步横向水平杆→连墙件(或加抛撑)→第二步纵向水平杆→第二步横向水平杆。

2)搭设立柱的注意事项

①立柱上的对接扣件应交错布置,两个相邻立柱接头不应设在同步同跨内,两相邻立柱接头在高度方向错开的距离不应小于 500mm;各接头中心距主节点的距离不应大于步距的 1/3。

②当搭至有连墙件的构造层时,搭设完该处的立柱、纵向水平杆、横向水平杆后,应立即设置连墙件。

③开始搭设立柱时,应每隔 6 跨设置一根抛撑,直至连墙件安装稳定后,方可根据情况拆除。

④外径 48mm 与 51mm 的钢管严禁混合使用。

⑤立柱搭接长度不应小于 1m，立柱顶端应高出建筑物檐口上皮高度 1.5m。

3)搭设纵、横向水平杆的注意事项

①搭设纵向水平杆的注意事项：对接接头应交错布置，不应设在同步、同跨内，相邻接头水平距离不应小于 500mm，并应避免设在纵向水平杆的跨中；搭接接头长度不应小于 1m，并应等距设置 3 个旋转扣件固定，端部扣件盖板边缘至杆端的距离不应小于 100mm；纵向水平杆的长度一般不宜小于 3 跨，并不小于 6m。

②封闭型脚手架的同一步纵向水平杆必须四周交圈，用直角扣件与内、外角柱固定。

③双排脚手架的横向水平杆靠墙一端至墙装饰面的距离不应大于 100mm。单排脚手架横向水平杆伸入墙内的长度不小于 180mm。

④单排脚手架的横向水平杆不应设置在下列部位：设计上不允许留脚手眼的部位；砖过梁上与过梁成 60°的三角形范围内；宽度小于 1m 的窗间墙；梁或梁垫下及两侧各 500mm 的范围内。

⑤砖砌体的门窗洞口两侧 3/4 砖和转角处 134 砖的范围内；其他砌体的门窗洞口两侧 300mm 和转角处 600mm 的范围内。

⑥独立或附墙的砖柱。

4)搭设连墙件、剪刀撑、横向支撑等注意事项

①剪刀撑、横向支撑应随立柱和纵横向水平杆等同步搭设。

每道剪刀撑跨越立柱的根数宜在 5～7 根之间。每道剪刀撑宽度不应小于 4 跨，且不小于 6m，斜杆与地面的倾角宜在 45°～60°；24m 以下的单双排脚手架，均必须在外侧立面的两端各设置一道剪刀撑，由底至顶连续设置；中间每道剪刀撑的净距不应大于 15m。

②连墙件应均匀布置，形式宜优先采用花排，也可以并排，连墙件宜靠近主节点设置，偏离主节点的距离不应大于 300mm。

连墙件必须从底步第一根纵向水平杆处开始设置，当脚手架操作层高出连墙件二步时，应采取临时稳定措施，直到连墙件搭设完后方可拆除。

③一字形、开口形双排脚手架的两端均必须设置横向支撑，中间宜每隔 6 跨设置一道。横向支撑的斜杆应由底至顶层呈之字形连续布置；24m 以下的闭型双排脚手架可不设横向支撑，24m 以上者除两端应设置横向支撑外，中间应每隔 6 跨设置一道。

5)扣件安装的注意事项

①扣件螺栓拧紧扭力矩不应小于 40N·m，并不大于 65N·m。

②扣件规格(ϕ48 或 ϕ51)必须与钢管外径相同。

③主节点处,固定横向水平杆(或纵向水平杆)、剪刀撑和横向支撑等扣件的中心线,距主节点的距离不应大于 150mm。

④对接扣件的开口应朝上或朝内。

⑤各杆件端头伸出扣件盖板边缘的长度不应小于 100mm。

6)铺设脚手板的注意事项

①脚手板的探头应采用直径 3.2mm(10 号)的镀锌铁丝固定在支承杆上。

②应铺满、铺稳,靠墙一侧离墙面距离不应大于 150mm。

③在拐角、斜道平台口处的脚手板,应与横向水平杆可靠连接,以防止滑动。

7)搭设栏杆和挡脚板的注意事项

①上栏杆上皮高度 1.2m,中栏杆居中设置;

②栏杆和挡脚板应搭设在外立柱的内侧;

③挡脚板高度不应小于 150mm。

2. 扣件式钢管脚手架拆除的安全技术

(1)拆除应符合以下要求:

1)所有连墙件应随脚手架逐层拆除,严禁先将连墙件整层或数层拆除后再拆脚手架;分段拆除高差不应大于 2 步,如高差大于 2 步,应增设连墙件加固。

2)拆除顺序应逐层由上而下进行,严禁上下同时作业。

3)当脚手架采取分段、分立面拆除时,对不拆除的脚手架两端,应先设置连墙件和横向支撑加固。

4)当脚手架拆至下部最后一根长钢管的高度(约 6.5m)时,应先在适当位置搭临时抛撑加固,后拆连墙件。

(2)卸料应符合以下要求:

1)运至地面的构配件应按规定的要求及时检查整修与保养,并按品种、规格随时码堆存放,置于干燥通风处,防止锈蚀。

2)各构配件必须及时分段集中运至地面,严禁抛扔。

3)拆除脚手架时,地面应设围栏和警戒标志,并派专人看守,严禁非操作人员入内。

(3)拆除前必须完成以下准备工作:

1)清除脚手架上杂物及地面障碍物。

2)拆除安全技术措施,应由单位工程负责人逐级进行技术交底。

3)全面检查脚手架的扣件连接、连墙件和支撑体系是否符合安全要求。

4)根据检查结果,补充完善施工组织设计中的拆除顺序,经主管部门批准方可实施。

四、门式钢管脚手架搭设与拆除施工安全技术

1. 门式钢管脚手架搭设的安全技术要求

(1)门式钢管脚手架的最大搭设高度,可根据表 4-8 确定。

表 4-8 门式钢管脚手架搭设高度

施工荷载标准值/(kN/m^2)	搭设高度/m
3.0～5.0	≤45
≤3.0	≤60

注:施工荷载系指一个架距内各施工层荷载的总和。

(2)基础处理。为保证地基具有足够的承载能力,立杆基础施工应满足构造要求和施工组织设计的要求;在脚手架基础上应弹出门架立杆位置线,垫板、底座安放位置要准确。

(3)对脚手架的搭设场地进行清理、平整,并做好排水。

(4)对门架配件、加固件进行检查验收,禁止使用不合格的构配件。

(5)门式脚手架搭设程序

1)脚手架搭设的顺序。铺设垫木(板)→安入底座→自一端起立门架并随即装交叉支撑→安装水平架(或脚手板)→安装钢梯→安装水平加固杆→安装连墙杆→照上述步骤,逐层向上安装→按规定位置安装剪刀撑→装配顶步栏杆。

2)脚手架的搭设,应自一端延伸向另一端,自下而上按步架设,并逐层改变搭设方向,减少误差积累。不可自两端相向搭设或相间进行,以避免结合处错位,难于连接。

3)脚手架的搭设必须配合施工进度,一次搭设高度不应超过最上层连墙件三步或自由高度小于 6m,以保证脚手架稳定。

(6)架设门架及配件安装注意事项

1)不同产品的门架与配件不得混合使用于同一脚手架。

2)水平架或脚手板应在同一步内连续设置,脚手板应满铺。

3)各部件的锁、搭钩必须处于锁住状态。

4)交叉支撑、水平架、脚手板、连接棒、锁臂的设置应符合构造规定。

5)交叉支撑、水平架及脚手板应紧随门架的安装及时设置。

6)钢梯的位置应符合组装布置图的要求,底层钢梯底部应加设钢管并用扣件扣紧在门架立杆上,钢梯跨的两侧均应设置扶手。每段钢梯可跨越两步或三步门架再行转折。

7)挡脚板(笆)应在脚手架施工层两侧设置,栏板(杆)应在脚手架施工层外侧高置,栏杆、挡脚板应在门架立杆的内侧设置。

(7)水平加固杆和剪刀撑的安装

1)水平加固杆采用扣件与门架在立杆内侧连牢,剪刀撑应采用扣件与门架立杆外侧连牢。

2)水平加固杆、剪刀撑安装应符合构造要求,并与脚手架的搭设同步进行。

(8)连墙件的安装

1)当脚手架操作层高出相邻连墙件以上两步时,应采用临时加强稳定措施,直到连墙件搭设完毕后可拆除。

2)连墙件的安装必须随脚手架搭设同步进行,严禁搭设完毕补作。

3)连墙件应连于上、下两榀门架的接头附近。

4)连墙件埋入墙身的部分必须牢固可靠,连墙件必须垂直于墙面,不允许向上倾斜。

5)当采用一支一拉的柔性连墙构造时,拉、支点间距应不大于400mm。

(9)加固件、连墙件等与门架采用扣件连接时应满足下列要求:

1)扣件螺栓拧紧扭力矩值为45~65N·m,并不得小于40N·m。

2)扣件规格应与所连钢管外径相匹配。

3)各杆件端头伸出扣件盖板边缘长度应不小于100mm。

(10)检查验收要求

1)脚手架搭设完毕或分段搭设完毕时应对脚手架工程质量进行检查,经检查合格后方可交付使用。

2)高度在20m及20m以下的脚手架,由单位工程负责人组织技术安全人员进行检查验收;高度大于20m的脚手架,由工程处技术负责人随工程进度分阶段组织单位工程负责人及有关的技术安全人员进行检查验收。

①脚手架工程的验收,除查验有关文件外,还应进行现场抽查。抽查应着重以下各项,并记入施工验收报告。安全措施的杆件是否齐全,扣件是否紧固、合格;安全网的张挂及扶手的设置是否齐全;基础是否平整坚实;连墙杆的设置有否遗漏,是否齐全并符合要求;垂直度及水平度是否合格。

②验收时应具备下列文件。必要的施工设计文件及组装图;脚手架部件的出厂合格证或质量分级合格标志;脚手架工程的施工记录及质量检查记录;脚手架搭设的重大问题及处理记录;脚手架工程的施工验收报告。

③脚手架搭设尺寸允许偏差。脚手架的垂直度:脚手架沿墙面纵向的垂直偏差应不大于$H/400$(H为脚手架高度)及50mm;脚手架的横向垂直偏差不大于$H/600$及50mm;每步架的纵向与横向垂直度偏差应不大于$h_0/600$(h_0为门

架高度)。

④脚手架的水平度。底步脚手架沿墙的纵向水平偏差应不大于 $L/600$(L为脚手架的长度)。

2. 门式钢管脚手架拆除的安全技术要求

(1)工程施工完毕,应经单位工程负责人检查验证确认不再需要脚手架时,方可拆除。拆除脚手架应制订方案,经工程负责人核准后,方可进行。拆除脚手架应符合下列要求:

1)拆除脚手架前,应清除脚手架上的材料、工具和杂物。

2)脚手架的拆除,应按后装先拆的原则,按下列程序进行。

①自顶层跨边开始拆卸交叉支撑,同步拆下顶层连墙杆与顶层门架。

②拆除扫地杆、底层门架及封口杆。

③继续向下同步拆除第二步门架与配件。脚手架的自由悬臂高度不得超过三步,否则应加设临时拉结。

④连续同步往下拆卸。对于连墙件、长水平杆、剪刀撑等,必须在脚手架拆卸到相关跨门架后,方可拆除。

⑤从跨边起先拆顶部扶手与栏杆柱,然后拆脚手板(或水平架)与扶梯段,再卸下水平加固杆和剪刀撑。

⑥拆除基座,运走垫板和垫块。

(2)拆除注意事项

1)脚手架拆除时,拆下的门架及配件,均须加以检验。清除杆件及螺纹上的污物,进行必要的整形,变形严重者,应送回工厂修整。应按规定分级检查、维修或报废。拆下的门架及其他配件经检查、修整后应按品种、规格分类整理存放,妥善保管,防止锈蚀。

2)拆除脚手架时,地面应设围栏和警戒标志,并派专人看守,严禁一切非操作人员入内。

(3)脚手架的拆卸必须符合下列安全要求:

1)拆卸连接部件时,应先将锁座上的锁板与搭钩上的锁片转至开启位置,然后开始拆卸,不准硬拉,严禁敲击。

2)拆除工作中,严禁使用榔头等硬物击打、撬挖。拆下的连接棒应放入袋内;锁臂应先传递至地面并放入室内堆存。

3)工人必须站在临时设置的脚手板上进行拆除作业。

4)拆下的门架、钢管与配件,应成捆机械吊运,或井架传送至地面,防止碰撞,严禁抛掷。

五、碗扣式钢管脚手架搭设与拆除施工安全技术

1. 碗扣式钢管脚手架制作质量要求

(1)碗扣式钢管脚手架钢管规格应为 ϕ48mm×3.5mm，钢管壁厚应为3.5+0.250mm。

(2)立杆连接处外套管与立杆间隙应小于或等于 2mm，外套管长度不得小于 160mm，外伸长度不得小于 110mm。

(3)钢管焊接前应进行调直除锈，钢管直线度应小于 1.5L/1000(L 为使用钢管的长度)。

(4)焊接应在专用工装上进行。

(5)构配件外观质量要求

1)钢管应平直光滑、无裂纹、无锈蚀、无分层、无结疤、无毛刺等，不得采用横断面接长的钢管；

2)铸造件表面应光整，不得有砂眼、缩孔、裂纹、浇冒口残余等缺陷，表面粘砂应清除干净；

3)冲压件不得有毛刺、裂纹、氧化皮等缺陷；

4)各焊缝应饱满，焊药应清除干净，不得有未焊透、夹砂、咬肉、裂纹等缺陷；

5)构配件防锈漆涂层应均匀，附着应牢固；

6)主要构配件上的生产厂标识应清晰。

(6)架体组装质量要求

1)立杆的上碗扣应能上下窜动、转动灵活，不得有卡滞现象；

2)立杆与立杆的连接孔处应能插入 ϕ10mm 连接销；

3)碗扣节点上应在安装 1～4 个横杆时，上碗扣均能锁紧；

4)当搭设不少于二步三跨 1.8m×1.8m×1.2m(步距×纵距×横距)的整体脚手架时，每一框架内横杆与立杆的垂直度偏差应小于 5mm。

(7)可调底座底板的钢板厚度不得小于 6mm。可调托撑钢板厚度不得小于 5mm。

(8)可调底座及可调托撑丝杆与调节螺母啮合长度不得少于 6 扣，插入立杆内的长度不得小于 150mm。

(9)主要构配件性能指标要求

1)上碗扣抗拉强度不应小于 30kN；

2)下碗扣组焊后剪切强度不应小于 60kN；

3)横杆接头剪切强度不应小于 50kN；

4)横杆接头焊接剪切强度不应小于 25kN；

5)底座抗压强度不应小于 100kN。

2. 碗扣式钢管脚手架搭设的安全技术要求

(1)立杆基础施工应满足要求,清除组架范围内的杂物,平整场地,做好排水处理。

(2)脚手架搭设前,要先编制脚手架施工组织设计。明确使用荷载,确定脚手架平面、立面布置,列出构件用量表,制订构件供应和周转计划等。

(3)所有构件,必须经检验合格后方能投入使用。

(4)接头搭设

1)如发现上碗扣扣不紧,或限位销不能进入上碗扣螺旋面,应检查立杆与横杆是否垂直,相邻的两个碗扣是否在同一水平面上(即横杆水平度是否符合要求);下碗扣与立杆的同轴度是否符合要求;下碗扣的水平面同立杆轴线的垂直度是否符合要求;横杆接头与横杆是否变形;横杆接头的弧面中心线同横杆轴线是否垂直;下碗扣内有无砂浆等杂物充填等;如是装配原因,则因调整后锁紧;如是杆件本身原因,则应拆除,并送去整修。

2)接头是立杆同横杆、斜杆的连接装置,应确保接头锁紧。搭设时,先将上碗扣搁置在限位销上,将横杆、斜杆等接头插入下碗扣,使接头弧面与立杆密贴,待全部接头插入后,将上碗扣套下,并用榔头顺时针沿切线敲击上碗扣凸头,直至上碗扣被限位销卡紧不再转动为止。

(5)杆件搭设顺序

1)脚手架搭设以 3～4 人为一小组为宜,其中 1～2 人递料,另外两人共同配合搭设,每人负责一端。搭设时,要求至多二层向同一方向,或中间向两边推进,不得从两边向中间合拢搭设,否则中间杆件会因两侧架子刚度太大而难以安装。

2)在已处理好的地基或基垫上按设计位置安放立杆垫座或可调座,其上交错安装 3.0m 和 1.8m 长立杆,调整立杆可调座,使同一层立杆接头处于同一水平面内,以便装横杆。搭设顺序是:立杆底座→立杆→横杆→斜杆→接头锁紧→脚手板→上层立杆→立杆连接销→横杆。

(6)搭设注意事项

1)在搭设过程中,应注意调整整架的垂直度,一般通过调整连墙撑的长度来实现,要求整架垂直度小于 1/500L,但最大允许偏差为 100mm。

2)所有构件都应按设计及脚手架有关规定设置。

3)在搭设、拆除或改变作业程序时,禁止人员进入危险区域。

4)脚手架应随建筑物升高而随时设置,一般不应超出建筑物二步架。

5)连墙撑应随着脚手架的搭设而随时在设计位置设置,并尽量与脚手架和建筑物外表面垂直。

6)单排横杆插入墙体后,应将夹板用榔头击紧,不得浮放。

3. 碗扣式钢管脚手架拆除的安全技术要求

(1)拆除顺序自上而下逐层拆除,不容许上、下两层同时拆除。

(2)当脚手架使用完成后,制订拆除方案。拆除前应对脚手架作一次全面检查,清除所有多余物件,并设立拆除区,禁止无关人员进入。

(3)拆除的构件应用吊具吊下,或人工递下,严禁抛掷。

(4)连墙撑只能在拆到该层时才许拆除,严禁在拆架前先拆连墙撑。

(5)拆除的构件应及时分类堆放,以便运输、保管。

4. 脚手架安全使用与管理

(1)作业层上的施工荷载应符合设计要求,不得超载,不得在脚手架上集中堆放模板、钢筋等物料。

(2)混凝土输送管、布料杆、缆风绳等不得固定在脚手架上。

(3)遇 6 级以上大风、雨雪、大雾天气时,应停止脚手架的搭设与拆除作业。

(4)脚手架使用期间,严禁擅自拆除架体结构杆件;如需拆除必须经修改施工方案并报请原方案审批人批准,确定补救措施后方可实施。

(5)严禁在脚手架基础及邻近处进行挖掘作业。

(6)脚手架应与输电线路保持安全距离,施工现场临时用电线路架设及脚手架接地防雷措施等应按国家现行标准《施工现场临时用电安全技术规范》JGJ46 的有关规定执行。

(7)搭设脚手架人员必须持证上岗。上岗人员应定期体检,合格者方可持证上岗。

(8)搭设脚手架人员必须戴安全帽、系安全带、穿防滑鞋。

第五章　建设工程专项安全技术

第一节　施工现场临时用电

一、临时用电管理

1. 临时用电组织设计

(1)施工现场临时用电设备在5台及以上或设备总容量在50kW及以上者，应按照现行行业标准《电力建设安全工作规程(变电所部分)》(DL 5009.3—2013)，规定做好用电组织设计，用以指导建造用电工程，保障用电安全可靠。

(2)施工现场临时用电组织设计应包括下列内容：

1)现场勘测。

2)确定电源进线、变电所或配电室、配电装置、用电设备位置及线路走向。

3)进行负荷计算。

4)选择变压器。

5)设计配电系统，包括：

①设计配电线路，选择导线或电缆；

②设计配电装置，选择电器；

③设计接地装置；

④绘制临时用电工程图纸，主要包括用电工程总平面图、配电装置布置图、配电系统接线图、接地装置设计图。

6)设计防雷装置。

7)确定防护措施。

8)制定安全用电措施和电气防火措施。

(3)临时用电工程图纸应单独绘制，临时用电工程应按图施工。

(4)临时用电组织设计及变更时，必须履行"编制、审核、批准"程序，由电气工程技术人员组织编制，经相关部门审核及具有法人资格企业的技术负责人批准后实施。变更用电组织设计时应补充有关图纸资料。

(5)临时用电工程必须经编制、审核、批准部门和使用单位共同验收，合格后方可投入使用。

(6)施工现场临时用电设备在5台以下和设备总容量在50kW以下者，应制定安全用电和电气防火措施，并且与临时用电组织设计一样，严格履行相同的编制、审核、批准程序。

2. 电工及用电人员

(1)电工必须经过按国家现行标准考核合格后，持证上岗工作；其他用电人员必须通过相关教育培训和技术交底，考核合格后方可上岗工作。

(2)安装、巡检、维修或拆除临时用电设备和线路，必须由电工完成，并应有人监护。电工等级应同工程的难易程度和技术复杂性相适应。

(3)各类用电人员应掌握安全用电基本知识和所用设备的性能，并应符合下列规定：

1)使用电气设备前必须按规定穿戴和配备好相应的劳动防护用品，并应检查电气装置和保护设施，严禁设备带“缺陷”运转；

2)保管和维护所用设备，发现问题及时报告解决；

3)暂时停用设备的开关箱必须分断电源隔离开关，并应关门上锁；

4)移动电气设备时，必须经电工切断电源并做妥善处理后进行。

3. 安全技术档案

(1)施工现场临时用电必须建立安全技术档案，并应包括下列内容：

1)用电组织设计的安全资料；

2)修改用电组织设计的资料；

3)用电技术交底资料；

4)用电工程检查验收表；

5)电气设备的试、检验凭单和调试记录；

6)接地电阻、绝缘电阻和漏电保护器漏电动作参数测定记录表；

7)定期检(复)查表；

8)电工安装、巡检、维修、拆除工作记录。

(2)安全技术档案应由主管该现场的电气技术人员负责建立与管理。其中“电工安装、巡检、维修、拆除工作记录”可指定电工代管，每周由项目经理审核认可，并应在临时用电工程拆除后统一归档。

(3)临时用电工程应定期检查。定期检查时，应复查接地电阻值和绝缘电阻值。

(4)临时用电工程定期检查应按分部、分项工程进行，对安全隐患必须及时处理，并应履行复查验收手续。

二、外电线路及电气设备防护

1. 外电线路防护

(1)在建工程不得在外电架空线路正下方施工、搭设作业棚、建造生活设施或堆放构件、架具、材料及其他杂物等。

(2)在建工程(含脚手架)的周边与外电架空线路的边线之间的最小安全操作距离应符合表 5-1 规定。

表 5-1 在建工程(含脚手架)的周边与架空线路的边线之间的最小安全操作距离

外电线路电压等级(kV)	<1	1～10	35～110	220	330～500
最小安全操作距离(m)	4.0	6.0	8.0	10	15

注:上、下脚手架的斜道不宜设在有外电线路的一侧。

(3)施工现场的机动车道与外电架空线路交叉时,架空线路的最低点与路面的最小垂直距离应符合表 5-2 规定。

表 5-2 施工现场的机动车道与架空线路交叉时的最小垂直距离

外电线路电压等级(kV)	<1	1～10	35
最小垂直距离(m)	6.0	7.0	7.0

(4)起重机严禁越过无防护设施的外电架空线路作业。在外电架空线路附近吊装时,起重机的任何部位或被吊物边缘在最大偏斜时与架空线路边线的最小安全距离应符合表 5-3 规定。

表 5-3 起重机与架空线路边线的最小安全距离

电压(kV) 安全距离(m) 方向	<1	10	35	110	220	330	500
沿垂直方向	1.5	3.0	4.0	5.0	6.0	7.0	8.5
沿水平方向	1.5	2.0	3.5	4.0	6.0	7.0	8.5

(5)施工现场开挖沟槽边缘与外电埋地电缆沟槽边缘之间的距离不得小于 0.5m。

(6)当达不到表 5-1～表 5-3 中的规定时,必须采取绝缘隔离防护措施,并应悬挂醒目的警告标志。架设防护设施时,必须经有关部门批准,采用线路暂时停电或其他可靠的安全技术措施,并应有电气工程技术人员和专职安全人员监护。防护设施与外电线路之间的安全距离不应小于表 5-4 所列数值。防护设施应坚固、稳定,且对外电线路的隔离防护应达到 IP30 级。

表 5-4　防护设施与外电线路之间的最小安全距离

外电线路电压等级(kV)	≤10	35	110	220	330	500
最小安全操作距离(m)	1.7	2.0	2.5	4.0	5.0	6.0

(7)当上述第(6)项中规定的防护措施无法实现时，必须与有关部门协商，采取停电、迁移外电线路或改变工程位置等措施，未采取上述措施的严禁施工。

(8)在外电架空线路附近开挖沟槽时，必须会同有关部门采取加固措施，防止外电架空线路电杆倾斜、悬倒。

2. 电气设备防护

(1)电气设备防护应符合现行国家标准《用电安全导则》(GB/T 13869—2008)、《爆炸和火灾危险环境电力装置设计规范》(GB 50058—2014)和《外壳防护等级(IP 代码)》(GB 4208—2008)的规定。电气设备现场周围不得存放易燃易爆物、污源和腐蚀介质，否则应予清除或做防护处置，其防护等级必须与环境条件相适应。

(2)电气设备设置场所应能避免物体打击和机械损伤，否则应做防护处置。

三、接地与防雷

1. 一般规定

(1)在施工现场专用变压器的供电的 TN－S 接零保护系统中，电气设备的金属外壳必须与保护零线连接。保护零线应由工作接地线、配电室(总配电箱)电源侧零线或总漏电保护器电源侧零线处引出(图 5-1)。

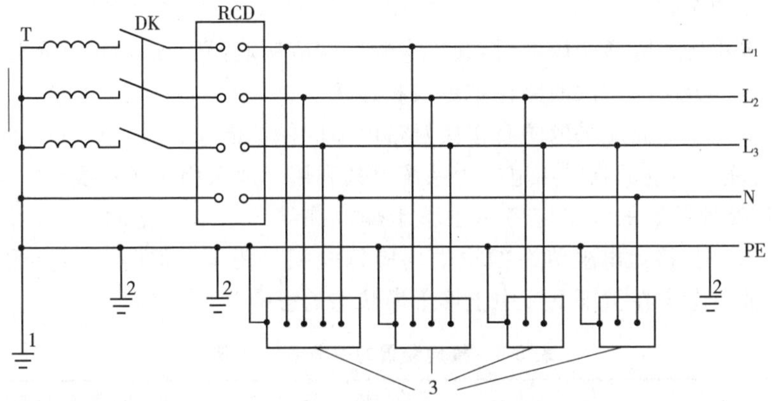

图 5-1　专用变压器供电时 TN－S 接零保护系统示意

1-工作接地；2-PE 线重复接地；3-电气设备金属外壳(正常不带电的外露可导电部分)；

L_1、L_2、L_3-相线；N-工作零线；PE-保护零线；DK-总电源隔离开关；

RCD-总漏电保护器(兼有短路、过载、漏电保护功能的漏电断路器)；T-变压器

(2)当施工现场与外电线路共用同一供电系统时,电气设备的接地、接零保护应与原系统保护一致。不得一部分设备做保护接零,另一部分设备做保护接地。

采用 TN 系统做保护接零时,工作零线(N 线)必须通过总漏电保护器,保护零线(PE 线)必须由电源进线零线重复接地处或总漏电保护器电源侧零线处,引出形成局部 TN－S 接零保护系统(图 5-2)。

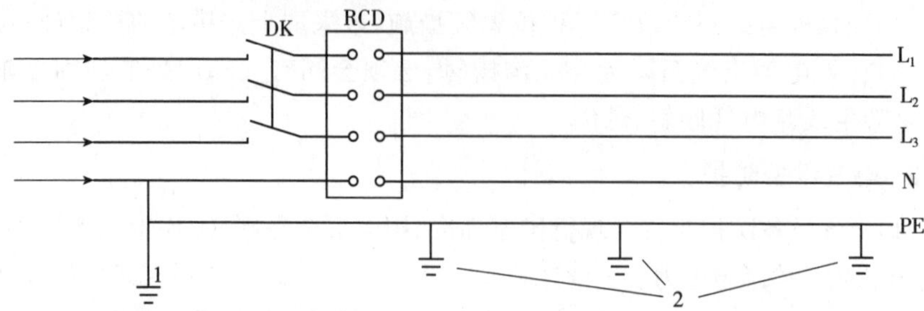

图 5-2　三相四线供电时局部 TN－S 接零保护系统保护零线引出示意

1-NPE 线重复接地;2-PE 线重复接地;L_1、L_2、L_3-相线;N-工作零线;PE-保护零线;DK-总电源隔离开关;RCD-总漏电保护器(兼有短路、过载、漏电保护功能的漏电断路器)

(3)在 TN 接零保护系统中,通过总漏电保护器的工作零线与保护零线之间不得再做电气连接。

(4)在 TN 接零保护系统中,PE 零线应单独敷设。重复接地线必须与 PE 线相连接,严禁与 N 线相连接。

(5)使用一次侧由 50V 以上电压的接零保护系统供电,二次侧为 50V 及以下电压的安全隔离变压器时,二次侧不得接地,并应将二次线路用绝缘管保护或采用橡皮护套软线。

当采用普通隔离变压器时,其二次侧一端应接地,且变压器正常不带电的外露可导电部分应与一次回路保护零线相连接。

以上变压器尚应采取防直接接触带电体的保护措施。

(6)施工现场的临时用电电力系统严禁利用大地做相线或零线。

(7)接地装置的设置应考虑土壤干燥或冻结等季节变化的影响,并应符合表 5-5的规定,接地电阻值在四季中均应符合相关要求。但防雷装置的冲击接地电阻值只考虑在雷雨季节中土壤干燥状态的影响。

表 5-5　接地装置的季节系数 φ 值

埋深(m)	水平接地体	长 2～3m 的垂直接地体
0.5	1.4～1.8	1.2～1.4
0.8～1.0	1.25～1.45	1.15～1.3
2.5～3.0	1.0～1.1	1.0～1.1

注:大地比较干燥时,取表中较小值;比较潮湿时,取表中较大值。

(8)PE 线所用材质与相线、工作零线(N 线)相同时，其最小截面应符合表 5-6 的规定。

表 5-6 PE 线截面与相线截面的关系

相线芯线截面 S(mm^2)	PE 线最小截面(mm^2)
$S \leqslant 16$	S
$16 < S \leqslant 35$	16
$S > 35$	$S/2$

(9)保护零线必须采用绝缘导线。配电装置和电动机械相连接的 PE 线应为截面不小于 $2.5mm^2$ 的绝缘多股铜线。手持式电动工具的 PE 线应为截面不小于 $1.5mm^2$ 的绝缘多股铜线。

(10)PE 线上严禁装设开关或熔断器，严禁通过工作电流，且严禁断线。

(11)相线、N 线、PE 线的颜色标记必须符合以下规定：相线 L_1(A)、L_2(B)、L_3(C)相序的绝缘颜色依次为黄、绿、红色；N 线的绝缘颜色为淡蓝色；PE 线的绝缘颜色为绿/黄双色。任何情况下上述颜色标记严禁混用和互相代用。

2. 保护接零

(1)在 TN 系统中，下列电气设备不带电的外露可导电部分应做保护接零：

1)电机、变压器、电器、照明器具、手持式电动工具的金属外壳；

2)电气设备传动装置的金属部件；

3)配电柜与控制柜的金属框架；

4)配电装置的金属箱体、框架及靠近带电部分的金属围栏和金属门；

5)电力线路的金属保护管、敷线的钢索、起重机的底座和轨道、滑升模板金属操作平台等；

6)安装在电力线路杆(塔)上的开关、电容器等电气装置的金属外壳及支架。

(2)城防、人防、隧道等潮湿或条件特别恶劣施工现场的电气设备必须采用保护接零。

(3)在 TN 系统中，下列电气设备不带电的外露可导电部分，可不做保护接零：

1)在木质、沥青等不良导电地坪的干燥房间内，交流电压 380V 及以下的电气装置金属外壳(当维修人员可能同时触及电气设备金属外壳和接地金属物件时除外)；

2)安装在配电柜、控制柜金属框架和配电箱的金属箱体上，且与其可靠电气连接的电气测量仪表、电流互感器、电器的金属外壳。

3. 接地与接地电阻

(1)单台容量超过 100kVA 或使用同一接地装置并联运行且总容量超过 100kVA 的电力变压器或发电机的工作接地电阻值不得大于 4Ω。

单台容量不超过 100kVA 或使用同一接地装置并联运行且总容量不超过 100kVA 的电力变压器或发电机的工作接地电阻值不得大于 10Ω。

在土壤电阻率大于 1000Ω·m 的地区,当达到上述接地电阻值有困难时,工作接地电阻值可提高到 30Ω。

(2)TN 系统中的保护零线除必须在配电室或总配电箱处做重复接地外,还必须在配电系统的中间处和末端处做重复接地。

在 TN 系统中,保护零线每一处重复接地装置的接地电阻值不应大于 10Ω。在工作接地电阻值允许达到 10Ω 的电力系统中,所有重复接地的等效电阻值不应大于 10Ω。

(3)在 TN 系统中,严禁将单独敷设的工作零线再做重复接地。

(4)每一接地装置的接地线应采用 2 根及以上导体,在不同点与接地体做电气连接。

不得采用铝导体做接地体或地下接地线。垂直接地体宜采用角钢、钢管或光面圆钢,不得采用螺纹钢。

接地可利用自然接地体,但应保证其电气连接和热稳定。

(5)移动式发电机供电的用电设备,其金属外壳或底座应与发电机电源的接地装置有可靠的电气连接。

(6)移动式发电机系统接地应符合电力变压器系统接地的要求。下列情况可不另做保护接零:

1)移动式发电机和用电设备固定在同一金属支架上,且不供给其他设备用电时;

2)不超过 2 台的用电设备由专用的移动式发电机供电,供、用电设备间距不超过 50m,且供、用电设备的金属外壳之间有可靠的电气连接时。

(7)在有静电的施工现场内,对集聚在机械设备上的静电应采取接地泄漏措施。每组专设的静电接地体的接地电阻值不应大于 100Ω,高土壤电阻率地区不应大于 1000Ω。

4. 防雷

(1)在土壤电阻率低于 200Ω·m 区域的电杆可不另设防雷接地装置,但在配电室的架空进线或出线处应将绝缘子铁脚与配电室的接地装置相连接。

(2)施工现场内的起重机、井字架、龙门架等机械设备,以及钢脚手架和正在施工的在建工程等的金属结构,当在相邻建筑物、构筑物等设施的防雷装置接闪器的保护范围以外时，应按表 5-7 规定装防雷装置。

表 5-7　施工现场内机械设备及高架设施需安装防雷装置的规定

地区年平均雷暴日(d)	机械设备高度(m)
≤15	≥50
>15，<40	≥32
≥40，<90	≥20
≥90 及雷害特别严重地区	≥12

当最高机械设备上避雷针（接闪器）的保护范围能覆盖其他设备，且又最后退出于现场，则其他设备可不设防雷装置。

(3)机械设备或设施的防雷引下线可利用该设备或设施的金属结构体，但应保证电气连接。

(4)机械设备上的避雷针（接闪器）长度应为 1～2m。塔式起重机可不另设避雷针（接闪器）。

(5)安装避雷针（接闪器）的机械设备，所有固定的动力、控制、照明、信号及通信线路，宜采用钢管敷设。钢管与该机械设备的金属结构体应做电气连接。

(6)施工现场内所有防雷装置的冲击接地电阻值不得大于 30Ω。

(7)做防雷接地机械上的电气设备，所连接的 PE 线必须同时做重复接地，同一台机械电气设备的重复接地和机械的防雷接地可共用同一接地体，但接地电阻应符合重复接地电阻值的要求。

四、配电室及自备电源

1. 配电室

(1)配电室应靠近电源，并应设在灰尘少、潮气少、振动小、无腐蚀介质、无易燃易爆物及道路畅通的地方。

(2)成列的配电柜和控制柜两端应与重复接地线及保护零线做电气连接。

(3)配电室和控制室应能自然通风，并应采取防止雨雪侵入和动物进入的措施。

(4)配电室布置应符合下列要求：

1)配电柜正面的操作通道宽度，单列布置或双列背对背布置不小于 1.5m，双列面对面布置不小于 2m；

2)配电柜后面的维护通道宽度，单列布置或双列面对面布置不小于 0.8m，双列背对背布置不小于 1.5m，个别地点有建筑物结构凸出的地方，则此点通道宽度可减少 0.2m；

3)配电柜侧面的维护通道宽度不小于1m；

4)配电室的顶棚与地面的距离不低于3m；

5)配电室内设置值班或检修室时，该室边缘距配电柜的水平距离大于1m，并采取屏障隔离；

6)配电室内的裸母线与地面垂直距离小于2.5m时，采用遮栏隔离，遮栏下面通道的高度不小于1.9m；

7)配电室围栏上端与其正上方带电部分的净距不小于0.075m；

8)配电装置的上端距棚不小于0.5m；

9)配电室内的母线涂刷有色油漆，以标志相序；以柜正面方向为基准，其涂色符合表5-8规定；

表5-8 母线涂色

相别	颜色	垂直排列	水平排列	引下排列
L_1(A)	黄	上	后	左
L_2(B)	绿	中	中	中
L_3(C)	红	下	前	右
N	淡蓝	—	—	—

10)配电室的建筑物和构筑物的耐火等级不低于3级，室内配置沙箱和可用于扑灭电气火灾的灭火器；

11)配电室的门向外开，并配锁；

12)配电室的照明分别设置正常照明和事故照明。

(5)配电柜应装设电度表，并应装设电流、电压表。电流表与计费电度表不得共用一组电流互感器。

(6)配电柜应装设电源隔离开关及短路、过载、漏电保护电器。电源隔离开关分断时应有明显可见分断点。

(7)配电柜应编号、并应有用途标记。

(8)配电柜或配电线路停电维修时，应挂接地线，并应悬挂“禁止合闸、有人工作”停电标志牌。停送电必须由专人负责。

(9)配电室应保持整洁，不得堆放任何妨碍操作、维修的杂物。

2.230/400V自备发电机组

(1)发电机组及其控制、配电、修理室等可分开设置；在保证电气安全距离和满足防火要求情况下可合并设置。

(2)发电机组的排烟管道必须伸出室外。发电机组及其控制、配电室内必须配置可用于扑灭电气火灾的灭火器，严禁存放贮油桶。

(3)发电机组电源必须与外电线路电源连锁，严禁并列运行。

(4)发电机组应采用电源中性点直接接地的三相四线制供电系统和独立设置TN－S接零保护系统，其工作接地电阻值应符合“三、接地与防雷”的要求。

(5)发电机控制屏宜装设交流电压表、交流电流表、有功功率表、电度表、功率因数表、频率表、直流电流表等仪表。

(6)发电机供电系统应设置电源隔离开关及短路、过载、漏电保护电器。电源隔离开关分断时应有明显可见分断点。

(7)发电机组并列运行时，必须装设同期装置，并在机组同步运行后再向负载供电。

五、配电线路

1. 架空线路

(1)架空线必须采用绝缘导线。

(2)架空线必须架设在专用电杆上，严禁架设在树木、脚手架及其他设施上。

(3)架空线导线截面的选择应符合下列要求：

1)导线中的计算负荷电流不大于其长期连续负荷允许载流量；

2)线路末端电压偏移不大于其额定电压的5%；

3)三相四线制线路的N线和PE线截面不小于相线截面的50%，单相线路的零线截面与相线截面相同；

4)按机械强度要求，绝缘铜线截面不小于$10mm^2$，绝缘铝线截面不小于$16mm^2$；

5)在跨越铁路、公路、河流、电力线路档距内，绝缘铜线截面不小于$16mm^2$，绝缘铝线截面不小于$25mm^2$。

(4)架空线在一个档距内，每层导线的接头数不得超过该层导线条数的50%，且一条导线应只有一个接头。

在跨越铁路、公路、河流、电力线路档距内，架空线不得有接头。

(5)架空线路相序排列应符合下列规定：

1)动力、照明线在同一横担上架设时，导线相序排列是：面向负荷从左侧起依次为L_1、N、L_2、L_3、PE；

2)动力、照明线在二层横担上分别架设时，导线相序排列是：上层横担面向负荷从左侧起依次为L_1、L_2、L_3；下层横担面向负荷从左侧起依次为L_1(L_2、L_3)、N、PE。

(6)架空线路的档距不得大于35m。

(7)架空线路的线间距不得小于0.3m，靠近电杆的两导线的间距不得小于0.5m。

(8)架空线路横担间的最小垂直距离不得小于表5-9所列数值;横担宜采用角钢或方木、低压铁横担角钢应按表5-10选用,方木横担截面应按80mm×80mm选用;横担长度应按表5-11选用。

表5-9　横担间的最小垂直距离(m)

排列方式	直线杆	分支或转角杆
高压与低压	1.2	1.0
低压与低压	0.6	0.3

表5-10　低压铁横担角钢选用

导线截面(mm²)	直线杆	分支或转角杆	
		二线及三线	四线及以上
16 25 35 50	L50×5	2×L50×5	2×L63×5
70 95 120	L63×5	2×L63×5	2×L70×6

表5-11　横担长度选用

横担长度(m)		
二线	三线、四线	五线
0.7	1.5	1.8

(9)架空线路与邻近线路或固定物的距离应符合表5-12的规定。

表5-12　架空线路与邻近线路或固定物的距离

项目	距离类别						
最小净空距离(m)	架空线路的过引线、接下线与邻线		架空线与架空线电杆外缘		架空线与摆动最大时树梢		
	0.13		0.05		0.50		
最小垂直距离(m)	架空线同杆架设下方的通信、广播线路	架空线最大弧垂与地面			架空线最大弧垂与暂设工程顶端	架空线与邻近电力线路交叉	
		施工现场	机动车道	铁路轨道		1kV以下	1~10kV
	1.0	4.0	6.0	7.5	2.5	1.2	2.5

（续）

项目	距离类别		
最小水平距离（m）	架空线电杆与路基边缘	架空线电杆与铁路轨道边缘	架空线边线与建筑物凸出部分
	1.0	杆高(m)＋3.0	1.0

(10)架空线路宜采用钢筋混凝土杆或木杆。钢筋混凝土杆不得有露筋、宽度大于0.4mm的裂纹和扭曲；木杆不得腐朽，其梢径不应小于140mm。

(11)电杆埋设深度宜为杆长的1/10加0.6m，回填土应分层夯实。在松软土质处宜加大埋入深度或采用卡盘等加固。

(12)直线杆和15°以下的转角杆，可采用单横担单绝缘子，但跨越机动车道时应采用单横担双绝缘子；15°到45°的转角杆应采用双横担双绝缘子；45°以上的转角杆，应采用十字横担。

(13)架空线路绝缘子应按下列原则选择：直线杆采用针式绝缘子；耐张杆采用蝶式绝缘子。

(14)电杆的拉线宜采用不少于3根D4.0mm的镀锌钢丝。拉线与电杆的夹角应在30°～45°之间。拉线埋设深度不得小于1m。电杆拉线如从导线之间穿过，应在高于地面2.5m处装设拉线绝缘子。

(15)因受地表环境限制不能装设拉线时，可采用撑杆代替拉线，撑杆埋设深度不得小于0.8m，其底部应垫底盘或石块。撑杆与电杆的夹角宜为30°。

(16)接户线在档距内不得有接头，进线处离地高度不得小于2.5m。接户线最小截面应符合表5-13规定。接户线线间及与邻近线路间的距离应符合表5-14的要求。

表5-13 接户线的最小截面

接户线架设方式	接户线长度（m）	接户线截面（mm^2）	
		铜线	铝线
架空或沿墙敷设	10～25	6.0	10.0
	≤10	4.0	6.0

表5-14 接户线线间及与邻近线路间的距离

接户线架设方式	接户线档距(m)	接户线线间距离(mm)
架空敷设	≤25	150
	＞25	200
沿墙敷设	≤6	100
	＞6	150

（续）

接户线架设方式	接户线档距(m)	接户线线间距离(mm)
架空接户线与广播电话线交叉时的距离(mm)		接户线在上部，600 接户线在下部，300
架空或沿墙敷设的接户线零线和相线交叉时的距离(mm)		100

(17)架空线路必须有短路保护。

采用熔断器做短路保护时，其熔体额定电流不应大于明敷绝缘导线长期连续负荷允许载流量的1.5倍。

采用断路器做短路保护时，其瞬动过流脱扣器脱扣电流整定值应小于线路末端单相短路电流。

(18)架空线路必须有过载保护。

采用熔断器或断路器做过载保护时，绝缘导线长期连续负荷允许载流量不应小于熔断器熔体额定电流或断路器长延时过流脱扣器脱扣电流整定值的1.25倍。

2. 电缆线路

(1)电缆中必须包含全部工作芯线和用作保护零线或保护线的芯线。需要三相四线制配电的电缆线路必须采用五芯电缆。

五芯电缆必须包含淡蓝、绿/黄二种颜色绝缘芯线。淡蓝色芯线必须用作N线；绿/黄双色芯线必须用作PE线，严禁混用。

(2)电缆截面的选择应符合上述相关规定，根据其长期连续负荷允许载流量和允许电压偏移确定。

(3)电缆线路应采用埋地或架空敷设，严禁沿地面明设，并应避免机械损伤和介质腐蚀。埋地电缆路径应设方位标志。

(4)电缆类型应根据敷设方式、环境条件选择。埋地敷设宜选用铠装电缆；当选用无铠装电缆时，应能防水、防腐。架空敷设宜选用无铠装电缆。

(5)电缆直接埋地敷设的深度不应小于0.7m，并应在电缆紧邻上、下、左、右侧均匀敷设不小于50mm厚的细砂，然后覆盖砖或混凝土板等硬质保护层。

(6)埋地电缆在穿越建筑物、构筑物、道路、易受机械损伤、介质腐蚀场所及引出地面从2.0m高到地下0.2m处，必须加设防护套管，防护套管内径不应小于电缆外径的1.5倍。

(7)埋地电缆与其附近外电电缆和管沟的平行间距不得小于2m，交叉间距不得小于1m。

(8)埋地电缆的接头应设在地面上的接线盒内，接线盒应能防水、防尘、防机械损伤，并应远离易燃、易爆、易腐蚀场所。

(9)架空电缆应沿电杆、支架或墙壁敷设，并采用绝缘子固定，绑扎线必须采用绝缘线，固定点间距应保证电缆能承受自重所带来的荷载，敷设高度应符合架空线路敷设高度的要求，但沿墙壁敷设时最大弧垂距地不得小于2.0m。

架空电缆严禁沿脚手架、树木或其他设施敷设。

(10)在建工程内的电缆线路必须采用电缆埋地引入，严禁穿越脚手架引入。电缆垂直敷设应充分利用在建工程的竖井、垂直孔洞等，并宜靠近用电负荷中心，固定点每楼层不得少于一处。电缆水平敷设宜沿墙或门口刚性固定，最大弧垂距地不得小于2.0m。

装饰装修工程或其他特殊阶段，应补充编制单项施工用电方案。电源线可沿墙角、地面敷设，但应采取防机械损伤和电火措施。

(11)电缆线路必须有短路保护和过载保护，短路保护和过载保护电器与电缆的选配应符合上述相关要求。

3. 室内配线

(1)室内配线必须采绝缘导线或电缆。

(2)室内配线应根据配线类型采用瓷瓶、瓷(塑料)夹、嵌绝缘槽、穿管或钢索敷设。

潮湿场所或埋地非电缆配线必须穿管敷设，管口和管接头应密封；当采用金属管敷设时，金属管必须做等电位连接，且必须与PE线相连接。

(3)室内非埋地明敷主干线距地面高度不得小于2.5m。

(4)架空进户线的室外端应采用绝缘子固定，过墙处应穿管保护，距地面高度不得小于2.5m，并应采取防雨措施。

(5)室内配线所用导线或电缆的截面应根据用电设备或线路的计算负荷确定，但铜线截面不应小于1.5mm^2，铝线截面不应小于2.5mm^2。

(6)钢索配线的吊架间距不宜大于12m。采用瓷夹固定导线时，导线间距不应小于35mm，瓷夹间距不应大于800mm；采用瓷瓶固定导线时，导线间距不应小于100mm，瓷瓶间距不应大于1.5m；采用护套绝缘导线或电缆时，可直接敷设于钢索上。

(7)室内配线必须有短路保护和过载保护，短路保护和过载保护电器与绝缘导线、电缆的选配应符合上述相关要求。对穿管敷设的绝缘导线线路，其短路保护熔断器的熔体额定电流不应大于穿管绝缘导线长期连续负荷允许载流量的2.5倍。

六、配电箱及开关箱

1. 配电箱及开关箱的设置

(1)配电系统应设置配电柜或总配电箱、分配电箱、开关箱，实行三级配电。

配电系统宜使三相负荷平衡。220V 或 380V 单相用电设备宜接入 220/380V 三相四线系统；当单相照明线路电流大于 30A 时，宜采用 220/380V 三相四线制供电。

(2)总配电箱以下可设若干分配电箱；分配电箱以下可设若干开关箱。

总配电箱应设在靠近电源的区域，分配电箱应设在用电设备或负荷相对集中的区域，分配电箱与开关箱的距离不得超过 30m，开关箱与其控制的固定式用电设备的水平距离不宜超过 3m。

(3)每台用电设备必须有各自专用的开关箱，严禁用同一个开关箱直接控制 2 台及 2 台以上用电设备(含插座)。

(4)动力配电箱与照明配电箱宜分别设置。当合并设置为同一配电箱时，动力和照明应分路配电；动力开关箱与照明开关箱必须分设。

(5)配电箱、开关箱应装设在干燥、通风及常温场所，不得装设在有严重损伤作用的瓦斯、烟气、潮气及其他有害介质中，亦不得装设在易受外来固体物撞击、强烈振动、液体浸溅及热源烘烤场所。否则，应予清除或做防护处理。

(6)配电箱、开关箱周围应有足够 2 人同时工作的空间和通道，不得堆放任何妨碍操作、维修的物品，不得有灌木、杂草。

(7)配电箱、开关箱应采用冷轧钢板或阻燃绝缘材料制作，钢板厚度应为 1.2～2.0mm，其中开关箱箱体钢板厚度不得小于 1.2mm，配电箱箱体钢板厚度不得小于 1.5mm，箱体表面应做防腐处理。

(8)配电箱、开关箱应装设端正、牢固。固定式配电箱、开关箱的中心点与地面的垂直距离应为 1.4～1.6m。移动式配电箱、开关箱应装设在坚固、稳定的支架上。其中心点与地面的垂直距离宜为 0.8～1.6m。

(9)配电箱、开关箱内的电器(含插座)应先安装在金属或非木质阻燃绝缘电器安装板上，然后方可整体紧固在配电箱、开关箱箱体内。

金属电器安装板与金属箱体应做电气连接。

(10)配电箱、开关箱内的电器(含插座)应按其规定位置紧固在电器安装板上，不得歪斜和松动。

(11)配电箱的电器安装板上必须分设 N 线端子板和 PE 线端子板。N 线端子板必须与金属电安装板绝缘；PE 线端子板必须与金属电器安装板做电气连接。

进出线中的 N 线必须通过 N 线端子板连接；PE 线必须通过 PE 线端子板连接。

(12)配电箱、开关箱内的连接线必须采用铜芯绝缘导线。导线绝缘的颜色标志应按“三、接地与防雷”的相关要求配置并排列整齐；导线分支接头不得采和螺栓压接，应采用焊接并做绝缘包扎，不得有外露带电部分。

(13)配电箱、开关箱的金属箱体、金属电器安装板以及电器正常不带电的金属底座、外壳等必须通过PE线端子板与PE线做电气连接，金属箱门与金属箱必须通过采用编织软铜线做电气连接。

(14)配电箱、开关箱的箱体尺寸应与箱内电器的数量和尺寸相适应，箱内电器安装板板面电器安装尺寸可按照表5-15确定。

表5-15　配电箱、开关箱内电器安装尺寸选择值

间距名称	最小净距(mm)
并列电器(含单极熔断器)间	30
电器进、出线瓷管(塑胶管)孔与电器边沿间	15A，30 20～30A，50 60A及以上，80
上、下排电器进出线瓷管(塑胶管)孔间	25
电器进、出线瓷管(塑胶管)孔至板边	40
电器至板边	40

(15)配电箱、开关箱中导线的进线口和出线口应设在箱体的下底面。

(16)配电箱和开关箱的进、出线口应配置固定线卡，进出线应加绝缘护套并成束卡在箱体上，不得与箱体直接接触。移动式配电箱和开关箱的进、出线应采用橡皮护套绝缘电缆，不得有接头。

(17)配电箱、开关箱外形结构应能防雨、防尘。

2. 电器装置的选择

(1)配电箱和开关箱内的电器必须可靠、完好，严禁使用破损、不合格的电器。

(2)总配电箱的电器应具备电源隔离，正常接通与分断电路，以及短路、过载、漏电保护功能。电器设置应符合下列原则：

1)当总路设置总漏电保护器时，还应装设总隔离开关、分路隔离开关，以及总断路器、分路断路器，或总熔断器、分路熔断器。当所设总漏电保护器是同时具备短路、过载、漏电保护功能的漏电断路器时，可不设总断路器或总熔断器。

2)当各分路设置分路漏电保护器时，还应装设总隔离开关、分路隔离开关，以及总断路器、分路断路器，或总熔断器、分路熔断器。当分路所设漏电保护器是同时具备短路、过载、漏电保护功能的漏电断路器时，可不设分路断路器或分路熔断器。

3)隔离开关应设置于电源进线端，应采用分断时具有可见分断点，并能同时断开电源所有极的隔离电器。如采用分断时具有可见分断点的断路器,可不另设隔离开关。

4)熔断器应选用具有可靠灭弧分断功能的产品。

5)总开关电器的额定值和动作整定应与分路开关电器的额定值、动作整定值相适应。

(3)总配电箱应装设电压表、总电流表、电度表及其他需要的仪表。专用电能计量仪表的装设应符合当地供用电管理部门的要求。

装设电流互感器时,其二次回路必须与保护零线有一个连接点,且严禁断开电路。

(4)分配电箱应装设总隔离开关、分路隔离开关,以及总断路器、分路断路器,或总熔断器、分路熔断器。

(5)开关箱必须装设隔离开关、断路器或熔断器,以及漏电保护器。当漏电保护器是同时具有短路、过载、漏电保护功能的漏电断路器时,可不装设断路或熔断器。隔离开关应采用分断时具有可见分断点,能同时断开电源所有极的隔离电器,并应设置于电源进线端。当断路器是具有可见分断点时,可不另设隔离开关。

(6)开关箱中的隔离开关只可直接控制照明电路和容量不大于3.0kW的动力电路,但不应频繁操作。容量大于3.0kW的动力电路应采用断路器控制,操作频繁时还应附设接触器或其他启动控制装置。

(7)开关箱中各种开关电器的额定值和动作整定值应与其控制用电设备的额定值和特性相适应。

(8)漏电保护器应装设在总配电箱、开关箱靠近负荷的一侧,且不得用于启动电气设备的操作。

(9)漏电保护器的选择应符合现行国家标准《剩余电流动作保护器的一般要求》(GB 6829—2008)和《漏电保护器安装和运行的要求》(GB 13955—2005)的规定。

(10)开关箱中漏电保护器的额定漏电动作电流不应大于30mA,额定漏电动作时间不应大于0.1s。

使用于潮湿或有腐蚀介质场所的漏电保护器应采用防溅型产品,其额定漏电动作电流不应大于15mA,额定漏电动作时间不应大于0.1s。

(11)总配电箱中漏电保护器的额定漏电动作电流应大于30mA,额定漏电动作时间应大于0.1s,但其额定漏电动作电流与额定漏电动作时间的乘积不应大于30mA·s。

(12)总配电箱和开关箱中漏电保护器的极数和线数必须与其负荷侧负荷的相数和线数一致。

(13)配电箱、开关箱中的漏电保护器宜选用无辅助电源型(电磁式)产品,或选用辅助电源故障时能自动断开的辅助电源型(电子式)产品。当选用辅助电源故障时不能自动断开的辅助电源型(电子式)产品时,应同时设置缺相保护。

(14)漏电保护器应按产品说明书安装、使用。对搁置已久重新使用或连续使用的漏电保护器应逐月检测其特性,发现问题应及时修理或更换。

漏电保护器的正确使用接线方法应按图 5-3 选用。

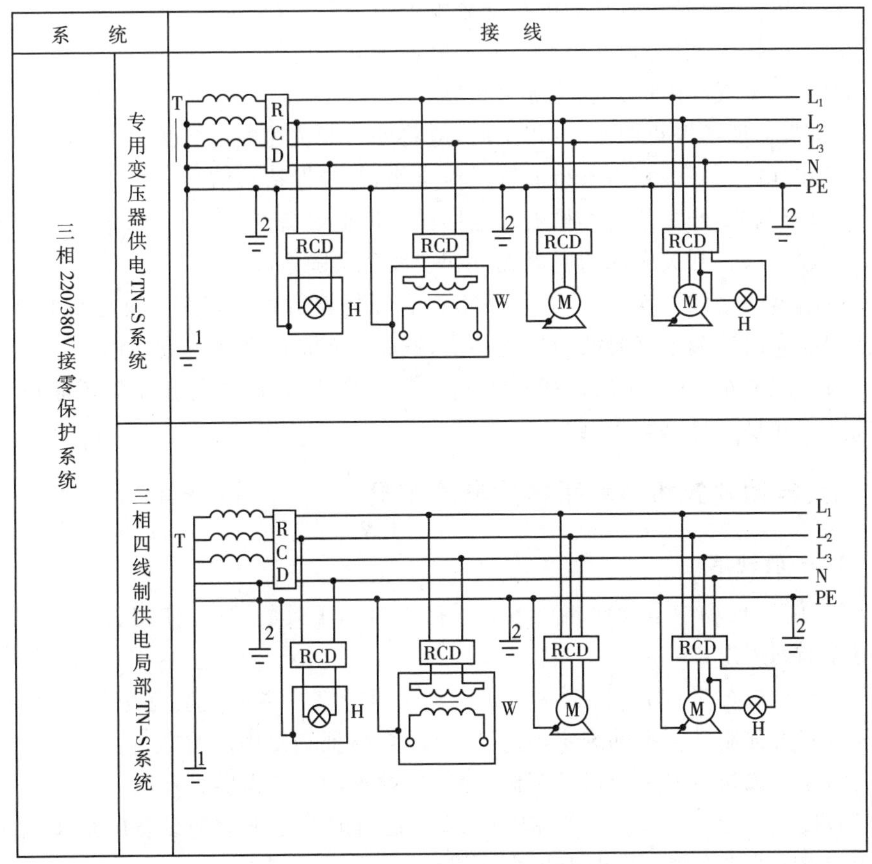

图 5-3　漏电保护器使用接线方法示意

L_1、L_2、L_3-相线;N-工作零线;PE-保护零线、保护线;1-工作接地;

2-重复接地;T-变压器;RCD-漏电保护器;H-照明器;W-电焊机;M-电动机

(15)配电箱、开关箱的电源进线端严禁采用插头和插座做活动连接。

3. 使用与维护

(1)配电箱和开关箱应有名称、用途、分路标记及系统接线图。

(2)配电箱、开关箱箱门应配锁,并应由专人负责。

(3)配电箱和开关箱应定期检查、维修。检查、维修人员必须是专业电工。检查和维修时必须按规定穿、戴绝缘鞋与手套,必须使用电工绝缘工具,并应做检查、维修工作记录。

(4)对配电箱和开关箱进行定期维修、检查时,必须将其前一级相应的电源隔离开关分闸断电,并悬挂"禁止合闸、有人工作"停电标志牌,严禁带电作业。

(5)配电箱、开关箱必须按照下列顺序操作:

1)送电操作顺序为,总配电箱→分配电箱→开关箱;

2)停电操作顺序为,开关箱→分配电箱→总配电箱。

但出现电气故障的紧急情况可除外。

(6)施工现场停止作业 1h 以上时,应将动力开关箱断电上锁。

(7)配电箱、开关箱内不得放置任何杂物,并应保持整洁。

(8)配电箱、开关箱内不得随意挂接其他用电设备。

(9)配电箱、开关箱内的电器配置和接线严禁随意改动。

熔断器的熔体更换时,严禁采用不符合原规格的熔体代替。漏电保护器每天使用前应启动漏电试验按钮试跳一次,试跳不正常时严禁继续使用。

(10)配电箱、开关箱的进线和出线严禁承受外力,严禁与金属尖锐断口、强腐蚀介质和易燃易爆物接触。

七、电动建筑机械和手持式电动工具

1. 一般规定

(1)施工现场中电动建筑机械和手持式电动工具的选购、使用、检查和维修应遵守下列规定:

1)选购的电动建筑机械、手持式电动工具及其用电安全装置符合相应的国家现行有关强制性标准的规定,且具有产品合格证和使用说明书;

2)建立和执行专人专机负责制,并定期检查和维修保养;

3)接地符合"三、接地与防雷"的要求,运行时产生振动的设备的金属基座、外壳与 PE 线的连接点不少于 2 处;

4)按使用说明书使用、检查、维修。

(2)塔式起重机、外用电梯、滑升模板的金属操作平台及需要设置避雷装置的物料提升机,除应连接 PE 线外,还应做重复接地。设备的金属结构构件之间应保证电气连接。

(3)手持式电动工具中的塑料外壳Ⅱ类工具和一般场所手持式电动工具中的Ⅲ类工具可不连接 PE 线。

(4)电动建筑机械和手持式电动工具的负荷线应按其计算负荷选用无接头

的橡皮护套铜芯软电缆，其性能应符合现行国家标准《额定电压 450/750V 及以下橡皮绝缘电缆》(GB/T 5013—2008)中第 1 部分(一般要求)和第 4 部分(软线和软电缆)的要求。

电缆芯线数应根据负荷及其控制电器的相数和线数确定：三相四线时，应选用五芯电缆；三相三线时，应选用四芯电缆；当三相用电设备中配置有单相用电器具时，应选用五芯电缆；单相二线时，应选用三芯电缆。

电缆芯线应符合“五、配电线路”的相关规定，其中 PE 线应采用绿/黄双色绝缘导线。

(5)每一台电动建筑机械或手持式电动工具的开关箱内，除应装设过载、短路、漏电保护电器外，还应按“六、配电箱及开关箱”的相关要求装设隔离开关或具有可见分断点的断路器，以及按照“六、配电箱及开关箱”的相关要求装设控制装置。正、反向运转控制装置中的控制电器应采用接触器、继电器等自动控制电器，不得采用手动双向转换开关作为控制电器。

2. 起重机械

(1)塔式起重机的电气设备应符合现行国家标准《塔式起重机安全规程》(GB 5144—2012)中的要求。

(2)塔式起重机应按“三、接地与防雷”的相关要求做重复接地和防雷接地。轨道式塔式起重机接地装置的设置应符合下列要求：

1)轨道两端各设一组接地装置；

2)轨道的接头处作电气连接，两条轨道端部做环形电气连接；

3)较长轨道每隔不大于 30m 加一组接地装置。

(3)塔式起重机与外电线路的安全距离应符合“二、外电线路及电气设备防护”的相关要求。

(4)轨道式塔式起重机的电缆不得拖地行走。

(5)需要夜间工作的塔式起重机，应设置正对工作面的投光灯。

(6)塔身高于 30m 的塔式起重机，应在塔顶和臂架端部设红色信号灯。

(7)在强电磁波源附近工作的塔式起重机，操作人员应戴绝缘手套和穿绝缘鞋，并应在吊钩与机体间采取绝缘隔离措施，或在吊钩吊装地面物体时，在吊钩上挂接临时接地装置。

(8)外用电梯梯笼内、外均应安装紧急停止开关。

(9)外用电梯和物料提升机的上、下极限位置应设置限位开关。

(10)外用电梯和物料提升机在每日工作前必须对行程开关、限位开关、紧急停止开关、驱动机构和制动器等进行空载检查，正常后方可使用。检查时必须有防坠落措施。

3. 桩工机械

(1)潜水式钻孔机电机的密封性能应符合现行国家标准《外壳防护等级(IP代码)》(GB 4208—2008)中的IP68级的规定。

(2)潜水电机的负荷线应采用防水橡皮护套铜芯软电缆,长度不应小于1.5m,且不得承受外力。

(3)潜水式钻孔机开关箱中的漏电保护器必须符合“六、配电箱及开关箱”对潮湿场所选用漏电保护器的要求。

4. 夯土机械

(1)夯土机械开关箱中的漏电保护器必须符合“六、配电箱及开关箱”对潮湿场所选用漏电保护器的要求。

(2)夯土机械PE线的连接点不得少于2处。

(3)夯土机械的负荷线应采用耐气候型橡皮护套铜芯软电缆。

(4)使用夯土机械必须按规定穿戴绝缘用品,使用过程应有专人调整电缆,电缆长度不应大于50m。电缆严禁缠绕、扭结和被夯土机械跨越。

(5)多台夯土机械并列工作时,其间距不得小于5m;前后工作时,其间距不得小于10m。

(6)夯土机械的操作扶手必须绝缘。

5. 焊接机械

(1)电焊机械应放置在防雨、干燥和通风良好的地方。焊接现场不得有易燃、易爆物品。

(2)交流弧焊机变压器的一次侧电源线长度不应大于5m,其电源进线处必须设置防护罩。发电机式直流电焊机的换向器应经常检查和维护,应消除可能产生的异常电火花。

(3)电焊机械开关箱中的漏电保护器必须符合“六、配电箱及开关箱”的要求。交流电焊机械应配装防二次侧触电保护器。

(4)电焊机械的二次线应采用防水橡皮护套铜芯软电缆,电缆长度不应大于30m,不得采用金属构件或结构钢筋代替二次线的地线。

(5)使用电焊机械焊接时必须穿戴防护用品。严禁露天冒雨从事电焊作业。

6. 手持式电动工具

(1)空气湿度小于75%的一般场所可选用Ⅰ类或Ⅱ类手持式电动工具,其金属外壳与PE线的连接点不得少于2处;除塑料外壳Ⅱ类工具外,相关开关箱中漏电保护器的额定漏电动作电流不应大于15mA,额定漏电动作时间不应大于0.1s,其负荷线插头应具备专用的保护触头。所用插座和插头在结构上应保持一致,避免导电触头和保护触头混用。

(2)在潮湿场所和金属构架上操作时,必须选用Ⅱ类或由安全隔离变压器供电的Ⅲ类手持工电动工具。金属外壳Ⅱ类手持式电动工具使用时,必须符合本款第(1)要求;其开关箱和控制箱应设置在作业场所外面,在潮湿场所或金属构架上严禁使用Ⅰ类手持式电动工具。

(3)狭窄场所必须选用由安全隔离变压器供电的Ⅲ类手持式电动工具,其开关箱和安全隔离变压器均应设置在狭窄场所外面,并连接 PE 线。漏电保护器的选择应符合“六、配电箱及开关箱”中使用于潮湿或有腐蚀介质场所漏电保护器的要求。操作过程中,应有人在外面监护。

(4)手持式电动工具的负荷线应采用耐气候型的橡皮护套铜芯软电缆,并不得有接头。

(5)手持式电动工具的外壳、手柄、插头、开关、负荷线等必须完好无损,使用前必须做绝缘检查和空载检查,在绝缘合格、空载运转正常后方可使用。绝缘电阻不应小于表 5-16 规定的数值。

表 5-16 手持式电动工具绝缘电阻限值

测量部位	绝缘电阻(MΩ)		
	I 类	II 类	III 类
带电零件与外壳之间	2	7	1

注:绝缘电阻用 500V 兆欧表测量。

(6)使用手持式电动工具时,必须按规定穿、戴绝缘防护用品。

7. 其他电动建筑机械

(1)混凝土搅拌机、插入式振动器、平板振动器、地面抹光机、水磨石机、钢筋加工机械、木工机械、盾构机构、水泵等设备的漏电保护应符合“六、配电箱及开关箱”的要求。

(2)混凝土搅拌机、插入式振动器、平板振动器、地面抹光机、水磨石机、钢筋加工机械、木工机械、盾构机械的负荷线必须采用耐气候型橡皮护套铜芯软电缆,并不得有任何破损和接头。

水泵的负荷线必须采用防水橡皮护套铜芯软电缆,严禁有任何破损和接头,并不得承受任何外力。

盾构机械的负荷线必须固定牢固,距地高度不得小于 2.5m。

(3)对混凝土搅拌机、钢筋加工机械、木工机械、盾构机械等设备,进行清理、检查、维修时,必须首先将其开关箱分闸断电,呈现可见电源分断点,并关门上锁。

八、照明

1. 一般规定

(1)在坑、洞、井内作业,夜间施工,或在厂房、道路、仓库、办公室、食堂、宿舍、料具堆放场及自然采光差等场所工作,应设一般照明、局部照明或混合照明。

在一个工作场所内,不得只设局部照明。

停电后,操作人员需及时撤离的施工现场,必须装设自备电源的应急照明。

(2)现场照明应采用高光效、长寿命的照明光源。对需大面积照明的场所,应采用高压汞灯、高压钠灯或混光用的卤钨灯等。

(3)照明器的选择必须按下列环境条件确定:

1)正常湿度一般场所,选用开启式照明器;

2)潮湿或特别潮湿场所,选用密闭型防水照明器或配有防水灯头的开启式照明器;

3)含有大量尘埃但无爆炸和火灾危险的场所,选用防尘型照明器;

4)有爆炸和火灾危险的场所,按危险场所等级选用防爆型照明器;

5)存在较强振动的场所,选用防振型照明器;

6)有酸碱等强腐蚀介质场所,选用耐酸碱型照明器。

(4)照明器具和器材的质量应符合国家现行有关强制性标准的规定,不得使用绝缘老化或破损的器具和器材。

(5)无自采光的地下大空间施工场所,应编制单项照明用电方案。

2. 照明供电

(1)一般场所宜适用额定电压为 220V 的照明器。

(2)下列特殊场所应使用安全特低电压照明器:

1)隧道、人防工程、高温、有导电灰尘、比较潮湿或灯具离地面高度低于 2.5m 等场所的照明,电源电压不应大于 36V;

2)潮湿和易触及带电体场所的照明,电源电压不得大于 24V;

3)特别潮湿场所、导电良好的地面、锅炉或金属容器内的照明,电源电压不得大于 12V。

(3)使用行灯应符合下列要求:

1)电源电压不大于 36V;

2)灯体与手柄应坚固、绝缘良好并耐热耐潮湿;

3)灯头与灯体结合牢固,灯头无开关;

4)灯泡外部有金属保护网;

5)金属网、反光罩、悬吊挂钩固定在灯具的绝缘部位上。

(4)远离电源的小面积工作场地、道路照明、警卫照明或额定电压为 12～36V 照明的场所,其电压允许偏移值为额定电压值的－10%～5%;其余场所电压允许偏移值为额定电压值的±5%。

(5)照明变压器必须使用双绕组型安全隔离变压器,严禁使用自耦变压器。

(6)照明系统宜使三相负荷平衡,其中每一单相回路上,灯具和插座数量不宜超过 25 个,负荷电流不宜超过 15A。

(7)携带式变压器的一次侧电源线应采用橡皮护套或塑料护套铜芯软电缆,中间不得有接头,长度不宜超过 3m,其中绿/黄双色线只可用 PE 线使用,电源插销应有保护触头。

(8)工作零线截面应按下列规定选择:

1)单相二线及二相二线线路中,零线截面与相线截面相同;

2)三相四线制线路中,当照明器为白炽灯时,零线截面不小于相线截面的 50%;当照明器为气体放电灯时,零线截面按最大负载相的电流选择;

3)在逐相切断的三相照明电路中,零线截面与最大负载相相线截面相同。

(9)室内、室外照明线路的敷设应符合"五、配电线路"的要求。

3. 照明装置

(1)照明灯具的金属外壳必须与 PE 线相连接,照明开关箱内必须装设隔离开关、短路与过载保护电器和漏电保护器,并应符合"六、配电箱及开关箱"的相关规定。

(2)室外 220V 灯具距地面不得低于 3m,室内 220V 灯具距地面不得低于 2.5m。

普通灯具与易燃物距离不宜小于 300mm;聚光灯、碘钨灯等高热灯具与易燃物距离不宜小于 500mm,且不得直接照射易燃物。达不到规定安全距离时,应采取隔热措施。

(3)路灯的每个灯具应单独装设熔断器保护。灯头线应做防水弯。

(4)荧光灯管应采用管座固定或用吊链悬挂,荧光灯的镇流器不得安装在易燃的结构物上。

(5)碘钨灯及钠、铊、铟等金属卤化物灯具的安装高度宜在 3m 以上,灯线应固定在接线柱上,不得靠近灯具表面。

(6)投光灯的底座应安装牢固,应按需要的光轴方向将枢轴拧紧固定。

(7)螺口灯头及其接线应符合下列要求:

1)灯头的绝缘外壳无损伤、无漏电;

2)相线接在与中心触头相连的一端,零线接在与螺纹口相连的一端。

(8)灯具内的接线必须牢固,灯具外的接线必须做可靠的防水绝缘包扎。

(9)暂设工程的照明灯具宜采用拉线开关控制，开关安装位置宜符合下列要求：

1)拉线开关距地面高度为2～3m，与出入口的水平距离为0.15～0.2m，拉线的出口向下；

2)其他开关距地面高度为1.3m，与出入口的水平距离为0.15～0.2m。

(10)灯具的相线必须经开关控制，不得将相线直接引入灯具。

(11)对夜间影响飞机或车辆通行的在建工程及机械设备，必须设置醒目的红色信号灯，其电源应设在施工现场总电源开关的前侧，并应设置外电线路停止供电时的应急自备电源。

九、特殊环境

1. 易燃、易爆环境

(1)施工现场供用电电气设备及电力线路的选型和安装，应符合现行国家标准《爆炸和火灾危险环境电力装置设计规范》(GB 50058—2014)及《电气装置安装工程爆炸和火灾危险环境电气装置施工及验收规范》(GB 50257—2014)的规定。

(2)在易燃、易爆环境中，严禁产生火花。当不能满足要求时，应采取安全措施。

(3)照明灯具应选用防爆型，导线应采用防爆橡胶绝缘线。

(4)使用手持式或移动式电动工具应采取防爆措施。

(5)严禁带电作业。更换灯泡应断开电源。

(6)电气设备正常不带电的外露导电部分，必须接地或接零。保护零线不得随意断开；当需要断开时，应采取安全措施，工作完结后应立即恢复。

2. 腐蚀环境

(1)变电所、配电所宜设在全年最小频率风向的下风侧，不宜设在有腐蚀性物质装置的下风侧。

(2)变电所、配电所与重腐蚀场所的最小距离应符合表5-17的规定。

表5-17　变电所、配电所与重腐蚀场所的最小距离(m)

	Ⅰ类腐蚀环境	Ⅱ类腐蚀环境
露天变电所、配电所	50	80
室内变电所、配电所	30	50

注：Ⅰ类腐蚀环境和Ⅱ类腐蚀环境的确定应符合国家现行标准规范的规定。

(3)6～10kV配电装置设在户外时，应选用户外防腐型电气设备。

(4)6～10kV配电装置设在户内时，应选用户内防腐型电气设备。户内配电装置的户外部分,可选用高一级或两级电压的电气设备。

(5)在腐蚀环境的10kV及以下线路采用架空线路时,应采用水泥杆、角钢横担和耐污绝缘子。绝缘子和穿墙套管的额定电压,应提高一级或两级。1kV及以下架空线路,宜选用塑料绝缘电线或防腐铝绞线。1kV以上架空线路,宜选用防腐钢芯铝绞线。

(6)配电线路宜采用全塑电缆明敷设。在Ⅰ类和Ⅱ类腐蚀环境中,不宜采用绝缘电线穿管的敷设方式或电缆沟敷设方式。

(7)腐蚀环境中的电缆芯线中间不宜有接头。电缆芯线的端部,宜用接线鼻子与设备连接。

(8)密封式配电箱和控制箱等设备的电缆进、出口处,应采取密封防腐措施。

(9)重腐蚀环境中的架空线路应采用铜导线。

(10)重腐蚀环境中的照明,应采用防腐密闭式灯具。

3. 特别潮湿环境

(1)在特别潮湿的环境中,电气设备、电缆、导线等,应选用封闭型或防潮型。

(2)电气设备金属外壳、金属构架和管道均应接地良好。

(3)移动式电动工具和手提式电动工具,应加装漏电保护器或选用双重绝缘设备。长期停用的电动工具,使用前应检测绝缘。

(4)行灯电压不应超过12V。

(5)潮湿环境不宜带电作业,一般作业应穿绝缘靴或站在绝缘台上。

第二节　施工现场高处作业

一、基本规定

(1)高处作业的安全技术措施及其所需料具,必须列入工程的施工组织设计。

(2)单位工程施工负责人应对工程的高处作业安全技术负责并建立相应的责任制。施工前,应逐级进行安全技术教育及交底,落实所有安全技术措施和人身防护用品,未经落实时不得进行施工。

(3)高处作业中的安全标志、工具、仪表、电气设施和各种设备,必须在施工前加以检查,确认其完好,方能投入使用。

(4)攀登和悬空高处作业人员以及搭设高处作业安全设施的人员,必须经过专业技术培训及专业考试合格,持证上岗,并必须定期进行体格检查。

(5)施工中对高处作业的安全技术设施,发现有缺陷和隐患时,必须及时解决;危及人身安全时,必须停止作业。

(6)施工作业场所有坠落可能的物件,应一律先行撤除或加以固定。高处作业中所用的物料,均应堆放平稳,不妨碍通行和装卸。工具应随手放入工具袋;作业中的走道、通道板和登高用具,应随时清扫干净;拆卸下的物件及余料和废料均应及时清理运走,不得任意乱置或向下丢弃。传递物件禁止抛掷。

(7)雨天和雪天进行高处作业时,必须采取可靠的防滑、防寒和防冻措施。凡水、冰、霜、雪均应及时清除。对进行高处作业的高耸建筑物,应事先设置避雷设施。遇有六级以上强风、浓雾等恶劣气候,不得进行露天攀登与悬空高处作业。暴风雪及台风暴雨后,应对高处作业安全设施逐一加以检查,发现有松动、变形、损坏或脱落等现象,应立即修理完善。

(8)因作业必需,临时拆除或变动安全防护设施时,必须经施工负责人同意,并采取相应的可靠措施,作业后应立即恢复。

(9)防护棚搭设与拆除时,应设警戒区,并应派专人监护。严禁上下同时拆除。

(10)高处作业安全设施的主要受力杆件,力学计算按一般结构力学公式,强度及挠度计算按现行有关规范进行,但刚性受弯构件的强度计算不考虑塑性影响,构造上应符合现行的相应规范的要求。

二、临边作业的安全防护

(1)对临边高处作业,必须设置防护措施,并符合下列规定:

1)基坑周边,尚未安装栏杆或栏板的阳台、料台与挑平台周边雨篷及挑檐边,无外脚手的屋面和楼层周边及水箱与水塔周边等处,都必须设置防护栏杆。

2)头层墙高度超过 3.2m 的二层楼面周边,以及无外脚手的高度超过 3.2m 的楼层周边,必须在外围架设安全平网一道。

3)分层施工的楼梯口和梯段边,必须安装临时护栏。顶层楼梯口应随工程结构进度安装正式防护栏杆。

4)井架与施工用电梯和脚手架等与建筑物通道的两侧边,必须设防护栏杆。地面通道上部应装设安全防护棚。双笼井架通道中间,应予分隔封闭。

5)各种垂直运输接料平台,除两侧设防护栏杆外,平台口还应设置安全门或活动防护栏杆。

(2)临边防护栏杆杆件的规格及连接要求,应符合下列规定:

1)毛竹横杆小头有效直径不应小于 70mm,栏杆柱小头直径不应小于 80mm,并须用不小于 16 号的镀锌钢丝绑扎,不应少于 3 圈,并无泻滑。

2)原木横杆上干梢径不应小于 70mm,下杆梢经不应小于 60mm,栏杆柱梢径不应小于 75mm。并须用相应长度的圆钉钉紧，或用不小于 12 号的镀锌钢丝绑扎，要求表面平顺和稳固无动摇。

3）钢筋横杆上杆直径不应小于 16mm，下杆直径不应小于 14mm，栏杆柱直径不应小于 18mm，采用电焊或镀锌钢丝绑扎固定。

4）钢管横杆及栏杆柱均采用ϕ 48×(2.75～3.5)mm 的管材，以扣件或电焊固定。

5）以其他钢材如角钢等作防护栏杆杆件时，应选用强度相当的规格，以电焊固定。

(3)搭设临边防护栏杆时，必须符合下列要求：

1）防护栏杆应由上、下两道横杆及栏杆柱组成，上杆离地高度为 1.0～1.2m，下杆离地高度为 0.5～0.6m。坡度大于 1∶22 的屋面．防护栏杆应高 1.5m，并加挂安全立网。除经设计计算外，横杆长度大于 2m 时，必须加设栏杆柱。

2）栏杆柱的固定应符合下列要求：

①当在基坑四周固定时，可采用钢管并打入地面 50～70cm 深。钢管离边口的距离，不应小于 50cm。当基坑周边采用板桩时，钢管可打在板桩外侧。

②当在混凝土楼面、屋面或墙面固定时，可用预埋件与钢管或钢筋焊牢。采用竹、木栏杆时，可在预埋件上焊接 30cm 长的∟ 50×5 角钢，其上下各钻一孔，然后用 10mm 螺栓与竹、木杆件拴牢。

③当在砖或砌块等砌体上固定时，可预先砌入规格相适应的 80×6 弯转扁钢作预埋铁的混凝土块，然后用上项方法固定。

3）栏杆柱的固定及其与横杆的连接，其整体构造应使防护栏杆在上杆任何处，能经受任何方向的 1000N 外力。当栏杆所处位置有发生人群拥挤、车辆冲击或物件碰撞等可能时，应加大横杆截面或加密柱距。

4）防护栏杆必须自上而下用安全立网封闭，或在栏杆下边设置严密固定的高度不低于 18cm 的挡脚板或 40cm 的挡脚笆。挡脚板与挡脚笆上如有孔眼，不应大于 25mm。板与笆下边距离底面的空隙不应大于 10mm。

接料平台两侧的栏杆必须自上而下加挂安全立网或满扎竹笆。

5）当临边的外侧面临街道时，除防护栏杆外，敞口立面必须采取挂满安全网或其他可靠措施作全封闭处理。

三、洞口作业的安全防护

(1)进行洞口作业以及在因工程和工序需要而产生的，使人与物有坠落危险或危及人身安全的其他洞口进行高处作业时，必须按下列规定设置防护设施：

1）板与墙的洞口，必须设置牢固的盖板、防护栏杆、安全网或其他防坠落的防护设施。

2）电梯井口必须设防护栏杆或固定栅门；电梯井内应每隔两层并最多隔

10m设一道安全网。

3)钢管桩、钻孔桩等桩孔上口,杯形、条形基础上口,未填土的坑槽。以及人孔、天窗、地板门等处,均应按洞口防护设置稳固的盖件。

4)施工现场通道附近的各类洞口与坑槽等处,除设置防护设施与安全标志外,夜间还应设红灯示警。

(2)洞口根据具体情况采取设防护栏杆、加盖件、张挂安全网与装栅门等措施时,必须符合下列要求:

1)楼板、屋面和平台等面上短边尺寸小于25cm但大于2.5cm的孔口,必须用坚实的盖板盖没。盖板应能防止挪动移位。

2)楼板面等处边长为25~50cm的洞口、安装预制构件时的洞口以及缺件临时形成的洞口,可用竹、木等作盖板,盖住洞口。盖板须能保持周围搁置均衡,并有固定其位置的措施。

3)边长为50~150cm的洞口。必须设置以扣件扣接钢管而成的网格,并在其上满铺竹笆或脚手板。也可采用贯穿于混凝土板内的钢筋构成防护网,钢筋网格间距不得大于20cm

4)边长在150cm以上的洞口,四周设防护栏杆,洞口下张设安全网。

5)垃圾井道和烟道,应随楼层的砌筑或安装而消除洞口,或参照预留洞口作防护。管道井施工时,除按以上要求办理外,还应加设明显的标志。如有临时性拆移,需经施工负责人核准,工作完毕后必须恢复防护设施。

6)位于车辆行驶道旁的洞口和深沟及管道坑、槽,所加盖板应能承受不小于当地额定卡车后轮有效承载力2倍的荷载。

7)墙面等处的竖向洞口,凡落地的洞口应加装开关式、工具式或固定式的防护门,门栅网格的间距不应大于15cm,也可采用防护栏杆,下设挡脚板(笆)。

8)下边沿至楼板或底面低于80cm的窗台等竖向洞口,如侧边落差大于2m时,应加设1.2m高的临时护栏。

9)对邻近的人与物有坠落危险性的其他竖向的孔、洞口。均应予以盖设或加以防护,并有固定其位置的措施。

四、攀登作业的安全防护

(1)在施工组织设计中应确定用于现场施工的登高和攀登设施。现场登高应借助建筑结构或脚手架上的登高设施,也可采用载人的垂直运输设备。进行攀登作业时可使用梯子或采用其他攀登设施。

(2)柱、梁和行车梁等构件吊装所需的直爬梯及其他登高用拉攀件,应在构件施工图或说明内作出规定。

(3)攀登的用具,结构构造上必须牢固可靠。供人上下的踏板其使用荷载不应大于1100N。当梯面上有特殊作业,重量超过上述荷载时,应按实际情况加以验算。

(4)移动式梯子,均应按现行的国家标准验收其质量。

(5)梯脚底部应坚实,不得垫高使用。梯子的上端应用有固定措施。立梯工作角度以75°±5°为宜,踏板上下间距以30cm为宜,不得有缺档。

(6)梯子如需接长使用,必须有可靠的连接措施,且接头不得超过一处。连接后梯梁的强度,不应低于单梯梯梁的强度。

(7)折梯使用时上部夹角以35°~45°为宜,铰链必须牢固,并应有可靠的拉撑措施。

(8)固定式直爬梯应用金属材料制成。梯宽不应大50cm,支撑应采用不小于∟70×6的角钢,埋设与焊接均必须牢固。梯子顶端的踏棍应与攀登的顶面齐平,并加设1~1.5m高的扶手。

使用直爬梯进行攀登作业时,攀登高度以5m为宜。超过2m时,宜加设护笼,超过8m时,必须设置梯间平台。

(9)作业人员应从规定的通道上下,不得在阳台之间等非规定通道进行攀登,也不得任意利用吊车臂架等施工设备进行攀登。

上下梯子时,必须面向梯子,且不得手持器物。

(10)钢柱安装登高时,应使用钢挂梯或设置在钢柱上的爬梯。挂梯构造见图5-4。

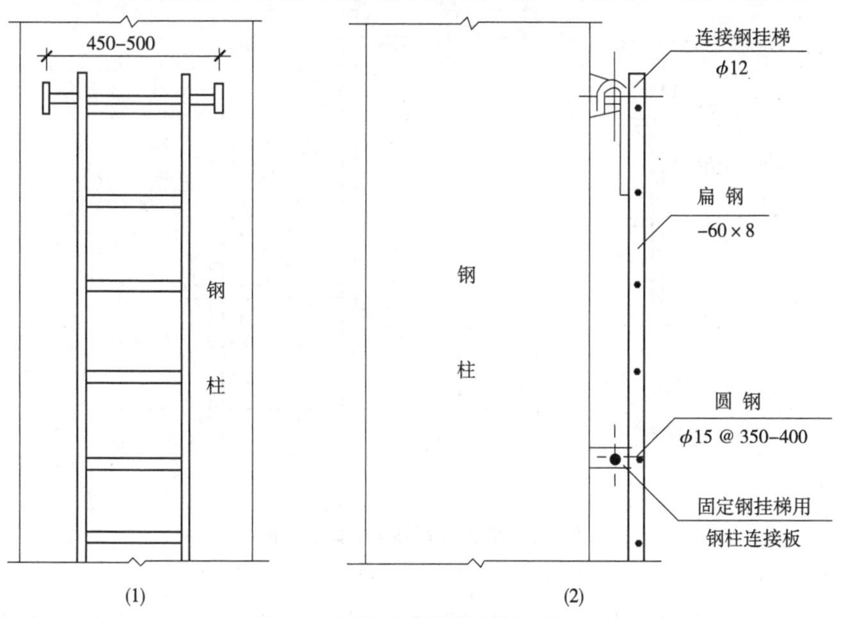

图5-4 钢柱登高挂梯(单位:mm)

(1)立面图;(2)剖面图

钢柱的接柱应使用梯子或操作台，操作台横杆高度，当无电焊防风要求时，其高度不宜小于1m、有电焊防风要求时，其高度不宜小于1.8m，见图5-5。

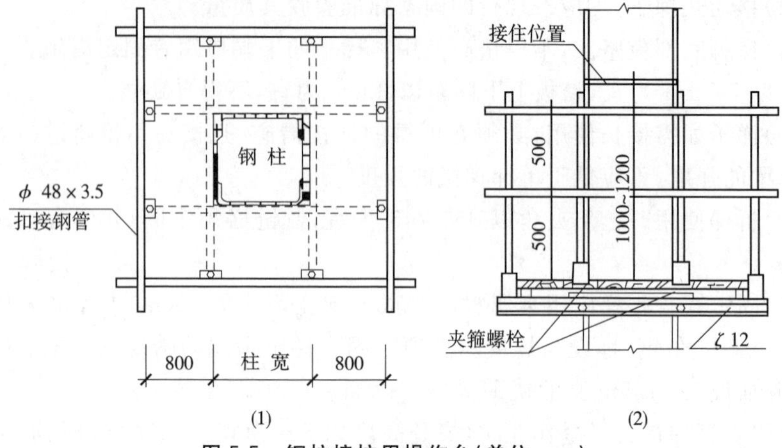

图5-5 钢柱接柱用操作台(单位:mm)

(1)平面图;(2)立面图

(11)登高安装钢梁时，应视钢梁高度，在两端设置挂梯或搭设钢管脚手架，构造形式参见图5-6。

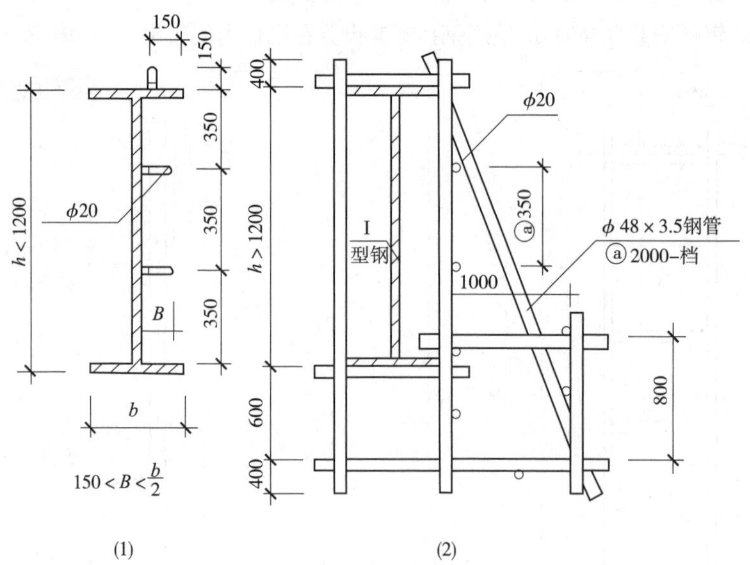

图5-6 钢梁登高设施(单位:mm)

(1)爬梯;(2)钢管挂脚手

梁面上需行走时，其一侧的临时护栏横杆可采用钢索，当改用扶手绳时，绳的自然下垂度不应大于$L/20$，并应控制在10cm以内，见图5-7。L为绳的长度。

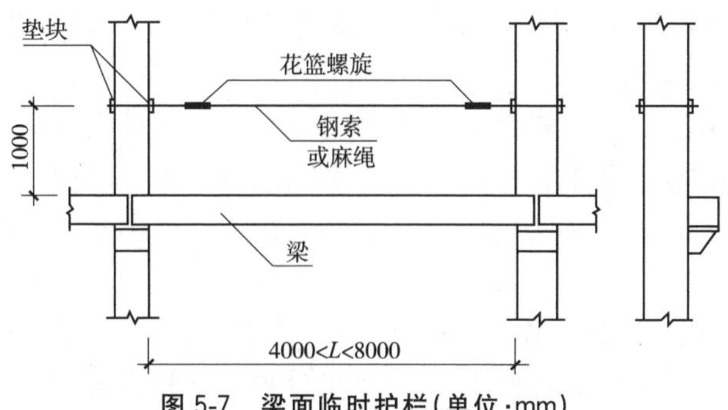

图 5-7　梁面临时护栏(单位:mm)

(12)钢屋架的安装,应遵守下列规定:

1)在屋架上下弦登高操作时,对于三角形屋架应在屋脊处,梯形屋架应在两端,设置攀登时上下的梯架。材料可选用毛竹或原木,踏步间距不应大于 40cm,毛竹梢径不应小于 70mm。

2)屋架吊装以前,应在上弦设置防护栏杆。

3)屋架吊装以前,应预先在下弦挂设安全网;吊装完毕后,即将安全网铺设固定。

五、悬空作业的安全防护

(1)悬空作业处应有牢靠的立足处,并必须视具体情况配置防护栏网、栏杆或其他安全设施。

(2)悬空作业所用的索具、脚手板、吊篮、吊笼、平台等设备,均需经过技术鉴定或检证方可使用。

(3)构件吊装和管道安装时的悬空作业,必须遵守下列规定:

1)钢结构的吊装,构件应尽可能在地面组装,并应搭设进行临时固定、电焊、高强螺栓连接等工序的高空安全设施,随构件同时上吊就位。拆卸时的安全措施,亦应一并考虑和落实。高空吊装预应力钢筋混凝土屋架、桁架等大型构件前,也应搭设悬空作业中所需的安全设施。

2)悬空安装大模板、吊装第一块预制构件、吊装单独的大中型预制构件时,必须站在操作平台上操作。吊装中的大模板和顶制构件以及石棉水泥板等屋面板上,严禁站人和行走。

3)安装管道时必须有已完结构或操作平台为立足点,严禁在安装的管道上站立和行走。

(4)模板支撑和拆卸时的悬空作业,必须遵守下列规定:

1)支模应按规定的作业程序进行,模板未固定前不得进行下一道工序。严禁在连接件和支撑件上攀登上下,并严禁在上下同一垂直面上装、拆模板。结构复杂的模板,装、拆应严格按照施工组织设计的措施进行。

2)支设高度在3m以上的柱模板,四周应设斜撑,并应设立操作平台。低于3m的可使用马凳操作。

3)支设悬挑形式的模板时,应有稳固的立足点。支设临空构筑物模板时,应搭设支架或脚手架。模板上有预留洞时,应在交装后将洞盖没。混凝土板上拆模后形成的临边或洞口,应按本节进行防护。拆模高处作业,应配置登高用具或搭设支架。

(5)钢筋绑扎时的悬空作业,必须遵守下列规定:

1)绑扎钢筋和安装钢筋骨架时,必须搭设脚手架和马道。

2)绑扎圈梁、挑梁、挑檐、外墙和边柱等钢筋时,应搭设操作台和张挂安全网。悬空大梁钢筋的绑扎,必须在满铺脚手板的支架或操作平台上操作。

3)绑扎立柱和墙体钢筋时,不得站在钢筋骨架上或攀登骨架上下。3m以内的柱钢筋,可在地面或楼面上绑扎,整体竖立。绑扎3m以上的柱钢筋,必须搭设操作平台。

(6)混凝土浇筑时的悬空作业,必须遵守下列规定:

1)浇筑离地2m以上框架、过梁、雨篷和小平台时,应设操作平台,不得直接站在模板或支撑件上操作。

2)浇筑拱形结构,应自两边拱脚对称地相向进行。浇筑储仓,下口应先行封闭,并搭设脚手架以防人员坠落。

3)特殊情况下如无可靠的安全设施,必须系好安全带并扣好保险钩,或架设安全网。

(7)进行预应力张拉的悬空作业时,必须遵守下列规定:

1)进行预应力张拉时,应搭设站立操作人员和设置张拉设备用的牢固可靠的脚手架或操作平台。

2)预应力张拉区域应标明显的安全标志,禁止非操作人员进入。张拉钢筋的两端必须设置挡板。挡板应距所张拉钢筋的端部1.5～2m,且应高出最上一组张拉钢筋0.5m,其宽度应距张拉钢筋两外侧各不小于1m。

3)孔道灌浆应按预应力张拉安全设施的有关规定进行。

(8)悬空进行门窗作业时,必须遵守下列规定:

1)安装门、窗、油漆及安装玻璃时,严禁操作人员站在樘子、阳台栏板上操作。门、窗临时固定,封填材料未达到强度,以及电焊时,严禁手拉门、窗进行攀登。

2)在高处外墙安装门、窗,无外脚手架时,应张挂安全网。无安全网时,操作人员应系好安全带,其保险钩应挂在操作人员上方的可靠物件上。

3)进行各项窗口作业时,操作人员的重心应位于室内,不得在窗台上站立,必要时应系好安全带进行操作。

六、操作平台的安全防护

(1)移动式操作平台,必须符合下列规定:

1)操作平台应由专业技术人员按现行的相应规范进行设计,计算书及图纸应编入施工组织设计。

2)操作平台的面积不应超过 $10m^2$,高度不应超过 5m,还应进行稳定验算,并采取措施减少立柱的长细比。

3)装设轮子的移动式操作平台,轮子与平台的接合处应牢固可靠,立柱底端离地面不得超过 80mm。

4)操作平台可采用 $\phi(48\sim51)\times3.5$mm 钢管以扣件连接,亦可采用门式或承插式钢管脚手架部件,按产品使用要求进行组装。平台的次梁,间距不应大于 40cm;台面应满铺 3cm 厚的木板或竹笆。

5)操作平台四周必须按临边作业要求设置防护栏杆,并应布置登高扶梯。

(2)悬挑式钢平台,必须符合下列规定:

1)悬挑式钢平台应按现行的相应规范进行设计,其结构构造应能防止左右晃动,计算书及图纸应编入施工组织设计。

2)悬挑式钢平台的搁支点与上部拉结点,必须位于建筑物上,不得设置在脚手架等施工设备上。

3)斜拉杆或钢丝绳,构造上宜两边各设前后两道,两道中的每一道均应作单道受力计算。

4)应设置 4 个经过验算的吊环。吊运平台时应使用卡环,不得使吊钩直接钩挂吊环。吊环应用甲类 3 号沸腾钢制作。

5)钢平台安装时,钢丝绳应采用专用的挂钩挂牢,采取其他方式时卡头的卡子不得少于 3 个。建筑物锐角利口围系钢丝绳处应加衬软垫物,钢平台外口应略高于内口。

6)钢平台左右两侧必须装置固定的防护栏杆。

7)钢平台吊装,需待横梁支撑点电焊固定,接好钢丝绳调整完毕,经过检查验收,方可松卸起重吊钩,上下操作。

8)钢平台使用时,应有专人进行检查,发现钢丝绳有锈蚀损坏应及时调换,焊缝脱焊应及时修复。

(3)操作平台上应显著地标明容许荷载值。操作平台上人员和物料的总重量,严禁超过设计的容许荷载。应配备专人加以监督。

七、交叉作业的安全防护

(1)支模、粉刷、砌墙等各工种进行上下立体交叉作业时,不得在同一垂直方向上操作,下层作业的位置,必须处于依上层高度确定的可能坠落范围半径之外。不符合以上条件时，应设置安全防护层。

(2)钢模板、脚手架等拆除时，下方不得有其他操作人员。

(3)钢模板部件拆除后，临时堆放处离楼层边沿不得超过1m，堆放高度不得超过1m。楼层边口、通道口、脚手架边缘严禁堆放任何拆下物件。

(4)结构施工自二层起，凡人员进出的通道口(包括井架、施工用电梯的进出通道口)均应搭设安全防护棚。高度超过24m的层次上的交叉作业，应设双层防护。

(5)由于上方施工可能坠落物件或处于起重机把杆回转范围之内的通道，在其受影响的范围内，必须搭设顶部能防止穿透的双层防护廊。

八、高处作业安全防护设施的验收

(1)建筑施工进行高处作业之前，应进行安全防护设施的逐项检查和验收。验收合格后，方可进行高处作业。验收也可分层进行或分阶段进行。

(2)安全防护设施应由单位工程负责人验收，并组织有关人员参加。

(3)安全防护设施的验收，应具备下列资料：

1)施工组织设计及有关验算数据；

2)安全防护设施验收记录；

3)安全防护设施变更记录及签证。

(4)安全防护设施的验收，主要包括以下内容：

1)所有临边、洞口等各类技术措施的设置状况；

2)技术措施所用的配件、材料和工具的规格和材质；

3)技术措施的节点构造及其与建筑物的固定情况；

4)扣件和连接件的紧固程度；

5)安全防护设施的用品及设备的性能与质量是否合格的验证。

(5)安全防护设施的验收应按类别逐项查验，并作出验收记录。凡不符合规定者，必须修整合格后再行查验。施工工期内还应定期进行抽查。

第三节　焊接与切割作业

一、基本规定

1. 设备及操作

(1)设备条件

所有运行使用中的焊接、切割设备必须处于正常的工作状态，存在安全隐患(如：安全性或可靠性不足)时，必须停止使用并由维修人员修理。

(2)操作

所有的焊接与切割设备必须按制造厂提供的操作说明书或规程使用，并且还必须符合《焊接与切割安全》(GB 9448—1999)要求。

2. 责任

(1)管理者

1)管理者必须对实施焊接及切割操作的人员及监督人员进行必要的安全培训。培训内容包括：设备的安全操作、工艺的安全执行及应急措施等。

2)管理者有责任将焊接、切割可能引起的危害及后果以适当的方式(如安全培训教育、口头或书面说明、警告标识等)通告给实施操作的人员。

3)管理者必须标明允许进行焊接、切割的区域，并建立必要的安全措施。

4)管理者必须明确在每个区域内单独的焊接及切割操作规则。并确保每个有关人员对所涉及的危害有清醒的认识并且了解相应的预防措施。

5)管理者必须保证只使用经过认可并检查合格的设备(诸如焊割机具、调节器、调压阀、焊机、焊钳及人员防护装置)。

(2)现场管理及安全监督人员

1)焊接或切割现场应设置现场管理和安全监督人员。这些监督人员必须对设备的安全管理及工艺的安全执行负责。在实施监督职责的同时，他们还可担负其他职责，如现场管理、技术指导、操作协作等。

2)监督者必须保证：

①各类防护用品得到合理使用；

②在现场适当地配置防火及灭火设备；

③指派火灾警戒人员；

④所要求的热作业规程得到遵循。

3)在不需要火灾警戒人员的场合，监督者必须要在热工作业完成后做最终检查并组织消灭可能存在的火灾隐患。

(3)操作者

1)操作者必须具备对特种作业人员所要求的基本条件，并懂得将要实施操作时可能产生的危害以及适用于控制危害条件的程序。操作者必须安全地使用设备，使之不会对生命及财产构成危害。

2)操作者只有在规定的安全条件得到满足，并得到现场管理及监督者准许的前提下，才可实施焊接或切割操作。在获得准许的条件没有变化时，操作者可以连续地实施焊接或切割。

3. 工作区域的防护

(1)设备

焊接设备、焊机、切割机具、钢瓶、电缆及其他器具必须放置稳妥并保持良好的秩序，使之不会对附近的作业或过往人员构成妨碍。

(2)警告标志

焊接和切割区域必须予以明确标明，并且应有必要的警告标志。

(3)防护屏板

为了防止作业人员或邻近区域的其他人员受到焊接及切割电弧的辐射及飞溅伤害，应用不可燃或耐火屏板(或屏罩)加以隔离保护。

(4)焊接隔间

在准许操作的地方、焊接场所，必要时可用不可燃屏板或屏罩隔开形成焊接隔间。

4. 人身防护

(1)眼睛及面部防护

作业人员在观察电弧时，必须使用带有滤光镜的头罩或手持面罩，或佩戴安全镜、护目镜或其他合适的眼镜。辅助人员亦应佩戴类似的眼保护装置。面罩及护目镜必须符合《职业眼面部防护焊接防护　第 1 部分：焊接防护具》(GB/T 3609.1—2008)的要求。

对于大面积观察(诸如培训、展示、演示及一些自动焊操作)，可以使用一个大面积的滤光窗、幕，而不必使用单个的面罩、手提罩或护目镜。窗或幕材料必须对观察者提供安全的保护效果，使其免受弧光、碎渣飞溅的伤害。

(2)身体保护

1)防护服。应根据具体的焊接和切割操作特点选择。防护服必须符合《防护服装阻燃防护第 2 部分：焊接服》(GB 8965.2—2009)的要求，并可以提供足够的保护面积。

2)手套。所有焊工和切割工必须佩戴耐火的防护手套。

3)围裙。当身体前部需要对火花和辐射做附加保护时，必须使用经久耐火的皮制或其他材质的围裙。

4)护腿。需要对腿做附加保护时，必须使用耐火的护腿或其他等效的用具。

5)披肩、斗篷及套袖。在进行仰焊、切割或其他操作过程中，必要时必须佩戴皮制或其他耐火材质的套袖或披肩罩，也可在头罩下佩带耐火质地的斗篷以防头部灼伤。

6)其他防护服。当噪声无法控制在规定的允许声级范围内时，必须采用保护装置(诸如耳套、耳塞或用其他适当的方式保护)。

5. 呼吸保护设备

利用通风手段无法将作业区域内的空气污染降至允许限值或这类控制手段无法实施时，必须使用呼吸保护装置，如：长管面具、防毒面具等。

6. 通风

(1)充分通风

为了保证作业人员在无害的呼吸氛围内工作，所有焊接、切割、钎焊及有关的操作必须要在足够的通风条件下（包括自然通风或机械通风）进行。

(2)防止烟气流

必须采取措施避免作业人员直接呼吸到焊接操作所产生的烟气流。

(3)通风的实施

为了确保车间空气中焊接烟尘的污染程度低于《车间空气中电焊烟尘卫生标准》(GB 16194—1996)的规定值，可根据需要采用各种通风手段（如自然通风、机械通风等）。

7. 消防措施

(1)防火职责

必须明确焊接操作人员、监督人员及管理人员的防火职责，并建立切实可行的安全防火管理制度。

(2)指定的操作区域

焊接及切割应在为减少火灾隐患而设计、建造（或特殊指定）的区域内进行。因特殊原因需要在非指定的区域内进行焊接或切割操作时，必须经检查、核准。

(3)放有易燃物区域的热作业条件

1)转移工件

焊接或切割作业只能在无火灾隐患的条件下实施。工作区域有火灾隐患时，要将工件移至指定的安全区进行焊接。

2)转移火源

工件不可移时，应将所有火灾隐患物移至安全位置。

3)工件及火源物无法转移时，要采取措施限制火源物以免发生火灾。

①易燃地板要清扫干净，并以洒水、铺盖湿沙、金属薄板或类似物品的方法加以保护。

②地板上的所有开口或裂缝应覆盖或封好，或者采取其他措施以防地板下面的易燃物与可能由开口处落下的火花接触。对墙壁上的裂缝或开口和敞开或损坏的门、窗要采取类似的防护措施。

(4)灭火

1)灭火器及喷水器

在进行焊接及切割操作的地方必须配置足够的灭火设备。其配置取决于现场易燃物品的性质和数量，可以是水池、沙箱、水龙带、消防栓或手提灭火器。在有喷水器的地方，在焊接或切割过程中，喷水器必须处于可使用状态。如果焊接地点距自动喷水头很近，可根据需要用不可燃的薄材或潮湿的棉布将喷头临时遮蔽。而且这种临时遮蔽要便于迅速拆除。

2）火灾警戒人员的设置

在下列焊接或切割的作业点及可能引发火灾的地点，应设置火灾警戒人员。

①靠近易燃物之处建筑结构或材料中的易燃物距作业点 10m 以内。

②开口在墙壁或地板有开口的 10m 半径范围内（包括墙壁或地板内的隐蔽空间）放有外露的易燃物。

③金属墙壁靠近金属间壁、墙壁、天花板、屋顶等处另一侧易受传热或辐射而引燃的易燃物。

3）火灾警戒职责

①火灾警戒人员必须经必要的消防训练，并熟知消防紧急处理程序。

②火灾警戒人员的职责是监视作业区域内的火灾情况；在焊接或切割完成后检查并消灭可能存在的残火。

③火灾警戒人员可以同时承担其他职责，但不得对其火灾警戒任务有干扰。

（5）装有易燃物容器的焊接或切割

当焊接或切割装有易燃物的容器时，必须采取特殊的安全措施并经严格检查批准方可作业，否则严禁开始工作。

二、封闭空间内的安全要求

1. 封闭空间内的通风

（1）人员的进入

封闭空间内在未进行良好的通风之前禁止人员进入。如要进入，必须佩戴合适的供气呼吸设备并由戴有类似设备的他人监护。必要时在进入之前，对封闭空间要进行毒气、可燃气、有害气、氧量等的测试，确认无害后方可进入。

（2）邻近的人员

封闭空间内适宜的通风不仅必须确保焊工或切割工自身的安全，还要确保区域内所有人员的安全。

（3）使用的空气

1）通风所使用的空气，其数量和质量必须保证封闭空间内的有害物质污染浓度低于规定值。

2）供给呼吸器或呼吸设备的压缩空气必须满足正常的呼吸要求。呼吸器的压缩空气管必须是专用管线，不得与其他管路相连接。

3）除了空气之外，氧气、其他气体或混合气不得用于通风。

4）在对生命和健康有直接危害的区域内实施焊接、切割或相关工艺作业时，必须采用强制通风、供气呼吸设备或其他合适的方式。

2. 使用设备的安置

(1)气瓶及焊接电源

在封闭空间内实施焊接及切割时，气瓶及焊接电源必须放置在封闭空间的外面。

(2)通风管

用于焊接、切割或相关工艺局部抽气通风的管道必须由不可燃材料制成。这些管道必须根据需要进行定期检查以保证其功能稳定，其内表面不得有可燃残留物。

3. 相邻区域

在封闭空间邻近处实施焊接或切割而使得封闭空间内存在危险时，必须使人们知道封闭空间内的危险后果，在缺乏必要的保护措施条件下严禁进入这样的封闭空间。

4. 紧急信号

当作业人员从人孔或其他开口处进入封闭空间时，必须具备向外部人员提供救援信号的手段。

5. 封闭空间的监护人员

在封闭空间内作业时，如存在着严重危害生命安全的气体，封闭空间外面必须设置监护人员。

监护人员必须具有在紧急状态下迅速救出或保护里面作业人员的救护措施；具备实施救援行动的能力。他们必须随时监护里面作业人员的状态并与他们保持联络，备好救护设备。

三、氧燃气焊接及切割安全

1. 一般要求

(1)所有与乙炔相接触的部件(包括仪表、管路、附件等)不得由铜、银以及铜(或银)含量超过70%的合金制成。

(2)氧气瓶、气瓶阀、接头、减压器、软管及设备，必须与油、润滑脂及其他可燃物或爆炸物相隔离。严禁用沾有油污的手、或带有油迹的手套去触碰氧气瓶或氧气设备。

(3)检验气路连接处密封性时，严禁使用明火。

(4)严禁用氧气代替压缩空气使用。氧气严禁用于气动工具、油预热炉、启动内燃机、吹通管路、衣服及工件的除尘，或为通风而加压及类似的应用。氧气喷流严禁喷至带油的表面、带油脂的衣服或进入燃油或其他贮罐内。

(5)用于氧气的气瓶、设备、管线或仪器严禁用于其他气体。

(6)未经许可,禁止装设可能使空气或氧气与可燃气体在燃烧前(不包括燃烧室或焊炬内)相混合的装置或附件。

2. 焊炬及割炬

只有符合有关标准(如 JB/T 5101—1991、JB/T 6968—1993、JB/T 6969—1993、JB/T 6970—1993 和 JB/T 7947—1999 等)的焊炬和割炬才允许使用。

使用焊炬、割炬时,必须遵守制造商关于焊、割炬点火、调节及熄火的程序规定。点火之前,操作者应检查焊、割炬的气路是否通畅、射吸能力、气密性等等。

点火时应使用摩擦打火机、固定的点火器或其他适宜的火种。焊割炬不得指向人员或可燃物。

3. 软管及软管接头

用于焊接与切割输送气体的软管,如氧气软管和乙炔软管,其结构、尺寸、工作压力、机械性能、颜色必须符合(GB/T 2550—2007、GB/T 2551—1992)的要求。软管接头则必须满足(GB/T 5107—2008)的要求。

禁止使用泄漏、烧坏、磨损、老化或有其他缺陷的软管。

4. 减压器

只有经过检验合格的减压器才允许使用。减压器的使用必须严格遵守《焊接、切割及类似工艺用气瓶减压器》(GB/T 7899—2006)的有关规定。

减压器只能用于设计规定的气体及压力。

减压器的连接螺纹及接头必须保证减压器安在气瓶阀或软管上之后连接良好、无任何泄漏。

减压器在气瓶上应安装合理、牢固。采用螺纹连接时,应拧足五个螺扣以上;采用专门的夹具压紧时,装卡应平整牢固。

从气瓶上拆卸减压器之前,必须将气瓶阀关闭并将减压器内的剩余气体释放干净。

同时使用两种气体进行焊接或切割时,不同气瓶减压器的出口端都应装上各自的单向阀,以防止气流相互倒灌。

当减压器需要修理时,维修工作必须由经劳动、计量部门考核认可的专业人员完成。

5. 气瓶

所有用于焊接与切割的气瓶都必须按有关标准及规程制造、管理、维护并使用。

使用中的气瓶必须进行定期检查，使用期满或送检未合格的气瓶禁止继续使用。

(1)气瓶的充气

气瓶的充气必须按规定程序由专业部门承担，其他人不得向气瓶内充气。除气体供应者以外，其他人不得在一个气瓶内混合气体或从一个气瓶向另一个气瓶倒气。

(2)气瓶的标志

为了便于识别气瓶内的气体成分，气瓶必须按《气瓶颜色标志》(GB 7144—1999)规定做明显标志。其标识必须清晰、不易去除。标识模糊不清的气瓶禁止使用。

(3)气瓶的储存

气瓶必须储存在不会遭受物理损坏或使气瓶内储存物的温度超过 40℃的地方。

气瓶必须储放在远离电梯、楼梯或过道，不会被经过或倾倒的物体碰翻或损坏的指定地点。在储存时，气瓶必须稳固以免翻倒。

气瓶在储存时必须与可燃物、易燃液体隔离，并且远离容易引燃的材料(诸如木材、纸张、包装材料、油脂等)至少 6m 以上，或用至少 1.6m 高的不可燃隔板隔离。

(4)气瓶在现场的安放、搬运及使用

气瓶在使用时必须稳固竖立或装在专用车(架)或固定装置上。

气瓶不得置于受阳光暴晒、热源辐射及可能受到电击的地方。气瓶必须距离实际焊接或切割作业点足够远(一般为 5m 以上)，以免接触火花、热渣或火焰，否则必须提供耐火屏障。

气瓶不得置于可能使其本身成为电路一部分的区域。避免与电动机车轨道、无轨电车电线等接触。气瓶必须远离散热器、管路系统、电路排线等，及可能供接地(如电焊机)的物体。禁止用电极敲击气瓶，在气瓶上引弧。

搬运气瓶时，应注意：

1)关紧气瓶阀，而且不得提拉气瓶上的阀门保护帽；

2)用吊车、起重机运送气瓶时，应使用吊架或合适的台架，不得使用吊钩、钢索或电磁吸盘；

3)避免可能损伤瓶体、瓶阀或安全装置的剧烈碰撞。

气瓶不得作为滚动支架或支撑重物的托架。

气瓶应配置手轮或专用扳手启闭瓶阀。气瓶在使用后不得放空，必须留有不小于 98～196kPa 表压的余气。

当气瓶冻住时，不得在阀门或阀门保护帽下面用撬杠撬动气瓶松动。应使用40℃以下的温水解冻。

(5)气瓶的开启

1)气瓶阀的清理

将减压器接到气瓶阀门之前，阀门出口处首先必须用无油污的清洁布擦拭干净，然后快速打开阀门并立即关闭以便清除阀门上的灰尘或可能进入减压器的脏物。

清理阀门时操作者应站在排出口的侧面，不得站在其前面。不得在其他焊接作业点、存在着火花和火焰(或可能引燃)的地点附近清理气瓶阀。

2)开启氧气瓶的特殊程序

减压器安在氧气瓶上之后，必须进行以下操作：

①首先调节螺杆并打开顺流管路，排放减压器的气体。

②其次，调节螺杆并缓慢打开气瓶阀，以便在打开阀门前使减压器气瓶压力表的指针始终慢慢地向上移动。打开气瓶阀时，应站在瓶阀气体排出方向的侧面而不要站在其前面。

③当压力表指针达到最高值后，阀门必须完全打开以防气体沿阀杆泄漏。

3)乙炔气瓶的开启

开启乙炔气瓶的瓶阀时应缓慢，严禁超过1圈半，一般只开至3/4圈以内，以便在紧急情况下迅速关闭气瓶。

4)使用的工具

配有手轮的气瓶阀门不得用榔头或扳手开启。

未配有手轮的气瓶，使用过程中必须在阀柄上备有把手、手柄或专用扳手，以便在紧急情况下可以迅速关闭气路。在多个气瓶组装使用时，至少要备有一把这样的扳手以备急用。

(6)其他

气瓶在使用时，其上端禁止放置物品，以免损坏安全装置或妨碍阀门的迅速关闭。使用结束后，气瓶阀必须关紧。

(7)气瓶的故障处理

1)泄漏

如果发现燃气气瓶的瓶阀周围有泄漏，应关闭气瓶阀拧紧密封螺帽。

当气瓶泄漏无法阻止时，应将燃气瓶移至室外，远离所有起火源，并做相应的警告通知。缓缓打开气瓶阀，逐渐释放内存的气体。

有缺陷的气瓶或瓶阀应做适宜标识，并送专业部门修理，经检验合格后方可重新使用。

2)火灾

气瓶泄漏导致的起火可通过关闭瓶阀，采用水、湿布、灭火器等手段予以熄灭。

在气瓶起火无法通过上述手段熄灭的情况下，必须将该区域做疏散，并用大量水流浇湿气瓶，使其保持冷却。

6. 汇流排的安装与操作

在气体用量集中的场合可以采用汇流排供气。汇流排的设计、安装必须符合有关标准规程的要求。汇流排系统必须合理地设置回火保险器、气阀、逆止阀、减压器、滤清器、事故排放管等。安装在汇流排系统的这些部件均应经过单件或组合件的检验认可，并证明符合汇流排系统的安全要求。

气瓶汇流排的安装必须在对其结构和使用熟悉的人员监督下进行。

乙炔气瓶和液化气气瓶必须在直立位置上汇流。与汇流排连接并供气的气瓶，其瓶内的压力应基本相等。

四、电弧焊接及切割安全

1. 一般要求

(1)弧焊设备

根据工作情况选择弧焊设备时，必须要考虑到焊接的各方面安全因素。进行电弧焊接与切割时所使用的设备必须符合相应的焊接设备标准规定，还必须满足《弧焊设备》(GB 15579—2013)的安全要求。

(2)操作者

被指定操作弧焊与切割设备的人员必须在这些设备的维护及操作方面经适宜的培训及考核，其工作能力应得到必要的认可。

(3)操作程序

每台(套)弧焊设备的操作程序应完备。

2. 弧焊设备的安装

弧焊设备的安装应满足下列要求：

(1)设备的工作环境与其技术说明书规定相符，安放在通风、干燥、无碰撞或无剧烈震动、无高温、无易燃品存在的地方。

(2)在特殊环境条件下(如：室外的雨雪中；温度、湿度、气压超出正常范围，或具有腐蚀、爆炸危险的环境)，必须对设备采取特殊的防护措施以保证其正常的工作性能。

(3)当特殊工艺需要高于规定的空载电压值时，必须对设备提供相应的绝缘方法（如采用空载自动断电保护装置）或其他措施。

（4）弧焊设备外露的带电部分必须设置完好的保护，以防人员或金属物体（如货车、起重机吊钩等）与之相接触。

3. 接地

（1）焊机必须以正确的方法接地（或接零）。接地（或接零）装置必须连接良好，永久性的接地（或接零）应做定期检查。

（2）禁止使用氧气、乙炔等易燃易爆气体管道作为接地装置。

（3）在有接地（或接零）装置的焊件上进行弧焊操作，或焊接与大地密切连接的焊件（如管道、房屋的金属支架等）时，应特别注意避免焊机和工件的双重接地。

4. 焊接回路

（1）构成焊接回路的焊接电缆必须适合于焊接的实际操作条件。

（2）构成焊接回路的电缆外皮必须完整、绝缘良好（绝缘电阻大于 1MΩ）。用于高频、高压振荡器设备的电缆，必须具有相应的绝缘性能。

（3）焊机的电缆应使用整根导线，尽量不带连接接头。需要接长导线时，接头处要连接牢固、绝缘良好。

（4）构成焊接回路的电缆禁止搭在气瓶等易燃品上，禁止与油脂等易燃物质接触。在经过信道、马路时，必须采取保护措施（如使用保护套）。

（5）能导电的物体（如管道、轨道、金属支架、暖气设备等）不得用做焊接回路的永久部分。但在建造、延长或维修时可以考虑作为临时使用，其前提是必须经检查确认所有接头处的电气连接良好，任何部位不会出现火花或过热。此外，必须采取特殊措施以防事故的发生。锁链、钢丝绳、起重机、卷扬机或升降机不得用来传输焊接电流。

5. 操作

（1）安全操作规程

指定操作或维修弧焊设备的作业人员必须了解、掌握并遵守有关设备安全操作规程及作业标准。此外，还必须熟知《焊接与切割安全》GB 9448 的有关安全要求（如人员防护、通风、防火等内容）。

（2）连线的检查

完成焊机的接线之后，在开始操作设备之前必须检查一下每个安装的接头以确认其连接良好。其内容包括：

1）线路连接正确合理，接地必须符合规定要求；

2）磁性工件夹爪在其接触面上不得有附着的金属颗粒及飞溅物；

3)盘卷的焊接电缆在使用之前应展开以免过热及绝缘损坏;

4)需要交替使用不同长度电缆时应配备绝缘接头,以确保不需要时无用的长度可被断开。

(3)泄漏

不得有影响焊工安全的任何冷却水、保护气或机油的泄漏。

(4)工作中止

当焊接工作中止时(如工间休息),必须关闭设备或焊机的输出端或者切断电源。

(5)移动焊机

需要移动焊机时,必须首先切断其输入端的电源。

(6)不使用的设备

金属焊条和碳极在不用时必须从焊钳上取下以消除人员或导电物体的触电危险。焊钳在不使用时必须置于与人员、导电体、易燃物体或压缩空气瓶接触不到的地方。半自动焊机的焊枪在不使用时亦必须妥善放置以免使枪体开关意外启动。

(7)电击

在有电气危险的条件下进行电弧焊接或切割时,操作人员必须注意遵守下述原则:

1)带电金属部件,禁止焊条或焊钳上带电金属部件与身体相接触。

2)焊工必须用干燥的绝缘材料保护自己免除与工件或地面可能产生的电接触。在坐位或俯位工作时,必须采用绝缘方法防止与导电体的大面积接触。

3)要求使用状态良好的、足够干燥的手套。

4)焊钳必须具备良好的绝缘性能和隔热性能,并且维修正常。如果枪体漏水或渗水会严重威胁焊工安全时,禁止使用水冷式焊枪。

5)焊钳不得在水中浸透冷却。

6)更换电极或喷嘴时,必须关闭焊机的输出端。

7)焊工不得将焊接电缆缠绕在身上。

6. 维护

所有的弧焊设备必须随时维护,保持在安全的工作状态。当设备存在缺陷或安全危害时必须中止使用,直到其安全性得到保证为止。修理必须由认可的人员进行。

(1)焊接设备

1)为了避免可能影响通风、绝缘的灰尘和纤维物积聚,对焊机应经常检查、清理。电气绕组的通风口也要做类似的检查和清理。发电机的燃料系统应进行检查,防止可能引起生锈的漏水和积水。旋转和活动部件应保持适当的维护和润滑。

2)为了防止恶劣气候的影响,露天使用的焊接设备应予以保护。保护罩不得妨碍其散热通风。

3)当需要对设备做修改时,应确保设备的修改或补充不会因设备电气或机械额定值的变化而降低其安全性能。

(2)潮湿的焊接设备

已经受潮的焊接设备在使用前必须彻底干燥并经适当试验。设备不使用时应贮存在清洁干燥的地方。

(3)焊接电缆

焊接电缆必须经常进行检查。损坏的电缆必须及时更换或修复。更换或修复后的电缆必须具备合适的强度、绝缘性能、导电性能和密封性能。电缆的长度可根据实际需要连接,其连接方法必须具备合适的绝缘性能。

(4)压缩气体

在弧焊作业中,用于保护的压缩气体应符合规范要求的管理和使用方法。

五、电阻焊安全

1. 一般要求

(1)电阻焊设备

根据工作情况选择电阻焊设备时,必须考虑焊接各方面的安全因素。电阻焊所使用的设备必须符合相应的焊接设备标准规定及《电阻焊机的安全要求》(GB 15578—2008)标准的安全要求。

(2)操作者

被指定操作电阻焊设备的人员必须在相关设备的维护及操作方面经适宜的培训及考核,其工作能力应得到必要的认可。

(3)操作程序

每台(套)电阻焊设备的操作程序应完备。

2. 电阻焊设备的安装

电阻焊设备的安装必须在专业技术人员的监督指导下进行。

3. 保护装置

(1)启动控制装置

所有电阻焊设备上的启动控制装置(如按钮、脚踏开关、回缩弹簧及手提枪体上的双道开关等)必须妥善安置或保护,以免误启动。

(2)固定式设备的保护措施

1)有关部件

所有与电阻焊设备有关的链、齿轮、操作连杆及皮带都必须按规定要求妥善保护。

2)单点及多点焊机

在单点或多点焊机操作过程中,当操作者的手需要经过操作区域而可能受到伤害时,必须有效地采用下述某种措施进行保护。这些措施包括但不局限于:

①机械保护式挡板、挡块;

②双手控制方法;

③弹键;

④限位传感装置;

⑤任何当操作者的手处于操作点下面时防止压头动作的类似装置或机构。

(3)便携式设备的保护措施

1)支撑系统

所有悬挂的便携焊枪设备(不包括焊枪组件)应配备支撑系统。这种支撑系统必须具备失效保护性能,即当个别支撑部件损坏时,仍可支撑全部载荷。

2)活动夹头

活动夹头的结构必须保证操作者在作业时,其手指不存在被剪切的危险,否则必须提供保护措施。如果无法取得合适的保护方式,可以使用双柄,即每只手柄上带有安在适当位置上的一或两个操作开关。这些手柄及操作开关与剪切点或冲压点保持足够的距离,以便消除手在控制过程中进入剪切点或冲压点的可能。

4. 电气安全

(1)电压

所有固定式或便携式电阻焊设备的外部焊接控制电路必须工作在规定的电压条件下。

(2)电容

高压贮能电阻焊的电阻焊设备及其控制面板必须配置合适的绝缘及完整的外壳保护。外壳的所有拉门必须配有合适的联锁装置。这种联锁装置应保证当拉门打开时可有效地断开电源并使所有电容短路。

除此之外,还可考虑安装某种手动开关或合适的限位装置作为确保所有电容完全放电的补充安全措施。

(3)扣锁和联锁

1)拉门

电阻焊机的所有拉门、检修面板及靠近地面的控制面板必须保持锁定或联锁状态,以防止无关人员接近设备的带电部分。

2)远距离设置的控制面板

置于高台或单独房间内的控制面板必须锁定或联锁,或者是用挡板保护并予以标明。当设备停止使用时,面板应关闭。

(4)火花保护

必须提供合适的保护措施防止飞溅的火花产生危险,如安装屏板、佩带防护眼镜。由于电阻焊操作不同,每种方法必须做单独考虑。

使用闪光焊设备时,必须提供由耐火材料制成的闪光屏蔽并应采取适当的防火措施。

(5)急停按钮

在具备下述特点的电阻焊设备上,应考虑设置一个或多个安全急停按钮:

1)需要3s或3s以上时间完成一个停止动作;

2)撤除保护时,具有危险的机械动作。

急停按钮的安装和使用不得对人员产生附加的危害。

(6)接地

电阻焊机的接地要求必须符合《施工现场临时用电安全技术规范》(JGJ 46—2012)标准的有关规定。

5. 维修

电阻焊设备必须由专人做定期检查和维护。任何影响设备安全性的故障必须及时报告给安全监督人员。

六、电子束焊接安全

1. 一般要求

(1)电子束焊接设备

根据工作情况选择电子束焊接设备时,必须考虑焊接的各方面安全因素。

(2)操作者

被指定操作电子束焊接设备的人员必须在相关设备的维护及操作方面经适宜的培训及考核,其工作能力应得到必要的认可。

(3)操作程序

每台(套)电子束焊接设备的操作程序应完备。

2. 潜在的危害

电子束焊接引发的下述危害必须予以防护。

(1)电击

设备上必须放置合适的警告标志。

电子束设备上的所有门、使用面板必须适当固定,以免突然或意外启动。所有高压导体必须完整地用固定好的接地导电障碍物包围。运行电子束枪及高压电源之前,必须使用接地探头。

(2)烟气

对低真空及非真空工艺,必须提供正面通风抽气和过滤。高真空电子束焊接过程中,清理真空腔室里面时必须特别注意保持溶剂及清洗液的蒸汽浓度低于有害程度。

焊接任何不熟悉的材料或使用任何不熟悉的清洗液之前,必须确认是否存在危险。

(3)X 射线

为了消除或减少 X 射线至无害程度,对电子束设备要进行适当保护。对辐射保护的任何改动必须由设备制造厂或专业技术人员完成。修改完成后必须由制造厂或专业技术人员做辐射检查。

(4)眩光

用于观察窗上的涂铅玻璃必须提供足够的射线防护效果。为了减低眩光使之达到舒适的观察效果,必须选择合适的滤镜片。

(5)真空

电子束焊接人员必须了解和掌握使用真空系统工作所要求的安全事项。

第四节　施工现场消防安全

一、总平面布局

1. 一般规定

(1)临时用房、临时设施的布置应满足现场防火、灭火及人员安全疏散的要求。

(2)下列临时用房和临时设施应纳入施工现场总平面布局:

1)施工现场的出入口、围墙、围挡;

2)场内临时道路;

3)给水管网或管路和配电线路敷设或架设的走向、高度;

4)施工现场办公用房、宿舍、发电机房、配电房、可燃材料库房、易燃易爆危险品库房、可燃材料堆场及其加工场、固定动火作业场等；

5)临时消防车道、消防救援场地和消防水源。

(3)施工现场出入口的设置应满足消防车通行的要求，并宜布置在不同方向，其数量不宜少于2个。当确有困难只能设置1个出入口时，应在施工现场内设置满足消防车通行的环形道路。

(4)施工现场临时办公、生活、生产、物料存贮等功能区宜相对独立布置，防火间距应符合要求。宿舍、厨房操作间、锅炉房、变配电房、可燃材料堆场及其加工场，可燃材料和易燃易爆危险品库房等临时用房及临时设施，不应设置于在建工程内。

(5)固定动火作业场应布置在可燃材料堆场及其加工场和易燃易爆危险品库房等的全年最小频率风向的上风侧；临时办公用房、宿舍、可燃材料库房等，也应布置于在建工程全年最小频率风向的上风侧。

(6)易燃易爆危险品库房应远离明火作业区、人员密集区和建筑物相对集中区。

(7)可燃材料堆场及其加工场、易燃易爆危险品库房不应布置在架空电力线下。

2. 防火间距

(1)易燃易爆危险品库房与在建工程的防火间距不应小于15m，可燃材料堆场及其加工场、固定动火作业场与在建工程的防火间距不应小于10m，其他临时用房、临时设施与在建工程的防火间距不应小于6m。

(2)施工现场主要临时用房、临时设施的防火间距不应小于表5-18的规定。当办公用房、宿舍成组布置时，其防火间距可适当减小，但应符合以下要求：

1)每组临时用房的栋数不应超过10栋，组与组之间的防火间距不应小于8m；

2)组内临时用房之间的防火间距不应小于3.5m；当建筑构件燃烧性能等级为A级时，其防火间距可减少到3m。

表5-18 施工现场主要临时用房、临时设施的防火间距(m)

名称 间距 名称	办公用房和宿舍	发电机房变配电房	可燃材料库房	厨房操作间、锅炉房	可燃材料堆场及其加工场	固定动火作业场	易燃易爆危险品库房
办公用房、宿舍	4	4	5	5	7	7	10
发电机房、变配电房	4	4	5	5	7	7	10
可燃材料库房	5	5	5	5	7	7	10
厨房操作间、锅炉房	5	5	5	5	7		10

（续）

名称 间距 名称	办公用房和宿舍	发电机房变配电房	可燃材料库房	厨房操作间、锅炉房	可燃材料堆场及其加工场	固定动火作业场	易燃易爆危险品库房
可燃材料堆场及其加工场	7	7	7	7	7	10	10
固定动火作业场	7	7	7	7	10	10	12
易燃易爆危险品库房	10	10	10	10	10	12	12

注：1. 临时用房、临时设施的防火间距应按临时用房外墙外边线或堆场、作业场、作业棚边线间的最小距离计算，如临时用房外墙有突出可燃构件时，应从其突出可燃构件的外缘算起。

2. 两栋临时用房相邻较高一面的外墙为防火墙时，防火间距不限。

3. 本表未规定的，可按同等火灾危险性的临时用房、临时设施的防火间距确定。

3. 消防车道

(1)施工现场内应设置临时消防车道，临时消防车道与在建工程、临时用房、可燃材料堆场及其加工场的距离，不宜小于 5m，且不宜大于 40m；施工现场周边道路满足消防车通行及灭火救援要求时，施工现场内可不设置临时消防车道。

(2)临时消防车道的设置应符合下列规定：

1)临时消防车道宜为环形，如设置环形车道确有困难，应在消防车道尽端设置尺寸不小于 12m×12m 的回车场；

2)临时消防车道的净宽度和净空高度均不应小于 4m；

3)临时消防车道的右侧应设置消防车行进路线指示标识；

4)临时消防车道路基、路面及其下部设施应能承受消防车通行压力及工作荷载。

(3)下列建筑应设置环形临时消防车道，设置环形临时消防车道确有困难时，除应按本款(2)项的要求设置回车场外，尚应按本款(4)项的要求设置临时消防救援场地：

1)建筑高度大于 24m 的在建工程；

2)建筑工程单体占地面积大于 3000m^2 的在建工程；

3)超过 10 栋，且为成组布置的临时用房。

(4)临时消防救援场地的设置应符合下列要求：

1)临时消防救援场地应在在建工程装饰装修阶段设置；

2)临时消防救援场地应设置在成组布置的临时用房场地的长边一侧及在建工程的长边一侧；

3)场地宽度应满足消防车正常操作要求且不应小于 6m，与在建工程外脚手架的净距不宜小于 2m，且不宜超过 6m。

二、建筑防火

1. 一般规定

(1)临时用房和在建工程应采取可靠的防火分隔和安全疏散等防火技术措施。

(2)临时用房的防火设计应根据其使用性质及火灾危险性等情况进行确定。

(3)在建工程防火设计应根据施工性质、建筑高度、建筑规模及结构特点等情况进行确定。

2. 临时用房防火

(1)宿舍、办公用房的防火设计应符合下列规定:

1)建筑构件的燃烧性能等级应为A级,当采用金属夹芯板材时,其芯材的燃烧性能等级也应为A级;

2)建筑层数不应超过3层,每层建筑面积不应大于300m²;

3)层数为3层或每层建筑面积大于200m²时,应设置不少于2部疏散楼梯,房间疏散门至疏散楼梯的最大距离不应大于25m;

4)单面布置用房时,疏散走道的净宽度不应小于1.0米;双面布置用房时,疏散走道的净宽度不应小于1.5m;

5)疏散楼梯的净宽度不应小于疏散走道的净宽度;

6)宿舍房间的建筑面积不应大于30m²,其他房间的建筑面积不宜大于100m²;

7)房间内任一点至最近疏散门的距离不应大于15m,房门的净宽度不应小于0.8m,房间建筑面积超过50m²时,房门的净宽度不应小于1.2m;

8)隔墙应从楼地面基层隔断至顶板基层底面。

(2)发电机房、变配电房、厨房操作间、锅炉房、可燃材料库房及易燃易爆危险品库房的防火设计应符合下列规定:

1)建筑构件的燃烧性能等级应为A级;

2)层数应为1层,建筑面积不应大于200m²;

3)可燃材料库房单个房间的建筑面积不应超过30m²,易燃易爆危险品库房单个房间的建筑面积不应超过20m²;

4)房间内任一点至最近疏散门的距离不应大于10m,房门的净宽度不应小于0.8m。

(3)其他防火设计应符合下列规定:

1)现场办公用房、宿舍不应组合建造,如现场办公用房与宿舍的规模不大,两者的建筑面积之和不超过300m²,可组合建造;

2)发电机房、变配电房可组合建造;

3)厨房操作间、锅炉房可组合建造;

4)会议室与办公用房可组合建造;

5)文化娱乐室、培训室与办公用房或宿舍可组合建造;

6)餐厅与办公用房或宿舍可组合建造;

7)餐厅与厨房操作间可组合建造;

8)会议室、文化娱乐室等人员密集的房间应设置在临时用房的第一层,其疏散门应向疏散方向开启。

3. 在建工程防火

(1)在建工程作业场所的临时疏散通道应采用不燃、难燃材料建造并与在建工程结构施工同步设置,也可利用在建工程施工完毕的水平结构、楼梯。

(2)在建工程作业场所临时疏散通道的设置应符合下列规定:

1)耐火极限不应低于 0.5h。

2)设置在地面上的临时疏散通道,其净宽度不应小于 1.5m;利用在建工程施工完毕的水平结构、楼梯作临时疏散通道,其净宽度不应小于 1.0m;用于疏散的爬梯及设置在脚手架上的临时疏散通道,其净宽度不应小于 0.6m。

3)临时疏散通道为坡道时,且坡度大于 25°时,应修建楼梯或台阶踏步或设置防滑条。

4)临时疏散通道不宜采用爬梯,确需采用爬梯时,应有可靠固定措施。

5)临时疏散通道的侧面如为临空面,必须沿临空面设置高度不小于 1.2m 的防护栏杆。

6)临时疏散通道设置在脚手架上时,脚手架应采用不燃材料搭设。

7)临时疏散通道应设置明显的疏散指示标识。

8)临时疏散通道应设置照明设施。

(3)既有建筑进行扩建、改建施工时,必须明确划分施工区和非施工区。施工区不得营业、使用和居住;非施工区继续营业、使用和居住时,应符合下列要求:

1)施工区和非施工区之间应采用不开设门、窗、洞口的耐火极限不低于 3.0h 的不燃烧体隔墙进行防火分隔;

2)非施工区内的消防设施应完好和有效,疏散通道应保持畅通,并应落实日常值班及消防安全管理制度;

3)施工区的消防安全应配有专人值守,发生火情应能立即处置;

4)施工单位应向居住和使用者进行消防宣传教育,告知建筑消防设施、疏散通道的位置及使用方法,同时应组织进行疏散演练;

5)外脚手架搭设不应影响安全疏散、消防车正常通行及灭火救援操作;外脚手架搭设长度不应超过该建筑物外立面周长的二分之一。

(4)外脚手架、支模架的架体宜采用不燃或难燃材料搭设,其中,下列工程的外脚手架、支模架的架体应采用不燃材料搭设:

1)高层建筑;

2)既有建筑改造工程。

(5)下列安全防护网应采用阻燃型安全防护网:

1)高层建筑外脚手架的安全防护网;

2)既有建筑外墙改造时,其外脚手架的安全防护网;

3)临时疏散通道的安全防护网。

(6)作业场所应设置明显的疏散指示标志,其指示方向应指向最近的临时疏散通道入口。

(7)作业层的醒目位置应设置安全疏散示意图。

三、临时消防设施

1. 一般规定

(1)施工现场应设置灭火器、临时消防给水系统和临时消防应急照明等临时消防设施。

(2)临时消防设施应与在建工程的施工同步设置。房屋建筑工程中,临时消防设施的设置与在建工程主体结构施工进度的差距不应超过3层。

(3)施工现场在建工程可利用已具备使用条件的永久性消防设施作为临时消防设施。当永久性消防设施无法满足使用要求时,应增设临时消防设施。

(4)施工现场的消火栓泵应采用专用消防配电线路。专用消防配电线路应自施工现场总配电箱的总断路器上端接入,且应保持不间断供电。

(5)地下工程的施工作业场所宜配备防毒面具。

(6)临时消防给水系统的贮水池、消火栓泵、室内消防竖管及水泵接合器等,应设有醒目标识。

2. 灭火器

(1)在建工程及临时用房的下列场所应配置灭火器:

1)易燃易爆危险品存放及使用场所;

2)动火作业场所;

3)可燃材料存放、加工及使用场所;

4)厨房操作间、锅炉房、发电机房、变配电房、设备用房、办公用房、宿舍等临时用房;

5)其他具有火灾危险的场所。

(2)施工现场灭火器配置应符合下列规定：

1)灭火器的类型应与配备场所可能发生的火灾类型相匹配；

2)灭火器的最低配置标准应符合表 5-19 的规定。

表 5-19　灭火器最低配置标准

项目	固体物质火灾		液体或可熔化固体物质火灾、气体火灾	
	单具灭火器最小灭火级别	单位灭火级别最大保护面积 m^2/A	单具灭火器最小灭火级别	单位灭火级别最大保护面积 m^2/B
易燃易爆危险品存放及使用场所	3A	50	89B	0.5
固定动火作业场	3A	50	89B	0.5
临时动火作业点	2A	50	55B	0.5
可燃材料存放、加工及使用场所	2A	75	55B	1.0
厨房操作间、锅炉房	2A	75	55B	1.0
自备发电机房	2A	75	55B	1.0
变、配电房	2A	75	55B	1.0
办公用房、宿舍	1A	100	—	—

3)灭火器的配置数量应按照《建筑灭火器配置设计规范》(GB 50140—2005)经计算确定，且每个场所的灭火器数量不应少于 2 具。

4)灭火器的最大保护距离应符合表 5-20 的规定。

表 5-20　灭火器的最大保护距离(m)

灭火器配置场所	固体物质火灾	液体或可熔化固体物质火灾、气体类火灾
易燃易爆危险品存放及使用场所	15	9
固定动火作业场	15	9
临时动火作业点	10	6
可燃材料存放、加工及使用场所	20	12
厨房操作间、锅炉房	20	12
发电机房、变配电房	20	12
办公用房、宿舍等	25	—

3. 临时消防给水系统

(1)施工现场或其附近应设置稳定、可靠的水源,并应能满足施工现场临时消防用水的需要。

消防水源可采用市政给水管网或天然水源。当采用天然水源时,应采取措施确保冰冻季节、枯水期最低水位时顺利取水,并满足临时消防用水量的要求。

(2)临时消防用水量应为临时室外消防用水量与临时室内消防用水量之和。

(3)临时室外消防用水量应按临时用房和在建工程的临时室外消防用水量的较大者确定,施工现场火灾次数可按同时发生 1 次确定。

(4)临时用房建筑面积之和大于 $1000m^2$ 或在建工程单体体积大于 $10000m^3$ 时,应设置临时室外消防给水系统。当施工现场处于市政消火栓 150m 保护范围内且市政消火栓的数量满足室外消防用水量要求时,可不设置临时室外消防给水系统。

(5)临时用房的临时室外消防用水量不应小于表 5-21 的规定:

表 5-21　临时用房的临时室外消防用水量

临时用房的建筑面积之和	火灾延续时间(h)	消火栓用水量(L/s)	每支水枪最小流量(L/s)
$1000m^2$<面积≤$5000m^2$	1	10	5
面积>$5000m^2$		15	5

(6)在建工程的临时室外消防用水量不应小于表 5-22 的规定:

表 5-22　在建工程的临时室外消防用水量

在建工程(单体)体积	火灾延续时间(h)	消火栓用水量(L/s)	每支水枪最小流量(L/s)
$10000m^3$<体积≤$30000m^3$	1	15	5
体积>$5000m^3$	2	20	5

(7)施工现场临时室外消防给水系统的设置应符合下列要求:

1)给水管网宜布置成环状;

2)临时室外消防给水干管的管径应依据施工现场临时消防用水量和干管内水流计算速度进行计算确定,且不应小于 DN100;

3)室外消火栓应沿在建工程、临时用房及可燃材料堆场及其加工场均匀布置,距在建工程、临时用房及可燃材料堆场及其加工场的外边线不应小于 5m;

4)消火栓的间距不应大于 120m;

5)消火栓的最大保护半径不应大于 150m。

(8)建筑高度大于 24m 或单体体积超过 $30000m^3$ 的在建工程,应设置临时室内消防给水系统。

(9)在建工程的临时室内消防用水量不应小于表5-23的规定：

表5-23　在建工程的临时室内消防用水量

建筑高度、在建工程体积(单体)	火灾延续时间(h)	消火栓用水量(L/s)	每支水枪最小流量(L/s)
24m＜建筑高度≤50m 或30000m^3＜体积≤50000m^3	1	10	5
建筑高度＞50m 或体积＞50000m^3	1	15	5

(10)在建工程室内临时消防竖管的设置应符合下列要求：

1)消防竖管的设置位置应便于消防人员操作,其数量不应少于2根,当结构封顶时,应将消防竖管设置成环状；

2)消防竖管的管径应根据在建工程临时消防用水量、竖管内水流计算速度进行计算确定,且不应小于DN100。

(11)设置室内消防给水系统的在建工程,应设消防水泵接合器。消防水泵接合器应设置在室外便于消防车取水的部位,与室外消火栓或消防水池取水口的距离宜为15～40m。

(12)设置临时室内消防给水系统的在建工程,各结构层均应设置室内消火栓接口及消防软管接口,并应符合下列要求：

1)消火栓接口及软管接口应设置在位置明显且易于操作的部位；

2)消火栓接口的前端应设置截止阀；

3)消火栓接口或软管接口的间距,多层建筑不大于50m,高层建筑不大于30m。

(13)在建工程结构施工完毕的每层楼梯处,应设置消防水枪、水带及软管,且每个设置点不少于2套。

(14)高度超过100m的在建工程,应在适当楼层增设临时中转水池及加压水泵。中转水池的有效容积不应少于10m^3,上下两个中转水池的高差不宜超过100m。

(15)临时消防给水系统的给水压力应满足消防水枪充实水柱长度不小于10m的要求;给水压力不能满足要求时,应设置消火栓泵,消火栓泵不应少于2台,且应互为备用;消火栓泵宜设置自动启动装置。

(16)当外部消防水源不能满足施工现场的临时消防用水量要求时,应在施工现场设置临时贮水池。临时贮水池宜设置在便于消防车取水的部位,其有效容积不应小于施工现场火灾延续时间内一次灭火的全部消防用水量。

(17)施工现场临时消防给水系统应与施工现场生产、生活给水系统合并设置,但应设置将生产、生活用水转为消防用水的应急阀门。应急阀门不应超过2个,且应设置在易于操作的场所,并设置明显标识。

(18)严寒和寒冷地区的现场临时消防给水系统,应采取防冻措施。

4. 应急照明

(1)施工现场的下列场所应配备临时应急照明:

1)自备发电机房及变、配电房;

2)水泵房;

3)无天然采光的作业场所及疏散通道;

4)高度超过100m的在建工程的室内疏散通道;

5)发生火灾时仍需坚持工作的其他场所。

(2)作业场所应急照明的照度不应低于正常工作所需照度的90%,疏散通道的照度值不应小于0.5lx。

(3)临时消防应急照明灯具宜选用自备电源的应急照明灯具,自备电源的连续供电时间不应小于60min。

四、防火管理

1. 一般规定

(1)施工现场的消防安全管理由施工单位负责。

实行施工总承包的,由总承包单位负责。分包单位应向总承包单位负责,并应服从总承包单位的管理,同时应承担国家法律、法规规定的消防责任和义务。

(2)监理单位应对施工现场的消防安全管理实施监理。

(3)施工单位应根据建设项目规模、现场消防安全管理的重点,在施工现场建立消防安全管理组织机构及义务消防组织,并应确定消防安全负责人和消防安全管理人,同时应落实相关人员的消防安全管理责任。

(4)施工单位应针对施工现场可能导致火灾发生的施工作业及其他活动,制订消防安全管理制度。消防安全管理制度应包括下列主要内容:

1)消防安全教育与培训制度;

2)可燃及易燃易爆危险品管理制度;

3)用火、用电、用气管理制度;

4)消防安全检查制度;

5)应急预案演练制度。

(5)施工单位应编制施工现场防火技术方案,并应根据现场情况变化及时对其修改、完善。防火技术方案应包括下列主要内容:

1)施工现场重大火灾危险源辨识；

2)施工现场防火技术措施；

3)临时消防设施、临时疏散设施配备；

4)临时消防设施和消防警示标识布置图。

(6)施工单位应编制施工现场灭火及应急疏散预案。灭火及应急疏散预案应包括下列主要内容：

1)应急灭火处置机构及各级人员应急处置职责；

2)报警、接警处置的程序和通讯联络的方式；

3)扑救初起火灾的程序和措施；

4)应急疏散及救援的程序和措施。

(7)施工人员进场前，施工现场的消防安全管理人员应向施工人员进行消防安全教育和培训。防火安全教育和培训应包括下列内容：

1)施工现场消防安全管理制度、防火技术方案、灭火及应急疏散预案的主要内容；

2)施工现场临时消防设施的性能及使用、维护方法；

3)扑灭初起火灾及自救逃生的知识和技能；

4)报火警、接警的程序和方法。

(8)施工作业前，施工现场的施工管理人员应向作业人员进行消防安全技术交底。消防安全技术交底应包括下列主要内容：

1)施工过程中可能发生火灾的部位或环节；

2)施工过程应采取的防火措施及应配备的临时消防设施；

3)初起火灾的扑救方法及注意事项；

4)逃生方法及路线。

(9)施工过程中，施工现场的消防安全负责人应定期组织消防安全管理人员对施工现场的消防安全进行检查。消防安全检查应包括下列主要内容：

1)可燃物及易燃易爆危险品的管理是否落实；

2)动火作业的防火措施是否落实；

3)用火、用电、用气是否存在违章操作，电、气焊及保温防水施工是否执行操作规程；

4)临时消防设施是否完好有效；

5)临时消防车道及临时疏散设施是否畅通。

(10)施工单位应依据灭火及应急疏散预案，定期开展灭火及应急疏散的演练。

(11)施工单位应做好并保存施工现场消防安全管理的相关文件和记录，建立现场消防安全管理档案。

2. 可燃物及易燃易爆危险品管理

(1)用于在建工程的保温、防水、装饰及防腐等材料的燃烧性能等级，应符合设计要求。

(2)可燃材料及易燃易爆危险品应按计划限量进场。进场后，可燃材料宜存放于库房内，如露天存放时，应分类成垛堆放，垛高不应超过2m，单垛体积不应超过$50m^3$，垛与垛之间的最小间距不应小于2m，且采用不燃或难燃材料覆盖；易燃易爆危险品应分类专库储存，库房内通风良好，并设置严禁明火标志。

(3)室内使用油漆及其有机溶剂、乙二胺、冷底子油，或其他可燃、易燃易爆危险品的物资作业时，应保持良好通风，作业场所严禁明火，并应避免产生静电。

(4)施工产生的可燃、易燃建筑垃圾或余料，应及时清理。

3. 用火、用电、用气管理

(1)施工现场用火，应符合下列要求：

1)动火作业应办理动火许可证，动火许可证的签发人收到动火申请后，应前往现场查验并确认动火作业的防火措施落实后，方可签发动火许可证；

2)动火操作人员应具有相应资格；

3)焊接、切割、烘烤或加热等动火作业前，应对作业现场的可燃物进行清理；作业现场及其附近无法移走的可燃物，应采用不燃材料对其覆盖或隔离；

4)施工作业安排时，宜将动火作业安排在使用可燃建筑材料的施工作业前进行，确需在使用可燃建筑材料的施工作业之后进行动火作业，应采取可靠防火措施；

5)裸露的可燃材料上严禁直接进行动火作业；

6)焊接、切割、烘烤或加热等动火作业，应配备灭火器材，并设动火监护人进行现场监护，每个动火作业点均应设置一个监护人；

7)五级(含五级)以上风力时，应停止焊接、切割等室外动火作业，否则应采取可靠的挡风措施；

8)动火作业后，应对现场进行检查，确认无火灾危险后，动火操作人员方可离开；

9)具有火灾、爆炸危险的场所严禁明火；

10)施工现场不应采用明火取暖；

11)厨房操作间炉灶使用完毕后，应将炉火熄灭，排油烟机及油烟管道应定期清理油垢。

(2)施工现场用电，应符合下列要求：

1)施工现场供用电设施的设计、施工、运行、维护应符合现行国家标准《施工现场临时用电安全技术规范》(JGJ 46—2012)的要求；

2)电气线路应具有相应的绝缘强度和机械强度，严禁使用绝缘老化或失去绝缘性能的电气线路，严禁在电气线路上悬挂物品，破损和烧焦的插座、插头应及时更换；

3)电气设备与可燃、易燃易爆和腐蚀性物品应保持一定的安全距离；

4)有爆炸和火灾危险的场所，按危险场所等级选用相应的电气设备；

5)配电屏上每个电气回路应设置漏电保护器、过载保护器，距配电屏 2m 范围内不应堆放可燃物，5m 范围内不应设置可能产生较多易燃、易爆气体或粉尘的作业区；

6)可燃材料库房不应使用高热灯具，易燃易爆危险品库房内应使用防爆灯具；

7)普通灯具与易燃物距离不宜小于 300mm，聚光灯、碘钨灯等高热灯具与易燃物距离不宜小于 500mm；

8)电气设备不应超负荷运行或带故障使用；

9)禁止私自改装现场供用电设施；

10)应定期对电气设备和线路的运行及维护情况进行检查。

(3)施工现场用气，应符合下列要求：

1)储装气体的罐瓶及其附件应合格、完好和有效；严禁使用减压器及其他附件缺损的氧气瓶，严禁使用乙炔专用减压器、回火防止器及其他附件缺损的乙炔瓶。

2)气瓶运输、存放、使用时，应符合下列规定：

①气瓶应保持直立状态，并采取防倾倒措施，乙炔瓶严禁横躺卧放；

②严禁碰撞、敲打、抛掷、滚动气瓶；

③气瓶应远离火源，距火源距离不应小于 10m，并应采取避免高温和防止暴晒的措施；

④燃气储装瓶罐应设置防静电装置。

3)气瓶应分类储存，库房内通风良好；空瓶和实瓶同库存放时，应分开放置，两者间距不应小于 1.5m。

4)气瓶使用时，应符合下列规定：

①使用前，应检查气瓶及气瓶附件的完好性，检查连接气路的气密性，并采取避免气体泄漏的措施，严禁使用已老化的橡皮气管；

②氧气瓶与乙炔瓶的工作间距不应小于 5m，气瓶与明火作业点的距离不应小于 10m；

③冬季使用气瓶，如气瓶的瓶阀、减压器等发生冻结，严禁用火烘烤或用铁

器敲击瓶阀，禁止猛拧减压器的调节螺丝；

④氧气瓶内剩余气体的压力不应小于0.1MPa；

⑤气瓶用后，应及时归库。

4. 其他施工管理

(1)施工现场的重点防火部位或区域，应设置防火警示标识。

(2)施工单位应做好施工现场临时消防设施的日常维护工作，对已失效、损坏或丢失的消防设施，应及时更换、修复或补充。

(3)临时消防车道、临时疏散通道、安全出口应保持畅通，不得遮挡、挪动疏散指示标识，不得挪用消防设施。

(4)施工期间，临时消防设施及临时疏散设施不应被拆除。

(5)施工现场严禁吸烟。

第五节　拆除爆破作业

一、拆除工程安全技术

(1)拆除工程施工前，应检查周围危房，必要时进行临时加固。

(2)拆除过程中，现场照明不得使用被拆除建筑物中的配电线，应另外设置配电线路。

(3)拆除工程的施工，必须在工程负责人的统一指挥和监督下进行。工程负责人要根据施工组织设计和安全技术规程向参加拆除的工作人员进行详细的交底和组织学习、领会安全操作规程。

(4)拆除建筑物一般不得采用推倒方法，遇有特殊情况必须采用推倒方法的时候，必须遵守下列要求：

1)为防止墙壁向掏掘方向倾倒，在掏掘前，要用支撑撑牢；

2)砍切墙根的深度不能超过墙厚的1/3，墙的厚度小于两块半砖的时候，不准进行掏掘；

3)在建筑物推到倒塌范围内有其他建筑物时，严禁采用推倒方法；

4)建筑物推倒前，应发出信号，待所有人员远离建筑物高度2倍以上的安全距离后，方可进行。

(5)工人从事拆除工作的时候，应该站在专门搭设的脚手架上或者其他稳固的结构部分上操作。

(6)拆除建筑物时，楼板上不准有多人聚集和堆放材料，以免楼盖结构超载发生倒塌。

(7)拆除区周围应设立围栏,挂警告牌,并派专人监护,严禁无关人员进入或逗留。

(8)在高处进行拆除工程,要设置流放槽,以便散碎废料顺槽流下,拆下较大的或者沉重的材料,要用吊绳或者起重机械及时吊下和运走,禁止向下抛掷。拆卸下来的各种材料要及时清理,分别堆放在一定位置。

(9)拆除建筑物,应该按自上而下顺序进行,禁止数层同时拆除。当拆除某一部分的时候应该防止其他部分的倒塌。

(10)拆除工程在开工前,要领会针对该拆除工程特点而编制的施工组织设计和施工方案及相关的技术交底。

(11)拆除石棉瓦及轻型结构屋面工程时,严禁施工人员直接踩踏在石棉瓦及其他轻型板上进行工作,必须使用移动板梯,板梯上端必须挂牢,防止高处坠落。

(12)拆除工程在施工前,应该将电线、瓦斯煤气管道、上下水管道、供热设备管道等干线及通往该建筑的支线切断或迁移。

(13)采用控制爆破方法进行拆除工程应符合下列要求:

1)在人口稠密、交通要道等地区爆破拆除建筑物,应采用电力或导爆索引爆,不得采用火花起爆。当采用分段起爆时,应采用毫秒雷管起爆。

2)爆破各道工序要认真细致操作、检查和处理。杜绝各种不安全事故发生。

3)采用微量炸药的控制爆破,可大大减少飞石,但不能绝对控制飞石,仍应采用适当保护措施,如对低矮建筑物采用适当护盖,对高大建筑物爆破设一定安全区,避免对周围建筑和人身的危害。

4)爆破时,对原有蒸汽锅炉和空压机房等高压设备,应将其压力降到1～2个大气压。

5)控制爆破时,应有临时指挥机构,以便分别负责爆破施工和起爆等有关安全工作。

6)用爆破方法拆除建筑物部分结构时,应保证其他结构部分的良好状态。爆破后,如发现保留的结构部分有危险征兆,应采取安全措施,再进行工作。

7)爆破时对依靠自身重量倾倒的建筑物,要经过严格的计算,以保证安全。

计算时除应考虑自重外,还应考虑最不利方向上最大风力(按0.5kPa计)作用时,不爆部分的失稳程度。

(14)拆除建筑物的栏杆、楼梯和楼板等,应该和整体拆除程度相配合,不得先行拆除。建筑物的承重支柱和横梁,要等它所承担的全部结构和荷重拆除后才可以拆除。

二、爆破工程施工安全基本要求

(1)联结导火索和火雷管,必须在专用房内加工。房内不准有电气、金属设备,无关人员不得入内。

(2)装药要用木竹棒轻塞,严禁用力抵入和使用金属棒捣实。禁止使用冻结、半冻结或半熔化的硝酸甘油炸药。

(3)爆破工程,必须严格按照经爆破工作领导人或主管部门批准后的单项安全技术方案施工。

(4)放炮必须有专人指挥,事先设立警戒范围,规定警戒时间、信号标志,并派出警戒人员;起爆前要进行检查,必须待施工人员、过路行人、船只、车辆全部避入安全地点后方准起爆,警报解除后方可放行;炮工的掩蔽所必须坚固,道路必须畅通。

(5)电力爆破应遵守下列要求:

1)在电爆网路敷设后,待人员撤至安全地区,然后用欧姆表或电桥检查网路导电是否良好,测量出来的电阻与计算电阻相差不得超过10%。

2)接线前先将电雷管的脚线连成短路,待接母线时解开,连接母线应从药包开始向电源方向敷设,主线末端未接电源前应先用胶布包好,防止误触电源。

3)电源应有专人严格控制,放炮器应有专人保管,闸刀箱要上锁。不到放炮时间,不准将把手或钥匙插入放炮器或接线盒内。

4)装药时,严禁将电爆机地线接在金属管道和铁轨上。雷雨天气不准露天电力爆破,如中途遇雷电时,应迅速将雷管的脚线、电线主线两端联成短路。

5)同一路电炮应使用同厂、同批、同牌号的雷管,各雷管的电阻误差,应控制在±0.2Ω以内。

6)连线时,必须将手提灯撤出工作面3m以外。用手电照明时,应离连线地点1.5m以外。

(6)加工起爆药包,只许在爆破现场于爆破前进行,并按所需数量一次制作,不得留成品备用,制作好的起爆药包应由专人妥善保管。

(7)火炮群和电炮群在同一施工地段,先点火炮,后合电闸;点火炮不得两人在同一方向先后点炮,每人点炮数目不得超过15个点。起爆后,均不得在最后一炮爆炸之后20min前进入工作面。

(8)水下爆破应遵守下列要求:

1)水下裸露爆破,一定要将药包固定在爆破点上,严防潜水员返回时把药包挂起来。爆破时，装药的船应移向上游。

2）水下钻眼时，应使用带有套管的钻眼机。装药及爆破时，要划定危险区域，并设立警戒标志和值勤人员，必要时应封航。

3）水下爆破应采用电力起爆。除遵守上述电力爆破有关要求外，其电雷管脚线和电力主线都要做到防水、绝缘。

4）装药及爆破时，潜水员及炮工不得携带对讲机和手电筒上船，施工现场也应切断一切电源。

5）水下爆破一般采用裸露药包法和炮眼法。炸药应选用没有变质和防水性能好的，如果选用其他炸药，必须采取严密的防水措施。

6）装药时，要按顺序进行，一般先上游后下游依次对号入孔，以免潜水员挂断起爆电线。

（9）爆破作业人员（包括爆破员、爆破器材保管员、安全员和爆破器材押运员）须经专门安全技术培训考核合格，并取得公安部门发给的有效安全作业证后，持证上岗操作。

（10）使用火雷管时，导火索点火只准用专用香棒，不准使用香烟、火柴或其他明火。

（11）露天爆破安全警戒距离半径：裸露药包、深眼法、峒室法不得小于400m；炮眼法（浅眼法）、药壶法不得小于200m。

（12）坑道内两个邻近工作面之间的厚度小于20m时，一方起爆另一方工作人员应全部撤离工作面。

（13）峒室法爆破药室内的照明未安起爆体前，其电压应用低压电。安起爆体时，必须用手电筒或在峒外用透光灯照明。

（14）放炮后最少要两人巡视放炮地点，检查处理危岩、支架、瞎炮、残炮。

（15）切割导火索或导爆索，必须用锋利小刀，禁止用剪刀剪断或用石器、铁器敲断。导火索长度不得小于1m，导爆索禁止撞击、抛掷、践踏。切割导火索或导爆索的台桌上，不得放置雷管。

（16）瞎炮处理应遵守下列要求：

1）由于接线不良造成的瞎炮，可以重新接线起爆。

2）电力爆破通电后没有起爆，应将主线从电源上解开，接成短路。此时若要进入现场，如使用即发雷管不得早于短路后5min；如使用延期雷管，不得早于短路后15min。

3）严禁用掏挖或者在原炮眼内重新装炸药，应在距离原炮眼60cm外的地方，另打眼放炮。

4）在瞎炮未处理完毕前，严禁在该地点进行其他作业。

三、爆破材料运输及储存安全技术

1. 爆破材料的运输安全要求

(1)运输爆破材料的车辆,禁止接近明火、蒸气、高温、电源、磁场以及易燃危险品。如遇中途停车,必须离开民房、桥梁、铁路200m以上。

(2)不同性质的炸药、雷管、传爆线、导爆管等均不得在同一车辆、车厢、船舱内装运。

(3)用汽车运输时,车厢内应清洁,不得放有铁器,装卸不得超过容许载重量的2/3,车速不许超过20km/h。

(4)运输爆破材料应使用专车、专船,不得使用自卸汽车、拖车等不合要求的车辆运输,如用柴油车运输时,应有防止产生静电火花的措施。

(5)运输爆破材料的车辆,其相互间的最小距离,在平坦道路上,汽车50m,人力车5m;在上、下山坡路上,汽车500m,人力车10m。

(6)运输爆破材料的车船,应遮盖、捆紧,雨雪天运输时,必须做好防雨防滑等措施。同时必须要有熟悉爆炸性能的专人押运,除押运人外,任何人不得乘坐。

(7)装卸爆破材料时,应轻拿轻放,不得产生摩擦、震动、撞击、抛掷、倒转、坠落,堆放应平稳,不得散装、改装或倒放。

(8)严禁在衣袋中携带炸药和雷管等爆破材料。

2. 爆破材料的储存

(1)爆破材料的储存仓库与住宅区、工厂、铁路桥梁、公路干线等建筑物的安全距离应该大于表5-24的要求:

表5-24　爆破材料离建筑物、构筑物的安全距离

项　　目	炸药库容量/t				
	0.25	0.50	2.0	8.0	16.0
距有爆炸性的工厂/m	200	250	300	400	500
距民房、工厂、集镇、火车站/m	200	250	300	400	450
距铁路线/m	50	100	150	200	250
距公路干线/m	40	60	80	100	120

(2)储存爆破器材的仓库必须干燥、通风,室内温度应保持在18～30℃之间,相对湿度不大于65%,库房周围5m以内需将一切树木、干草和草皮清除干净,库内应设消防设备。

(3)库房内的成箱炸药,应按指定地点堆在木垫板上,堆放高度不得超过1.7m(成箱硝酸甘油炸药只准堆放2层),堆放宽度不超过2m,堆与堆之间应有不小于1.3m宽的通道,药堆与墙壁之间的距离不应小于0.3m。

(4)炸药储存前必须严格检查,不同性质和不同批号的炸药不得混堆在一起,尤其是硝酸甘油类炸药必须单独存放。

(5)炸药和雷管应分开储存,两库房的安全距离不得小于爆破安全距离,一般不得小于表5-25的要求。

表5-25 雷管与炸药两库的安全距离

仓库内雷管数量/个	到炸药库的距离/m	仓库内雷管数量/个	到炸药为的距离/m
1000	2	75000	16.5
5000	4.5	100000	19.0
10000	6.0	150000	24.0
15000	7.5	200000	27.0
20000	8.5	300000	33.0
30000	10.0	400000	38.0
50000	13.5	500000	43.0

(6)爆破材料(炸药和雷管)箱盒堆放时应平放,不得倒放,移动时严禁抛掷、拖拉、推送、敲打、碰撞。

(7)爆破材料仓库必须设专人警卫,并应严格执行保管、消防等有关制度,严防破坏、偷窃或其他意外事故。

(8)炸药库内必须使用安全照明设备;雷管库内只准使用有绝缘外壳的手电筒。

(9)要建立严格的出入仓库制度,并应严禁穿钉鞋、带武器、持敞口灯、带火柴及其他易燃品进入库内,同时不准在库房内吸烟。

(10)炸药及雷管应在有效期内使用,过期的或对其质量有怀疑的爆破材料,应经过检验定性、符合质量要求时,方可使用。

(11)雷管库内应严防虫、鼠等动物啃咬,以防引起雷管爆炸或失效,并应放在专用木箱内。

(12)爆破材料库房应设有避雷装置,接地电阻不应大于10Ω。

(13)建立爆破材料的领、退、用制度,严禁在仓库内开启药箱。

(14)施工现场临时仓库内爆破材料的贮存数量:炸药不得超过3t,雷管不得超过10000个和相应的导火索。

四、爆破工程炮眼施工安全技术

1. 机械打眼安全要求

(1)应经常检查钻孔机有无裂纹,螺栓有无松动,卡套和弹簧是否完整,确认无误后方可使用。

(2)换钎、检查风钻和加油时,应先关闭风门,方准进行;在进行中不得碰触风门以免发生伤亡事故。

(3)操作中必须精力集中,发现不正常的声音或震动时,应立即停机进行检查,并及时排除故障后方可继续作业。

(4)钻眼时机具要扶稳,钻杆与钻孔中心必须垂直。钻机运转过程中,严禁用身体支承风钻的转动部分。

(5)工作时必须戴好风镜、口罩和安全帽。

2. 人工打眼安全要求

(1)打眼人员必须精力集中,锤击要稳、准,并击于钢钎中心,严禁互相对面打锤。作业时要戴安全帽和防护眼镜。锤和钎要放在安全的地方,防止坠落。

(2)钢钎和铁锤要平整,不得有毛边。

(3)应经常检查锤头与锤把连接是否牢固,严禁使用木质松软、有节疤、裂缝或腐朽的木把。

(4)打眼前应将周围的松动土清除干净,若用支撑加固时,应检查支撑是否牢固。

(5)炮眼位超过 2m 高者,操作人员必须配挂好安全带。

五、防震及防护覆盖安全技术

在进行控制爆破时,应对爆破体或附近建筑物、构筑物或设施进行防震及防护覆盖,以减弱爆破震动的影响和碎块飞掷。

(1)防震措施

1)开挖防震沟:对地下构筑物的爆破,可在一侧或多侧挖防震沟,以减弱震动波的传播,或采用预裂爆破降低地震影响,预裂孔宜比主炮深。

2)合理布置药包或孔眼位置,一般的规律是爆破震动的强度与爆破抛掷方向的反向为最大,侧向次之,抛掷方向较小;建筑物高于爆破点震动较大,反之则较小。

3)分段爆破:减少一次爆破的炸药量,采用较小爆破作用指数 n,必要时也可采用猛度低的炸药和降低装药的集中度来进行爆破。

4)分散爆破点:对群炮采取不同时起爆的方法,达到减弱或部分消除震动波对建筑物的影响。如采用延续 2s 以上的迟发雷管起爆，震动影响可按每次起爆的药包重量分别计算。

5)分层递减开挖厚度法：为减轻爆破震动对基岩的影响，可分层递减开挖厚度或留厚度不小于 200～300mm 的保护层，采用人工或风镐(铲)清除。

(2)防护覆盖措施

1)对邻近建筑物的地下设备基础爆破，为防止大块抛掷，爆破体上应采用橡胶防护垫防护。

2)地面以上构筑物或基础爆破时，可在爆破部位上铺盖草垫或草袋(内装少量砂、土)作为第一道防护线，再在草垫或草袋上铺放胶管帘(用长 60～100cm 的胶管编成)或胶垫(用长 1.5m 的输送机废皮带联成)作为第二道防线，最后再用帆布棚将以上两层整个覆盖包裹，胶帘(垫)和帆布应用铁丝或绳索拉紧捆牢。

(3)对路面或钢筋混凝土板的爆破，可在其上面架设可拆卸或移动的钢管架，上盖铁丝网(网格 1.5cm×1.5cm)，再铺上草袋(内装少量砂、土)作防护。

(4)对崩落爆破、破碎性爆破，为防止飞石可用韧性好的爆破防护网覆盖；当爆破部位较高，或对水中构筑物爆破，则应将防护网系在不受爆破影响的部位。

(5)为在爆破时使周围建筑物及设备不被打坏，也可在其周围用厚度不小于 50mm 的坚固木板加以防护，并用铁丝捆牢。与炮孔距离不得小于 500mm。如爆破体靠近钢结构或需保留部分，必须用砂袋(厚度不小于 500mm)加以防护。

六、爆破施工方法

1. 药壶爆破法

(1)药壶爆破应采用电力起爆，同时应敷设两套爆破线路。如用火花起爆，当药壶深 3～6m 时，起爆药筒内应有两个火线雷管(防止其中一个瞎炮)，并且要同时起爆。

(2)每次炸扩药壶后，必须间隔一定时间；当采用硝铵类炸药扩大药壶时，必须在每次爆炸完毕后 15min 才能开始装药准备第二次扩壶；当用其他炸药时，则应间隔 30min。每次药壶扩底后，应将炮眼口附近的松土石搬开。

2. 炮眼爆破法

(1)放炮区要设置警戒线，设专人负责指挥，待装药堵塞完毕，按规定发出信号，人员撤离，经检查无误后，方准放炮。

(2)装药时严禁使用铁器，且不得用炮棍挤压或碰击，以免触发雷管引起爆炸。

(3)同时爆破若干个炮眼时，应采用电力起爆或导爆线起爆。

3. 深孔起爆法

(1)堵塞孔时靠近炸药一侧应用预制炮泥，其余可用砂或细石混合渣堵塞，堵塞深度不得小于最小抵抗线的长度。

(2)潮湿有水的深孔，必须使用耐水炸药，或经过防水处理的药筒，且装药时要小心保护深孔内的传爆线和导电线。

(3)如单独药包且炮孔深度小于 10m，可用火药起爆；当炮孔较深或有两个以上药包时，必须用电力起爆或导爆线起爆，所用导爆线必须贯穿全部药包。

4. 裸露爆破法

(1)当石块较大设有两个以上药包时，应注意药包的位置及起爆顺序，并且采用电雷管起爆。

(2)药包上的覆盖物应用不易燃烧的柔软物体，但严禁其中夹有石块等坚硬之物，以免爆破时石块抛掷伤人。

(3)药包的厚度不应大于被炸物块底面积的宽度。

5. 峒室爆破法

(1)起爆必须应用电起爆法或电点火起爆法。

(2)堵塞时，堵塞物与药室炸药之间要有明显界限，严防堵塞物混入炸药中，起爆用的导火线和电线应用竹管或木槽板保护好，堵塞时不得触动起爆网路。

6. 高能燃烧剂爆破法

(1)高能燃烧剂爆破时，人不能站在面对炮口方向，以免伤人。并在爆破点 10m 半径内、7m 高范围内不得有重要设施。

(2)用金属加工的电阻丝，要严格保证线圈间距，以免出现短路。若采取多炮齐发，则每个电阻丝长度必须相等，以免发生拒爆。

(3)燃烧剂的原料应分别存放在不靠近火源的干燥通风处，做到随配随用，已配制好的燃烧剂应用铁桶密封，并严禁与汽油、氧气、电石及油类等混放。

(4)装药时，不准使用散装药粉和 1.4kg 以上的重锤冲击。

7. 静态爆破法

(1)装填炮孔时，操作人员要戴防护眼镜，在灌浆到裂缝出现前，不得在近距离直视孔口，以防发生喷出现象，伤害眼睛。

(2)破碎剂要随配随用，搅拌好的浆体必须在 10min 内用完。如流动度丧失，不可继续加水拌和使用，不是冬天，切勿用热水拌和。若用人工搅拌时，必须戴橡胶手套。

(3)应按实际施工的环境温度选择破碎剂的型号，严禁错用或互换使用。并且装运破碎剂的容器不得用有约束的容器，以免雨水浸入，发生喷出、炸裂伤人。

(4)破碎剂浆体稍具腐蚀性,工作完毕后应及时洗手洗脸,严防碱性刺激皮肤。如药液碰到皮肤或进入眼睛,要立即用水冲洗。

七、瞎炮处理安全技术

(1)当炮孔深在 500mm 以内时,可用裸露爆破引爆;炮孔较深时,可用竹木工具小心将炮眼上部堵塞物掏出,用水浸泡并冲洗出整个药包,并将拒爆的雷管销毁,也可将上部炸药掏出部分后,再重新装入起爆药包起爆。

(2)处理瞎炮过程中,严禁将带有雷管的药包从炮孔内拉出来,也不准拉住电雷管上的导线,把电雷管从炸药内拔出来。

(3)深孔瞎炮可采用再次爆破,但应考虑相邻已爆破药包后最小抵抗线的改变,以防飞石伤人。峒室瞎炮处理与深孔瞎炮相同,同未爆炸药包与埋下的岩石混合时,必须将未爆炸药包浸湿后再进行清除。

(4)距炮孔近旁 600mm 处,重新钻一与之平衡的炮眼然后装药起爆以销毁原有瞎炮。但新钻与原瞎炮眼一定要平行。

(5)发现炮孔外的电线和电阻、导火索或电爆网(线)路不符合要求,经纠正检查无误后,可重新接通电源起爆。

(6)瞎炮应由原装炮人员当班处理,如不能当班处理,应设置标志,并将包装情况、位置、方向、药量等详细介绍给处理人员,以达到妥善安全处理的目的。

第六节　季节性施工

一、冬期施工

冬期施工,主要要制订防火、防滑、防冻、防煤气中毒、防亚硝酸钠中毒、防风安全措施。

1. 防火要求

(1)加强冬季防火安全教育,提高全体人员的防火意识。将普遍教育与特殊防火工种的教育相结合,根据冬期施工防火工作的特点,入冬前对电气焊工、司炉工、木工、油漆工、电工、炉火安装和管理人员、警卫巡逻人员进行有针对性的教育和考试。

(2)冬期施工中,国家级重点工程、地区级重点工程、高层建筑工程及起火后不易扑救的工程,禁止使用可燃材料作为保温材料,应采用不燃或难燃材料进行保温。

(3)一般工程可采用可燃材料进行保温,但必须进行严格管理。使用可燃材料进行保温的工程,必须设专人进行监护、巡逻检查。人员的数量应根据使用可燃材料的数量、保温的面积而定。

(4)冬期施工中，保温材料定位以后，禁止一切用火、用电作业，且照明线路、照明灯具应远离可燃的保温材料。

(5)冬期施工中，保温材料使用后，要随时进行清理，集中进行存放保管。

(6)冬季现场供暖锅炉房宜建造在施工现场的下风方向，远离在建工程、易燃可燃建筑、露天可燃材料堆场、料库等。锅炉房应不低于二级耐火等级。

(7)烧蒸汽锅炉的人员必须经过专门培训，取得司炉证后才能独立作业。烧热水锅炉的人员也要经过培训合格后方能上岗。

(8)冬期施工的加热采暖方法，应尽量使用暖气。如果用火炉，必须事先提出方案和防火措施，经消防保卫部门同意后方能开火。但在油漆、喷漆、油漆调料间以及木工房、料库、使用高分子装修材料的装修阶段，禁止用火炉采暖。

(9)各种金属与砖砌火炉，必须完整良好，不得有裂缝。各种金属火炉与模板支柱、斜撑、拉杆等可燃物和易燃保温材料的距离不得小于1m，已做保护层的火炉距可燃物的距离不得小于70cm。各种砖砌火炉壁厚不得小于30cm。在没有烟囱的火炉上方不得有拉杆斜撑等可燃物，必要时需架设铁板等非燃材料隔热，其隔热板应比炉顶外围的每一边都多出15cm以上。

(10)在木地板上安装火炉，必须设置炉盘。有脚的火炉炉盘厚度不得小于12cm，无脚的火炉炉盘厚度不得小于18cm。炉盘应伸出炉门前50cm，伸出炉后左右各15cm。

(11)各种火炉应根据需要设置高出炉身的火档。各种火炉的炉身、烟囱和烟囱出口等部分与电源线和电气设备应保持50cm以上的距离。

(12)炉火必须由受过安全消防常识教育的专人看守。每人看管火炉的数量不应过多。

(13)火炉看火人应严格执行检查值班制度和操作程序。火炉着火后，不准离开工作岗位，值班时间不允许睡觉或做无关的事情。

(14)移动各种加热火炉时，必须先将火熄灭后方准移动。掏出的炉灰必须随时用水浇灭后倒在指定地点。禁止用易燃、可燃液体点火。填的煤不应过多，以不超出炉口上沿为宜，防止热煤掉出引起可燃物起火。不准在火炉上熬炼油料、烘烤易燃物品等。

(15)工程的每层都应配备灭火器材。

(16)用热电法施工，要加强检查和维修，防止触电和火灾。

2. 防滑要求

(1)冬期施工中，在施工作业前，对斜道、通行道、爬梯等作业面上的霜冻、冰块、积雪要及时清除。

(2)冬期施工中，现场脚手架搭设接高前必须将钢管上的积雪清除，等到霜冻、冰块融化后再施工。

(3)冬期施工中，若通道防滑条有损坏要及时补修。

3. 防冻要求

(1)入冬前，按照冬期施工方案材料要求提前备好保温材料，对施工现场怕受冻的材料和施工作业面(如现浇混凝土)按技术要求采用保温措施。

(2)冬期施工工地(指北方)，应尽量安装地下消火栓，在入冬前应进行一次试水，加少量润滑油。

(3)消火栓用草帘、锯末等覆盖，做好保温工作，以防冻结。

(4)冬天下雪时，应及时扫除消火栓上的积雪，以免雪化后将消火栓井盖冻住。

(5)高层临时消防竖管应进行保温或将水放空，消防水泵内应考虑采暖措施，以免冻结。

(6)入冬前，应做好消防水池的保温工作，随时进行检查，发现冻结时应进行破冻处理。一般方法是在水池上盖上木板，木板上再盖上不小于40～50cm厚的稻草、锯末等。

(7)入冬前应将泡沫灭火器、清水灭火器等放入有采暖的地方，并套上保温套。

4. 防中毒要求

(1)冬季取暖炉的防煤气中毒设施必须齐全、有效，建立验收合格证制度，经验收合格发证后，方准使用。

(2)冬期施工现场加热采暖和宿舍取暖用火炉时，要注意经常通风换气。

(3)对亚硝酸钠要加强管理，严格发放制度，要按定量改革小包装并加上水泥、细砂、粉煤灰等，将其改变颜色，以防止误食中毒。

二、暑期施工

夏季气候火热，高温时间持续较长，应制订防火防暑降温安全措施。

(1)合理调整作息时间，避开中午高温时间工作，严格控制工人加班加点，工人的工作时间要适当缩短，保证工人有充足的休息和睡眠时间。

(2)对容器内和高温条件下的作业场所，要采取措施，搞好通风和降温。

(3)对露天作业集中和固定的场所，应搭设歇凉棚，防止热辐射，并要经常洒水降温。

高温、高处作业的工人，需经常进行健康检查，发现有职业禁忌症者应及时调离高温和高处作业岗位。

(4)要及时供应合乎卫生要求的茶水、清凉含盐饮料、绿豆汤等。

(5)要经常组织医护人员深入工地进行巡回医疗和预防工作。重视年老体弱、患过中暑者和血压较高的工人的身体情况的变化。

(6)及时给职工发放防暑降温的急救药品和劳动保护用品。

三、雨期施工

雨期施工,主要应制订防触电、防雷、防坍塌、防火、防台风安全措施。

1. 防触电要求

(1)雨期施工到来之前,应对现场每个配电箱、用电设备、外敷电线和电缆进行一次彻底的检查,采取相应的防雨、防潮保护。

(2)配电箱必须防雨、防水,电器布置符合规定,电器元件不应破损,严禁带电明露。机电设备的金属外壳,必须采取可靠的接地或接零保护。

(3)外敷电线、电缆不得有破损。电源线不得使用裸导线和塑料线,也不得沿地面敷设,防止因短路造成起火事故。

(4)雨季到来前,应检查手持电动工具漏电保护装置是否灵敏。工地临时照明灯、标志灯,其电压不超过 36V。特别潮湿的场所以及金属管道和容器内的照明灯不超过 12V。

(5)阴雨天气,电气作业人员应尽量避免露天作业。

2. 防雷要求

(1)雨季到来前,塔机、外用电梯、钢管脚手架、井字架、龙门架等高大设施,以及在施工的高层建筑工程等应安装可靠的避雷设施。

(2)塔式起重机的轨道,一般应设两组接地装置;对较长的轨道应每隔 20m 补做一组接地装置。

(3)高度在 20m 及 20m 以上的井字架、门式架等垂直运输的机具金属构架上,应将一侧的中间立杆接高,高出顶端 2m 作为接闪器,在该立杆的下部设置接地线与接地极相连,同时应将卷扬机的金属外壳可靠接地。

(4)在施高大建筑工程的脚手架,沿建筑物四角及四边利用钢脚手本身加高 2～3m 做接闪器,下端与接地极相连,接闪器间距不应超过 24m。如施工的建筑物中都有突出高点,也应做类似避雷针。随着脚手架的升高,接闪器也应及时加高。防雷引下线不应少于两处。

(5)雷雨季节拆除烟囱、水塔等高大建(构)筑物脚手架时,应待正式工程防雷装置安装完毕并已接地之后,再拆除脚手架。

(6)塔吊等施工机具的接地电阻应不大于 4Ω,其他防雷接地电阻一般不大于 10Ω。

3. 防坍塌要求

(1)暴雨、台风前后,应检查工地临时设施,脚手架、机电设施有无倾斜,基土有无变形、下沉等现象,发现问题及时修理加固,有严重危险的,应立即排除。

(2)雨季中,应尽量避免挖土方、管沟等作业,已挖好的基坑和沟边应采取挡水措施和排水措施。

(3)雨后施工前,应检查沟槽边有无积水,坑槽有无裂纹或土质松动现象,防止积水渗漏,造成塌方。

4. 防火要求

(1)雨期中,生石灰、石灰粉的堆放应远离可燃材料,防止因受潮或雨淋产生高热引起周围可燃材料起火。

(2)雨期中,稻草、草帘、草袋等堆垛不宜过大,垛中应留通气孔,顶部应防雨,防止因受潮、遇雨发生自燃。

(3)雨期中,电石、乙炔瓶、氧气瓶、易燃液体等应在库内或棚内存放,禁止露天存放,防止因受雷雨、日晒发生起火事故。

第七节　劳动防护用品的管理

一、基本规定

(1)劳动防护用品为从事建筑施工作业的人员和进入施工现场的其他人员配备的个人防护装备。

(2)从事施工作业人员必须配备符合国家现行有关标准的劳动防护用品,并应按规定正确使用。

(3)劳动防护用品的配备,应按照“谁用工,谁负责”的原则,由用人单位为作业人员按作业工种配备。

(4)进入施工现场人员必须佩戴安全帽。作业人员必须戴安全帽、穿工作鞋和工作服;应按作业要求正确使用劳动防护用品。在 2m 及以上的无可靠安全防护设施的高处、悬崖和陡坡作业时,必须系挂安全带。

(5)从事机械作业的女工及长发者应配备工作帽等个人防护用品。

(6)从事登高架设作业、起重吊装作业的施工人员应配备防止滑落的劳动防护用品,应为从事自然强光环境下作业的施工人员配备防止强光伤害的劳动防护用品。

(7)从事施工现场临时用电工程作业的施工人员应配备防止触电的劳动防护用品。

(8)从事焊接作业的施工人员应配备防止触电、灼伤、强光伤害的劳动防护用品。

(9)从事锅炉、压力容器、管道安装作业的施工人员应配备防止触电、强光伤害的劳动防护用品。

(10)从事防水、防腐和油漆作业的施工人员应配备防止触电、中毒、灼伤的劳动防护用品。

(11)从事基础施工、主体结构、屋面施工、装饰装修作业人员,应配备防止身体、手足、眼部等受到伤害的劳动防护用品。

(12)冬期施工期间或作业环境温度较低的,应为作业人员配备防寒类防护用品。

(13)雨期施工期间应为室外作业人员配备雨衣、雨鞋等个人防护用品。对环境潮湿及水中作业的人员应配备相应的劳动防护用品。

二、作业类别

(1)按照工作环境中主要危险特征及工作条件特点分为 39 种作业类别,详见表 5-26。

表 5-26　作业类别及主要危险特征举例

编号	作业类别	说明	可能造成的事故类型	举例
A01	存在物体坠落、撞击的作业	物体坠落或横向上可能有物体相撞的作业	物体打击与碰撞	建筑安装、桥梁建设、采矿、钻探、造船、起重、森林采伐
A02	有碎屑飞溅的作业	加工过程中可能有切削飞溅的作业		破碎、锤击、铸件切削、砂轮打磨、高压流体清洗
A03	操作转动机械作业	机械设备运行中引起的绞、碾等伤害的作业	机械伤害	机床、传动机械
A04	接触锋利器具作业	生产中使用的生产工具或加工产品易对操作者产生割伤、刺伤等伤害的作业		金属加工的打毛清边、玻璃装配与加工
A05	地面存在尖利器物的作业	工作平面上可能存在对工作者脚部或腿部产生刺伤伤害的作业	其他	森林作业、建筑工地
A06	手持振动机械作业	生产中使用手持振动工具,直接作用于人的手臂系统的机械振动或冲击作业	机械伤害	风钻、风铲、油锯

（续）

编号	作业类别	说明	可能造成的事故类型	举例
A07	人承受全身振动的作业	承受振动或处于不易忍受的振动环境中的作业	机械伤害	田间机械作业驾驶、林业作业
A08	铲、装、吊、推机械操作作业	各类活动范围较小的重型采掘、建筑、装载起重设备的操作与驾驶作业	其他运输工具伤害	操作铲机、推土机、装卸机、天车、龙门吊、塔吊、单臂起重机等机械
A09	低压带电作业	额定电压小于1kV的带电操作作业	电流伤害	低压设备或低压线路带电维修
A10	高压带电作业	额定电压大于或等于1kV的带电操作作业	电流伤害	高压设备或高压线路带电维修
A11	高温作业	在生产劳动过程中，其工作地点平均WBGT指数等于或大于25℃的作业，如：热的液体、气体对人体的烫伤，热的固体与人体接触引起的灼伤，火焰对人体的烧伤以及炽热源的热辐射对人体的伤害	热烧灼	熔炼、浇注、热轧、锻造、炉窑作业
A12	易燃易爆场所作业	易燃易爆品失去控制的燃烧引发火灾	火灾	接触火工材料、易挥发易燃的液体及化学品、可燃性气体的作业，如汽油、甲烷等
A13	可燃性粉尘场所作业	工作场所中存有常温、常压下可燃固体物质粉尘的作业	化学爆炸	接触可燃性化学粉尘的作业，如铝镁粉等
A14	高处作业	坠落高度基准面大于2m的作业	坠落	室外建筑安装、架线、高崖作业、货物堆砌
A15	井下作业	存在矿山工作面、巷道侧壁的支护不当、压力过大造成的坍塌或顶板坍塌，以及高势能水意外流向低势能区域的作业	冒顶片帮、透水	井下采掘、运输、安装
A16	地下作业	进行地下管网的铺设及地下挖掘的作业	冒顶片帮、透水	地下开拓建筑安装

（续）

编号	作业类别	说明	可能造成的事故类型	举例
A17	水上作业	有落水危险的水上作业	影响呼吸	水上作业平台、水上运输、木材水运、水产养殖与捕捞
A18	潜水作业	需潜入水面以下的作业		水下采集、救捞、水下养殖、水下勘查、水下建造、焊接与切割
Al9	吸入性气相毒物作业	工作场所中存有常温、常压下呈气体或蒸气状态、经呼吸道吸入能产生毒害物质的作业	毒物伤害	接触氯气、一氧化碳、硫化氢、氯乙烯、光气、汞的作业
A20	密闭场所作业	在空气不流通的场所中作业，包括在缺氧即空气中含氧浓度小于18%和毒气、有毒气溶胶超过标准并不能排除等场所中作业	影响呼吸	密闭的罐体、房仓、孔道或排水系统、炉窑、存放耗氧器具或生物体进行耗氧过程的密闭空间
A21	吸入性气溶胶毒物作业	工作场所中存有常温、常压下呈气溶胶状态、经呼吸道吸入能产生毒害物质的作业		接触铝、铬、铍、锰、镉等有毒金属及其化合物的烟雾和粉尘、沥青烟雾、矽尘、石棉尘及其他有害的动（植）物性粉尘的作业
A22	沾染性毒物作业	工作场所中存有能粘附于皮肤、衣物上，经皮肤吸收产生伤害或对皮肤产生毒害物质的作业	毒物伤害	接触有机磷农药、有机汞化合物、苯和苯的二及三硝基化合物、放射性物质的作业
A23	生物性毒物作业	工作场所中有感染或吸收生物毒素危险的作业		有毒性动植物养殖、生物毒素培养制剂、带菌或含有生物毒素的制品加工处理、腐烂物品处理、防疫检验
A24	噪声作业	声级大于 85db 的环境中的作业	其他	风钻、气锤、铆接、钢筒内的敲击或铲锈
A25	强光作业	强光源或产生强烈红外辐射和紫外辐射的作业		弧光、电弧焊、炉窑作业
A26	激光作业	激光发射与加工的作业		激光加工金属、激光焊接、激光测量、激光通讯
A27	荧光屏作业	长期从事荧光屏操作与识别的作业	辐射伤害	电脑操作、电视机调试
A28	微波作业	微波发射与使用的作业		微波机调试、微波发射、微波加工与利用
A29	射线作业	产生电离辐射的、辐射剂量超过标准的作业		放射性矿物的开采、选矿、冶炼、加工、核废料或核事故处理、放射性物质使用、X 射线检测

（续）

编号	作业类别	说明	可能造成的事故类型	举例
A30	腐蚀性作业	产生或使用腐蚀性物质的作业	化学烧灼	二氧化硫气体净化、酸洗、化学镀膜
A31	易污作业	容易污秽皮肤或衣物的作业	其他	碳黑、染色、油漆、有关的卫生工程
A32	恶味作业	产生难闻气味或恶味不易清除的作业	影响呼吸	熬胶、恶臭物质处理与加工
A33	低温作业	在生产劳动过程中，其工作地点平均气温等于或低于5℃的作业	影响体温调节	冰库
A34	人工搬运作业	通过人力搬运，不使用机械或其他自动化设备的作业	其他	人力抬、扛、推、搬移
A35	野外作业	从事野外露天作业	影响体温调节	地质勘探、大地测量
A36	涉水作业	作业中需接触大量水或须立于水中	其他	矿井、隧道、水力采掘、地质钻探、下水工程、污水处理
A37	车辆驾驶作业	各类机动车辆驾驶的作业	车辆伤害	汽车驾驶
A38	一般性作业	无上述作业特征的普通作业	其他	自动化控制、缝纫、工作台上手工胶合与包装、精细装配与加工
A39	其他作业	A01～A38以外的作业		

(2)个体防护装备的性能见表5-27。

表5-27　个体防护装备性能的说明

编号	防护用品品类	防护性能说明
B01	工作帽	防头部脏污、擦伤、长发被绞碾
B02	安全帽	防御物体对头部造成冲击、刺穿、挤压等伤害
B03	防寒帽	防御头部或面部冻伤
B04	防冲击安全头盔	防止头部遭受猛烈撞击，供高速车辆驾驶者佩戴

（续）

编号	防护用品品类	防护性能说明
B05	防尘口罩(防颗粒物呼吸器)	用于空气中含氧19.5%以上的粉尘作业环境,防止吸入一般性粉尘,防御颗粒物(如毒烟、毒雾)等危害呼吸系统或眼面部
B06	防毒面具	使佩戴者呼吸器官与周围大气隔离,由肺部控制或借助机械力通过导气管引入清洁空气供人体呼吸
B07	空气呼吸器	防止吸入对人体有害的毒气、烟雾、悬浮于空气中的有害污染物或在缺氧环境中使用
B08	自救器	体积小、携带轻便,供矿工个人短时间内使用。当煤矿井下发生事故时,矿工佩戴它可以过充满有害气体的井巷,迅速离开灾区
B09	防水护目镜	在水中使用,防御水对眼部的伤害
B10	防冲击护目镜	防御铁屑、灰砂、碎石等物体飞溅对眼部产生的伤害
B11	防微波护目镜	屏蔽或衰减微波辐射,防御对眼部的微波伤害
B12	防放射性护目镜	防御X、Y射线、电子流等电离辐射物质对眼部的伤害
B13	防强光、紫外线、红外线护目镜或面罩	防止可见光、红外线、紫外线中的一种或几种对眼面的伤害
B14	防激光护目镜	以反射、吸收、光化等作用衰减或消除激光对人眼的危害
B15	焊接面罩	防御有害弧光、熔融金属飞溅或粉尘等有害因素对眼睛、面部(含颈部)的伤害
B16	防腐蚀液护目镜	防御酸、碱等有腐蚀性化学液体飞溅对人眼产生的伤害
B17	太阳镜	阻挡强烈的日光及紫外线,防止刺眼光线及眩目光线,提高视觉清晰度
B18	耳塞	防护暴露在强噪声环境中工作人员的听力受到损伤
B19	耳罩	适用于暴露在强噪声环境中的工作人员,保护听觉、避免噪声过度刺激,不适宜戴耳塞时使用
B20	防寒手套	防止手部冻伤
B21	防化学品手套	具有防毒性能,防御有毒物质伤害手部
B22	防微生物手套	防御微生物伤害手部
B23	防静电手套	防止静电积聚引起的伤害
B24	焊接手套	防御焊接作业的火花、熔融金属、高温金属、高温辐射对手部的伤害
B25	防放射性手套	具有防放射性能,防御手部免受放射性伤害
B26	耐酸碱手套	用于接触酸(碱)时戴用,也适用于农、林、牧、渔各行业一般损伤时戴用

（续）

编号	防护用品品类	防护性能说明
B27	耐油手套	保护手部皮肤避免受油脂类物质的刺激
B28	防昆虫手套	防止手部遭受昆虫叮咬
B29	防振手套	具有衰减振动性能，保护手部免受振动伤害
B30	防机械伤害手套	保护手部免受磨损、切割、刺穿等机械伤害
B31	绝缘手套	使作业人员的手部与带电物体绝缘，免受电流伤害
B32	防水胶鞋	防水、防滑和耐磨，适合工矿企业职工穿用的胶靴
B33	防寒鞋	鞋体结构与材料都具有防寒保暖作用，防止脚部冻伤
B34	隔热阻燃鞋	防御高温、熔融金属火花和明火等伤害
B35	防静电鞋	鞋底采用静电材料，能及时消除人体静电积累
B36	防化学品鞋(靴)	在有酸、碱及相关化学品作业中穿用，用各种材料或者复合型材料做成，保护脚或腿防止化学飞溅所带来的伤害
B37	耐油鞋	防止油污污染，适合脚部接触油类的作业人员
B38	防振鞋	衰减振动，防御振动伤害
B39	防砸鞋(靴)	保护足趾免受冲击或挤压伤害
B40	防滑鞋	防止滑倒，用于登高或在油渍、钢板、冰上等湿滑地面上行走
B41	防刺穿鞋	矿上、消防、工厂、建筑、林业等部门使用的防足底刺伤
B42	绝缘鞋	在电气设备上工作时作为辅助安全用具，防触电伤害
B43	耐酸碱鞋	用于涉及酸、碱的作业，防止酸、碱对足部造成伤害
B44	矿工靴	保护矿工在井下免受足部伤害
B45	焊接防护鞋	防御焊接作业的火花、熔融金属、高温金属、高温辐射对足部的伤害
B46	一般防护服	以织物为面料，采用缝制工艺制作的，起一般性防护作用
B47	防尘服	透气(温)性织物或材料制成的防止一般性粉尘对皮肤的伤害，能防止静电积聚
B48	防水服	以防水橡胶涂覆织物为面料防御水透过和漏入
B49	水上作业服	防止落水沉溺、便于救助
B50	潜水服	用于潜水作业
B51	防寒服	具有保暖性能，用于冬季室外作业职工或常年低温环境作业职工的防寒
B52	化学品防护服	防止危险化学品的飞溅和与人体接触对人体造成的危害

（续）

编号	防护用品品类	防护性能说明
B53	阻燃防护服	用于作业人员从事有明火、散发火花、在熔融金属附近操作有辐射热和对流热的场合和在有易燃物质并有着火危险的场所穿用，在接触火焰及炽热物体后，一定时间内能阻止本身被点燃、有焰燃烧和阴燃
B54	防静电服	能及时消除本身静电积聚危害，用于可能引发电击、火灾及爆炸危险场所穿用
B55	焊接防护服	用于焊接作业，防止作业人员遭受熔融金属飞溅及其热伤害
B56	白帆布类隔热服	防止一般性热辐射伤害
B57	镀反射膜类隔热服	防止高热物质接触或强烈热辐射伤害
B58	热防护服	防御高温、高热、高湿度
B59	防防身性服	具有防放射性性能
B60	防酸（碱）服	用于从事酸（碱）作业人员穿用，具有防酸（碱）性能
B61	防油服	防御油污污染
B62	救生衣（圈）	防止落水沉溺，便于救助
B63	带电作业屏蔽服	在 10kV～500kV 电器设备上进行带电作业时，防护人体免受高压电场及电磁波的影响
B64	绝缘服	可防 7000V 以下高电压，用于带电作业时的身体防护
B65	防电弧服	碰到电弧爆炸或火焰的状况下，服装面料纤维会膨胀变厚，关闭布面的空隙，将人体与热隔绝并增加能源防护屏障，以致将伤害程度减至最低
B66	棉布工作服	有烧伤危险时穿用，防止烧伤伤害
B67	安全带	用于高处作业，攀登及悬吊作业，保护对象为体重及负重之和重大 100kg 的使用者。可减小从高处坠落时产生的冲击力、防止坠落者与地面或其他障碍物碰撞、有效控制整个坠落距离
B68	安全网	用来防止人、物坠落，或用来避免、减轻坠落物及物击伤害
B69	劳动护肤剂	涂抹在皮肤上，能阻隔有害因素
B70	普通防护装备	普通防护服、普通工作帽、普通工作鞋、劳动防护手套、雨衣、普通胶靴
B71	其他零星防护用品如披肩帽、鞋罩、围裙、套袖等	防尘、阻燃、防、防碱等
B72	多功能防护装备	同时具有多种防护功能的防护用品

(3)个体防护装备的选用见表5-28。

表5-28　个体防护装备的选用

编号（作业类别）	类别名称（作业类别）	可以使用的防护用品	建议使用的防护用品
A01	存在物体坠落、撞击的作业	B02安全帽 B39防砸鞋(靴) B41防刺穿鞋 B68安全网	B40防滑鞋
A02	有碎屑飞溅的作业	B02安全帽 B10防冲击护目镜 B46一般防护服	B30防机械伤害手套
A03	操作转动机械作业	B01工作帽 B10防冲击护目镜 B71其他零星防护用品	
A04	接触锋利器具作业	B30防机械伤害手套 B46一般防护服	B02安全帽 B39防砸鞋(靴) B41防刺穿鞋
A05	地面存在尖利器物的作业	B41防刺穿鞋	B02安全帽
A06	手持振动机械作业	B18耳塞 B19耳罩 B29防振手套	B38防振鞋
A07	人承受全身振动的作业	B38防振鞋	
A08	铲、装、吊、推机械操作作业	B02安全帽 B46一般防护服	B05防尘口罩(防颗粒物呼吸器) B10防冲击护目镜
A09	低压带电作业(1kV以下)	B31绝缘手套 B42绝缘鞋 B64绝缘服	B02安全帽(带电绝缘性能) B10防冲击护目镜
A10	高压带电作业：在1kV～10kV带电设备上进行作业时	B02安全帽(带电绝缘性能) B31绝缘手套 B42绝缘鞋 B64绝缘服	B10防冲击护目镜 B63带电作业屏蔽服 B65防电弧服
	高压带电作业：在10kV～500kV带电设备上进行作业时	B63带电作业屏蔽服	B13防强光、紫外线、红外线护目镜或面罩

（续）

作业类别 编号	作业类别 类别名称	可以使用的防护用品	建议使用的防护用品
A11	高温作业	B02 安全帽 B13 防强光、紫外线、红外线护目镜或面罩 B34 隔热阻燃鞋 B56 白帆布类隔热服 B58 热防护服	B57 镀反射膜类隔热服 B71 其他零星防护用品
A12	易燃易爆场所作业	B23 防静电手套 B35 防静电鞋 B52 化学品防护服 B53 阻燃防护服 B54 防静电服 B66 棉布工作服	B05 防尘口罩（防颗粒物呼吸器） B06 防毒面具 B47 防尘服
A13	可燃性粉尘场所作业	B05 防尘口罩(防颗粒物呼吸器) B23 防静电手套 B35 防静电鞋 B54 防静电服 B66 棉布工作服	B47 防尘服 B53 阻燃防护服
A14	高处作业	B02 安全帽 B67 安全带 B68 安全网	B40 防滑鞋
A15	井下作业	B02 安全帽 B05 防尘口罩（防颗粒物呼吸器） B06 防毒面具 B08 自救器 B18 耳塞	
A16	地下作业	B23 防静电手套 B29 防振手套 B32 防水胶靴 B39 防砸鞋（靴） B40 防滑鞋 B44 矿工靴 B48 防水服 B53 阻燃防护服	B19 耳罩 B41 防刺穿鞋

（续）

作业类别 编号	类别名称	可以使用的防护用品	建议使用的防护用品
A17	水上作业	B32 防水胶靴 B49 水上作业服 B62 救生衣(圈)	B48 防水服
A18	潜水作业	B50 潜水服	
A19	吸入性气相毒物作业	B06 防毒面具 B21 防化学品手套 B52 化学品防护服	B69 劳动护肤剂
A20	密闭场所作业	B06 防毒面具(供气或携气) B21 防化学品手套 B52 化学品防护服	B07 空气呼吸器 B69 劳动护肤剂
A21	吸入性气溶胶毒物作业	B01 工作帽 B06 防毒面具 B21 防化学品手套 B52 化学品防护服	B05 防尘口罩(防颗粒物呼吸器) B69 劳动护肤剂
A22	沾染性毒物作业	B01 工作帽 B06 防毒面具 B16 防腐蚀液护目镜 B21 防化学品手套 B52 化学品防护服	B05 防尘口罩(防颗粒物呼吸器) B69 劳动护肤剂
A23	生物性毒物作业	B01 工作帽 B05 防尘口罩(防颗粒物呼吸器) B16 防腐蚀液护目镜 B22 防微生物手套 B52 化学品防护服	B69 劳动护肤剂
A24	噪声作业	B18 耳塞	B19 耳罩
A25	强光作业	B13 防强光、紫外线、红外线护目镜或面罩 B15 焊接面罩 B22 焊接手套 B45 焊接防护鞋 B55 焊接防护服 B56 白帆布类隔热服	

（续）

编号	作业类别 类别名称	可以使用的防护用品	建议使用的防护用品
A26	激光作业	B14 防激光护目镜	B59 防放射性服
A27	荧光屏作业	B11 防微波护目镜	B59 防放射性服
A28	微波作业	B11 防微波护目镜 B59 防放射性服	
A29	射线作业	B12 防放射性护目镜 B25 防放射性手套 B59 防放射性服	
A30	腐蚀性作业	B01 工作帽 B16 防腐蚀液护目镜 B26 耐酸碱手套 B43 耐酸碱鞋 B60 防酸(碱)服	B36 防化学品鞋(靴)
A31	易污作业	B01 工作帽 B06 防毒面具 B05 防尘口罩(防颗粒物呼吸器) B26 耐酸碱手套 B35 防静电鞋 B46 一般防护服 B52 化学品防护服	B27 耐油手套 B37 耐油鞋 B61 防油服 B69 劳动护肤剂 B71 其他零星防护用品
A32	恶味作业	B01 工作帽 B06 防毒面具 B46 一般防护服	B07 空气呼吸器 B71 其他零星防护用品
A33	低温作业	B03 防寒帽 B20 防寒手套 B33 防寒鞋 B51 防寒服	B19 耳罩 B69 劳动护肤剂
A34	人工搬运作业	B02 安全帽 B30 防机械伤害手套 B68 安全网	B40 防滑鞋

（续）

作业类别 编号	类别名称	可以使用的防护用品	建议使用的防护用品
A35	野外作业	B03 防寒帽 B17 太阳镜 B28 防昆虫手套 B32 防水胶靴 B33 防寒鞋 B48 防水服 B51 防寒服	B10 防冲击护目镜 B40 防滑鞋 B69 劳动护肤剂
A36	涉水作业	B09 防水护目镜 B32 防水胶靴 B48 防水服	
A37	车辆驾驶作业	B04 防冲击安全头盔 B46 一般防护服	B10 防冲击护目镜 B13 防强光、紫外线、红外线护目镜或面罩 B17 太阳镜 B30 防机械伤害手套
A38	一般性作业		B46 一般防护服 B70 普通防护装备
A39	其他作业		

三、劳动防护用品的配备

(1)架子工、起重吊装工、信号指挥工的劳动防护用品配备应符合下列规定：

1)架子工、塔式起重机操作人员、起重吊装工，应配备灵便紧口的工作服、系带防滑鞋和工作手套；

2)信号指挥工应配备专用标志服装，在自然强光环境条件作业时，应配备有色防护眼镜。

(2)电工的劳动防护用品配备应符合下列规定：

1)维修电工应配备绝缘鞋、绝缘手套和灵便紧口的工作服；

2)安装电工应配备手套和防护眼镜；

3)高压电气作业时，应配备相应等级的绝缘鞋、绝缘手套和有色防护眼镜。

(3)电焊工、气割工的劳动防护用品配备应符合下列规定。

1)电焊工、气割工，应配备阻燃防护服、绝缘鞋、鞋盖、电焊手套和焊接防护面罩。在高处作业时，应配备安全帽与面罩连接式焊接防护面罩和阻燃安全带。

2)从事清除焊渣作业时，应配备防护眼镜。

3)从事磨削钨极作业时，应配备手套、防尘口罩和防护眼镜。

4)从事酸碱等腐蚀性作业时，应配备防腐蚀性工作服、耐酸碱胶鞋，耐酸碱手套、防护口罩和防护眼镜。

5)在密闭环境或通风不良的情况下，应配备送风式防护面罩。

(4)锅炉、压力容器及管道安装工的劳动防护用品配备应符合下列规定：

1)锅炉及压力容器安装工、管道安装工应配备紧口工作服和保护足趾安全鞋，在强光环境条件作业时，应配备有色防护眼镜；

2)在地下或潮湿场所，应配备紧口工作服、绝缘鞋和绝缘手套。

(5)油漆工在从事涂刷、喷漆作业时，应配备防静电工作服、防静电鞋、防静电手套、防毒口罩和防护眼镜；从事砂纸打磨作业时，应配备防尘口罩和密闭式防护眼镜。

(6)普通工从事淋灰、筛灰作业时，应配备高腰工作鞋、鞋盖、手套、防尘口罩及防护眼镜；从事抬、扛物料作业时，应配备垫肩；从事人工挖扩桩孔和井下作业时，应配备雨靴、手套和安全绳；从事拆除工程作业时，应配备保护足趾安全鞋、手套。

(7)混凝土工应配备工作服、系带高腰防滑鞋、鞋盖、防尘口罩和手套，宜配备防护眼镜；从事混凝土浇筑作业时，应配备胶鞋和手套；从事混凝土振捣作业时，应配备绝缘胶靴、绝缘手套。

(8)瓦工、砌筑工应配备保护足趾安全鞋、胶面手套和普通工作服。

(9)抹灰工应配备高腰布面胶底防滑鞋和手套，宜配备防护眼镜。

(10)磨石工应配备紧口工作服、绝缘胶靴、绝缘手套和防尘口罩。

(11)石工应配备紧口工作服、保护足趾安全鞋、手套和防尘口罩，宜配备防护眼镜。

(12)木工从事机械作业时，应配备紧口工作服、防噪声耳罩和防尘口罩，宜配备防护眼镜。

(13)钢筋工应配备紧口工作服、保护足趾安全鞋和手套。从事钢筋除锈作业时，应配备防尘口罩，宜配备防护眼镜。

(14)防水工的劳动防护用品配备应符合下列规定：

1)从事涂刷作业时，应配备防静电工作服、防静电鞋和鞋盖、防护手套、防毒口罩和防护眼镜；

2)从事沥青熔化、运送作业时，应配备防烫工作服、高腰布面胶底防滑鞋和鞋盖、工作帽、耐高温长手套、防毒口罩和防护眼镜。

(15)玻璃工应配备工作服和防切割手套;从事打磨玻璃作业时,应配备防尘口罩,宜配备防护眼镜。

(16)司炉工应配备耐高温工作服、保护足趾安全鞋、工作帽、防护手套和防尘口罩,宜配备防护眼镜;从事添加燃料作业时,应配备有色防冲击眼镜。

(17)钳工、铆工、通风工的劳动防护用品配备应符合下列规定:

1)从事使用锉刀、刮刀、錾子、扁铲等工具作业时,应配备紧口工作服和防护眼镜。

2)从事剔凿作业时,应配备手套和防护眼镜;从事搬抬作业时,应配备保护足趾安全鞋和手套。

3)从事石棉、玻璃棉等含尘毒材料作业时,操作人员应配备防异物工作服、防尘口罩、风帽、风镜和薄膜手套。

(18)筑炉工从事磨砖、切砖作业时,应配备紧口工作服、保护足趾安全鞋、手套和防尘口罩,宜配备防护眼镜。

(19)电梯安装工、起重机械安装拆卸工,从事安装、拆卸和维修作业时,应配备紧口工作服、保护足趾安全鞋和手套。

(20)其他人员的劳动防护用品配备应符合下列规定:

1)从事电钻、砂轮等手持电动工具作业时,应配备绝缘鞋、绝缘手套和防护眼镜;

2)从事蛙式夯实机、振动冲击夯作业时,应配备具有绝缘功能的保护足趾安全鞋、绝缘手套和防噪声耳塞(耳罩);

3)从事可能飞溅渣屑的机械设备作业时,应配备防护眼镜;

4)从事地下管道检修作业时,应配备防毒面罩、防滑鞋(靴)和工作手套。

四、劳动防护用品使用及管理

(1)建筑施工企业应选定劳动防护用品的合格供货方,为作业人员配备的劳动防护用品必须符合国家有关标准,应具备生产许可证、产品合格证等相关资料。经本单位安全生产管理部门审查合格后方可使用。建筑施工企业不得采购和使用无厂家名称、无产品合格证、无安全标志的劳动防护用品。

(2)劳动防护用品的使用年限应按国家现行相关标准执行。劳动防护用品达到使用年限或报废标准的应由建筑施工企业统一收回报废,并应为作业人员配备新的劳动防护用品。劳动防护用品有定期检测要求的应按照其产品的检测周期进行检测。

(3)建筑施工企业应建立健全劳动防护用品购买、验收、保管、发放、使用、更换、报废管理制度。在劳动防护用品使用前,应对其防护功能进行必要的检查。

（4）建筑施工企业应教育从业人员按照劳动防护用品使用规定和防护要求，正确使用劳动防护用品。

（5）建设单位应按国家有关法律和行政法规的规定，支付建筑工程的施工安全措施费用。建筑施工企业应严格执行国家有关法规和标准，使用合格的劳动防护用品。

（6）建筑施工企业应对危险性较大的施工作业场所及具有尘毒危害的作业环境，设置安全警示标识及应使用的安全防护用品标识牌。

第六章　建设工程机械设备安全技术

第一节　建设工程机械操作安全技术

一、土石方施工机械操作安全技术

1. 土石方机械操作安全基本要求

(1)土石方机械的内燃机、电动机和液压装置的使用,要严格按照内燃机和电动机操作安全要求。

(2)机械运行中,严禁接触转动部位和进行检修。在修理(焊、铆等)工作装置时,应使其降到最低位置,并应在悬空部位垫上垫木。

(3)桥梁的承载能力有一定限度,履带式机械行走时振动大,通过桥梁要减速慢行,在桥上不要转向或制动,是为了防止由于冲击荷载超过桥梁的承载能力而造成事故。机械通过桥梁时,应采用低速挡慢行,在桥面上不得转向或制动。承载力不够的桥梁,事先应采取加固措施。

(4)机械进入现场前,应查明行驶路线上的桥梁、涵洞的上部净空和下部承载能力,保证机械安全通过。

(5)以下情况是土方施工中常见的危害安全生产的情况。在施工中遇下列情况之一时应立即停工,必要时可将机械撤离至安全地带,待符合作业安全条件时,方可继续施工。

1)填挖区土体不稳定,有发生坍塌危险时。

2)工作面净空不足以保证安全作业时。

3)地面涌水冒泥,出现陷车或因雨发生坡道打滑时。

4)在爆破警戒区内发出爆破信号时。

5)气候突变,发生暴雨、水位暴涨或山洪暴发时。

6)施工标志、防护设施损毁失效时。

(6)对于施工场地中不能取消的电杆等设施,要采取防护措施。在电杆附近取土时,对不能取消的拉线、地垄和杆身,应留出土台。上台半径:电杆应为1.0～1.5m,拉线应为1.5～2.0m。并应根据土质情况确定坡度。

(7)土方机械作业时,都要求有一定的配合人员,随机作业,所以一定要保持人机间的安全距离,以防止机械作业中发生伤人事故。配合机械作业的清底、平地、修坡等人员,应在机械回转半径以外工作。当必须在回转半径以内工作时,应制动、停止机械回转后,方可作业。

(8)雨季施工,机械作业完毕后,应停放在较高的坚实地面上。

(9)作业中,应随时监视机械各部位的运转及仪表指示值,如发现异常,应立即停机检修。

(10)当挖土深度超过 5m 或发现有地下水以及土质发生特殊变化等情况时,应根据土的实际性能计算其稳定性,再确定边坡坡度。

(11)土方机械作业对象是土壤,因此需要充分了解施工现场的地面及地下情况,以便采取安全和有效的作业方法,避免操作人员和机械以及地下重要设施遭受损害。作业前,应查明施工场地明、暗设置物(电线、地下电缆、管道、坑道等)的地点及走向,并采用明显记号表示。严禁在离电缆 1m 距离以内作业。

(12)当对石方或冻土进行爆破作业时,所有人员、机具应撤至安全地带或采取安全保护措施。

2. 挖掘装载机操作安全技术

(1)挖掘装载机的挖掘及装载作业应严格按照挖掘装载机操作安全规程要求进行操作。

(2)回转应平稳,不得撞击并用于砸实沟槽的侧面。

(3)一般挖掘装载机的最大挖掘力低于单斗挖掘机,因此,只能挖掘二类及以下的土壤,不宜挖掘三类及以上土壤。

(4)挖掘装载机挖掘前要将装载斗的斗口和支腿与地面固定,使前后轮稍离地面,并保持机身的水平,以提高机械的稳定性。挖掘作业前应先将装载斗翻转,使斗口朝地,并使前轮稍离开地面,踏下并锁住制动踏板,然后伸出支腿,使后轮离地并保持水平位置。

(5)铲斗提升臂在举升时,不应使用阀的浮动位置。

(6)移位时,应将挖掘装置处于中间运输状态,收起支腿,提起提升臂后方可进行。

(7)动臂下降中途如突然制动,其惯性造成的冲击力将损坏挖掘装置,并能破坏机械的稳定性而造成倾翻事故。作业时,操纵手柄应平稳,不得急剧移动;动臂下降时不得中途制动。挖掘时不得使用高速挡。

(8)当铲斗和斗柄的液压活塞杆保持完全伸张位置时,能使铲斗靠拢动臂,挖掘装置处于最短状态,有利于行驶。行驶时,支腿应完全收回,挖掘装置应固定牢靠,装载装置宜放低,铲斗和斗柄液压活塞杆应保持完全伸张位置。

(9)液压操纵系统的分配阀有前四阀和后四阀之分,前四阀操纵支腿、提升臂和装载斗等,用于支腿伸缩和装载作业;后四阀操作铲斗、回转、动臂及斗柄等,用于回转和挖掘作业。机械的动力性能和液压系统的能力都不允许也不可能同时进行装载和挖掘作业。在前四阀工作时,后四阀不得同时进行工作。

(10)动臂后端的缓冲块应保持完好;如有损坏时,应修复后方可使用。

(11)装载作业前,应将挖掘装置的回转机构置于中间位置,并用拉板固定。

(12)在行驶或作业中,除驾驶室外,挖掘装载机任何地方均严禁乘坐或站立人员。

(13)一般挖掘装载机系利用轮式拖拉机为主机,前后分别加装装载和挖掘装置,使机械长度和重量增加60%以上,因此,行驶中要避免高速或急转弯,以防止发生事故。下坡时不得空挡滑行。

(14)在装载过程中,应使用低速挡。

(15)轮式拖拉机改装成挖掘装载机后,机重增大不少,为减少轮胎在重载情况下的损伤,停放时采取后轮离地的措施。当停放时间超过1h时,应支起支腿,使后轮离地;停放时间超过1天时,应使后轮离地,并应在后悬架下面用垫块支撑。

3. 推土机操作安全技术

(1)推土机在坚硬土壤或多石土壤地带作业时,应先进行爆破或用松土器翻松。在沼泽地带作业时,应更换湿地专用履带板。

(2)为了保证推土机能安全使用,作业前重点检查项目应符合下列要求:

1)各系统管路无裂纹或泄漏。

2)各部件无松动,连接良好。

3)燃油、润滑油、液压油等符合规定。

4)各操纵杆和制动踏板的行程、履带的松紧度或轮胎气压均符合要求。

(3)推土机行驶通过或在其上作业的桥、涵、堤、坝等,应具备相应的承载能力。

(4)采用主离合器传动的推土机接合应平稳,起步不得过猛,不得使离合器处于半接合状态下运转;液力传动的推土机,应先解除变速杆的锁紧状态,踏下减速器踏板,变速杆应在一定挡位,然后缓慢释放减速踏板。

(5)在浅水地带行驶时,如冷却风扇叶接触到水面,风扇叶的高速旋转能使水飞溅到高温的内燃机各个表面,容易损坏机件,并有可能进入气管和润滑油中,使内燃机不能正常运转而熄火。所以,在浅水地带行驶或作业时,应查明水深,冷却风扇叶不得接触水面。下水前和出水后,均应对行走装置加注润滑脂。

(6)履带式推土机如推粉尘材料或碾碎石块时,这些物料很容易挤满行走机构，堵塞在驱动轮、引导轮和履带板之间，造成转动困难而损坏机件。不得用推土机推石灰、烟灰等粉尘物料和用作碾碎石块的作业。

(7)启动后应检查各仪表指示值，液压系统应工作有效；当运转正常、水温达到55℃、机油温度达到45℃时，方可全荷载作业。

(8)推土机上坡时要根据坡度情况预先挂上相应的低速挡，以防止在上坡中出现力量不足再行换挡而挂不进挡造成空挡下滑。下坡时如空挡滑行，将使推土机失控而加速下滑，造成事故。推土机在坡上横向行驶或作业时，都要保持机身的横向平衡，以防倾翻。推土机上、下坡或超过障碍物时应采用低速挡。上坡不得换挡，下坡不得空挡滑行。横向行驶的坡度不得超过10°。当需要在陡坡上推土时，应先进行填挖，使机身保持平衡，方可作业。

(9)启动前，应将主离合器分离，各操纵杆放在空挡位置，并严格按内燃机使用操作安全规程要求进行启动，严禁拖、顶启动。

(10)在上坡途中，当内燃机突然熄灭，应立即放下铲刀，并锁住制动踏板。在分离主离合器后，方可重新启动内燃机。推土机在斜坡上熄火时，因失去动力而下滑，依靠浮式制动带已难以保证推土机原地停住，此时放下铲刀，利用铲刀与地面的阻力可以弥补制动力的不足，达到停机目的。

(11)牵引其他机械设备时，应有专人负责指挥。钢丝绳的连接应牢固可靠。在坡道或长距离牵引时，应采用牵引杆连接。用推土机牵引其他机械时，前后两机的速度难以同步，易使钢丝绳拉断，尤其在坡道上更难控制。采用牵引杆后，使两机刚性连接达到同步运行，从而避免事故的发生。

(12)下坡时，当推土机下行速度大于内燃机传动速度时，动力的传递已由内燃机驱动行走机构改变为行走机构带动内燃机。转向动作的操纵应与平地行走时操纵的方向相反，此时在动力传递路线相反的情况下，不得使用制动器。

(13)填沟作业驶近边坡时，铲刀不得越出边缘。在填沟作业中，沟的边缘属于疏松的回填土，如果铲刀再越出边缘，会造成推土机滑落沟内的事故。后退时先换挡再提升铲刀，是为了推土机在提升铲刀时出现险情能迅速后退。后退时，应先换挡，方可提升铲刀进行倒车。

(14)推土机行驶前，严禁有人站在履带或刀片的支架上，机械四周应无障碍物，确认安全后，方可开动。

(15)深沟、基坑和陡坡地区都存在土质不稳定的边坡，推土机作业时由于对土壤的压力和振动，容易使边坡塌方。采用专人指挥是为了预防事故。其垂直边坡高度不应大于2m，为了防止坑边塌陷，对于超过2m的深坑，要求放出安全边缘。在深沟、基坑或陡坡地区作业时，应有专人指挥。

(16)在块石路面行驶时，应将履带张紧。当需要原地旋转或急转弯时，应采用低速挡进行。当行走机构内夹入石块时，应采用正、反向往复行驶使块石排除。

(17)推土机的履带行走装置不适合做长距离行走，推土机长途转移工地时，应采用平板拖车装运。短途行走转移时，距离不宜超过10km，并在行走过程中应经常检查和润滑行走装置，以减少磨损。

(18)两台以上推土机在同一地区作业时，前后距离应大于8.0m；左右距离应大于1.5m。在狭窄道路上行驶时，未得前机同意，后机不得超越。

(19)推土机转移行驶时，铲刀距地面宜为400mm，不得用高速挡行驶和进行急转弯。不得长距离倒退行驶。

(20)作业完毕后，应将推土机开到平坦安全的地方，落下铲刀，有松土器的，应将松土器爪落下。在坡道上停机时，应将变速杆挂低速挡，接合主离合器，锁住制动踏板，并将履带或轮胎楔住。

(21)为了避免造成工作装置和机械零部件的损坏，在推土或松土作业中不得超载，不得作有损于铲刀、推土架、松土器等装置的动作，各项操作应缓慢平稳，无液力变矩器装置的推土机，在作业中有超载趋势时，为了防止超载，应稍微提升刀片或变换低速挡。

(22)停机时，应先降低内燃机转速，变速杆放在空挡，锁紧液力传动的变速杆，分开主离合器，踏下制动踏板并锁紧，待水温降到75℃以下，油温度降到90℃以下时，方可熄火。

(23)推土机使用助铲时，属于双机联合作业，需要密切配合。为了防止助铲操作失误而损坏机械，推土机顶推铲运机作助铲时，应符合下列要求：

1)进入助铲位置进行顶推中，应与铲运机保持同一直线行驶。

2)铲斗满载提升时，应减少推力，待铲斗提离地面后即减速脱离接触。

3)助铲时应均匀用力，不得猛推猛撞，应防止将铲斗后轮胎顶离地面或使铲斗吃土过深。

4)铲刀的提升高度应适当，不得触及铲斗的轮胎。

5)后退时，应先看清后方情况，当需绕过正后方驶来的铲运机倒向助铲位置时，宜从来车的左侧绕行。

(24)在内燃机运转情况下，进入推土机下面检修时，有可能因机械振动或有人上机误操作，造成机械移动而发生重大人身伤害事故。所以，在推土机下面检修时，内燃机必须熄火，铲刀应放下或垫稳。

4. 拖式铲运机操作安全技术

(1)拖式铲运机牵引用拖拉机的使用应严格按推土机使用操作安全规程的要求进行操作。

(2)开动前,应使铲斗离开地面,机械周围应无障碍物,确认安全后,方可开动。

(3)在狭窄地段运行时,未经前机同意,后机不得超越。两机交会或超越平行时应减速,两机间距不得小于0.5m。

(4)拖式铲运机本身无制动装置,依靠牵引拖拉机的制动是有限的,因而要求在坡道上不得进行检修作业。

在陡坡上严禁转弯、倒车或停车。在坡上熄火时,应将铲斗落地、制动牢靠后再行启动。下陡坡时,应将铲斗触地行驶,帮助制动。

(5)铲运机采用助铲时,后端将承受推土机的推力,因此,两机需要密切配合,铲土与机身应保持直线行驶,平稳接触,等速助铲,防止因受力不均而使机械受损。助铲时应有助铲装置,应正确掌握斗门开启的大小,不得切土过深。

(6)新填筑的土堤比较疏松,铲运机在堤坡上作业时要与堤坡保持一定距离,以保安全。在新填筑的土堤上作业时,离堤坡边缘不得小于1m。需要在斜坡横向作业时,应先将斜坡挖填,使机身保持平衡。

(7)在下陡坡铲土时,铲斗装满后,在铲斗后轮未到达缓坡地段前,不得将铲斗提离地面,应防止铲斗快速下滑冲击主机。

(8)为防止铲运机由于铲斗过高摇摆使重心偏移而失去稳定性造成事故,在凹凸不平地段行驶转弯时,应放低铲斗,不得将铲斗提升到最高位置。

(9)多台铲运机联合作业时,各机之间前后距离不得小于10m(铲土时不得小于5m),左右距离不得小于2m。行驶中,应遵守下坡让上坡、空载让重载、支线让干线的原则。

(10)拖拉陷车时,应有专人指挥,前后操作人员应协调,确认安全后,方可起步。

(11)作业中,严禁任何人上下机械,传递物件,以及在铲斗内、拖把或机架上坐立。

(12)作业后,应将铲运机停放在平坦地面,并应将铲斗落在地面上。液压操纵的铲运机应将液压缸缩回,将操纵杆放在中间位置,进行清洁、润滑后,锁好门窗。

(13)铲运机行驶道路应平整结实,路面比机身应宽出2m。

(14)作业前,应检查钢丝绳、轮胎气压、铲土斗及卸土扳回缩弹簧、拖把万向接头、撑架以及各部滑轮等;液压式铲运机铲斗与拖拉机连接的叉座与牵引连接块应锁定,各液压管路连接应可靠,确认正常后,方可启动。

(15)非作业行驶时,铲斗必须用锁紧链条挂牢在运输行驶位置上,机上任何部位均不得载人或装载易燃、易爆物品。

(16)拖式铲运机本身无制动装置,依靠牵引拖拉机的制动是有限的,因而要求铲运机上、下坡道时,应低速行驶,不得中途换挡,下坡时不得空挡滑行,行驶的横向坡度不得超过 6°,坡宽应大于机身 2m 以上。

(17)铲运机在“四类土壤”作业时,应先采用松土器翻松。铲运机作业区内应无树根、树桩、大的石块和过多的杂草等。

(18)防止由于偶发因素可能使铲斗失控下降,造成严重事故,修理斗门或在铲斗下检修作业时,必须将铲斗提起后用销子或锁紧链条固定,再用垫木将斗身顶住,并用木楔揳住轮胎。

5. 平地机操作安全技术

(1)在平整不平度较大的地面时,应先用推土机推平,再用平地机平整。

(2)作业前重点检查项目应符合下列要求:

1)照明、音响装置齐全有效;

2)液压系统无泄漏现象;

3)各连接件无松动;

4)燃油、润滑油、液压油等符合规定;

5)轮胎气压符合规定。

(3)平地机作业区应无树根、石块等障碍物。对土质坚实的地面,应先用齿耙翻松。

(4)作业时,应先将刮刀下降到接面,起步后再下降刮刀铲土。铲土时,应根据铲土阻力大小,随时少量调整刮刀的切土深度,控制刮刀的升降量差不宜过大,不宜造成波浪形工作面。

(5)使用平地机清除积雪时,应在轮胎上安装防滑链,并应逐段探明路面的深坑、沟槽情况。

(6)不得用牵引法强制启动内燃机,也不得用平地机拖拉其他机械。

(7)刮刀的回转与铲土角的调整以及向机外侧斜,都必须在停机时进行;但刮刀左右端的升降动作,可在机械行驶中随时调整。

(8)平地机在转弯或掉头时,应使用低速挡;平地机前后轮转向的结构是为了缩小回转半径,适用于狭小的场地。在正常行驶时,只需使用前轮转向,没有必要全轮转向而增加损耗。在正常行驶时,应采用前轮转向,当场地特别狭小时,方可使用前、后轮同时转向。

(9)启动后,各仪表指示值应符合要求,待内燃机运转正常后,方可开动。

(10)各类铲刮作业都应低速行驶,角铲土和使用齿耙时必须用一挡;刮土和平整作业可用二、三挡。换挡必须在停机时进行。

(11)作业区的水准点及导线控制桩的位置、数据应清楚,放线、验线工作应提前完成。

(12)齿耙下齿,容易因阻力太大而受损。对于石渣和混凝土路面的翻松,已超出齿耙的结构强度,不能使用。遇到坚硬土质需用齿耙翻松时,应缓慢下齿,不得使用齿耙翻松石渣或混凝土路面。

(13)作业中,应随时注意变矩器油温,超过120℃时应立即停止作业,待降温后再继续工作。

(14)起步前,检视机械周围应无障碍物及行人,先鸣声示意后,用低速挡起步,并应测试并确认制动器灵敏有效。

(15)平地机结构不同于汽车,机身长的特点决定了不便于快速行驶。下坡时如空挡滑行,失去控制的滑行速度,使制动器难以将机械停住,而酿成事故。行驶时,应将刮刀和齿耙升到最高位置,并将刮刀斜放,刮刀两端不得超出后轮外侧。行驶速度不得超过20km/h。下坡时,不得空挡滑行。

(16)作业后,应停放在平坦、安全的地方,将刮刀落在地面上,拉上手制动器。

6. 蛙式夯实机操作安全技术

(1)蛙式夯实机能量较小,只能夯实一般土质地面,如在坚硬或软硬不一的地面、冻土及混有砖石碎块的杂土等地面上夯击,其反作用力随坚硬程度而增加,能使夯实机遭受损伤。

(2)夯实机作业时,应一人扶夯,一人传递电缆线,且必须戴绝缘手套和穿绝缘鞋。递线人员应跟随夯机后或两侧调顺电缆线,电缆线不得扭结或缠绕,且不得张拉过紧,应保持有3～4m的余量。

(3)填高的土方比较疏松,夯实填高土方时,应在边缘以内100～150mm夯实2～3遍后,再夯实边缘,以防止夯机从边缘下滑。

(4)蛙式夯实机需要工人手扶操作,并随机移动,因此,对电路的绝缘要求很高。为了安全使用蛙式夯实机,作业前重点检查项目应符合下列要求:

1)传动皮带松紧度合适,皮带轮与偏心块安装牢固。

2)除接零或接地外,应设置漏电保护器,电缆线接头绝缘良好。

3)转动部分有防护装置,并进行试运转,确认正常后,方可作业。

(5)在建筑物内部作业时,夯板或偏心块不得打在墙壁上。

(6)作业时夯实机扶手上的按钮开关和电动机的接线均应绝缘良好。当发现有漏电现象时,应立即切断电源,进行检修。

(7)多机作业时,其平列间距不得小于5m,前后间距不得小于10m。

(8)作业时,应防止电缆线被夯击。移动时,应将电缆线移至夯机后方,不得隔机扔电缆线,当转向倒线困难时,应停机调整。

(9)夯机前进方向和夯机四周1m范围内,不得站立非操作人员。

(10)作业时,手握扶手应保持机身平衡,不得用力向后压,以免影响夯机的跳动,并应随时调整行进方向。转弯时不得用力过猛,不得急转弯,以免造成夯机倾翻。

(11)夯机发生故障时,应先切断电源,然后排除故障。

(12)夯实房心土时,夯板应避开房心内地下构筑物、钢筋混凝土基桩、机座及地下管道等。

(13)夯机连续作业时间不应过长,当电动机超过额定温升时,应停机降温。

(14)在较大基坑作业时,不得在斜坡上夯行,应避免造成夯头后折。

(15)作业后,应切断电源,卷好电缆线,清除夯机上的泥土,并妥善保管。

7. 振动冲击夯操作安全技术

(1)振动冲击夯应适用于黏性土、砂及砾石等散状物料的压实,不得在水泥路面和其他坚硬地面作业。

(2)电动冲击夯应装有漏电保护装置,操作人员必须戴绝缘手套,穿绝缘鞋。作业时,电缆线不应拉得过紧,应经常检查线头安装,不得松动及引起漏电。严禁冒雨作业。

(3)为了使机件得到润滑,并提高机温,以利正常作业,内燃冲击夯启动后,内燃机应怠速运转3~5min,然后逐渐加大油门,待夯机跳动稳定后,方可作业。

(4)作业时应正确掌握夯机,不得倾斜,为了减少对人体的振动,手把不宜握得过紧,能控制夯机前进速度即可。

(5)作业前重点检查项目应符合下列要求:

1)内燃冲击夯有足够的润滑油,油门控制器转动灵活。

2)各部件连接良好,无松动。

3)电动冲击夯有可靠的接零或接地,电缆线表面绝缘完好。

(6)作业中,当冲击夯有异常的响声,应立即停机检查。

(7)正常作业时,不得使劲往下压手把,影响夯机跳起高度。在较松的填料上作业或上坡时,可将手把稍向下压,并应能增加夯机前进速度。

(8)内燃冲击夯不宜在高速下连续作业,冲击夯的内燃机系风冷二冲程高速(4000r/min)汽油机,如在高速下作业时间过长,将因温度过高而损坏。在内燃机高速运转时不得突然停车。

(9)当短距离转移时,应先将冲击夯手把稍向上抬起,将运输轮装入冲击夯的挂钩内,再压下手把,使重心后倾,方可推动手把转移冲击夯。

(10)电动冲击夯在接通电源启动后,应检查电动机旋转方向,有错误时应倒换相线。

(11)在需要增加密实度的地方,可通过手把控制夯机在原地反复夯实。

(12)根据作业要求,内燃冲击夯应通过调整油门的大小,在一定范围内改变夯机振动频率。

(13)作业后,应清除夯板上的泥沙和附着物,保持夯机清洁,并妥善保管。

二、桩基工程施工机械操作安全技术

1. 桩工机械操作安全基本要求

(1)安装钻孔机前,应掌握勘探资料,并确认地质条件符合该钻机的要求,地下无埋设物,作业范围内无障碍物,施工现场与架空输电线路的安全距离符合要求。

(2)打桩机类型应根据桩的类型、桩长、桩径、地质条件、施工工艺等综合考虑选择。打桩作业前,应由施工技术人员向机组人员进行安全技术交底。

(3)打桩机所配置的电动机、内燃机、卷扬机、液压装置等的使用应按照相应装置的安全技术要求操作。

(4)水上打桩时,应选择排水量比桩机重量大 4 倍以上的作业船或牢固排架,打桩机与船体或排架应可靠固定,并采取有效的锚固措施。当打桩船或排架的偏斜度超过 3°时,应停止作业。

(5)插桩后,应及时校正桩的垂直度。桩入土 3m 以上时,严禁用打桩机行走或回转动作来纠正桩的倾斜度。

(6)施工现场应按地基承载力不小于 83kPa 的要求进行整平压实。在基坑和围堰内打桩,应配置足够的排水设备。

(7)安装时,应将桩锤运到立柱正前方 2m 以内,并不得斜吊。吊桩时,应在桩上拴好拉绳,不得与桩锤或机架碰撞。

(8)机组人员作登高检查或维修时,必须系安全带;工具和其他物件应放在工具包内,高空人员不得向下随意抛物。

(9)严禁吊桩、吊锤、回转或行走等动作同时进行。打桩机在吊有桩和锤的情况下,操作人员不得离开岗位。

(10)卷扬钢丝绳应经常润滑,不得干摩擦。钢丝绳的使用及报废参见起重吊装机械安全技术要求的相关规定;作业中,当停机时间较长时,应将桩锤落下垫好。检修时不得悬吊桩锤。

(11)打桩机作业区内应无高压线路。作业区应有明显标志或围栏,非工作人员不得进入。桩锤在施打过程中,操作人员必须在距离桩锤中心 5m 以外监视。

(12)拔送桩时,不得超过桩机起重能力;起拔荷载应符合以下规定:

1)打桩机为电动卷扬机时,起拔荷载不得超过电动机满载电流。

2)打桩机卷扬机以内燃机为动力,拔桩时发现内燃机明显降速,应立即停止起拔。

3)每米送桩深度的起拔荷载可按 40kN 计算。

(13)遇有雷雨、大雾和 6 级及以上大风等恶劣气候时,应停止一切作业。当风力超过 7 级或有风暴警报时,应将打桩机顺风向停置,并应增加缆风绳,或将桩立柱放倒地面上。立柱长度在 27m 及以上时,应提前放倒。

(14)作业后,应将打桩机停放在坚实平整的地面上,将桩锤落下垫实,并切断动力电源。

2. 柴油打桩锤操作安全技术

(1)柴油打桩锤应使用规定配合比的燃油,作业前,应将燃油箱注满,并将出油阀门打开。

(2)应检查缓冲胶垫,当砧座和橡胶垫的接触面小于原面积 2/3 时,或下汽缸法兰与砧座间隙小于 7mm 时,均应更换橡胶垫。

(3)作业前,应打开放气螺塞,排出油路中的空气,并应检查和试验燃油泵,从清扫孔中观察喷油情况;发现不正常时,应予调整。

(4)桩锤启动前,应使桩锤、桩帽和桩在同一轴线上,不得偏心打桩。

(5)应检查所有紧固螺栓,并应重点检查导向板的固定螺栓,不得在松动及缺件情况下作业。

(6)在桩贯入度较大的软土层启动桩锤时,应先关闭油门冷打,待每击贯入度小于 100mm 时,再开启油门启动桩锤。

(7)作业前,应使用起落架将上活塞提起稍高于上汽缸,打开贮油室油塞,按规定加满润滑油。对自动润滑的桩锤,应采用专用油泵向润滑油管路加入润滑油,并应排除管路中的空气。

(8)锤击中,上活塞最大起跳高度不得超过出厂说明书规定。目视测定高度宜符合出厂说明书上的目测表或计算公式。当超过规定高度时,应减小油门,控制落距。

(9)对新启用的桩锤,应预先沿上活塞一周浇入 0.5L 润滑油,并应用油枪对下活塞加注一定量的润滑油。

(10)当上活塞下落而柴油锤未燃爆时,上活塞可发生短时间的起伏,此时起落架不得落下,应防撞击碰块。

(11)应检查并确认起落架各工作机构安全可靠,启动钩与上活塞接触线在 5～10mm 之间。

(12)打桩过程中,应有专人负责拉好曲臂上的控制绳;在意外情况下,可使用控制绳紧急停锤。

(13)当上活塞与启动钩脱离后，应将起落架继续提起，宜使它与上汽缸达到或超过2m的距离。

(14)桩帽中的填料不得偏斜，作业中应保证锤击桩帽中心。

(15)提起桩锤脱出砧座后，其下滑长度不宜超过200mm。超过时应调整桩帽绳扣。

(16)作业中，应重点观察上活塞的润滑油是否从油孔中泄出。当下汽缸为自动加油泵润滑时，应经常打开油管头，检查有无油喷出；当无自动加油泵时，应每隔15min向下活塞润滑点注入润滑油。当一根桩打进时间超过15min时，则应在打完后立即加注润滑油。

(17)停机后，应将桩锤放到最低位置，盖上汽缸盖和吸排气孔塞子，关闭燃料阀，将操作杆置于停机位置，起落架升至高于桩锤1m处，锁住安全限位装置。

(18)应检查导向板磨损间隙，当间隙超过7mm时，应予更换。

(19)作业中，当桩锤冲击能量达到最大能量时，其最后10锤的贯入值不得小于5mm。

(20)对水冷式桩锤，应将水箱内的水加满。冷却水必须使用软水。冬季应加温水。

(21)作业中，当水套的水由于蒸发而低于下汽缸吸排气口时，应及时补充，严禁无水作业。

(22)长期停用的桩锤，应从桩机上卸下，放掉冷却水、燃油及润滑油，将燃烧室及上、下活塞打击面清洗干净，并应做好防腐措施，盖上保护套，入库保存。

3. 振动桩锤操作安全技术

(1)作业场地至电源变压器或供电主干线的距离应在200m以内。

(2)应检查并确认电气箱内各部件完好，接触无松动，接触器触点无烧毛现象。

(3)电源容量与导线截面应符合出厂使用说明书的规定，启动时，当电动机额定电压变动在－5％～＋10％的范围时，应以额定功率连续运行；当超过时，应控制负荷。

(4)应检查并确认振动箱内润滑油位在规定范围内。用手盘转胶带轮时，振动箱内不得有任何异响。

(5)液压箱、电气箱应置于安全平坦的地方。电气箱和电动机必须安装保护接地设施。

(6)夹桩时，不得在夹持器和桩的头部之间留有空隙，并应待压力表显示压力达到额定值后，方可指挥起重机起拔。

(7)夹持器与振动器连接处的紧固螺栓不得松动。液压缸根部的接头防护罩应齐全。

(8)长期停放重新使用前,应测定电动机的绝缘值,且不得小于0.5MΩ,并应对电缆芯线进行导通试验。电缆外包橡胶层应完好无损。

(9)应检查夹持片的齿形。当齿形磨损超过4mm时,应更换或用堆焊修复。使用前,应在夹持片中间放一块10～15m厚的钢板进行试夹。试夹中液压缸应无渗漏,系统压力应正常,不得在夹持片之间无钢板时试夹。

(10)作业前,应检查振动桩锤减震器与连接螺栓的紧固性,不得在螺栓松动或缺件的状态下启动。

(11)悬挂振动桩锤的起重机,其吊钩上必须有防松脱的保护装置。振动桩锤悬挂钢架的耳环上应加装保险钢丝绳。

(12)沉桩前,应以桩的前端定位,调整导轨与桩的垂直度,不应使倾斜度超过2°。

(13)应检查各传动胶带的松紧度,过松或过紧时应进行调整。胶带防护罩不应有破损。

(14)启动振动桩锤应监视启动电流和电压,一次启动时间不应超过10s。当启动困难时,应查明原因,排除故障后,方可继续启动。启动后,应待电流降到正常值时,方可转到运转位置。

(15)沉桩时,吊桩的钢丝绳应紧跟桩下沉速度而放松。在桩入土3m之前,可利用桩机回转或导杆前后移动,校正桩的垂直度;在桩入土超过3m时,不得再进行校正。

(16)振动桩锤启动运转后,应待振幅达到规定值时,方可作业。当振幅正常后仍不能拔桩时,应改用功率较大的振动桩锤。

(17)作业后,应将振动桩锤沿导杆放至低处,并采用木块垫实,带桩管的振动桩锤可将桩管插入地下一半。

(18)拔钢板桩时,应按沉入顺序的相反方向起拔,夹持器在夹持板桩时,应靠近相邻一根,对工字桩应夹紧腹板的中央。如钢板桩和工字桩的头部有钻孔时,应将钻孔焊平或将钻孔以上割掉,亦可在钻孔处焊加强板,应严防拔断钢板桩。

(19)作业中,当遇液压软管破损、液压操纵箱失灵或停电(包括熔丝烧断)时,应立即停机,将换向开关放在“中间”位置,并应采取安全措施,不得让桩从夹持器中脱落。

(20)作业中,应保持振动桩锤减振装置各摩擦部位具有良好的润滑。

(21)拔桩时,当桩身埋入部分被拔起1.0～1.5m时,应停止振动,拴好吊桩用钢丝绳，再起振拔桩。当桩尖在地下只有1～2m时，应停止振动，由起重机直接拔桩。待桩完全拔出后，在吊桩钢丝绳未吊紧前，不得松开夹持器。

(22)沉桩过程中，当电流表指数急剧上升时，应降低沉桩速度，使电动机不超载；但当桩沉入太慢时，可在振动桩锤上加一定量的配重。

(23)作业后，除应切断操纵箱上的总开关外，尚应切断配电盘上的开关，并应采用防雨布将操纵箱遮盖好。

4. 履带式打桩机(三支点式)操作安全技术

(1)组成打桩机的履带式起重机以及配装的柴油打桩锤或振动桩锤，应分别按照履带式起重机、柴油打桩锤或振动桩锤操作安全技术要求进行操作。

(2)在斜坡上行走时，应将打桩机重心置于斜坡的上方，斜坡的坡度不得大于5°，在斜坡上不得回转。

(3)立柱的前端应垫高，不得在水平以下位置扳起立柱。当立柱扳起时，应同步放松缆风绳。当立柱接近垂直位置时，应减慢竖立速度。扳到75°～83°时，应停止卷扬，并收紧缆风绳，再装上后支撑，用后支撑液压缸使立柱竖直。

(4)立柱安装时，履带驱动轮应置于后部，履带前倾覆点应采用铁楔块填实，并应制动住行走机构和回转机构，用销轴将水平伸缩臂定位。在安装垂直液压缸时，应在下面铺木垫板将液压缸顶实，并使主机保持平衡。

(5)安装立柱时，应按规定扭矩将连接螺栓拧紧，立柱支座下方应垫千斤顶并顶实。安装后的立柱，其下方搁置点不应少于3个。立柱的前端和两侧应系缆风绳。

(6)立柱竖立前，应向顶梁各润滑点加注润滑油，再进行卷扬筒制动试验。试验时，应先将立柱拉起300～400mm后制动住，然后放下，同时应检查并确认前后液压缸千斤顶牢固可靠。

(7)立柱底座安装完毕后，应对水平微调液压缸进行试验，确认无问题时，应再将活塞杆缩尽，并准备安装立柱。

(8)施打斜桩时，应先将桩锤提升到预定位置，并将桩吊起，套入桩帽，桩尖插入桩位后再后仰立柱，并用后支撑杆顶紧，立柱后仰时打桩机不得回转及行走。

(9)安装后支撑时，应有专人将液压缸向主机外侧拉住，不得撞击机身。

(10)安装桩锤时，桩锤底部冲击块与桩帽之间应有下述厚度的缓冲垫木。对金属桩，垫木厚度应为100～150mm；对混凝土桩，垫木厚度应为200～250mm。作业中应观察垫木的损坏情况，损坏严重时应予更换。

(11)使用双向立柱时，应待立柱转向到位，并用锁销将立柱与基杆锁住后，方可起吊。

(12)连接桩锤与桩帽的钢丝绳张紧度应适宜,过紧或过松时,应予调整,拉紧后应留有200～250mm的滑出余量,并应防止绳头插入汽缸法兰与冲击块内损坏缓冲垫。

(13)拆卸应按与安装时相反程序进行。放倒立柱时,应使用制动器使立柱缓缓放下,并用缆风绳控制,不得不加控制地快速下降。

(14)正前方吊桩时,对混凝土预制桩,立柱中心与桩的水平距离不得大于4m;对钢管桩,水平距离不得大于7m。严禁偏心吊桩或强行拉桩等。

(15)打桩机的安装、拆卸应按照出厂说明书规定程序进行。用伸缩式履带的打桩机,应将履带扩张后方可安装。履带扩张应在无配重情况下进行,上部回转平台应转到与履带成90°的位置。

(16)打桩机带锤行走时,应将桩锤放至最低位。行走时,驱动轮应在尾部位置,并应有专人指挥。

(17)打桩机的安装场地应平坦坚实,当地基承载力达不到规定的要求时,应在履带下铺设路基箱或30mm厚的钢板,其间距不得大于300mm。

(18)作业后,应将桩锤放在已打入地下的桩头或地面垫板上,将操纵杆置于停机位置,起落架升至比桩锤高1m的位置,锁住安全限位装置,并应使全部制动生效。

5. 静力压桩机操作安全技术

(1)压桩机安装地点应按施工要求进行先期处理,应平整场地,地面应达到35kPa的平均地基承载力。

(2)作业后,应将控制器放在“零位”,并依次切断各部电源,锁闭门窗,冬季应放尽各部积水。

(3)应检查并确认电缆表面无损伤,保护接地电阻符合规定,电源电压正常,旋转方向正确。

(4)起重机吊桩进入接桩或插桩作业中,应确认在压桩开始前吊钩已安全脱离桩体。

(5)当压桩机的电动机尚未正常运行前,不得进行压桩。

(6)压桩时,应按桩机技术性能表作业,不得超载运行。操作时动作不应过猛,避免冲击。

(7)应检查并确认润滑油、液压油的油位符合规定,液压系统无泄漏,液压缸动作灵活。

(8)压桩时,非工作人员应离机10m以外。起重机的起重臂下,严禁站人。

(9)冬季应清除机上积雪,工作平台应有防滑措施。

(10)压桩过程中,应保持桩的垂直度,如遇地下障碍物使桩产生倾斜时,不得采用压桩机行走的方法强行纠正，应先将桩拔起，待地下障碍物清除后，重新插桩。

(11)压桩作业时，应统一指挥，压桩人员和吊桩人员应密切联系，相互配合。

(12)电源在导通时，应检查电源电压并使其保持在额定电压范围内。

(13)各液压管路连接时，不得将管路强行弯曲。

(14)当桩在压入过程中，夹持机构与桩测出现打滑时，不得任意提高液压缸压力强行操作，而应找出打滑原因，排除故障后，方可继续进行。

(15)安装配重前，应对各紧固件进行检查，在紧固件未拧紧前不得进行配重安装。

(16)当桩的贯入阻力太大，使桩不能压至标高时，不得任意增加配重。应保护液压元件和构件不受损坏。

(17)接桩时，上一节应提升 350～400mm，此时，不得松开夹持板。

(18)安装时，应控制好两个纵向行走机构的安装间距，使底盘平台能正确对位。

(19)当桩顶不能最后压到设计标高时，应将桩顶部分凿去，不得用桩机行走的方式，将桩强行推断。

(20)安装完毕后，应对整机进行试运转，对吊桩用的起重机，应进行满载试吊。

(21)当压桩引起周围土体隆起，影响桩机行走时，应将桩机前进方向隆起的土铲平，不得强行通过。

(22)压桩机纵向行走时，不得单向操作一个手柄，应两个手柄一起动作。

(23)作业前应检查并确认各传动机构、齿轮箱、防护罩等良好，各部件连接牢固。

(24)压桩机在顶升过程中，船形轨道不应压在已入土的单一桩顶上。

(25)顶升压桩升机时，4 个顶升缸应两个一组交替动作，每次行程不得超过 100mm。当单个顶升缸动作时，行程不得超过 50mm。

(26)压桩机上装设的起重机及卷扬机的使用，应参照起重机及卷扬机操作安全技术要求进行操作。

(27)作业前应检查并确认起重机起升、变幅机构正常，吊具、钢丝绳、制动器等良好。

(28)作业完毕，应将短船运行至中间位置，停放在平整地面上，其余液压缸应全部回程缩进，起重机吊钩应升至最上部，并应使各部制动生效，最后应将外露活塞杆擦干净。

(29)转移工地时，应按规定程序拆卸后，用汽车装运。所有油管接头处应加闷头螺栓，不得让尘土进入。液压软管不得强行弯曲。

6. 转盘钻孔机操作安全技术

（1）钻头和钻杆连接螺纹应良好，滑扣时不得使用。钻头焊接应牢固，不得有裂纹。钻杆连接处应加便于拆卸的厚垫圈。

（2）变速箱换挡时，应先停机，挂上挡后再开机。

（3）开机时，应先送浆后开钻；停机时，应先停钻后停浆。泥浆泵应有专人看管，对泥浆质量和浆面高度应随时测量和调整，保证浓度合适。停钻时，出现漏浆应及时补充。并应随时清除沉淀池中杂物，保持泥浆纯净和循环不中断，防止塌孔和埋钻。

（4）钻机的移位和拆卸，应按照说明书规定进行，在转移和拆运过程中，应防止碰撞机架。

（5）加接钻杆时，应使用特制的连接螺栓均匀紧固，保证连接处的密封性，并做好连接处的清洁工作。

（6）作业前，应将各部操纵手柄先置于空挡位置，用人力盘动无卡阻，再启动电动机空载运转，确认一切正常后，方可作业。

（7）钻进中，应随时观察钻机的运转情况，当发生异响、吊索具破损、漏气、漏渣以及其他不正常情况时，应立即停机检查，排除故障后，方可继续开钻。

（8）开钻时，钻压应轻，转速应慢。

在钻进过程中，应根据地质情况和钻进深度，选择合适的钻压和钻速，均匀给进。

（9）提钻、下钻时，应轻提轻放。钻机下和井孔周围 2m 以内及高压胶管下不得站人。严禁钻杆在旋转时提升。

（10）钻架的吊重中心、钻机的卡孔和护进管中心应在同一垂直线上，钻杆中心允许偏差为 20mm。

（11）钻架、钻台平车、封口平车等的承载部位不得超载。

（12）钻机的安装和钻头的组装应按照说明书规定进行，竖立或放倒钻架时，应有熟练的专业人员进行。

（13）使用空气反循环时，其喷浆口应遮拦，并应固定管端。

（14）发生提钻受阻时，应先设法使钻具活动后再慢慢提升，不得强行提升。如钻进受阻时，应采用缓冲击法解除，并查明原因，采取措施后，方可钻进。

（15）安装钻孔机时，钻机钻架基础应夯实、整平。轮胎式钻机的钻架下应铺设枕木，垫起轮胎，钻机垫起后应保持整机处于水平位置。

（16）钻进进尺达到要求时，应根据钻杆长度换算孔底标高，确认无误后，再把钻头略为提起，降低转速，空转 5～20min 后再停钻。停钻时，应先停钻后停风。

(17)作业前重点检查项目应符合下列要求：

1)电气设备齐全、电路配置完好。

2)润滑油符合规定，各管路接头密封良好，无漏油、漏气、漏水现象。

3)各部件安装紧固，转动部位和传动带有防护罩，钢丝绳完好，离合器、制动带功能良好。

4)钻机作业范围内无障碍物。

(18)作业后，应对钻机进行清洗和润滑，并应将主要部位遮盖妥当。

7. 螺旋钻孔机操作安全技术

(1)使用钻机的现场，应按钻机说明书的要求清除孔位及周围的石块等障碍物。

(2)动力头安装前，应先拆下滑轮组，将钢丝绳穿绕好。钢丝绳的选用，应按说明书规定的要求配备。

(3)钻孔中卡钻时，应立即切断电源，停止下钻。未查明原因前，不得强行启动。

(4)钻孔时，当机架出现摇晃、移动、偏斜或钻头内发出有节奏的响声时，应立即停钻，经处理后，方可继续施钻。

(5)安装钻杆时，应从动力头开始，逐节往下安装。不得将所需钻杆长度在地面上全部接好后一次起吊安装。

(6)作业中停电时，应将各控制器放置零位，切断电源，并及时将钻杆全部从孔内拔出，使钻头接触地面。

(7)作业中，当需改变钻杆回转方向时，应待钻杆完全停转后再进行。

(8)安装前，应检查并确认钻杆及各部件无变形；安装后，钻杆与动力头的中心线允许偏斜为全长的1%。

(9)启动前，应将操纵杆放在空挡位置。启动后，应作空运转试验，检查仪表、温度、音响、制动等各项工作正常方可作业。

(10)钻机运转时，应防止电缆线被缠入钻杆中，必须有专人看护。

(11)作业场地距电源变压器或供电主干线距离应在200m以内，启动时电压降不得超过额定电压的10%。

(12)钻孔时，严禁用手清除螺旋片中的泥土。发现紧固螺栓松动时，应立即停机，在紧固后方可继续作业。

(13)启动前应检查并确认钻机各部件连接牢固，传动带的松紧度适当，减速箱内油位符合规定，钻深限位报警装置有效。

(14)成孔后，应将孔口加盖保护。

(15)安装后,电源的频率与控制箱内频率转换开关上的指针应相同,不同时,应采用频率转换开关予以转换。

(16)施钻时,应先将钻杆缓慢放下,使钻头对准孔位,当电流表指针偏向无负荷状态时即可下钻。在钻孔过程中,当电流表超过额定电流时,应放慢下钻速度。

(17)电动机和控制箱应有良好的接地装置。

(18)扩孔达到要求孔径时,应停止扩削,并拢扩孔刀管,稍松数圈,使管内存土全部输送到地面,即可停钻。

(19)作业后,应将钻杆及钻头全部提升至孔外,先清除钻杆和螺旋叶片上的泥土,再将钻头按下接触地面,各部制动住,操纵杆放到空挡位置,切断电源。

(20)钻机应放置平稳、坚实,汽车式钻孔机应架好支腿,将轮胎支起,并应用自动微调或线锤调整挺杆,使之保持垂直。

(21)钻机发出下钻限位报警信号时,应停钻,并将钻杆稍稍提升,待解除报警信号后,方可继续下钻。

(22)当钻头磨损量达 20mm 时,应予更换。

8. 全套管钻机操作安全技术

(1)作业前应进行外观检查并应符合下列要求:

1)各卷扬机的离合器、制动器无异常现象,液压装置工作有效。

2)燃油、润滑油、液压油、冷却水等符合规定,无渗漏现象。

3)钻机各部外观良好,各连接螺栓无松动。

4)各部钢丝绳无损坏和锈蚀,连接正确。

5)套管和浇筑管内侧无明显的变形和损伤,未被混凝土黏结。

(2)在作业过程中,当发现主机在地面及液压支撑处下沉时,应立即停机。在采用 30mm 厚钢板或路基箱扩大托承面、减小接地应力等措施后,方可继续作业。

(3)用锤式抓斗挖掘管内土层时,应在套管上加装保护套管接头的喇叭口。

(4)与钻机相匹配的起重机,应根据成桩时所需的高度和起重量进行选择。当钻机与起重机连接时,各个部位的连接均应牢固可靠。钻机与动力装置的液压油管和电缆线应按出厂说明书规定连接。

(5)挖掘过程中,应保持套管的摆动。当发现套管不能摆动时,应采用拔出液压缸将套管上提,再用起重机助拔,直至拔起部分套管能摆动为止。

(6)套管在对接时,接头螺栓应按出厂说明书规定的扭矩,对称拧紧。接头螺栓拆下时,应立即洗净后浸入油中。

(7)钻机安装场地应平整、夯实,能承载该机的工作压力;当地基不良时,钻机下应加铺钢板防护。

(8)在套管内挖掘土层中,碰到坚硬土岩和风化岩硬层时,不得用锤式抓斗冲击硬层,应采用十字凿锤将硬层有效地破碎后,方可继续挖掘。

(9)引入机组的照明电源,应安装低压变压器,电压不应超过36V。

(10)机组人员应监视各仪表指示数据,倾听运转声响,发现异状或异响,应立即停机处理。

(11)起吊套管时,应使用专用工具吊装,不得用卡环直接吊在螺纹孔内,亦不得使用其他损坏套管螺纹的起吊方法。

(12)浇筑混凝土时,钻机操作应和灌注作业密切配合,应根据孔深、桩长适当配管,套管与浇筑管保持同心,在浇筑管埋入混凝土2～4m之间时,应同步拔管和拆管,并应确保浇筑成桩质量。

(13)第一节套管入土后,应随时调整套管的垂直度。当套管埋入土5m以下时,不得强行纠偏。

(14)安装钻机时,应在专业技术人员指挥下进行。安装人员必须经过培训,熟悉安装工艺及指挥信号,并有保证安全的技术措施。

(15)应通过检查确认无误后,方可启动内燃机,并怠速运转逐步加速至额定转速,按照指定的桩位对位,通过试调,使钻机纵横向达到水平、位正,再进行作业。

(16)作业后,应就地清除机体、锤式抓斗及套管等外表的混凝土和泥沙,将机架放回行走的原位,将机组转移至安全场所。

三、钢筋混凝土施工机械操作安全技术

1. 钢筋加工机械操作安全技术

(1)钢筋切断机操作安全要求

1)液压传动式切断机作业前,应检查并确认液压油位及电动机旋转方向符合要求。启动后,应空载运转,松开放油阀,排净液压缸体内的空气,方可进行切筋。

2)启动后,应先空运转,检查各传动部分及轴承运转正常后,方可作业。

3)切断短料时,手和切刀之间的距离应保持在150mm以上,如手握端小于400mm时,应采用套管或夹具将钢筋短头压住或夹牢。

4)作业后,应切断电源,用钢刷清除切刀间的杂物,进行整机清洁润滑。

5)机械未达到正常转速时,不得切料。切料时,应使用切刀的中、下部位,紧握钢筋对准刃口迅速投入,操作者应站在固定刀片一侧用力压住钢筋,应防止钢筋末端弹出伤人。严禁用两手分在刀片两边握住钢筋俯身送料。

6)接送料的工作台面应和切刀下部保持水平,工作台的长度可根据加工材料长度确定。

7)剪切低合金钢时,应更换高硬度切刀,剪切直径应符合机械铭牌规定。

8)当发现机械运转不正常、有异常响声或切刀歪斜时,应立即停机检修。

9)启动前,应检查并确认切刀无裂纹,刀架螺栓紧固,防护罩牢靠。然后用手转动皮带轮,检查齿轮啮合间隙,调整切刀间隙。

10)运转中,严禁用手直接清除切刀附近的断头和杂物。钢筋摆动周围和切刀周围,不得停留非操作人员。

11)不得剪切直径及强度超过机械铭牌规定的钢筋和烧红的钢筋。一次切断多根钢筋时,其总截面积应在规定范围内。

12)手动液压式切断机使用前,应将放油阀按顺时针方向旋紧,切割完毕后,应立即按逆时针方向旋松。作业中,手应持稳切断机,并戴好绝缘手套。

(2)钢筋弯曲机操作安全技术

1)转盘换向时,应待停稳后进行。

2)工作台和弯曲机台面应保持水平,作业前应准备好各种芯轴及工具。

3)应检查并确认芯轴、挡铁轴、转盘等无裂纹和损伤,防护罩坚固可靠,空载运转正常后,方可作业。

4)作业中,严禁更换轴芯、销子和变换角度以及调速,也不得进行清扫和加油。

5)应按加工钢筋的直径和弯曲半径的要求,装好相应规格的芯轴和成型轴、挡铁轴。芯轴直径应为钢筋直径的 2.5 倍。挡铁轴应有轴套。

6)弯曲高强度或低合金钢筋时,应按机械铭牌规定换算最大允许直径并应调换相应的芯轴。

7)挡铁轴的直径和强度不得小于被弯钢筋的直径和强度。不直的钢筋,不得在弯曲机上弯曲。

8)对超过机械铭牌规定直径的钢筋严禁进行弯曲。在弯曲未经冷拉或带有锈皮的钢筋时,应戴防护镜。

9)作业时,应将钢筋需弯一端插入在转盘固定销的间隙内,另一端紧靠机身固定销,并用手压紧;应检查机身固定销并确认安放在挡住钢筋的一侧,方可开动。

10)在弯曲钢筋的作业半径内和机身不设固定销的一侧严禁站人。弯曲好的半成品,应堆放整齐,弯钩不得朝上。

11)作业后,应及时清除转盘及插入座孔内的铁锈、杂物等。

(3)钢筋冷拉机操作安全要求

1)夜间作业的照明设施,应装设在张拉危险区外。当需要装设在场地上空时，其高度应超过 5m。灯泡应加防护罩，导线严禁采用裸线。

2)用配重控制的设备应与滑轮匹配，并应有指示起落的记号，没有指示记号时应有专人指挥。配重框提起时高度应限制在离地面 300mm 以内，配重架四周应有栏杆及警告标志。

3)用延伸率控制的装置，应装设明显的限位标志，并应有专人负责指挥。

4)应根据冷拉钢筋的直径，合理选用卷扬机。卷扬钢丝绳应经封闭式导向滑轮并和被拉钢筋水平方向成直角。卷扬机的位置应使操作人员能见到全部冷拉场地，卷扬机与冷拉中线距离不得少于 5m。

5)作业前，应检查冷拉夹具，夹齿应完好，滑轮、拖拉小车应润滑灵活，拉钩、地锚及防护装置均应齐全牢固。确认良好后，方可作业。

6)冷拉场地应在两端地锚外侧设置警戒区，并应安装防护栏及警告标志。无关人员不得在此停留。操作人员在作业时必须离开钢筋 2m 以外。

7)卷扬机操作人员必须看到指挥人员发出信号，并待所有人员离开危险区后方可作业。冷拉应缓慢、均匀。当有停车信号或见到有人进入危险区时，应立即停拉，并稍稍放松卷扬钢丝绳。

8)作业后，应放松卷扬钢丝绳，落下配重，切断电源，锁好开关箱。

(4)预应力钢丝拉伸设备操作安全要求

1)作业场地两端外侧应设有防护栏杆和警告标志。

2)张拉时，不得用手摸或脚踩钢丝。

3)高压油泵启动前，应将各油路调节阀松开，然后开动油泵，待空载运转正常后，再紧闭回油阀，逐渐拧开进油阀，待压力表指示值达到要求，油路无泄漏，确认正常后，方可作业。

4)作业前，应检查被拉钢丝两端的镦头，当有裂纹或损伤时，应及时更换。

5)高压油泵不得超载作业，安全阀应按设备额定油压调整，严禁任意调整。

6)用电热张拉法带电操作时，应穿绝缘胶鞋和戴绝缘手套。

7)作业中，操作应平稳、均匀。张拉时，两端不得站人。拉伸机在有压力情况下，严禁拆卸液压系统的任何零件。

8)在测量钢丝的伸长时，应先停止拉伸，操作人员必须站在侧面操作。

9)固定钢丝镦头的端钢板上圆孔直径应较所拉钢丝的直径大 0.2mm。

10)高压油泵停止作业时，应先断开电源，再将回油阀缓慢松开，待压力表退回至零位时，方可卸开通往千斤顶的油管接头，使千斤顶全部卸荷。

(5)冷镦机操作安全要求

1)机械未达到正常转速时，不得镦头。当镦出的头大小不匀时，应及时调整冲头与夹具的间隙。冲头导向块应保持有足够的润滑。

2)启动后应先空运转,调整上下模具紧度,对准冲头模进行镦头校对,确认正常后,方可作业。

3)应检查并确认模具、中心冲头无裂纹,并应校正上下模具与中心冲头的同心度,紧固各部螺栓,做好安全防护。

4)应根据钢筋直径,配换相应夹具。

(6)钢筋冷拔机操作安全要求

1)当钢筋的末端通过冷拔模后,应立即脱开离合器,同时用手闸挡住钢筋末端。

2)轧头时,应先使钢筋的一端穿过模具长度达100～150mm,再用夹具夹牢。

3)冷拔模架中应随时加足润滑剂,润滑剂应采用石灰和肥皂水调和晒干后的粉末。钢筋通过冷拔模前,应抹少量润滑脂。

4)在冷拔钢筋时,每道工序的冷拔直径应按机械出厂说明书规定进行,不得超量缩减模具孔径,无资料时,可按每次缩减孔径0.5～1.0mm。

5)应检查并确认机械各连接件牢固,模具无裂纹,轧头和模具的规格配套,然后启动主机空运转,确认正常后,方可作业。

6)作业时,操作人员的手和轧辊应保持300～500mm的距离。不得用手直接接触钢筋和滚筒。

7)拔丝过程中,当出现断丝或钢筋打结乱盘时,应立即停机;在处理完毕后,方可开机。

(7)钢筋冷挤压连接机操作安全要求

1)压模、套筒与钢筋应相互配套使用,压模上应有相对应的连接钢筋规格标记。

2)设备使用前后的拆装过程中,超高压油管两端的接头及压接钳、换向阀的进出油接头应保持清洁,并应及时用专用防尘帽封好。超高压油管的弯曲半径不得小于250mm,扣压接头处不得扭转,且不得有死弯。

3)挤压操作应符合下列要求:

①钢筋挤压连接宜先在地面上挤压一端套筒,在施工作业区插入待接钢筋后再挤压另一端套筒。

②挤压顺序宜从套筒中部开始,并逐渐向端部挤压。

③压接钳就位时,应对准套筒压痕位置的标记,并应与钢筋轴线保持垂直。

④挤压作业人员不得随意改变挤压力、压接道数或挤压顺序。

4)有下列情况之一时,应对挤压机的挤压力进行标定。

①挤压设备使用超过一年。

②油压表受损或强烈振动后。

③旧挤压设备大修后。

④套筒压痕异常且查不出其他原因时。

⑤新挤压设备使用前。

⑥挤压的接头数超过 5000 个。

5)挤压机液压系统中的高压胶管不得荷重拖拉、弯折和受到尖利物体刻画。

6)挤压前的准备工作应符合下列要求：

①钢筋端部应划出定位标记与检查标记，定位标记与钢筋端头的距离应为套筒长度的一半，检查标记与定位标记的距离宜为 20mm。

②钢筋与套筒应先进行试套，当钢筋有马蹄、弯折或纵肋尺寸过大时，应预先进行矫正或用砂轮打磨；不同直径钢筋的套筒不得串用。

③钢筋端头的锈、泥沙、油污等杂物应清理干净。

④检查挤压设备情况，应进行试压，符合要求后方可作业。

7)作业后，应收拾好成品、套筒和压模，清理场地，切断电源，锁好开关箱，最后将挤压机和挤压钳放到指定地点。

2. 混凝土搅拌机操作安全技术

(1)作业场地应有良好的排水条件，机械近旁应有水源，机棚内应有良好的通风、采光及防雨、防冻设施，并不得有积水。

(2)应检查并校正供水系统的指示水量与实际水量的一致性；当误差超过2%时，应检查管路的漏水点，或应校正节流阀。

(3)搅拌机启动后，应使搅拌筒达到正常转速后进行上料。上料时应及时加水。每次加入的拌和料不得超过搅拌机的额定容量并应减少物料粘罐现象，加料的次序应为石子—水泥—砂子或砂子—水泥—石子。

(4)作业前，应进行料斗提升试验，应观察并确认离合器、制动器灵活可靠。

(5)作业后，应及时将机内、水箱内、管道内的存料、积水放尽，并应清洁保养机械，清理工作场地，切断电源，锁好开关箱。

(6)加入强制式搅拌机的集料最大粒径不得超过允许值，并应防止卡料。每次搅拌时，加入搅拌筒的物料不应超过规定的进料容量。

(7)固定式搅拌机应安装在牢固的台座上。当长期固定时，应埋置地脚螺栓；在短期使用时，应在机座上铺设木枕并找平放稳。

(8)向搅拌筒内加料应在运转中进行，添加新料应先将搅拌筒内原有的混凝土全部卸出后方可进行。

(9)固定式搅拌机的操纵台，应使操作人员能看到各部工作情况。电动搅拌机的操纵台，应垫上橡胶板或干燥木板。

(10)作业后,应对搅拌机进行全面清理;当操作人员需进入筒内时,必须切断电源或卸下熔断器,锁好开关箱,挂上“禁止合闸”标牌,并应有专人在外监护。

(11)作业后,应将料斗降落到坑底,当需升起时,应用链条或插销扣牢。

(12)移动式搅拌机的停放位置应选择平整坚实的场地,周围应有良好的排水沟渠。就位后,应放下支腿将机架顶起达到水平位置,使轮胎离地。当使用期较长时,应将轮胎卸下妥善保管,轮轴端部用油布包扎好,并用枕木将机架垫起支牢。

(13)强制式搅拌机的搅拌叶片与搅拌筒底及侧壁的间隙,应经常检查并确认符合规定,当间隙超过标准时,应及时调整。当搅拌叶片磨损超过标准时,应及时修补或更换。

(14)对需设置上料斗地坑的搅拌机,其坑口周围应垫高夯实,应防止地面水流入坑内。上料轨道架的底端支承面应夯实或铺砖,轨道架的后面应采用木料加以支承,应防止作业时轨道变形。

(15)冬季作业后,应将水泵、放水开关、量水器中的积水排尽。

(16)料斗放到最低位置时,在料斗与地面之间,应加一层缓冲垫木。

(17)当气温降到5℃以下时,管道、水泵、机内均应采取防冻保温措施。

(18)作业前重点检查项目应符合下列要求:

1)各传动机构、工作装置、制动器等均紧固可靠,开式齿轮、皮带轮等均有防护罩。

2)电动机和电器元件的接线牢固,保护接零或接地电阻符合规定。

3)电源电压升降幅度不超过额定值的5%。

4)齿轮箱的油质、油量符合规定。

(19)作业前,应先启动搅拌机空载运转。应确认搅拌筒或叶片旋转方向与筒体上箭头所示方向一致。对反转出料的搅拌机,应使搅拌筒正、反转运转数分钟,并应无冲击抖动现象和异常噪声。

(20)应检查集料规格并应与搅拌机性能相符,超出许可范围的不得使用。

(21)进料时,严禁将头或手伸入料斗与机架之间。运转中,严禁用手或工具伸入搅拌筒内扒料、出料。

(22)搅拌机作业中,当料斗升起时,严禁任何人在料斗下停留或通过;当需要在料斗下检修或清理料坑时,应将料斗提升后用铁链或插入销锁住。

(23)作业中,应观察机械运转情况,当有异常或轴承温升过高等现象时,应停机检查;当需检修时,应将搅拌筒内的混凝土清除干净,然后再进行检修。

(24)搅拌机在场内移动或远距离运输时,应将进料斗提升到上止点,用保险铁链或插销锁住。

3. 混凝土搅拌站操作安全技术

(1)混凝土搅拌站的安装,应由专业人员按出厂说明书规定进行,并应在技术人员主持下组织调试,在各项技术性能指标全部符合规定并经验收合格后,方可投产使用。

(2)冰冻季节,应放尽水泵、附加剂泵、水箱及附加剂箱内的存水,并应启动水泵和附加剂泵运转1～2min。

(3)当拉铲被障碍物卡死时,不得强行起拉,不得用拉铲起吊重物,在拉料过程中,不得进行回转操作。

(4)应按搅拌站的技术性能准备合格的砂、石集料,粒径超出许可范围的不得使用。

(5)搅拌站各机械不得超载作业,应检查电动机的运转情况;当发现运转声音异常或温升过高时,应立即停机检查;电压过低时不得强制运行。

(6)作业过程中,在贮料区内和提升斗下,严禁人员进入。

(7)搅拌机停机前,应先卸载,然后按顺序关闭各部开关和管路。应将螺旋管内的水泥全部输送出来,管内不得残留任何物料。

(8)机组各部分应逐步启动。启动后,各部件运转情况和各仪表指示情况应正常,油、气、水的压力应符合要求,方可开始作业。

(9)搅拌机满载搅拌时不得停机,当发生故障或停电时,应立即切断电源,锁好开关箱,将搅拌筒内的混凝土清除干净,然后排除故障或等待电源恢复。

(10)作业后,应清理搅拌筒、出料门及出料斗,并用水冲洗,同时冲洗附加剂及其供给系统。称量系统的刀座、刀口应清洗干净,并应确保称量精度。

(11)搅拌筒启动前应盖好仓盖。机械运转中,严禁将手、脚伸入料斗或搅拌筒探摸。

(12)作业前检查项目应符合下列要求:

1)搅拌筒内和各配套机构的传动、运动部位及仓门、斗门、轨道等均无异物卡住。

2)称量装置的所有控制和显示部分工作正常,其精度符合规定。

3)各部螺栓已紧固,各进、排料阀门无超限磨损,各输送带的张紧度适当,不跑偏。

4)打开阀门排放气路系统中气水分离器的过多积水,打开贮气筒排污螺塞放出油水混合物。

5)各润滑油箱的油面高度符合规定。

6)提升斗或拉铲的钢丝绳安装、卷筒缠绕均正确,钢丝绳及滑轮符合规定,提升料斗及拉铲的制动器灵敏有效。

7)各电气装置能有效控制机械动作,各接触点和动、静触头无明显损伤。

(13)当搅拌站转移或停用时,应将水箱、附加剂箱、水泥、砂、石贮存料斗及称量斗内的物料排净,并清洗干净。

4. 混凝土搅拌输送车操作安全技术

(1)混凝土搅拌输送车的汽车部分应按照相应的水平运输机械操作安全技术要求进行。

(2)水箱的水位应保持正常。冬季停车时,应将水箱和供水系统的积水放净。

(3)搅拌运输时,混凝土的装载量不得超过额定容量。

(4)行驶在不平路面或转弯处应降低车速至 15km/h 及以下,并暂停搅拌筒旋转。通过桥、洞、门等设施时,不得超过其限制高度及宽度。

(5)搅拌输送车装料前,应先将搅拌筒反转,使筒内的积水和杂物排尽。

(6)运输中,搅拌筒应低速旋转,但不得停转。运送混凝土的时间不得超过规定的时间。

(7)装料时,应将操纵杆放在“装料”位置,并调节搅拌筒转速,使进料顺利。

(8)搅拌筒由正转变为反转时,应先将操纵手柄放在中间位置,待搅拌筒停转后,再将操纵杆手柄放至反转位置。

(9)混凝土搅拌输送车的燃油、润滑油、液压油、制动液、冷却水等应添加充足,质量应符合要求。

(10)启动内燃机应进行预热运转,各仪表指示值正常,制动气压达到规定值,并应低速旋转搅拌筒 3～5min,确认一切正常后,方可装料。

(11)运输前,排料槽应锁止在“行驶”位置,不得自由摆动。

(12)搅拌装置连续运转时间不宜超过 8h。

(13)搅拌筒和滑槽的外观应无裂痕或损伤;滑槽止动器应无松弛和损坏;搅拌筒机架缓冲件应无裂痕或损伤;搅拌叶片磨损应正常。

(14)用于搅拌混凝土时,应在搅拌筒内先加入总需水量 2/3 的水,然后再加入集料和水泥,按出厂说明书规定的转速和时间进行搅拌。

(15)应检查动力取出装置并确认无螺栓松动及轴承漏油等现象。

(16)作业后,应先将内燃机熄火,然后对料槽、搅拌筒入口和托轮等处进行冲洗及清除混凝土结块。当需进入搅拌筒清除结块时,必须先取下内燃机电门钥匙,在筒外应设监护人员。

5. 混凝土泵操作安全技术

(1)泵送混凝土应连续作业。当因供料中断被迫暂停时,停机时间不得超过

30min。暂停时间内应每隔 5～10min(冬季 3～5min)做 2～3 个冲程反泵—正泵运动,再次投料泵送前应先将料搅拌。当停泵时间超限时,应排空管道。

(2)泵送管道的敷设应符合下列要求:

1)泵送管道应有支承固定,在管道和固定物之间应设置木垫作缓冲,不得直接与钢筋或模板相连,管道与管道间应连接牢靠;管道接头和卡箍应扣牢密封,不得漏浆;不得将已磨损管道装在后端高压区。

2)垂直泵送管道不得直接装接在泵的输出口上,应在垂直管前端加装长度不小于 20m 的水平管,并在水平管近泵处加装逆止阀。

3)水平泵送管道宜直线敷设。

4)敷设向下倾斜的管道时,应在输出口上加装一段水平管,其长度不应小于倾斜管高低差的 5 倍。当倾斜度较大时,应在坡度上端装设排气活阀。

5)泵送管道敷设后,应进行耐压试验。

(3)作业后,应将料斗内和管道内的混凝土全部输出,然后对泵机、料斗、管道等进行冲洗。当用压缩空气冲洗管道时,进气阀不应立即开大,只有当混凝土顺利排出时,方可将进气阀开至最大。在管道出口端前方 10m 内严禁站人,并应用金属网篮等收集冲出的清洗球和砂石粒。对凝固的混凝土,应采用刮刀清除。

(4)作业前应检查并确认泵机各部螺栓紧固,防护装置齐全可靠,各部位操纵开关、调整手柄、手轮、控制杆、旋塞等均在正确位置,液压系统正常无泄漏,液压油符合规定,搅拌斗内无杂物,上方的保护格网完好无损并盖严。

(5)混凝土泵应安放在平整、坚实的地面上,周围不得有障碍物,在放下支腿并调整后应使机身保持水平和稳定,轮胎应楔紧。

(6)应配备清洗管、清洗用品、接球器及有关装置。开泵前,无关人员应离开管道周围。

(7)启动后,应空载运转,观察各仪表的指示值、检查泵和搅拌装置的运转情况,确认一切正常后,方可作业。泵送前应向料斗加入 10L 清水和 0.3m^3 的水泥砂浆润滑泵及管道。

(8)不得随意调整液压系统压力。当油温超过 70℃时,应停止泵送,但仍应使搅拌叶片和风机运转,待降温后再继续运行。

(9)泵送作业中,料斗中的混凝土平面应保持在搅拌轴轴线以上。料斗格网上不得堆满混凝土,应控制供料流量,及时清除超粒径的集料及异物,不得随意移动格网。

(10)水箱内应贮满清水,当水质混浊并有较多砂粒时,应及时检查处理。

(11)当进入料斗的混凝土有离析现象时应停泵,待搅拌均匀后再泵送。当集料分离严重，料斗内灰浆明显不足时，应剔除部分集料，另加砂浆重新搅拌。

(12)垂直向上泵送中断后再次泵送时，应先进行反向推送，使分配阀内混凝土吸回料斗，经搅拌后再正向泵送。

(13)泵送时，不得开启任何输送管道和液压管道；不得调整、修理正在运转的部件。

(14)泵机运转时，严禁将手或铁锹伸入料斗或用手抓握分配阀。当需在料斗或分配阀上工作时，应先关闭电动机和消除蓄能器压力。

(15)作业中，应对泵送设备和管路进行观察，发现隐患应及时处理。对磨损超过规定的管子、卡箍、密封圈等应及时更换。

(16)输送管道的管壁厚度应与泵送压力匹配，近泵处应选用优质管子。管道接头、密封圈及弯头等应完好无损。高温烈日下应采用湿麻袋或湿草袋遮盖管路，并应及时浇水降温，寒冷季节应采取保温措施。

(17)砂石粒径、水泥强度等级及配合比应按出厂规定，满足泵机可泵性的要求。

(18)当出现输送管堵塞时，应进行反泵运转，使混凝土返回料斗；当反泵几次仍不能消除堵塞，应在泵机卸载情况下，拆管排除堵塞。

(19)作业后，应将两侧活塞转到清洗室位置，并涂上润滑油。各部位操纵开关、调整手柄、手轮、控制杆、旋塞等均应复位，液压系统应卸载。

(20)应防止管道堵塞。泵送混凝土应搅拌均匀，控制好坍落度；在泵送过程中，不得中途停泵。

6. 混凝土泵车操作安全技术

(1)构成混凝土泵车的汽车底盘、内燃机、空气压缩机、水泵、液压装置等的使用，应分别按照水平运输机械、动力装置、水工机械操作安全技术要求进行。

(2)就位后，泵车应显示停车灯，避免碰撞。

(3)作业后，不得用压缩空气冲洗布料杆配管，布料杆的折叠收缩应按规定顺序进行。

(4)伸展布料杆应按出厂说明书的顺序进行。布料杆升离支架后方可回转。严禁用布料杆起吊或拖拉物件。

(5)泵送管道的敷设，可参考“五、混凝土泵操作安全技术”相关内容。

(6)布料杆所用配管和软管应按出厂说明书的规定选用，不得使用超过规定直径的配管，装接的软管应拴上防脱安全带。

(7)泵车就位后，应支起支腿并保持机身的水平和稳定。当用布料杆送料时，机身倾斜度不得大于 3°。

(8)泵送前，当液压油温度低于 15℃时，应采用延长空运转时间的方法提高油温。

(9)当布料杆处于全伸状态时,不得移动车身。作业中需要移动车身时,应将上段布料杆折叠固定,移动速度不得超过 10km/h。

(10)作业前检查项目应符合下列要求:

1)搅拌斗内无杂物,料斗上保护格网完好并盖严。

2)液压系统工作正常,管道无泄漏;清洗水泵及设备齐全良好。

3)燃油、润滑油、液压油、水箱添加充足,轮胎气压符合规定,照明和信号指示灯齐全良好。

4)输送管路连接牢固,密封良好。

(11)作业中,不得取下料斗上的格网,并应及时清除不合格的集料或杂物。

(12)泵送中当发现压力表上升到最高值,运转声音发生变化时,应立即停止泵送,并应采用反向运转方法排除管道堵塞;无效时,应拆管清洗。

(13)不得在地面上拖拉布料杆前端软管;严禁延长布料配管和布料杆。当风力在 6 级以上(含 6 级)时,不得使用布料杆输送混凝土。

(14)作业后,应将管道和料斗内的混凝土全部输出,然后对料斗、管道等进行冲洗。当采用压缩空气冲洗管道时,管道出口端前方 10m 内严禁站人。

(15)泵送时应检查泵和搅拌装置的运转情况,监视各仪表和指示灯,发现异常,应及时停机处理。

(16)泵车就位地点应平坦坚实,周围无障碍物,上空无高压输电线。泵车不得停放在斜坡上。

(17)作业后,各部位操纵开关、调整手柄、手轮、控制杆、旋塞等均应复位,液压系统应卸荷,并应收回支腿,将车停放在安全地带,关闭门窗。冬季应放净存水。

(18)其他要求可参见“五、混凝土泵操作安全技术”相关内容。

7. 混凝土喷射机操作安全技术

(1)喷射机应采用干喷作业,应按出厂说明书规定的配合比配料,风源应是符合要求的稳压源,电源、水源、加料设备等均应配套。

(2)停机时,应先停止加料,然后再关闭电动机和停送压缩空气。

(3)启动前,应先接通风、水、电,开启进气阀逐步达到额定压力,再启动电动机空载运转,确认一切正常后,方可投料作业。

(4)发生堵管时,应先停止喂料,对堵塞部位进行敲击,迫使物料松散,然后用压缩空气吹通。此时,操作人员应紧握喷嘴,严禁甩动管道伤人。当管道中有压力时,不得拆卸管接头。

(5)喷射机内部应保持干燥和清洁,加入的干料配合比及潮润程序应符合喷射机性能要求，不得使用结块的水泥和未经筛选的砂石。

(6)在喷嘴前方严禁站人，操作人员应始终站在已喷射过的混凝土支护面以内。

(7)转移作业面时，供风、供水系统应随之移动，输料软管不得随地拖拉和折弯。

(8)作业前重点检查项目应符合下列要求：

1)压力表指针在上、下限之间，根据输送距离，调整上限压力的极限值。

2)各部密封件密封良好，对橡胶结合板和旋转板出现的明显沟槽及时修复。

3)电源线无破裂现象，接线牢靠。

4)安全阀灵敏可靠。

5)喷枪水环(包括双水环)的孔眼畅通。

(9)作业中，当暂停时间超过 1h 时，应将仓内及输料管内的干混合料全部喷出。

(10)管道安装应正确，连接处应紧固密封。当管道通过道路时，应设置在地槽内并加盖保护。

(11)机械操作和喷射操作人员应有联系信号，送风、加料、停料、停风以及发生堵塞时，应及时联系，密切配合。

(12)作业后，应将仓内和输料软管内的干混合料全部喷出，并应将喷嘴拆下清洗干净，清除机身内外黏附的混凝土料及杂物。同时应清理输料管，并应使密封件处于放松状态。

8. 插入式振动器操作安全技术

(1)插入式振动器的电动机电源上，应安装漏电保护装置，接地或接零应安全可靠。

(2)作业停止需移动振动器时，应先关闭电动机，再切断电源。不得用软管拖拉电动机。

(3)使用前，应检查各部并确认连接牢固，旋转方向正确。

(4)作业时，振动棒软管的弯曲半径不得小于 500mm，并不得多于两个弯，操作时应将振动棒垂直地沉入混凝土，不得用力硬插、斜推或让钢筋夹住棒头，也不得全部插入混凝土中，插入深度不应超过棒长的 3/4，不宜触及钢筋、芯管及预埋件。

(5)振动器不得在初凝的混凝土、地板、脚手架和干硬的地面上进行试振。在检修或作业间断时，应断开电源。

(6)电缆线应满足操作所需的长度。电缆线上不得堆压物品或让车辆挤压，严禁用电缆线拖拉或吊挂振动器。

(7)振动棒软管不得出现断裂,当软管使用过久使长度增长时,应及时修复或更换。

(8)操作人员应经过用电教育,作业时应穿绝缘胶鞋和戴绝缘手套。

(9)作业完毕,应将电动机、软管、振动棒清理干净,并应按规定要求进行保养作业。振动器存放时,不得堆压软管,应平直放好,并应对电动机采取防潮措施。

9. 附着式、平板式振动器操作安全技术

(1)附着式、平板式振动器轴承不应承受轴向力,在使用时,电动机轴应保持水平状态。

(2)附着式振动器安装在混凝土模板上时,每次振动时间不应超过 1min,当混凝土在模内泛浆流动或成水平状即可停振,不得在混凝土初凝状态时再振。

(3)作业前,应对附着式振动器进行检查和试振。试振不得在干硬土或硬质物体上进行。安装在搅拌站料仓上的振动器,应安置橡胶垫。

(4)装置振动器的构件模板应坚固牢靠,其面积应与振动器额定振动面积相适应。

(5)使用时,引出电缆线不得拉得过紧,更不得断裂。作业时,应随时观察电气设备的漏电保护器和接地或接零装置并确认合格。

(6)安装时,振动器底板安装螺孔的位置应正确,应防止底脚螺栓安装扭斜而使机壳受损。底脚螺栓应紧固,各螺栓的紧固程度应一致。

(7)在一个模板上同时使用多台附着式振动器时,各振动器的频率应保持一致,相对面的振动器应错开安装。

(8)平板式振动器作业时,应使平板与混凝土保持接触,使振波有效地振实混凝土,待表面出浆,不再下沉后,即可缓慢向前移动,移动速度应能保证混凝土振实出浆。在振的振动器,不得搁置在已凝或初凝的混凝土上。

10. 混凝土振动台操作安全技术

(1)振动台应安装在牢固的基础上,地脚螺栓应拧紧。基础中间应留有地下坑道,应能调整和检修。

(2)齿轮箱的油面应保持在规定的平面上,作业时油温不得超过 70℃。

(3)振动台不宜长时间空载运转。振动台上应安置牢固可靠的模板并锁紧夹具,并应保证模板混凝土和台面一起振动。

(4)电动机接地应良好,电缆线与线接头应绝缘良好,不得有破损漏电现象。

(5)应经常检查各部轴承,并应定期拆洗更换润滑油,作业中应重点检查轴承温升,当发现过热时应停机检修。

(6)使用前,应检查并确认电动机和传动装置完好,特别是轴承座螺栓、偏心块螺栓、电动机和齿轮箱螺栓等紧固件紧固牢靠。

(7)振动台台面应经常保持清洁、平整,使其与模板接触良好。发现裂纹应及时修补。

四、建筑装饰装修工程施工机械操作安全技术

1. 木工机械操作安全技术

(1)木工机械操作安全基本要求

1)操作人员应经过培训,了解机械设备的构造、性能和用途,掌握有关使用、维修、保养的安全技术知识。电路故障必须由专业电工排除。

2)应及时清理机器台面上的刨花、木屑。严禁直接用手清理。刨花、木屑应存放到指定地点。

3)必须使用单向开关,严禁使用倒顺开关。

4)链条、齿轮和皮带等传动部分,必须安装防护罩或防护板。

5)作业时必须扎紧袖口、理好衣角、扣好衣扣,不得戴手套。作业人员长发不得外露。女工应戴工作帽。

6)工作场所严禁烟火,必须按规定配备消防器材。

7)机械运转过程中出现故障时,必须立即停机、切断电源。

8)作业前试机,各部件运转正常后方可作业。开机前必须将机械周围及脚下作业区的杂物清理干净,必要时应在作业区铺垫板。

9)作业后必须切断电源,闸箱门锁好。

(2)圆盘锯(包括吊截锯)操作安全要求

木工使用圆盘锯(包括吊截锯)作业应按照以下要求操作。

1)圆盘锯必须装设分料器,锯片上方应有防护罩、挡板和滴水设备。开料锯和截料锯不得混用。作业前应检查锯片不得有裂口,螺丝必须拧紧。锯片不得连续断齿两个,裂纹长度不得超过 2cm,有裂纹则应在其末端冲上裂孔(阻止裂纹进一步发展)。

2)必须随时清除锯台面上的遗料,保持锯台整洁。不得直接用手清除遗料。清除锯末及调整部件,必须先切断电源,待机械停止运转后方可进行。

3)必须紧贴靠山送料,不得用力过猛,必须待出料超过锯片 15cm 方可用手接料,不得用手硬拉。木料锯到接近端头时,应由下手拉料接锯,上手不得用手直接送料,应用木板推送。锯料时不得将木料左右搬动或高抬,送料不宜用力过猛,遇硬节疤应慢推,防止木节弹出伤人。

4)木料若卡住锯片时应立即切断电源,待机械停止运转后方可进行处理。严禁使用木棒或木块制动锯片的方法停止机械运转。

5)短窄料应用推棍,接料使用刨钩。严禁锯小于50cm长的短料。

6)锯片运转时间过长应用水冷却,直径60cm以上的锯片工作时应喷水冷却。

7)施工用电必须有保护接零和漏电保护器。操作必须采用单向按钮开关,不得安装倒顺开关,无人操作时断开电源。

8)木料走偏时,应立即逐渐纠正或切断电源,停车调正后再锯,不得大力推进或拉出。锯片必须平整,锯口要适当,锯片与主动轴匹配、紧牢。

9)操作人员必须戴防护眼镜。作业时应站在锯片一侧,不得与锯片站在同一直线上,以防木料弹出伤人。手臂不得跨越锯片。

10)用电采用三级配电二级保护,三相五线保护接零系统。定期进行检查,注意熔丝的选用,严禁采用其他金属丝作为代替用品。

(3)开榫机操作安全要求

木工使用开榫机作业应按照以下要求操作。

1)短料开榫必须使用垫板夹牢,严禁用手握料。长度大于1.5m的木料开榫必须2人操作。

2)必须侧身操作,严禁面对刀具。进料速度应均匀。

3)刨渣或木片堵塞时,应用木棍清除,严禁手掏。

(4)压刨机操作安全要求

木工使用压刨机作业应按照以下要求操作。

1)送料和接料应站在机械一侧,操作时不得戴手套;二人操作必须配合一致。

2)厚度小于1cm的木料,必须垫压板。每次刨削量不得超过3mm,木料厚度差2mm的不得同时进料。

3)刨料长度小于前后滚中心距的木料。禁止在压刨机上加工。

4)进料必须平直,发现木料走偏或卡住,应先停机降低台面,再调正木料。遇节疤时应减慢送料速度。送料时手指必须与滚筒保持20cm以上距离。接料时,必须待料走出台面后方可上手。

5)清理台面杂物时必须停机(停稳)、断电,用木棒进行清理。

(5)裁口机操作安全要求

木工使用裁口机作业应按照以下要求操作。

1)应根据材料规格调整盖板。作业时应一手按压、一手推进。刨或锯到头时,应将手移到刨刀或锯片的前面。

2)裁刨圆木料必须用圆形靠山,用手压牢,慢速送料。

3)裁硬木口时,每次深度不得超过1.5cm,高度不得超过5cm;裁松木口,每次深度不得超过 2cm，高度不得超过 6cm。严禁在中间插刀。

4)送料速度应缓慢、均匀，不得猛拉猛推，遇硬节应慢推。必须待出料超过刨口 15cm 方可接料。

5)机器运转时，严禁在防护罩和台面上放置任何物品。

(6)打眼机操作安全要求

使用打眼机作业时必须使用夹料具，不得直接用手扶料。大于 1.5m 的长料打眼时必须使用托架。当凿芯被木渣挤塞时，应立即抬起手把。深度超过凿渣出口，应勤拔钻头。清理木渣时应用刷子或吹风器清理木渣，严禁手掏。

(7)平刨机操作安全要求

木工使用平刨机作业应按照以下要求操作。

1)开机后不能立即送料刨削，一定要等刀轴运转平稳后方可进行刨削。刨料时应保持身体平衡，双手操作。刨大面时，手应按在木料上面；刨小面时，手指应不低于料高的一半，并不得小于 3cm。

2)平刨机上必须设置可靠的安全防护装置，应使用圆柱形刀轴，绝对禁止使用方轴。

3)每台木工墙刨上除必须装有安全防护装置(护手装置及传动部位防护罩)之外，还应配有刨小薄料的压板和压棍，被刨木料的厚度小于 3cm，长度小于 40cm 时，应用压板或压棍推进。厚度小于 1.5cm、长度小于 25cm 的木料不得在平刨上加工。

4)刨刀刃口量不得超过外径 1.1mm，每次刨削量不得超过 1.5mm。进料速度应均匀。严禁在刨刃上方回料。

5)刨削过程如果感觉木料震动太大，送料推力较重时，说明刨刀刃口已经磨损，必须停机更换新磨锋利的刨刀。

6)二人操作时，进料速度应一致，当木料前端越过刀口 30cm 后，下手操作人员方可接料，木料刨至尾端时，上手操作人员应注意早松手，下手操作人员不得猛拉。

7)机械运转时，不得进行维修，更不得移动或拆除护手装置进行刨削。换刀片前必须拉闸断电，并挂“有人操作，严禁合闸”的警示标牌，施工用电必须有保护接零和漏电保护器。

8)刨旧料时必须先将铁钉、泥沙等清除干净。遇节疤、戗茬时应减慢送料速度，严禁手按节疤送料。

9)同一台刨机的刀片重量、厚度必须一致，刀架与刀必须匹配，严禁使用不合格的刀具。紧固刀片的螺钉应嵌入槽内，且距离刀背不得小于 10mm。

10)平刨在施工现场应置于木工作业区内，并搭设防护棚，若位于塔吊作业范围内的，应搭设双层防坠棚，在木工防护棚内落实消防措施、操作安全规程及其责任人。

(8)刮边机操作安全要求

使用刮边机作业时，材料应按压在推车上，后端必须顶牢。应慢速送料，且每次进刀量不得超过4mm。不得用手送料至刨口，刀部必须设置坚固严密的防护罩，装刀时必须拧紧螺丝。

2. 装饰装修机械操作安全技术

(1)灰浆搅拌机操作安全要求

1)固定式搅拌机的上料斗应能在轨道上移动。料斗提升时，严禁斗下有人。

2)运转中，严禁用手或木棒等伸进搅拌筒内，或在筒口清理灰浆。

3)启动后，应先空运转，检查搅拌叶旋转方向正确，方可加料加水，进行搅拌作业。加入的砂子应过筛。

4)作业前应检查并确认传动机构、工作装置、防护装置等牢固可靠，三角胶带松紧度适当，搅拌叶片和筒壁间隙在3～5mm之间，搅拌轴两端密封良好。

5)作业中，当发生故障不能继续搅拌时，应立即切断电源，将筒内灰浆倒出，排除故障后方可使用。

6)固定式搅拌机应有牢靠的基础，移动式搅拌机应采用方木或撑架固定，并保持水平。

7)作业后，应清除机械内外砂浆和积料，用水清洗干净。

(2)挤压式灰浆泵操作安全要求

1)料斗加满灰浆后，应停止振动，待灰浆从料斗泵送完时，再加新灰浆振动筛料。

2)作业前，应先用水、再用白灰膏润滑输送管道后，方可加入灰浆，开始泵送。

3)使用前，应先接好输送管道，往料斗加注清水，启动灰浆泵，当输送胶管出水时，应折起胶管，待升到额定压力时停泵，观察各部位应无渗漏现象。

4)工作间歇时，应先停止送灰，后停止送气，并应防气嘴被灰堵塞。

5)泵送过程应注意观察压力表。当压力迅速上升，有堵管现象时，应反转泵送2～3转，使灰浆返回料斗，经搅拌后再泵送。当多次正反泵仍不能畅通时，应停机检查，排除堵塞。

6)作业后，应对泵机和管路系统全部清洗干净。

(3)喷浆机操作安全要求

1)泵体内不得无液体干转。在检查电动机旋转方向时，应先打开料桶开关，让石灰浆流入泵体内部后，再开动电动机带泵旋转。

2)喷嘴孔径宜为2.0～2.8mm;当孔径大于2.8mm时,应及时更换。

3)喷涂前,应对石灰浆采用60目筛网过滤两遍。

4)作业后,应往料斗注入清水,开泵清洗直到水清为止,再倒出泵内积水,清洗疏通喷头座及滤网,并将喷枪擦洗干净。

5)石灰浆的密度应为1.06～1.10g/cm^3。

6)长期存放前,应清除前、后轴承座内的石灰浆积料,堵塞进浆口,从出浆口注入机油约50mL,再堵塞出浆口,开机运转约30s,使泵体内润滑防锈。

(4)柱塞式、隔膜式灰浆泵操作安全要求

1)泵送过程不宜停机。当短时间内不需泵送时,可打开回浆阀使灰浆在泵体内循环运行。当停泵时间较长时,应每隔3～5min泵送一次,泵送时间宜为0.5min,应防灰浆凝固。

2)泵送前,应先用水进行泵送试验,检查并确认各部位无渗漏。当有渗漏时,应先排除。

3)被输送的灰浆应搅拌均匀,不得有干砂和硬块,不得混入石子或其他杂物。灰浆稠度应为80～120mm。

4)泵送过程应随时观察压力表的泵送压力,当泵送压力超过预调的1.5MPa时,应反向泵送,使管道内部分灰浆返回料斗,再缓慢泵送;当无效时,应停机卸压检查,不得强行泵送。

5)灰浆泵应安装平稳。输送管路的布置宜短直、少弯头;全部输送管道接头应紧密连接,不得渗漏;垂直管道应固定牢固;管道上不得加压或悬挂重物。

6)故障停机时,应打开泄浆阀使压力下降,然后排除故障。灰浆泵压力未达到零时,不得拆卸空气室、安全阀和管道。

7)作业前应检查并确认球阀完好,泵内无干硬灰浆等物,各连接件紧固牢靠,安全阀已调整到预定的安全压力。

8)泵送时,应先开机后加料。应先用泵压送适量石灰膏润滑输送管道,然后再加入稀灰浆,最后调整到所需稠度。

9)作业后,应采用石灰膏或浓石灰水把输送管道里的灰浆全部泵出,再用清水将泵和输送管道清洗干净。

(5)水磨石机操作安全要求

1)作业前,应检查并确认各连接件紧固,当用木槌轻击磨石发出无裂纹的清脆声音时,方可作业。

2)更换新磨石后,应先在废水磨石地坪上或废水泥制品表面磨1～2h,待金刚石切削刃磨出后,再投入工作面作业。

3)电缆线应离地架设,不得放在地面上拖动。电缆线应无破损,保护接地良好。

4)水磨石机宜在混凝土达到设计强度70%～80%时进行磨削作业。

5)在接通电源、水源后,应手压扶把使磨盘离开地面,再启动电动机,并应检查确认磨盘旋转方向与箭头所示方向一致,待运转正常后,再缓慢放下磨盘,进行作业。

6)作业中,当发现磨盘跳动或异响,应立即停机检修。停机时,应先提升磨盘后关机。

7)作业中,使用的冷却水不得间断,用水量宜调至工作面不发干。

8)作业后,应切断电源,清洗各部位的泥浆,放置在干燥处,用防雨布遮盖。

(6)高压无气喷涂机操作安全要求

1)喷涂燃点在21℃以下的易燃涂料时,必须接好地线,地线的一端接电动机零线位置,另一端应接涂料桶或被喷的金属物体。喷涂机不得和被喷物放在同一房间里,周围严禁有明火。

2)喷涂中,当喷枪堵塞时,应先将枪关闭,使喷嘴手柄旋转180°,再打开喷枪用压力涂料排除堵塞物,当堵塞严重时,应停机卸压后,拆下喷嘴,排除堵塞。

3)作业中,当停歇时间较长时,应停机卸压,将喷枪的喷嘴部位放入溶剂内。

4)作业前,应先空载运转,然后用水或溶剂进行运转检查。确认运转正常后,方可作业。

5)不得用手指试高压射流,射流严禁正对其他人员。喷涂间隙时,应随手关闭喷枪安全装置。

6)启动前,调压阀、卸压阀应处于开启状态,吸入软管、回路软管接头和压力表、高压软管及喷枪等均应连接牢固。

7)高压软管的弯曲半径不得小于250mm,亦不得在尖锐的物体上用脚踩高压软管。

8)作业后,应彻底清洗喷枪。清洗时不得将溶剂喷回小口径的溶剂桶内。应防产生静电火花引起着火。

(7)切割机操作安全要求

1)严禁在运转中检查、维修各部件。锯台上和构件锯缝中的碎屑应采用专用工具及时清除,不得用手捡拾或抹试。

2)切割厚度应按机械出厂铭牌规定进行,不得超厚切割。

3)启动后,应空载运转,检查并确认锯片运转方向正确,升降机构灵活,运转中无异常、异响,一切正常后,方可作业。

4)加工件送到与锯片相距300mm处或切割小块料时,应使用专用工具送料,不得直接用手推料。

5)操作人员应双手按紧工件，均匀送料，在推进切割机时，不得用力过猛。操作时不得戴手套。

6)作业中，当工件发生冲击、跳动及异常音响时，应立即停机检查，排除故障后，方可继续作业。

7)使用前，应检查并确认电动机、电缆线均正常，保护接地良好，防护装置安全有效，锯片选用符合要求，安装正确。

8)作业后，应清洗机身，擦干锯片，排放水箱余水，收回电缆线，并存放在干燥、通风处。

3. 手持电动工具操作安全技术

(1)使用角向磨光机时应符合下列要求：

1)磨削作业时，应使砂轮与工件面保持15°～30°的倾斜位置；切削作业时，砂轮不得倾斜，并不得横向摆动。

2)砂轮应选用增强纤维树脂型，其安全线速度不得小于80m/s。配用的电缆与插头应具有加强绝缘性能，并不得任意更换。

(2)采用工程塑料为机壳的非金属壳体的电动机、电器，在存放和使用时应防止受压、受潮，并不得接触汽油等溶剂。

(3)为了防止射钉枪射钉误发射而造成人身伤害事故，使用射钉枪时应符合下列要求：

1)在更换零件或断开射钉枪之前，射枪内均不得装有射钉弹。

2)严禁用手掌推压钉管和将枪口对准人。

3)击发时，应将射钉枪垂直压紧在工作面上，当两次扣动扳机，子弹均不击发时，应保持原射击位置数秒钟后，再退出射钉弹。

(4)机具启动后，应空载运转，应检查并确认机具联动灵活无阻。作业时，加力应平稳，不得用力过猛。

(5)使用刃具的机具，应保持刃磨锋利，完好无损，安装正确，牢固可靠。

(6)手持电动工具依靠操作人员的手来控制，如果在运转过程中撒手，机具失去控制，会破坏工件、损坏机具，甚至造成人身伤害。所以机具转动时，不得撒手不管。

(7)使用冲击电钻或电锤时，应符合下列要求：

1)钻孔时，应注意避开混凝土中的钢筋。

2)电钻和电锤为40%断续工作制，不得长时间连续使用。

3)作业孔径在25mm以上时，应有稳固的作业平台，周围应设护栏。

4)作业时应掌握电钻或电锤手柄，打孔时先将钻头抵在工作表面，然后开动，用力适度，避免晃动；转速若急剧下降，应减少用力，防止电机过载，严禁用木杠加压。

(8)手持电动工具转速高,振动大,作业时与人体直接接触,所以在潮湿地区或在金属构架、压力容器、管道等导电良好的场所作业时,必须使用双重绝缘或加强绝缘的电动工具。

(9)使用瓷片切割机时应符合下列要求:

1)切割过程中用力应均匀适当,推进刀片时不得用力过猛。当发生刀片卡死时,应立即停机,慢慢退出刀片,应在重新对正后方可再切割。

2)作业时应防止杂物、泥尘混入电动机内,并应随时观察机壳温度,当机壳温度过高及产生炭刷火花时,应立即停机检查处理。

(10)作业前的检查应符合下列要求:

为保证手持电动工具的正常使用,在手持电动工具作业前必须按照以下要求进行检查。

1)外壳、手柄不出现裂缝、破损。

2)各部防护罩齐全牢固,电气保护装置可靠。

3)电缆软线及插头等完好无损,开关动作正常,保护接零连接正确牢固可靠。

(11)作业中,不得用手触摸刃具、模具和砂轮,发现其有磨钝、破损情况时,应立即停机修整或更换,然后再继续进行作业。

(12)使用电剪时应符合下列要求:

1)作业时不得用力过猛,当遇刀轴往复次数急剧下降时,应立即减少推力。

2)作业前应先根据钢板厚度调节刀头间隙量。

(13)使用砂轮的机具,其转速一般在10000r/min以上,因此,对砂轮的质量和安装有严格要求。使用前应检查砂轮与接盘间的软垫并安装稳固,螺帽不得过紧,凡受潮、变形、裂纹、破碎、磕边缺口或接触过油、碱类的砂轮均不得使用,并不得将受潮的砂轮片自行烘干使用。

(14)严禁超载使用。为防止机具故障达到延长使用寿命的目的,作业中应注意音响及温升,发现异常应立即停机检查。在作业时间过长,机具温升超过60℃时,应停机,自然冷却后再行作业。

(15)使用拉铆枪时应符合下列要求:

1)铆接时,当铆钉轴未拉断时,可重复扣动扳机,直到拉断为止,不得强行扭断或撬断,以免造成机件损伤。

2)为避免失去调节精度、影响操作,作业中,接铆头子或并帽若有松动,应立即拧紧。

3)被铆接物体上的铆钉孔应与铆钉滑配合,并不得过盈量太大以免影响铆接质量。

4. 空气压缩机操作安全技术

(1)为保证空气压缩机的正常使用,在空气压缩机作业前必须按照以下要求进行检查:

1)燃、润油料均添加充足;

2)各防护装置齐全良好,贮气罐内无存水;

3)各连接部位紧固,各运动机构及各部阀门开闭灵活;

4)电动空气压缩机的电动机及启动器外壳接地良好,接地电阻不大于 4Ω。

(2)输气管道输送的压缩空气如果直接吹向人体,会造成人身伤害事故,输气胶管应保持畅通,不得扭曲,开启送气阀前,应将输气管道连接好,并通知现场有关人员后方可送气。在出气口前方,不得有人工作或站立,防止压缩空气外泄伤人。

(3)空气压缩机的进排气管较长时,应加以固定,管路不得有急弯,以减少输气阻力;为防止金属管路因热胀冷缩而变形,对较长管路应设伸缩变形装置。

(4)每工作 2h,应将液气分离器、中间冷却器、后冷却器内的油水排放一次。贮气罐内的油水每班应排放 1～2 次。

(5)空气压缩机作业区应保持清洁和干燥。作为压力容器,贮气罐应放在通风良好处,要尽可能降低温度,以提高储存压缩空气的质量,要远离热源,距贮气罐 15m 以内不得进行焊接或热加工作业。

(6)发现下列情况之一时应立即停机检查,找出原因并排除故障后,方可继续作业:

1)漏水、漏气、漏电或冷却水突然中断;

2)机械有异响或电动机电刷发生强烈火花;

3)压力表、温度表、电流表指示值超过规定;

4)排气压力突然升高,排气阀、安全阀失效。

(7)运转中,在缺水而使汽缸过热停机时,如果立即注入冷水,高温的汽缸体因骤冷收缩,容易产生裂缝而导致损坏。因此,应待汽缸自然降温至 60℃以下时,方可加水。

(8)贮气罐上的安全阀是限制贮气罐内的压力不超过规定值的安全保护装置,作业中贮气罐内压力不得超过铭牌额定压力,安全阀应灵敏有效。进、排气阀,轴承及各部件应无异响或过热现象。

(9)当电动空气压缩机运转中突然停电时,应立即切断电源,等来电后重新在无荷载状态下启动。

(10)贮气罐和输气管路每三年应作水压试验一次,试验压力应为额定压力的 150%。压力表和安全阀应每年至少校验一次。

(11)停机后,应关闭冷却水阀门,打开放气阀,放出各级冷却器和贮气罐内的油水和存气,方可离岗。

(12)空气压缩机的内燃机和电动机的使用应分别按照内燃机和电动机操作安全技术要求进行操作。

(13)空气压缩机应在无载状态下启动,启动后低速空运转,检视各仪表指示值符合要求,运转正常后,逐步进入荷载运转。

(14)停机时,应先卸去荷载,然后分离主离合器,再停止内燃机或电动机的运转。

(15)在潮湿地区及隧道中施工时,对空气压缩机外露摩擦面应定期加注润滑油,对电动机和电气设备应作好防潮保护工作。

五、设备安装工程施工机械操作安全技术

1. 发电机操作安全技术

(1)作业前检查内燃机与发电机传动部分,应连接可靠,输出线路的导线绝缘良好,各仪表齐全、有效。

(2)发电机电压太低,将对负荷(如电动设备)的运行产生不良影响,对发动机本身运行也不利,还会影响并网运行的稳定性;电压太高,除影响用电设备的安全运行外,还会影响发电机的使用寿命。因此,发电机连续运行的最高和最低允许电压值不得超过额定值的±10%。其正常运行的电压变动范围应在额定值的±5%以内,超出这个规定值时应进行调整,功率因数为额定值时,发电机额定容量应不变。

(3)启动后检查发电机在升速中应无异响,滑环及整流子上电刷接触良好,无跳动及冒火花现象。待运转稳定,频率、电压达到额定值后,方可向外供电。荷载应逐步增大,三相应保持平衡。

(4)当发电机组在高频率运行时,容易损坏部件,甚至发生事故,当发电机在过低频率运转时,不但对用电设备的安全和效率产生不良影响,而且能使发电机转速降低,定子和转子线圈温度升高。所以发电机在额定频率值运行时,其变动范围不得超过±0.5Hz。

(5)启动前应先将励磁变阻器的电阻值放在最大位置上,然后切断供电输出主开关,接合中性点接地开关。有离合器的机组,应先启动内燃机空载运转,待正常后再接合发电机。

(6)发电机功率因数不得超过迟相(滞后)0.95。有自动励磁调节装置的,可在功率因数为1的条件下运行,必要时可允许短时间在迟相0.95~1的范围内运行。

(7)以内燃机为动力的发电机,其内燃机部分应严格按照内燃机操作安全规

程操作。

(8)发电机运行中应经常检查并确认各仪表指示及各运转部分正常，并应随时调整发电机的荷载。定子、转子电流不得超过允许值。

(9)停机前应先切断各供电分路主开关，逐步减少荷载，然后切断发电机供电主开关，将励磁变阻器复回到电阻最大值位置，使电压降至最低值，再切断励磁开关和中性点接地开关，最后停止内燃机运转。

(10)新装、大修或停用10天以上的发电机，使用前应测量定子和励磁回路的绝缘电阻以及吸收比，定子的绝缘电阻不得低于上次所测值的30%，励磁回路的绝缘电阻不得低于0.5MΩ，吸收比不得小于1.3，并应做好测量记录。

(11)发电机开始运转后，即应认为全部电气设备均已带电。

2. 电动机安全技术

(1)长期停用或可能受潮的电动机，使用前应测量绝缘电阻，其值不得小于0.5MΩ。

(2)采用热继电器作电动机过载保护时，其容量小于额定电流时，则电动机未过载时即发生作用；大于额定电流时，就失去了保护作用。因此，其容量应选择电动机额定电流的100%～125%。

(3)当电动机额定电压变动在－5%～＋10%的范围内时，可以额定功率连续运行；当超过时，则应控制负荷。

(4)电动机应装设过载和短路保护装置。并应根据设备需要装设断相和失压保护装置。每台电动机应有单独的操作开关。

(5)电动机在正常运行中，不得突然进行反向运转。

(6)电动机的集电环与电刷的接触不良时，会发生火花，集电环与电刷磨损加剧，还会增加电能损耗，甚至影响正常运转。集电环与电刷的接触面不得小于满接触面的75%。电刷高度磨损超过原标准2/3时应更换新电刷。

(7)电动机械在工作中遇停电时，应立即切断电源，将启动开关置于停止位置。

(8)电动机的熔丝额定电流应按下列条件选择：

1)多台电动机合用的总熔丝额定电流为其中最大一台电动机额定电流150%～250%再加上其余电动机额定电流的总和。

2)单台电动机的熔丝额定电流为电动机额定电流的150%～250%。

(9)电动机运行中应无异响、无漏电，轴承温度正常且电刷与滑环接触良好。旋转中电动机的允许最高温度应按下列情况取值：滑动轴承为80℃，滚动轴承为95℃。

(10)直流电动机的换向器表面如有损伤，运转时会产生火花，加剧电刷和换向器的损伤，影响正常运转，直流电动机的换向器表面应保持光洁，当有机械损伤或火花灼伤时应修整。

(11)电动机停止运行前，应首先将荷载卸去，或将转速降到最低，然后切断电源，启动开关应置于停止位置。

3. 动力与电气装置操作安全基本要求

(1)清洗机电设备时，不得将水冲到电气设备上。

(2)冷却系统的水质应保持洁净，硬水含有大量矿物质，高温作用下将产生水垢堵塞水道，降低散热功能，所以需要经过软化处理后再使用。

(3)电气装置遇跳闸时，不得强行合闸，以免导致接零或接地失去保护作用烧坏电气设备。应查明原因，排除故障后方可再行合闸。

(4)在同一供电系统中，不得同时采用接零和接地两种保护方法，即：不得将一部分电气设备作保护接地，而将另一部分电气设备作保护接零。

(5)严禁带电作业或采用预约停送电时间的方式进行电气检修。检修前必须先切断电源并在电源开关上挂“禁止合闸，有人工作”的警告牌。警告牌的挂、取应有专人负责。

(6)安装在室内的各类固定式动力机械，基础(基座)应符合规定，移动式动力机械应处于水平状态，放置稳固。内燃机机房应有良好的通风，周围应有1m以上的通道，排气管必须引出室外，并不得与可燃物接触。室外使用动力机械应搭设机棚。

(7)严禁利用大地做工作零线，不得借用机械本身金属结构做工作零线。

(8)电气设备的额定工作电压必须与电源电压等级相符。

(9)各种配电箱、开关箱应配备安全锁，箱内不得存放任何其他物件并应保持清洁。非本岗位作业人员不得擅自开箱合闸。每班工作完毕后，应切断电源，锁好箱门。

(10)电气设备的金属外壳应采用保护接地或保护接零，具体要求如下两点。

1)保护接零：中性点直接接地系统中的电气设备应采用保护接零。

2)保护接地：中性点不直接接地系统中的电气设备应采用保护接地。接地网接地电阻不宜大于4Ω(在高土壤电阻率地区，应遵照当地供电部门的规定)。

(11)电气设备的每个保护接地或保护接零点必须用单独的接地(零)线与接地干线(或保护零线)相连接。严禁在一个接地(零)线中串接几个接地(零)点。

(12)发生人身触电时，应立即切断电源，然后方可对触电者作紧急救护。严禁在未切断电源之前与触电者直接接触。

(13)在保护接零的零线上串接熔断器或短路设备，将使零线失去保护功能。所以不得在保护接零的零线上装设开关或熔断器。

(14)动力机械的燃油和润滑油牌号应符合该机规定,油质和加油器具应保持洁净(柴油应沉淀过滤),并应按季节要求换油。

(15)电气设备或线路发生火警时,应首先切断电源,在未切断电源之前,不得使身体接触导线或电气设备,也不得用水或泡沫灭火剂进行灭火。

4.10kV以下配电装置安全技术

(1)施工现场低压电力线路网必须采用两级漏电保护系统,即第一级的总电源(总配电箱)保护和第二级的分电源(分配电箱或开关箱)保护,其额定漏电动作电流和额定漏电动作时间应合理配合,并应具有分级分段保护的功能。

(2)施工电源及高低压配电装置应设专职值班人员负责运行与维护,高压巡视检查工作不得少于两人,每半年应进行一次停电检修和清扫。

(3)配电箱或开关箱内的漏电保护器的额定漏电动作电流不应大于30mA,额定漏电动作时间应小于0.1s;使用于潮湿或有腐蚀介质场所的漏电保护器应采用防溅型产品,其额定漏电动作电流不应大于15mA,额定漏电动作时间应小于0.1s。

(4)避雷装置在雷雨季节之前应进行一次预防性试验,并应测量接地电阻。雷电后应检查阀型避雷器的瓷瓶、连接线和地线均应完好无损。

(5)施工现场电动建筑机械或手持电动工具的荷载线,必须按其容量选用无接头的铜芯橡皮护套软电缆。其中绿、黄双色线在任何情况下只可用作保护零线或重复接地线。

(6)停用或经修理后的高压油开关,在投入运行前应全面检查,在额定电压下做合闸、跳闸操作各三次,其动作应正确可靠。

(7)在易燃、易爆、有腐蚀性气体的场所应采用防爆型低压电器;在多尘和潮湿或易触及人体的场所应采用封闭型低压电器。

(8)在施工现场专用的中性点直接接地的电力线路中必须采用TN—S接零保护系统。施工现场所有电气设备的金属外壳必须与专用保护零线连接。

(9)各种熔断器的额定电流必须按规定合理选用。严禁在现场利用铁丝、铝丝等非专用熔丝替代。熔断器具有在一定温度下被烧断的特性,在电路中起着过载和短路的保护作用,如果熔断器的熔点选择不当或用其他金属丝代替,由于熔点不同,当电路中出现过载或短路时不能及时熔断而失去保护作用。

(10)隔离开关应每季检查一次,瓷件应无裂纹及放电现象;接线柱和螺栓应无松动;刀型开关应无变形、损伤,接触应严密。三相隔离开关各相动触头与静触头应同时接触,前后相差不得大于3mm。

(11)施工现场的各种配电箱、开关箱必须有防雨设施,并应装设端正、牢固。固定式配电箱、开关箱的底部与地面的垂直距离应为1.3～1.5m;移动式配电箱、开关箱的底部与地面的垂直距离宜在0.6～1.5m。

(12)施工现场低压供电线路的干线和分支线的终端，以及沿线每1km处的保护零线应作重复接地；配电室或总配电箱的保护零线以及塔式起重机的行走轨道均应作重复接地。重复接地的接地电阻值不应大于10Ω。

(13)每台电动建筑机械应有各自专用的开关箱，必须实行“一机一闸”制。开关箱应设在机械设备附近。

(14)漏电保护器应按产品使用说明书的规定安装、使用和定期检查，确保动作灵敏、运行可靠、保护有效。

(15)各种电源导线严禁直接绑扎在金属架上。

(16)低压电气设备和器材的绝缘电阻不得小于0.5MΩ。

(17)配电箱电力容量在15kW以上的电源开关严禁采用瓷底胶木刀型开关。4.5kW以上电动机不得用刀型开关直接启动。各种刀型开关应采用静触头接电源，动触头接荷载，严禁倒接线。

(18)高压油开关的瓷套管应保证完好，油箱无渗漏，油位、油质正常，合闸指示器位置正确，传动机构灵活可靠。并应定期对触头的接触情况、油质、三相合闸的同期性进行检查。

(19)架空导线的截面应满足安全载流量的要求，且电压损失不应大于5%。同时，导线的截面应满足架空强度要求，绝缘铝线截面不得小于16mm^2，绝缘铜线截面不得小于10mm^2。施工现场导线与地面直接距离应大于4m；导线与建筑物或脚手架的距离应大于4m。

(20)照明采用电压等级应符合下列要求：

1)一般场所为220V。

2)在潮湿和易触及带电体场所不大于24V。

3)在特别潮湿的场所、导电良好的地面、锅炉或金属容器内不大于12V。

4)隧道、人防工程、有高温、导电灰尘或灯具离地面高度低于2.4m等场所不大于36V。

(21)使用移动发电机供电的用电设备，其金属外壳或底座，应与发电机电源的接地装置有可靠的电气连接。

(22)照明变压器必须使用双绕组型，严禁使用自耦变压器。

(23)电压400V/230V的自备发电机组电源应与外电线路电源连锁，严禁并列运行供电。发电机组应设置短路保护和过荷载保护。

5. 钣金和管工机械操作安全技术

(1)法兰卷圆机操作安全要求

1)应先空载运转，确认正常后，方可作业。

2)当加工法兰直径超过 1000mm 时,应采取适当的安全措施。

3)当轧制的法兰不能进入第二道型辊时,应使用专用工具送入。严禁用手直接推送。

4)加工型钢规格不应超过机具的允许范围。

5)任何人不得靠近法兰尾端。

(2)咬口机操作安全要求

1)工件长度、宽度不得超过机具允许范围。

2)应先空载运转,确认正常后,方可作业。

3)作业中,当有异物进入辊轮中时,应及时停机修理。

4)严禁用手触摸转动中的辊轮。用手送料到末端时,手指必须离开工件。

(3)套丝切管机操作安全要求

1)切断作业时,不得在旋转手柄上加长力臂;切平管端时,不得进刀过快。

2)应按加工管径选用板牙头和板牙,板牙应按顺序放入,作业时应采用润滑油润滑板牙。

3)当加工件的管径或椭圆度较大时,应两次进刀。

4)套丝切管机应安放在稳固的基础上。

5)当工件伸出卡盘端面的长度过长时,后部应加装辅助托架,并调整好高度。

6)应先空载运转,进行检查、调整,确认运转正常,方可作业。

7)作业中应使用刷子清除切屑,不得敲打震落。

(4)圆盘下料机操作安全要求

1)当作业开始需对上、下刀刃时,应先手动盘车,将上下刀刃的间隙调整到板厚的 1.2 倍,再开机试切。应经多次调整到被切的圆形板无毛刺时,方可批量下料。

2)下料机应安装在稳固的基础上。

3)圆盘下料机下料的直径、厚度等不得超过机械出厂铭牌规定,下料前应先将整板切割成方块料,在机旁堆放整齐。

4)作业前,应检查并确认各传动部件连接牢固可靠,先空运转,确认正常后,方可开始作业。

5)作业后,应对下料机进行清洁保养工作,并应清除边角料,保持现场整洁。

(5)弯管机操作安全要求

1)应按加工管径选用管模,并应按顺序放好。

2)不得在管子和管模之间加油。

3)作业前,应先空载运转,确认正常后,再套模弯管。

4)作业场所应设置围栏。

5)应夹紧机件,导板支承机构应按弯管的方向及时进行换向。

(6)仿形切割机操作安全要求

1)作业中,四周不得有易燃、易爆物品堆放。

2)作业前,应先通电后空运转,检查氧、乙炔等配合和加装的仿形样板无误后,方可作试切工作。

3)应按出厂使用说明书要求接好电控箱到切割机的电缆线,并应作好保护接地。

4)作业后,应清除设备污物,整理氧气带、乙炔气带及通电电缆线,分别盘好并架起保管。

(7)折板机操作安全要求

1)作业前,应检查电气设备、液压装置及各紧固件,确认完好后,方可开机。

2)折板机应安装在稳固的基础上。

3)作业中,应经常检查上模具的紧固件和液压缸,当发现有松动或泄漏等情况,应立即停机,处理后,方可继续作业。

4)作业时,应先校对模具,预留被折板厚的1.5～2倍间隙,经试折后,检查机械和模具装备均无误,再调整到折板规定的间隙,方可正式作业。

5)批量生产时,应使用后标尺挡板进行对准和调整尺寸,并应空载运转,检查及确认其摆动灵活可靠。

(8)坡口机操作安全要求

1)当管子过长时,应加装辅助托架。

2)刀排、刀具应稳定牢固。

3)应先空载运转,确认正常后,方可作业。

4)作业中,不得俯身近视工件。严禁用手摸坡口及擦拭铁屑。

第二节　起重吊装作业安全技术

一、起重吊装机械安全技术基本要求

(1)操纵室远离地面的起重机,在正常指挥发生困难时,地面及作业层(高空)的指挥人员均应采用对讲机等有效的通信联络进行指挥。

(2)起重机的内燃机、电动机和电气、液压装置部分,应分别按照内燃机、电动机和电气、液压装置部分操作安全技术要求进行操作。

(3)在吊装过程中,不可避免会遇到一些需要超过规定起重性能进行吊装的

特殊情况，操作人员应按规定的起重性能作业，不得超载。在特殊情况下需超载使用时，必须经过验算，有保证安全的技术措施，并写出专题报告，经企业技术负责人批准，有专人在现场监护下，方可作业。

(4)起重机进行斜拉、斜吊导致其作用力在起重机一侧，将破坏起重机的稳定性，造成超载及钢丝绳出槽，还会使其重臂因侧向力而扭弯，甚至造成倾翻事故。为了避免起重机的稳定性遭到破坏，严禁使用起重机进行斜拉、斜吊和起吊地下埋设或凝固在地面上的重物以及其他不明重量的物体。现场浇筑的混凝土构件或模板，必须全部松动后方可起吊。

(5)为保证在起重吊装作业中正确操作机械，操作人员在作业前必须对工作现场环境、行驶道路、架空电线、建筑物以及构件重量和分布情况进行全面了解。

(6)操作人员进行起重机回转、变幅、行走和吊钩升降等动作前，应发出音响信号示意。

(7)起吊重物应绑扎平稳、牢固，不得在重物上再堆放或悬挂零星物件。易散落物件应使用吊笼栅栏固定后方可起吊。标有绑扎位置的物件，应按标记绑扎后起吊。吊索与物体的夹角越小，吊索受拉力越大，同时，吊索对物体的水平压力也越大，因此，吊索与物件的夹角宜采用 45°～60°，且不得小于 30°，吊索与物件棱角之间应加垫块。

(8)现场施工负责人应为起重机作业创造必备的操作条件，提供足够的工作场地，清除或避开起重臂起落及回转半径内的障碍物，以保证机械安全作业。

(9)起重机荷载越大，安全系数越小，越要认真对待。为了预防事故的发生，起吊荷载达到起重机额定起重量的 90%及以上时，应先将重物吊离地面 200～500mm 后，检查起重机的稳定性，制动器的可靠性，重物的平稳性，绑扎的牢固性，确认无误后方可继续起吊。对易晃动的重物应拴拉绳。

(10)重物下降时突然制动，其冲击荷载将使起升机构损伤，严重时会破坏起重机稳定性而倾翻，因此重物起升和下降速度应平稳、均匀，不得突然制动。如果回转未停稳即反转，所吊重物因惯性而大幅度摆动，也会使起重臂扭弯或起重机倾翻。所以，左右回转应平稳，当回转未停稳前不得作反向动作。非重力下降式起重机，不得带载自由下降。

(11)起吊重物长时间悬挂在空中，如遇操作人员疏忽或制动器失灵时，将使重物失控而快速下降，造成事故。所以，作业中遇突发故障，应采取措施将重物降落到安全地方，并关闭发动机或切断电源后进行检修。在突然停电时，应立即把所有控制器拨到零位，断开电源总开关，并采取措施使重物降到地面。

(12)各类起重机应装有音响清晰的喇叭、电铃或汽笛等信号装置。在起重臂、吊钩、平衡重等转动体上应标以鲜明的色彩标志。

(13)起重机不得靠近架空输电线路作业。起重机的任何部位与架空输电导线的安全距离不得小于表6-1的要求。

表6-1 起重吊装机械与架空输电导线的安全距离

输电导线电压/kV	<1	1～15	20～40	60～110	220
允许沿输电导线垂直方向最近距离/m	1.5	3	4	5	6
允许沿输电导线水平方向最近距离/m	1	1.5	2	4	6

(14)起重机使用的钢丝绳,应有钢丝绳制造厂签发的产品技术性能和质量的证明文件。当无证明文件时,必须经过试验合格后方可使用。

(15)雨、雪天气能使露天作业的起重机部分机件受潮,尤其是制动带受潮后影响制动性能,所以在露天有6级及以上大风或大雨、大雪、大雾等恶劣天气时,应停止起重吊装作业。雨雪过后作业前,应先试吊,确认制动器灵敏可靠后方可进行作业。

(16)起重机使用的钢丝绳,其结构形式、规格及强度应符合该型起重机使用说明书的要求。钢丝绳与卷筒应连接牢固,放出钢丝绳时,卷筒上应至少保留三圈,收放钢丝绳时应防止钢丝绳打环、扭结、弯折和乱绳,不得使用扭结、变形的钢丝绳。使用编结的钢丝绳,其编结部分在运行中不得通过卷筒和滑轮。

(17)钢丝绳采用编结固接时,编结部分的长度不得小于钢丝绳直径的20倍,并不应小于300mm,其编结部分应捆扎细钢丝。当采用绳卡固接时,与钢丝绳直径匹配的绳卡的规格、数量应符合表6-2的要求。最后一个绳卡距绳头的长度不得小于140mm,绳卡滑鞍(夹板)应在钢丝绳承载时受力的一侧,U形螺栓应在钢丝绳的尾端,不得正反交错。绳卡初次固定后,应待钢丝绳受力后再度紧固,并宜拧紧到使两绳直径高度压扁1/3。作业中应经常检查紧固情况。

表6-2 与绳径匹配的绳卡数

钢丝绳直径/mm	<10	10～20	21～36	28～36	36～40
最少绳卡数/个	3	4	5	6	7
绳卡间距/mm	80	140	160	220	240

(18)每班作业前,应检查钢丝绳及钢丝绳的连接部位。当钢丝绳在一个节距内断丝根数达到或超过表6-3根数要求时,应予报废。当钢丝绳表面锈蚀或磨损使钢丝绳直径显著减少时,应将表6-3报废标准按表6-4折减,并按折减后

的断丝数报废。

表 6-3　钢丝绳报废标准(一个节距内的断丝数)

采用的安全系数	钢丝绳规格					
	6×19+1		6×37+1		6×61+1	
	交互捻	同向捻	交互捻	同向捻	交互捻	同向捻
6 以下	12	6	22	11	36	18
6～7	14	7	26	13	38	19
7 以上	16	8	30	15	40	20

表 6-4　钢丝绳锈蚀或磨损时报废标准的折减系数

钢丝绳表面锈蚀磨损量/(%)	10	15	20	25	30～40	>40
折减系数	85	75	70	60	50	报废

(19)起重吊装的指挥人员必须持证上岗,作业时应与操作人员密切配合,执行规定的指挥信号,不得违章指挥。操作人员应按照指挥人员的信号进行作业,当信号不清或错误时,操作人员可拒绝执行,不得违章操作。

(20)为了避免将手或脚卷进卷筒造成伤亡,向转动的卷筒上缠绕钢丝绳时,不得用手拉或脚踩来引导钢丝绳。钢丝绳涂抹润滑脂,必须在停止运转后进行。

(21)起重机的变幅指示器、力矩限制器、起重量限制器以及各种行程限位开关等安全保护装置,应完好齐全、灵敏可靠,不得随意调整或拆除。严禁利用限制器和限位装置代替操纵机构。

(22)起重机的吊钩和吊环严禁补焊,当出现下列情况之一时应更换:

1)表面有裂纹、破口;

2)危险断面及钩颈有永久变形;

3)吊钩衬套磨损超过原厚度 50%;

4)挂绳处断面磨损超过高度 10%;

5)心轴(销子)磨损超过其直径的 3%～5%。

(23)起重机作业时,起重臂和重物下方严禁有人停留、工作或通过。重物吊运时,严禁从人上方通过。严禁用起重机载运人员。

(24)当起重机制动器的制动鼓表面磨损达 1.5～2.0mm(小直径取小值,大直径取大值)时,应更换制动鼓,同样,当起重机制动器的制动带磨损超过原厚度 50%时,应更换制动带。

二、履带式起重机安全技术

(1)起重机的变幅机构一般采用蜗杆减速器和自动常闭带式制动器,这种制动器仅能起到辅助作用,如果操作中在起重臂未停稳前即换挡,由于起重臂下降的惯性超过了辅助制动器的摩擦力,将造成起重臂失控摔坏的事故。所以,起重机变幅应缓慢平稳,严禁在起重臂未停稳前变换挡位;起重机荷载达到额定起重量的90%及以上时,严禁下降起重臂。

(2)起重机自重大,接地压力高,作业时重心变化大,应在平坦坚实的地面上作业、行走和停放。在正常作业时,坡度不得大于3°,并应与沟渠、基坑保持安全距离。

(3)采用双机抬吊作业时,应选用起重性能相似的起重机进行。为了使荷载的合理分配和双机动作的同步,抬吊时应统一指挥,动作应配合协调,荷载应分配合理,单机的起吊荷载不得超过允许荷载的80%。为防止超载,在吊装过程中,两台起重机的吊钩滑轮组应保持垂直状态。

(4)为保证起重机的正常使用,在起重机作业前必须按照以下要求进行检查:

1)各连接件无松动;

2)钢丝绳及连接部位符合规定;

3)各安全防护装置及各指示仪表齐全完好;

4)燃油、润滑油、液压油、冷却水等添加充足。

(5)当起重机如需带载行走时,由于机身晃动,起重臂随之俯仰,幅度也不断变化,所吊重物也因惯性而摆动,形成斜吊,因此,荷载不得超过允许起重量的70%,行走道路应坚实平整,重物应在起重机正前方向,便于操作员观察和控制,重物离地面不得大于500mm,并应拴好拉绳,缓慢行驶。严禁长距离带载行驶。

(6)起吊荷载接近满负荷时,其安全系数相应降低,操作中稍有疏忽,就会发生超载,在起吊荷载达到额定起重量的90%及以上时,升降动作应慢速进行,并严禁同时进行两种及以上动作。

(7)起重机在不平的地面上急转弯,容易造成倾翻事故。所以,起重机行走时,转弯不应过急;当转弯半径过小时,应分次转弯;当路面凹凸不平时,不得转弯。

(8)内燃机启动后,应检查各仪表指示值,待运转正常再接合主离合器,进行空载运转,顺序检查各工作机构及其制动器,确认正常后,方可作业。

(9)起重机上下坡时,起重机的重心和起重臂的幅度随坡度而变化,因此,起重机上下坡道时应无载行走,上坡时应将起重臂仰角适当放小,下坡时应将起重臂仰角适当放大。下坡空挡滑行将失去控制造成事故，严禁下坡空挡滑行。

(10)起重吊装作业不得有丝毫差错，起吊重物时应先稍离地面试吊，当确认重物已挂牢，起重机的稳定性和制动器的可靠性均良好，再继续起吊，以便及时发现和消除不安全因素。在重物升起过程中，操作人员应把脚放在制动踏板上，密切注意起升重物，防止吊钩冒顶。当起重机停止运转而重物仍悬在空中时，即使制动踏板被固定，仍应脚踩在制动踏板上，一旦发生险情时可及时控制，以保证吊装作业的安全可靠。

(11)为了减少迎风面，降低起重机受到的风压，作业后，起重臂应转至顺风方向，并降至40°～60°，吊钩应提升到接近顶端的位置，应关停内燃机，将各操纵杆放在空挡位置，各制动器加保险固定，操纵室和机棚应关门加锁。

(12)作业时，俯仰变幅的起重臂的最大仰角不得超过出厂规定。当无资料可查时，不得超过78°，以防止起重臂后倾造成重大事故。

(13)起重机转移工地，应采用平板拖车运送。特殊情况需自行转移时，应卸去配重，拆短起重臂，主动轮应在后面，机身、起重臂、吊钩等必须处于制动位置，并应加保险固定。每行驶500～1000m时，应对行走机构进行检查和润滑。

(14)起重机通过桥梁、水坝、排水沟等构筑物时，必须先查明允许荷载后再通过。必要时应对构筑物采取加固措施。通过铁路、地下水管、电缆等设施时，应铺设木板保护，并不得在上面转弯。

(15)起重机启动前应将主离合器分离，各操纵杆放在空挡位置，并应参照内燃机操作规程安全启动内燃机。

(16)用火车或平板拖车运输起重机时，所用跳板的坡度不得大于15°；起重机装上车后，应将回转、行走、变幅等机构制动，并采用三角木紧履带两端，再牢固绑扎；后部配重用枕木垫实，不得使吊钩悬空摆动。

三、汽车、轮胎式起重机安全技术

(1)轮式起重机完全依靠支腿来保持它的稳定性和机身的水平状态，所以在作业前，应全部伸出支腿，并在撑脚板下垫方木，调整机体使回转支承面的倾斜度在无荷载时不大于1/1000(水准泡居中)。支腿有定位销的必须插上。底盘为弹性悬挂的起重机，放支腿前应先收紧稳定器。

(2)各种长度的起重臂都有规定的仰角，如果仰角起重臂伸出后，或主副臂全部伸出后，变幅时不得小于各长度所规定的仰角。

(3)起重机在满载或接近满载时，稳定性的安全系数相应降低，如果同时进行两种动作，容易造成超载而发生事故。所以，起吊重物达到额定起重量的90%以上时，严禁同时进行两种及以上的操作动作。

(4)起吊重物达到额定起重量的50%及以上时,应使用低速挡。

(5)起重机行驶和工作的场地应保持平坦坚实,并应与沟渠、基坑保持安全距离。

(6)起重机带载回转时,重物因惯性造成偏离与吊钩的垂直度而大幅度晃动,使起重机处于不稳定状态,容易发生事故。操作应平稳,避免急剧回转或停止,换向应在停稳后进行。

(7)汽车式起重机一般采用箱形伸缩式起重臂,它是双作用液压缸通过控制阀、选择阀和分配阀等液压控制装置使起重臂按规定程序伸出或缩回,以保证起重臂的结构强度符合额定起重量的需求。在伸臂的同时应相应下降吊钩。当限制器发出警报时,应立即停止伸臂。起重臂缩回时,仰角不宜太小。

(8)当轮胎式起重机带载行走时,道路必须平坦坚实,荷载必须符合出厂规定,重物离地面不得超过500mm,并应拴好拉绳,缓慢行驶。

(9)起重臂的工作幅度是由起重臂长度和仰角决定的,不同幅度有不同的额定起重量,作业时应根据所吊重物的重量和提升高度,调整起重臂长度和仰角,并应估计吊索和重物本身的高度,留出适当空间。

(10)采用自由(重力)下降时,荷载不得超过该工况下额定起重量的20%,并应使重物有控制地下降,下降停止前应逐渐减速,不得使用紧急制动,以防造成起升机构超载受损,或导致起重机倾翻事故。

(11)为在再一次行驶时起重机的装置不移动、不旋转等,作业后,应将起重臂全部缩回放在支架上,再收回支腿。吊钩应用专用钢丝绳挂牢;应将车架尾部两撑杆分别撑在尾部下方的支座内,并用螺母固定;应将阻止机身旋转的销式制动器插入销孔,并将取力器操纵手柄放在脱开位置;最后应锁住起重操纵室门。

(12)重物在空中需要较长时间停留时,应将起升卷筒制动锁住,操作人员不得离开操纵室。

(13)起重臂伸出后,出现前节臂杆的长度大于后节伸出长度时,说明液压系统存在故障,必须进行调整,消除不正常情况后,方可作业。

(14)行驶前,应检查并确认各支腿的收存无松动,轮胎气压应符合规定。内燃机水温在80℃～90℃时,润滑性能较好,温度过低使润滑油黏度增大,流动性能变差,如高速运转,将增加机件磨损。行驶时水温应在80℃～90℃范围内,水温未达到80℃时,不得高速行驶。

(15)如果在作业过程中搬动支腿操纵阀,将使支腿失去作用而造成机械倾翻事故。所以作业中严禁扳动支腿操纵阀。调整支腿必须在无荷载时进行,并将起重臂转至正前或正后方可再行调整。

(16)作业中发现起重机倾斜、支腿不稳等异常现象时,应立即使重物下降落在安全的地方,使起重机恢复稳定,以免造成起重机倾翻事故,不能使用紧急制动,下降中严禁制动。

(17)行驶时应保持中速,不得紧急制动,过铁道口或起伏路面时应减速,下坡时严禁空挡滑行,倒车时应有人监护。

(18)为保证起重机的正常使用,在起重机作业前必须按照以下要求进行检查:

1)各连接件无松动;

2)轮胎气压符合规定;

3)钢丝绳及连接部位符合规定;

4)各安全保护装置和指示仪表齐全完好;

5)燃油、润滑油、液压油及冷却水添加充足。

(19)汽车式起重机作业时,其液压系统是通过取力器以获得内燃机的动力。其操纵杆一般设在汽车驾驶室内,因此,汽车式起重机起吊作业时,汽车驾驶室要封闭,室内不得有人,以防误动操作杆,重物不得超越驾驶室上方,且不得在车的前方起吊。

(20)起重机启动前,应将各操纵杆放在空挡位置,手制动器应锁死,并应参照内燃机操作规程安全启动内燃机。启动后,应怠速运转,检查各仪表指示值,运转正常后接合液压泵,待压力达到规定值,油温超过 30℃时,方可开始作业。

(21)行驶时,严禁人员在底盘走台上站立或蹲坐,并不得堆放物件。

四、塔式起重机操作安全技术

(1)起重机拆装前,应按照出厂有关规定,编制拆装作业方法、质量要求和安全技术措施,经企业技术负责人审批后,作为拆装作业技术方案,并向全体作业人员交底。

(2)起重机的轨道基础或混凝土基础应验收合格后,方可使用。

(3)指挥人员应熟悉拆装作业方案,遵守拆装工艺和操作规程,使用明确的指挥信号进行指挥。所有参与拆装作业的人员,都应听从指挥,如发现指挥信号不清或有错误时,应停止作业,待联系清楚后再进行。

(4)起重机的金属结构、轨道及所有电气设备的金属外壳,应有可靠的接地装置,接地电阻不应大于 4Ω。

(5)很多起重机倾翻事故是由于不平衡而造成的,上回转塔式起重机通过平衡臂与起重臂保持机身平衡,在拆装平衡臂与起重臂过程中,需要注意保持机身的平衡。在拆装上回转、小车变幅的起重臂时,应根据出厂说明书的拆装要求进行,并应保持起重机的平衡。

(6)在拆装作业过程中,当遇天气剧变、突然停电、机械故障等意外情况,短时间不能继续作业时,必须使已拆装的部位达到稳定状态并固定牢靠,经检查确认无隐患后,方可停止作业。

(7)拆装人员在进入工作现场时,应穿戴安全保护用品,高处作业时应系好安全带,熟悉并认真执行拆装工艺和操作规程,当发现异常情况或疑难问题时,应及时向技术负责人反映,不得自行其是,应防止处理不当而造成事故。

(8)起重机的轨道基础应符合下列要求:

1)距轨道终端1m处必须设置缓冲止挡器,其高度不应小于行走轮的半径。在距轨道终端2m处必须设置限位开关碰块。

2)在纵横方向上,钢轨顶面的倾斜度不得大于1/1000。

3)每间隔6m应设轨距拉杆一个,轨距允许偏差为公称值的1/1000,且不超过±3mm。

4)钢轨接头间隙不得大于4mm,并应与另一侧轨道接头错开,错开距离不得小于1.5m,接头处应架在轨枕上,两轨顶高度差不得大于2mm。

5)路基承载能力:轻型(起重量30kN以下)应为60～100kPa;中型(起重量31～150kN)应为101～200kPa;重型(起重量150kN以上)应为200kPa以上。

6)鱼尾板连接螺栓应紧固,垫板应固定牢靠。

(9)安装起重机时,必须将大车行走缓冲止挡器和限位开关碰块安装牢固可靠,并应将各部位的栏杆、平台、扶杆、护圈等安全防护装置装齐。

(10)对于因损坏或其他原因而不能用正常方法拆卸的起重机,要求采取特殊的拆装方案,因而需要经过审批,郑重对待,以保安全。在拆除因损坏或其他原因而不能用正常方法拆卸的起重机时,必须按照技术部门批准的安全拆卸方案进行。

(11)采用高强度螺栓连接的结构,应使用原厂制造的连接螺栓,自制螺栓应有质量合格的试验证明,否则不得使用。连接螺栓时,应采用扭矩扳手或专用扳手,并应按装配技术要求拧紧。

(12)起重机安装过程中,必须分阶段进行技术检验。整机安装完毕后,应进行整机技术检验和调整,各机构动作应正确、平稳,无异响,制动可靠,各安全装置应灵敏有效;在无荷载情况下,塔身和基础平面的垂直度允许偏差为4%,经分阶段及整机检验合格后,应填写检验记录,经技术负责人审查签证后,方可交付使用。

(13)起重机的轨道基础两旁、混凝土基础周围应修筑边坡和排水设施,并应与基坑保持一定安全距离。

(14)拆装作业前检查项目应符合下列要求:

1)对所拆装起重机的各机构、各部位,对结构焊缝和重要部位螺栓、销轴,对卷扬机构和钢丝绳、吊钩、吊具,以及电气设备、线路等,进行全面检查,使隐患排除于拆装作业之前。

2)路基和轨道铺设或混凝土基础应符合技术要求。

3)检查拆装作业中配备的起重机、运输汽车等辅助机械应状况良好,技术性能应保证拆装作业的需要。

4)对自升塔式起重机顶升液压系统的液压缸和油管、顶升套架结构、导向轮、顶升撑脚(爬爪)等进行检查,及时处理存在的问题。

5)对拆装人员所使用的工具、安全带、安全帽等进行检查,不合格者立即更换。

6)对采用旋转塔身法所用的主副地锚架、起落塔身卷扬钢丝绳以及起升机构制动系统等进行检查,确认无误后方可使用。

(15)塔式起重机顶升属高处作业,顶升过程使起重机回转台及以上结构与塔身处于分离状态,需要有严格的作业要求。起重机塔身升降时,应符合下列要求:

1)升降作业过程,必须有专人指挥,专人照看电源,专人操作液压系统,专人拆装螺栓。非作业人员不得登上顶升套架的操作平台。操纵室内应只准一人操作,必须听从指挥信号。

2)升降时,顶升撑脚(爬爪)就位后,应插上安全销,方可继续下一动作。

3)顶升前应预先放松电缆,其长度宜大于顶升总高度,并应紧固好电缆卷筒。下降时应适时收紧电缆。

4)升降应在白天进行,特殊情况需在夜间作业时,应有充分的照明。

5)升降时,必须调整好顶升套架滚轮与塔身标准节的间隙,并应按规定使起重臂和平衡臂处于平衡状态,并将回转机构制动住,当回转台与塔身标准节之间的最后一处连接螺栓(销子)拆卸困难时,应将其对角方向的螺栓重新插入,再采取其他措施。不得以旋转起重臂动作来松动螺栓(销子)。如果因连接螺栓拆卸困难而采用旋转起重臂来松动螺栓,将会破坏起重臂平衡而造成倾翻事故。

6)风力在4级及以上时,不得进行升降作业。在作业中风力突然增大达到4级时,必须立即停止,并应紧固上、下塔身各连接螺栓。

7)升降完毕后,各连接螺栓应按规定扭力紧固,液压操纵杆回到中间位置,并切断液压升降机构电源。

(16)起重机的混凝土基础应符合下列要求:

1)基础表面平整度允许偏差0.1%。

2)混凝土强度等级不低于C35。

3)埋设件的位置、标高和垂直度以及施工工艺符合出厂说明书要求。

(17)塔式起重机接高到一定高度需要与建筑物附着锚固,以保持其稳定性。为了保证锚固装置的牢固可靠,以保持接高后起重机的稳定性,起重机的附着锚固应符合下列要求:

1)起重机附着的建筑物,其锚固点的受力强度应满足起重机的设计要求。附着杆系的布置方式、相互间距和附着距离等,应按出厂使用说明书规定执行。有变动时,应另行设计。

2)在附着框架和附着支座布设时,附着杆倾斜角不得超过10°。

3)塔身顶升接高到规定锚固间距时,应及时增设与建筑物的锚固装置。塔身高出锚固装置的自由端高度,应符合出厂规定。

4)附着框架宜设置在塔身标准节连接处,箍紧塔身。塔架对角处在无斜撑时应加固。

5)装设附着框架和附着杆件,应采用经纬仪测量塔身垂直度,并应采用附着杆进行调整,在最高锚固点以下垂直度允许偏差为0.2%。

6)起重机作业过程中,应经常检查锚固装置,发现松动或异常情况时,应立即停止作业,故障未排除,不得继续作业。

7)锚固装置的安装、拆卸、检查和调整,均应有专人负责,工作时应系安全带和戴安全帽,并应遵守高处作业有关操作安全的规定。

8)遇有6级及以上大风时,严禁安装或拆卸锚固装置。

9)拆卸起重机时,应随着降落塔身的进程拆卸相应的锚固装置。严禁在落塔之前先拆锚固装置。

10)轨道式起重机作附着式使用时,应提高轨道基础的承载能力和切断行走机构的电源,并应设置阻挡行走轮移动的支座。

(18)起重机的拆装必须由取得建设行政主管部门颁发的拆装资质证书的专业队进行,并应有技术和安全人员在场监护。

(19)内爬升起重机是在建筑物内部爬升,作业范围小,要求高,起重机内爬升时应符合下列要求:

1)内爬升作业应在白天进行。风力在5级及以上时,应停止作业。

2)每次内爬升完毕后,楼板上遗留下来的开孔,应立即采用钢筋混凝土封闭。

3)内爬升塔式起重机的最小固定间隔不宜小于3个楼层,尽可能减少爬升次数。

4)内爬升时,应加强机上与机下之间的联系以及上部楼层与下部楼层之间的联系，遇有故障及异常情况，应立即停机检查，故障未排除，不得继续爬升。

5)为了保证支承起重机的楼层有足够的承载能力。对固定内爬升框架的楼层楼板，在楼板下面应增设支柱作临时加固。搁置起重机底座支承梁的楼层下方两层楼板，也应设置支柱作临时加固。

6)起重机爬升到指定楼层后，应立即拔出塔身底座的支承梁或支腿，通过内爬升框架固定在楼板上，并应顶紧导向装置或用楔块塞紧。

7)内爬升过程中，严禁进行起重机的起升、回转、变幅等各项动作。

8)起重机完成内爬升作业后，应检查内爬升框架的固定、底座支承梁的紧固以及楼板临时支撑的稳固等，确认可靠后，方可进行吊装作业。

(20)起重机的拆装作业应在白天进行。当遇大风、浓雾和雨雪等恶劣天气时，应停止作业。

(21)每月或连续大雨后，应及时对轨道基础进行全面检查，检查内容包括：轨距偏差，钢轨顶面的倾斜度，轨道基础的弹性沉陷，钢轨的不直度及轨道的通过性能等。对混凝土基础，应检查其是否有不均匀的沉降。

(22)当同一施工地点有两台以上起重机时，应保持两机间任何接近部位(包括吊重物)距离不得小于 2m。

(23)起重机作业前，应检查轨道基础平直无沉陷，鱼尾板连接螺栓及道钉无松动，并应清除轨道上的障碍物，松开夹轨器并向上固定好。

(24)应保持起重机上所有安全装置灵敏有效，如发现失灵的安全装置，应及时修复或更换。所有安全装置调整后，应加封(火漆或铅封)固定，严禁擅自调整。

(25)启动前重点检查项目应符合下列要求：

1)供电电缆无破损；

2)主要部位连接螺栓无松动；

3)各安全装置和各指示仪表齐全完好；

4)各齿轮箱、液压油箱的油位符合规定；

5)金属结构和工作机构的外观情况正常；

6)钢丝绳磨损情况及各滑轮穿绕符合规定。

(26)送电前，各控制器手柄应在零位。当接通电源时，应采用试电笔检查金属结构部分，确认无漏电后，方可上机。

(27)配电箱应设置在轨道中部，电源电路中应装设错相及断相保护装置及紧急断电开关，电缆卷筒应灵活有效，不得拖缆。

(28)在吊钩提升、起重小车或行走大车运行到限位装置前，均应减速缓行到停止位置，并应与限位装置保持一定距离(吊钩不得小于 1m，行走轮不得小于

2m)。行程限位开关是防止超越有效行程的安全保护装置,如当作控制开关使用,将失去安全保护作用而易发生事故,所以严禁采用限位装置作为停止运行的控制开关。

(29)动臂式起重机的变幅机构一般采用蜗杆减速器传动,要求动作平衡,变幅时起重量随幅度变化而增减。因此,当荷载接近额定起重量时,不能再变幅,动臂式起重机的起升、回转、行走可同时进行,但是,变幅应单独进行,以防超载造成起重机倾倒。每次变幅后应对变幅部位进行检查。允许带载变幅的,当荷载达到额定起重量的90%及以上时,严禁变幅。

(30)作业完毕后,起重机应停放在轨道中间位置,起重臂应转到顺风方向,并松开回转制动器,小车及平衡重应置于非工作状态,吊钩宜升到离起重臂顶端2~3m处。

(31)提升重物,严禁自由下降。重物就位时,可采用慢就位机构或利用制动器使之缓慢下降。

(32)采用涡流制动调速系统的起重机,不得长时间使用低速挡或慢就位速度作业。

(33)对于无中央集电环及起升机构不安装在回转部分的起重机,在作业时,不得顺一个方向连续回转。

(34)作业中,操作人员临时离开操纵室时,必须切断电源,锁紧夹轨器。

(35)塔式起重机与大地之间是一个C形导体,当大量电磁波通过时,吊钩与大地之间存在着很高的电位差。如果作业人员站在道轨或地面上,接触吊钩时正好使C形导体形成一个"O"形导体,人体就会被电击或烧伤。为了保护人身安全必须采取一定的绝缘措施。起重机在无线电台、电视台或其他强电磁波发射天线附近施工时,与吊钩接触的作业人员,应戴绝缘手套和穿绝缘鞋,并应在吊钩上挂接临时放电装置。

(36)装有上、下两套操纵系统的起重机,不得上、下同时使用。

(37)起吊重物时,重物和吊具的总重量不得超过起重机相应幅度下规定的起重量。

(38)作业中,当停电或电压下降时,应立即将控制器扳到零位,并切断电源。如吊钩上挂有重物,应稍松稍紧反复使用制动器,使重物缓慢地下降到安全地带。

(39)作业中如遇6级以上(含6级)大风或阵风,应立即停止作业,为了增加稳定性,防止造成倾翻应锁紧夹轨器,将回转机构的制动器完全松开,起重臂应能随风转动,以减少起重机迎风面积的风压。对轻型俯仰变幅起重机,应将起重臂落下并与塔身结构锁紧在一起。

(40)检修人员上塔身、起重臂、平衡臂等高空部位检查或修理时，必须系好安全带。

(41)起重机载人专用电梯严禁超员，其断绳保护装置必须可靠。当起重机作业时，严禁开动电梯。电梯停用时，应降至塔身底部位置，不得长时间悬在空中。

(42)停机时，应将每个控制器拨回零位，依次断开各开关，关闭操纵室门窗，下机后，应锁紧夹轨器，使起重机与轨道固定，断开电源总开关，打开高空指示灯。

(43)提升重物作水平移动时，应高出其跨越的障碍物 0.5m 以上。

(44)在寒冷季节，对停用起重机的电动机、电器柜、变阻器箱、制动器等，应严密遮盖。

(45)作业前，应进行空载运转，试验各工作机构是否运转正常，有无噪声及异响，各机构的制动器及安全防护装置是否有效，确认正常后方可作业。

(46)应根据起吊重物和现场情况，选择适当的工作速度，操纵各控制器时应从停止点(零点)开始，依次逐级增加速度，严禁越挡操作。在变换运转方向时，应将控制器手柄扳到零位，待电动机停转后再转向另一方向，不得直接变换运转方向、突然变速或制动。

(47)为防止大风骤起时塔身受风压面加大而发生事故，动臂式和尚未附着的自升式塔式起重机，塔身上不得悬挂标语牌。

五、桅杆式起重机操作安全技术

(1)桅杆式起重机的卷扬机安全要求可参见本节“八、卷扬机安全技术”。

(2)缆风绳的架设应避开架空电线。在靠近电线的附近，应装有绝缘材料制作的护线架。

(3)安装起重机的地基应平整夯实，底座与地面之间应垫两层枕木，并应采用木块揳紧缝隙，使起重机所承受的全部力量能均匀地传给地面，以防在吊装中发生沉陷和偏斜。

(4)桅杆式起重机结构简单，起重能力大，完全是依靠各根缆风绳均匀地拉牢主杆使之保持垂直。只要有一个地锚稍有松动，就能造成主杆倾斜而发生重大事故。因此，在起吊满载重物前，应有专人检查各地锚的牢固程度。各缆风绳都应均匀受力，主杆应保持直立状态。

(5)缆风绳的规格和数量及地锚的拉力、埋设深度等，按照起重机性能并经过计算再确定。桅杆式起重机缆风绳与地面的夹角关系到起重机的稳定性能，夹角小，缆风绳受力小，起重机稳定性好，但要增加缆风绳长度和占地面积。因此，缆风绳与地面的夹角应为30°～45°，缆绳与桅杆和地锚的连接应牢固。

(6)作业时，起重机的回转钢丝绳应处于拉紧状态。回转装置应有安全制动控制器。

(7)提升重物时，吊钩钢丝绳应垂直，操作应平稳，当重物吊起刚离开支承面时，应检查并确认各部无异常时，方可继续起吊。

(8)起重机的安装和拆卸应划出警戒区，清除周围的障碍物，在专人统一指挥下，按照出厂说明书或制定的拆装技术方案进行。

(9)起重作业在小范围移动时，可以采用调整缆绳长度的方法使主杆在直立情况下稳定移动。起重机移动时，其底座应垫以足够承重的枕木排和滚杠，并将起重臂收紧处于移动方向的前方。移动时，主杆不得倾斜，缆风绳的松紧应配合一致。如距离较远时，由于缆风绳的限制，只能采用拆卸转运后重新安装。

六、门式、桥式起重机与电动葫芦操作安全技术

(1)起重机路基和轨道的铺设应符合出厂规定，轨道接地电阻不应大于4Ω。

(2)电动葫芦严禁超载起吊。起吊时，手不得握在绳索与物体之间，吊物上升时应严防冲撞。

(3)门式、桥式起重机作业前的重点检查项目应符合下列要求：

1)机械结构外观正常，各连接件无松动。

2)各安全限位装置齐全完好。

3)钢丝绳外表情况良好，绳卡牢固。

(4)吊运易燃、易爆、有害等危险品时，应经安全主管部门批准，并应有相应的安全措施。

(5)电动葫芦在额定荷载制动时，下滑位移量不应大于80mm。否则应清除油污或更换制动环。

(6)作业前，应进行空载运转，在确认各机构运转正常，制动可靠，各限位开关灵敏有效后，方可作业。

(7)吊起重物后应慢速行驶，行驶中不得突然变速或倒退。两台起重机同时作业时，应保持3～5m距离。严禁用一台起重机顶推另一台起重机。

(8)作业中，严禁任何人从一台桥式起重机跨越到另一台桥式起重机上去。

(9)操作人员由操纵室进入桥架或进行保养检修时，应有自动断电连锁装置或事先切断电源。

(10)露天作业的门式、桥式起重机，当遇6级以上(含6级)大风时，应停止作业，并锁紧夹轨器。

(11)门式起重机在轨道上行走需要较长的电缆，为了防止电缆拖地而受损，需要设置电缆卷筒。配电箱应设置在轨道中部，能减少电缆长度。

(12)作业后，门式起重机应停放在停机线上，用夹轨器锁紧，并将吊钩升到上部位置；应将桥式起重机小车停放在两条轨道中间，吊钩提升到上部位置。吊钩上不得悬挂重物。

(13)轨道应平直，鱼尾板连接螺栓应无松动，轨道和起重机运行范围内应无障碍物。门式起重机应松开夹轨器。

(14)作业后，应将控制器拨到零位，切断电源，关闭并锁好操纵室门窗。

(15)用滑线供电的起重机，应在滑线两端标有鲜明的颜色，滑线应设置防护栏杆。

(16)电动葫芦使用前应检查设备的机械部分和电气部分，钢丝绳、吊钩、限位器等应完好，电气部分应无漏电，接地装置应良好。

(17)开动前，应先发出音响信号示意，重物提升和下降操作应平稳匀速，在提升大件时不得用快速，并应拴拉绳防止摆动。

(18)电动葫芦应设缓冲器，轨道两端应设挡板。

(19)作业开始第一次吊重物时，应在吊离地面 100mm 时停止，检查电动葫芦制动情况，确认完好后方可正式作业。露天作业时，应设防雨棚。

(20)操作室内应垫木板或绝缘板，接通电源后应采用试电笔测试金属结构部分，确认无漏电方可上机；上、下操纵室应使用专用扶梯。

(21)起吊物件应捆扎牢固。电动葫芦吊重物行走时，重物离地不宜超过 1.5m 高。工作间歇不得将重物悬挂在空中。

(22)严禁重物的吊运路线从人上方通过，也亦不得从设备上面通过。空车行走时，吊钩应离地面 2m 以上。

(23)电动葫芦作业中发生异味、高温等异常情况，应立即停机检查，排除故障后方可继续使用。

(24)起重机行走时，两侧驱动轮应同步，发现偏移应停止作业，调整好后方可继续使用。

(25)使用悬挂电缆电气控制开关时，绝缘应良好，滑动应自如，人的站立位置后方应有 2m 空地，并应正确操作电钮。

(26)在起吊中，由于故障造成重物失控下滑时，必须采取紧急措施，向无人处下放重物。

(27)门式、桥式起重机的主梁挠度超过规定值时，必须修复后方可使用。

(28)在起吊中不得急速升降。

(29)作业完毕后，应停放在指定位置，吊钩升起，并切断电源，锁好开关箱。

七、井架物料提升机操作安全技术

(1)一般安全要求

1)作业人员严禁乘吊篮升降。

2)井架出入口支承平桥的钢花梁两端要用14号铅丝扎牢,并用ϕ6mm钢筋吊捆牢固。桥枋要用铅丝与钢花梁扎牢。

3)使用单位应根据提升机的类型制定操作规程,建立管理制度及检修制度。

4)井架出入口与建筑物连接的平桥(台)必须架设牢靠,宽度不得小于1.5m;使用组合井架时,宽度不应小于该井架的宽度;平桥板必须满铺,不得留有空隙。平桥(台)两侧应架设防护栏杆和挂安全立网,护栏杆距平桥(台)面高度以1.2m左右为宜,中间要加设横杆不少于二度,护栏杆的垂直距离应小于40cm。井架与建筑的距离超过30cm时,应在平桥底挂兜底安全平网。

5)应配备经考试合格持有操作证的专职司机,严禁无证开机。

6)使用单位应对每台提升机建立设备技术档案,其内容应包括:验收,检修,试验及事故情况。

7)井架在楼层的出入口上方要架设防护挡板或挂安全平网防护,并在出入口处设层间活动安全闸门和在显眼处挂有操作安全规定牌子和警示标志。

8)提升机在安装完毕后,必须经正式验收,符合要求后方可投入使用。

9)吊篮底板应使用有防滑措施的钢板;如使用木板时,木板下应焊有不小于ϕ6mm间距20cm×20cm的钢筋网支承。

10)安装和拆除提升机架体人员,应按登高架设特种作业人员的要求,经过安全技术培训和经考核合格并取得市、地劳动安全监察部门发给的"特种作业人员操作证"后,方能上岗操作。

11)架体的三个外侧面要满挂密眼安全立网,安全网的重叠位置应不少于10cm,并绑扎牢靠。使用组合井架时,还必须在相邻井架之间用棚竹、钢筋网脚手板或密眼安全网设置安全隔离防护,防护杆、板的空隙不应大于50mm,高度与架体相同。

12)提升机应有产品标牌,标明额定起重量、最大提升速度、最大架设高度、制造单位、产品编号及出厂日期,并附产品合格证。提升机吊篮与架体的涂色应有明显区别。

13)在架体安装和拆除作业时,应设专人指挥,作业区上方及地面10m范围内设警戒区,并有专人监护。靠近交通道路或有人操作的地方还要设置防护挡板。

(2)电气安全要求

1)电气设备的绝缘电阻值(包括对地电阻值)必须大于0.5MΩ。

2)选用的电气设备及电器元件,必须符合提升机工作性能、工作环境等条件的要求,并有合格证。

3)携带式控制装置应密封、绝缘,控制回路电压不应大于36V,其引线长度不得超过5m。

4)提升机的总电源应设短路保护及漏电保护装置;电动机的主回路上,应同时装设短路、失压、过电流保护装置。

5)工作照明的开关,应与主电源开关相互独立。当提升机电源被切断时,工作照明不应断电。各自的开关应有明显标志。

6)提升机的金属结构及所有电气设备的金属外壳应接地,其接地电阻应小于10Ω。

7)禁止使用倒顺开关作为卷扬机的控制开关。

(3)提升机构安全要求

1)提升机宜选用可逆式卷扬机,高架提升机不得选用摩擦式卷扬机。

2)选择的卷扬机应符合现行国家标准《建筑卷扬机》(GB/T 1955—2008)的规定。

3)滑轮组的滑轮直径与钢丝绳直径比值:低架提升机不应小于25;高架提升机不应小于30。

4)提升钢丝绳不得接长使用。端头与卷筒应用压紧装置卡牢,在卷筒上应能按顺序整齐排列。当吊篮处于工作最低位置时,卷筒上的钢丝绳应不少于3圈。

5)滑轮应选用滚动轴支承。滑轮组与架体(或吊篮)应采用刚性连接,严禁采用钢丝绳、铅丝等柔性连接和使用开口拉板式滑轮。

6)卷筒两端的凸缘至最外层钢丝绳的距离,不应小于钢丝绳直径的2倍。卷筒边缘必须设置防止钢丝绳脱出的防护装置。

7)以摩擦式卷扬机为动力的提升机,其滑轮应有防脱槽装置。

8)卷筒与钢丝绳直径的比值应不小于30。

9)卷扬机的选用或制造,应满足额定起重量、提升高度、提升速度等参数的要求。

10)钢丝绳端部的固定当采用绳卡时,绳卡应与绳径匹配,其数量不得少于3个,间距不小于钢丝绳直径的6倍。绳卡滑鞍放在受力绳的一侧,不得正反交错设置绳卡。

(4)提升机安全要求

1)安全停靠装置。吊篮运行到位时,停靠装置将吊篮定位。该装置应能可靠地承担吊篮自重、额定荷载及运料人员和装卸物料时的工作荷载。

2)吊篮前后安全门。吊篮的上料口处应装设安全门。安全门宜采用连锁开启装置,升降运行时安全门封闭吊篮的上料口,防止物料从吊篮中滚落。

3)断绳保护装置。当吊篮悬挂或运行中发生断绳时,应能可靠地将其停住并固定在架体上。其滑落行程,在吊篮满载时,不得超过1m。

4)吊篮两侧防护栏。吊篮两侧处应装设防护栏。防护栏宜采用工具式装置,封闭吊篮两侧,防止升降运行时物料从吊篮两侧滚落。

5)上极限限位器(防冲顶装置)。该装置应安装在吊篮允许提升的最高工作位置。吊篮的越程(指从吊篮的最高位置与天梁最低处的距离)应不小于3m。当吊篮上升达到极限高度时,限位器即行动作,切断电源(指可逆式卷扬机)或自动报警(指摩擦式卷扬机)。

6)吊篮顶部防护棚。吊篮顶部应装设防护棚。防护棚宜采用接叠双向开启式,以利长料运送,防止人员进入吊篮作业时物料从吊篮上方坠落伤人。

7)首层上料口防护棚。防护棚应装设在提升机架体地面进料口上方,其宽度大于提升机的最外部尺寸;长度,低架提升机应大于3m,高架提升机应大于5m。其材料强度应能承受10kPa的均布荷载。也可采用50mm厚木板架设或采用两层竹色,上下竹笆层间距应不小于600mm。

8)楼层口停靠安全门。各楼层的通道处,应设置常闭的停靠安全门,宜采用连锁装置(吊篮运行到位时方可打开)。停靠安全门可采用钢管制造,其强度应能承受1kN/m的水平荷载。

9)紧急断电开关。紧急断电开关应设在便于司机操作的位置,在紧急情况下,应能及时切断提升机的总控制电源。

10)信号装置。该装置是司机控制的一种音响装置,其音量应能使各楼层使用提升机装卸物料人员清晰听到。当司机不能清楚地看到操作者和信号指挥人员时,必须加装通信装置。通信装置必须是一个闭路的双向电气通信系统,司机应能听到每一站的联系,并能向每一站讲话。

(5)高架提升机的安全装置安全要求

1)缓冲器。在架体的底坑里应设置缓冲器,当吊篮以额定荷载和规定的速度作用到缓冲器上时,应能承受相应的冲击力。缓冲器的形式,可采用弹簧或弹性实体。

2)下极限限位器。该限位器安装位置,应满足在吊篮碰到缓冲器之前限位器能够动作。当吊篮下降到最低限定位置时,限位器自动切断电源,使吊篮停止下降。

3)超载限制器。当荷载达到额定荷载的90%时,应能发出报警信号;荷载超过额定荷载时,切断起升电源。

(6)基础安全要求

1)低架提升机的基础，当无设计要求时，应符合下列要求：

①浇筑 C20 混凝土，厚度 300mm；

②土层压实后的承载力，应不小于 80kPa；

③基础表面应平整，水平度偏差不大于 10mm。

2)高架提升机的基础应进行设计，基础应能可靠地承受作用在其上的全部荷载。基础的埋深与做法，应符合设计和提升机出厂使用规定。

3)基础应有排水措施。距基础边缘 5m 的范围内，开挖沟槽或有较大振动的施工时，必须有保证架体稳定的措施。

(7)附墙架安全要求

1)附墙架与建筑物结构的连接应进行设计。附墙架与架体及建筑物之间，均应采用刚性件连接，并形成稳定结构，不得连接在脚手架上。严禁使用铅丝绑扎。

2)提升机附墙架的设置应符合设计要求，其间隔一般不宜大于 9m，且在建筑物的顶层必须设置 1 组。

3)附墙架的材质应与架体的材质相同，不得使用木杆、竹竿等做附墙架与金属架体连接。

(8)缆风绳安全要求

1)提升机的缆风绳应经计算确定(缆风绳的安全系数 n 取 3.5)。缆风绳应采用圆股钢丝绳，直径不得小于 9.3mm。提升机高度在 20m 以下(含 20m)时，缆风绳不少于 1 组(4～8 根)；提升机高度在 21～30m 时，不少于 2 组。

2)缆风绳与地面的夹角不应大于 60°，其下端应与地锚连接，不得拴在树木、电杆或堆放构件等物体上。

3)缆风绳应在架体四角有横向缀件的同一水平面上对称设置，使其在结构上引起的水平分力处于平衡状态。缆风绳与架体的连接处应采取措施，防止架体钢材对缆风绳的剪切破坏。对连接处的架体焊缝及附件必须进行设计计算。

4)当提升机受到条件限制无法设置附墙架时，应采用缆风绳稳固架体。高架提升机在任何情况下均不得采用缆风绳。

5)缆风绳与地锚之间，应采用与钢丝绳拉力相适应的花篮螺栓拉紧。缆风绳垂度不大于 0.01L(L 为缆风绳长度)，调节时应对角进行，不得在相邻角同时拉紧。

6)在安装、拆除以及使用提升机的过程中设置的临时缆风绳，其材料也必须使用钢丝绳，严禁使用铁丝、钢筋、麻绳等代替。

7)当缆风绳需要改变位置时,必须先做好预定位置的地锚,并加临时缆风绳确保提升机架体的稳定,方可移动原缆风绳的位置;待与地锚拴牢后,再拆除临时缆风绳。

(9)地锚安全要求

1)地锚的位置应满足对缆风绳的设置要求。

2)缆风绳的地锚,一般采用水平式地锚。当土质坚实,地锚受力小于15kN时,也可选用桩式地锚。

3)缆风绳的地锚,根据土质情况及受力大小设置,应经计算确定。

4)桩式地锚应符合下列要求:

①采用脚手钢管(ϕ48mm)或角钢(75×6mm)时,不少于2根;并排设置,间距不小于0.5m;打入深度不小于1.7m;桩顶部应有缆风绳防滑措施。

②采用木单桩时,圆木直径不小于200mm,埋深不小于1.7m,并在桩的前上方和后下方设两根横挡木。

5)当地锚无设计规定时可按表6-5选用。

表6-5　水平地锚参数表

作用荷载/N	24000	21700	28600	29000	42000	31400	51800	33000
缆风绳水平夹角/(°)	45	60	45	60	45	60	45	60
横置木(ϕ240mm)根数×长度/mm	1×2500		3×2500		3×3200		3×3300	
埋设深度/m	1.70		1.70		1.80		2.20	
压板(密排ϕ100mm圆木)长/mm×宽/mm	—		—		800×3200		800×3200	

注:本表系按以下条件确定:木材容许应力取11MPa;填土密度为1600kg/m3;土壤内摩擦角为45°。

(10)安装与拆除安全要求

1)提升架体宜分阶段安装,实际安装的高度不得超出设计所允许的最大高度。

2)安装与拆除作业前,应根据现场工作条件及设备情况编制作业方案。对作业人员进行分工交底,确定指挥人员,划定安全警戒区域并设监护人员,排除作业障碍。

3)安装作业前检查内容包括:

①提升机构是否完整良好;

②电气设备是否齐全可靠；

③地锚的位置是否正确和埋设牢靠；

④基础位置和做法是否符合要求；

⑤金属结构的成套性和完好性；

⑥提升机的架体和缆风绳的位置是否靠近或跨越输电线路，必须靠近时，应保证最小安全距离，并应采取安全防护措施。

4)安装精度应符合以下规定：

①井架截面内，两对角线长度公差不得超过最大边长的名义尺寸的3/1000。

②新制作的提升机，架体安装的垂直偏差，最大不应超过架体高度的1.5/1000；多次使用过的提升机，在重新安装时，其偏差不应超过3/1000，并不得超过200mm。

③吊篮导靴与导轨的安装间隙，应控制在5～10mm。

5)拆除作业前检查的内容包括：

①临时附墙架、缆风绳及地锚的设置情况；

②查看提升机与建筑物及脚架的连接情况；

③查看提升机架体有无其他牵拉物；

④地梁和基础的连接情况。

(11)架体的安装与拆除安全要求

1)利用建筑物内井道做架体时，各楼层进料口处的停靠安全门，必须与司机操作处装设的层站标志进行连锁。

2)装拆人员在作业时，必须戴安全帽、系安全带、穿防滑鞋。不准以抛掷方式传递工具、器材；拧螺丝时，不准双手操作，只能一手扳扳手，一手紧握架体杆件。

3)架体各节点的螺栓必须紧固，螺栓应符合孔径要求，严禁扩孔或开孔，更不得漏装或以铅丝代替。

4)在进行装拆架体作业时，架体孔内必须铺满能满足使用及安全要求的脚踏板。板两端应超出支承位外边沿100mm以上，以保证操作的安全。

5)安装架体时，应先将地梁与基础连接牢固。每安装两个标准节(一般不大于4m)，应采取临时支撑或临时缆风绳固定，并进行初校正，在确认稳定时，方可继续作业。

6)装设摇臂扒杆时，应符合以下要求：

①扒杆底座要高出工作面，其顶部不得高出架体；

②扒杆水平面夹角应为45°～70°，转向时不得碰到缆风绳；

③扒杆应安装保险钢丝绳，起重吊钩应装设限位装置；

④扒杆不得装在架体的自由端处；

⑤随工作面升高扒杆需要重新安装时，其下方的其他作业应暂时停止。

7)拆除作业中，严禁从高处向下抛掷物件。

8)拆除作业宜在白天进行，夜间作业应有良好的照明，因故中断作业时，应采取临时稳固措施。

9)在拆除缆风绳或附墙架前，应先设置临时缆风绳或支撑，确保架体的自由高度不得大于两个标准节(一般不大于4m)。

(12)井架物料提升机使用安全要求

1)使用前应检查：

①架体各节点连接螺栓是否紧固；

②卷扬机的位置是否合理；

③架体的安装精度是否符合要求；

④安全防护装置是否灵敏可靠；

⑤电气设备及操作系统的可靠性；

⑥附墙架、缆风绳、地锚位置和安装情况；

⑦钢丝绳、滑轮组的固接情况；

⑧信号及通信装置的使用效果是否良好清晰；

⑨金属结构有无开焊和明显变形；

⑩提升机与输电线路的安全距离及防护情况。

2)提升机安装后，应由主管部门按照本要求和设计进行检查验收，确认合格发给使用证后，方可交付使用。

3)定期检查。定期检查每月检查一次，由有关部门和人员参加，检查内容包括：

①扣件、螺栓连接的紧固情况；

②安全防护装置有无缺少、失灵和损坏；

③提升机构磨损情况及钢丝绳的完好性；

④电气设备的接地(或接零)情况；

⑤缆风绳、地锚、附墙架等有无松动；

⑥金属结构有无开焊、锈蚀、永久变形；

⑦断绳保护装置的灵敏度试验。

4)日常检查。日常检查由作业班司机在班前进行，在确认提升机正常时，方可投入作业。检查内容包括以下几点：

①在额定荷载下，将吊篮提升至离地面1～2m高度停机，检查制动器的可

靠性和架体的稳定性。

②空载提升吊篮做一次上下运行，验证是否可靠，并同时碰撞限位器和观察安全门是否灵敏完好。

③吊篮运行通道内有无障碍物。

④安全停靠装置和断绳保护装置的可靠性。

⑤地锚与缆风绳的连接有无松动。

⑥作业司机的视线或通信装置的使用效果是否清晰良好。

5)使用提升机时应符合下列要求：

①严禁人员攀登、穿越提升机和乘吊篮上下。

②使用中要经常检查钢丝绳、滑轮工作情况。如发现磨损严重，必须按照有关规定及时更换。

③高架提升机作业时，应使用通信装置联系。低架提升机在多工种、多楼层同时使用，应专设指挥人员，信号不清不得开机。作业中不论任何人发出紧急停车信号，应立即执行。

④物料在吊篮内应均匀分布，不得超出篮。当长料在吊篮中立放时，应采取防滚落措施；散料应装箱或装笼。严禁超载使用。

⑤当吊篮尚在悬空吊挂时，卷扬机司机不得离开驾驶座位。

⑥在支承安全装置未有支承好吊篮时，严禁人员进入吊篮。

⑦吊篮在运行时，严禁人员将身体任何部位伸入架体内。在架体附近工作的人员，身体不得贴近架体。使用组合架体时，进入吊篮工作的人员，应随时注意相邻吊篮的运行情况；人和物料、工具不得越入相邻的架体内。

⑧发现安全装置、通信装置失灵时，应立即停机修复。作业中不得随意使用极限限位装置。

⑨架体的斜杆和横杆，不得随意拆除；如因运输需要，也只准将部分少数斜杆拆除。各楼层的出入口所拆除的斜杆，应安装回在被拆除的开口节的上或下一节上，并与该节原有的斜杆成交叉状，但连续开口不允许大于两节。且必须在适当的位置装上与建筑物做刚性锚固的临时拉杆或支撑，以保持架体的刚度和稳定。

⑩闭合主电源前或作业中突然断电时，应将所有开关扳回零位。在重新恢复作业前，应在确认提升机动作正常后方可继续使用。

装设摇臂拔杆的提升机，作业时，吊篮与摇臂拔杆不得同时使用。

采用摩擦式卷扬机为动力的提升机，吊篮下降时，应在吊篮行至离地面1～2m处，控制缓缓落地，不允许吊篮自由落下直接降至地面。

作业后，将吊篮降至地面，各控制开关扳至零位，切断主电源，锁好闸箱。

(13)管理要求

1)提升机使用中应进行经常性的维修保养,并符合下列要求:

①提升机处于工作状态时,不得进行保养、维修,排除故障应在停机后进行。

②维修主要结构所用焊条及焊缝质量,均应符合原设计要求。

③更换零部件时,零部件必须与原部件的材质性能相同,并应符合设计与制造标准。

④司机应按使用说明书的有关规定,对提升机各润滑部位,进行注油润滑。

⑤维修保养时,应将所有控制开关扳至零位,切断主电源,并在闸箱处挂"禁止合闸"标志,必要时应设专人监护。

⑥维修和保养提升机架体顶部时,应搭设上人平台,并应符合高处作业要求。

2)提升机应由设备部门统一管理,不得对卷扬机和架体分开管理。

3)金属结构码放时,应放在垫木上,在室外存放,要有防雨及排水措施。电气、仪表及易损件的存放,应注意防震、防潮。

4)运输提升机各部件时,装车应垫平,尽量避免磕碰,同时应注意各提升机的配套性。

八、卷扬机安全技术

(1)安装时,基座应平稳牢固、周围排水畅通、地锚设置可靠,并应搭设工作棚。操作人员的位置应能看清指挥人员和拖动或起吊的物件。

(2)以动力正反转的卷扬机,卷筒旋转方向应与操纵开关上指示的方向一致。

(3)作业中停电时,应切断电源,将提升物件或吊笼降至地面。

(4)卷筒上的钢丝绳应排列整齐,卷筒上的钢丝绳如重叠或斜绕时,将挤压变形,需要停机重新排列。如果在卷筒转动中用手、脚去拉、踩,很容易被钢丝绳挤入卷筒,造成人身伤亡事故。严禁在转动中用手拉脚踩钢丝绳。

(5)钢丝绳要垂直于卷筒轴心,其垂直偏差为4°～6°,偏差过大,钢丝绳不能有序地在卷筒上缠绕。因此,导向滑轮与卷筒要保持一定距离。从卷筒中心线到第一个导向滑轮的距离,带槽卷筒应大于卷筒宽度的15倍;无槽卷筒应大于卷筒宽度的20倍。当钢丝绳在卷筒中间位置时,滑轮的位置应与卷筒轴线垂直,其垂直度允许偏差为6°。

(6)使用皮带或开式齿轮传动的部分,均应设防护罩,卷扬机通过钢丝绳的导向滑轮来改变拉力的方向,因而不能使用安全性能较差的开口拉板式滑轮。

(7)在卷扬机制动操作杆的行程范围内,不得有障碍物或阻卡现象。

(8)物体或吊笼提到上空停留时,要防止制动失灵或其他原因而失控下坠。因此,物体及吊笼下面不许有人,操作人员也不能离岗。作业中,任何人不得跨越正在作业的卷扬钢丝绳。休息时应将物件或吊笼降至地面。

(9)钢丝绳应与卷筒及吊笼连接牢固,不得与机架或地面摩擦,通过道路时,应设过路保护装置。

(10)作业中如发现异响、制动不灵、制动带或轴承等温度剧烈上升等异常情况时,应立即停机检查,排除故障后方可使用。

(11)作业前,应检查卷扬机与地面的固定,弹性联轴器不得松旷。并应检查安全装置、防护设施、电气线路、接零或接地线、制动装置和钢丝绳等,全部合格后方可使用。

(12)作业完毕,应将提升吊笼或物件降至地面,并应切断电源,锁好开关箱。

九、井架式、平台式起重机安全技术

(1)安装起重机时,卷扬机部分应符合本节"八、卷扬机安全技术"相关要求。

(2)起重机的制动器应灵活可靠。平台的四角与井架不得互相擦碰,平台固定销和吊钩应可靠,并应有防坠落、防冒顶等保险装置。

(3)架设场地应平整坚实,平台应适合手推车尺寸、便于装卸。井架四周应设缆风绳拉紧。不得用钢筋、铁线代替做缆风绳用。

(4)龙门架或井架不得和脚手架联为一体。

(5)作业后,应将平台降到最低位置,切断电源,锁好开关箱。

十、自立式起重架安全技术

(1)起重架的卷扬机部分安装应符合本节"八、卷扬机安全技术"要求。

(2)提升的重物应放置平稳,严禁载人上下。吊笼提升后,下面严禁有人停留或通过。

(3)钢丝绳应与卷筒及吊笼连接牢固,不得与机架或地面摩擦,通过道路时,应设过路保护装置。

(4)架设时,卷扬机应用慢速,在两节接近合拢时,不宜出现冲击。合拢后应先将下架与底盘用连接螺栓紧固,然后安装并紧固上下架连接螺栓,再反向开动卷扬机,将架设钢丝绳取下,最后将缆风绳与地锚收紧固定。

(5)起重架的架设场地应平整夯实,立架前应先将四条支腿伸出,调整丝杆宜悬露 50mm,并应用枕木与地面垫实。

十一、液压滑升设备安全技术

(1)应根据施工要求和滑模总荷载,合理选用千斤顶型号和配备台数,并应按千斤顶型号选用相应的爬杆和滑升机件。

(2)应按出厂规定的操作程序操纵控制台,对自动控制器的时间继电器应进行延时调整。用手动控制器操作时,应与作业人员密切配合,听从统一指挥。

(3)作业前,应检查并确认各油管接头连接牢固、无渗漏,油箱油位适当,电器部分不漏电,接地或接零可靠。

(4)应经常保持千斤顶的清洁。混凝土沿爬杆流入千斤顶内时,应及时清理。

(5)所有千斤顶安装完毕未插入爬杆前,应逐个进行抗压试验和行程调整及排气等工作。

(6)千斤顶应经 12MPa 以上的耐压试验。同一批组装的千斤顶在相同荷载作用下,其行程应一致,用行程调整帽调整后,行程允许误差为 2mm。

(7)在滑升过程中,应保证操作平台与模板的水平上升,不得倾斜,操作平台的荷载应均匀分布,并应及时调整各千斤顶的升高值,使之保持一致。

(8)千斤顶与操作平台固定时,应使油管接头与软管连接成直线。液压软管不得扭曲,应有较大的弧度。

(9)在寒冷季节使用时,液压油温度不得低于 10℃;在炎热季节使用时,液压油温度不得超过 60℃。

(10)自动控制台应置于不受雨淋、暴晒和强烈振动的地方,应根据当地的气温,调节作业时的油温。

(11)作业后,应切断总电源,清除千斤顶上的附着物。

十二、建筑施工电梯安全技术

(1)使用安全要求

1)电梯安装完毕正式投入使用之前,应在首层一定高度的地方架设防护棚,搭设方法参见高处作业安全要求。

2)电梯每班首次运行时,应空载及满载试运行,将梯笼升离地面 1m 左右停车,检查制动器灵敏性,确认正常后方可投入运行。

3)限速器、制动器等安全装置必须由专人管理,并按规定进行调试检查,保持灵敏可靠。

4)电梯底笼周围 2.5m 范围内,必须设置稳固的防护栏杆。各停靠层的过桥和运输通道应平整牢固,出入口处应设置安全可靠的强制式闸门。

5)应严格控制载运重量,在无平衡重时(如安装及拆卸时)其载重量就折减 50%。

6)当电梯未切断总电源开关前,司机不能离开操纵岗位。作业后,将电梯降到底层，各控制开关扳至零位，切断电源，锁好闸箱和梯门。

7)电梯运行至最上层和最下层时仍要操纵按钮，严禁以行程限位开关自动碰撞的方法停车。

8)梯笼乘人、载物时应使荷载均匀分布，严禁超载使用。

9)风力达6级以上停止使用，并将梯笼降到底层。

10)多层施工交叉作业，同时使用电梯，要明确联络信号。

11)电梯应按规定单独安装接地保护和避雷装置。

12)各停靠层通道口处，应安装栏杆或安全门。其他周边各处，应用栏杆和立网等材料封闭。

(2)安装与拆卸作业安全要求

1)安装和拆卸过程中，要有专人统一指挥，并熟识图纸、安装程序及检查要点。

2)装上两节立柱后，要在其两个方面调整垂直度，并把平衡重、梯笼就位。

3)安装完毕进行整机调试，荷载试验按照《建筑机械技术试验规程》进行，合格后方能投入使用。

4)调试梯笼。调试导向滚轮与导轨间隙，以电梯不能自动下滑为限，并在离地面10m高度以内，做上下运行试验。

5)随立柱的升高，必须按规定进行附壁连接，第一道附壁杆距地面应为10m左右，以后每隔6m(按说明书规定)做一道附壁连接，连接件必须紧固，随紧固随调整立柱的垂直度，每10m偏差不大于5mm。顶部悬臂部分不得超过说明书规定的高度。

6)在立柱加节安装时，梯笼内可以载两个安装工人和安装工具进行使用，因此时尚没安装上限位保险，所以必须控制梯笼的上滚轮升至离齿条顶端50cm处。另外因梯笼处于无配重运行，工作时，还必须用钢丝绳做保险，把梯笼顶部与钢丝绳牢固连接在立柱上。向下运行时，应靠梯笼自重分段逐节下滑，每下滑一个标准节，停车一次，以免超速刹车发热。

7)把梯笼开至接近柱顶处拆除立柱标准节。每拆除两个标准节，随之把附壁支撑架同时拆下，拆下的附件装入梯笼时，其吊重不能超载。因无配重，电梯负荷时间太长会产生过热，这给安装和拆除工作带来一定危险(此时因无平衡重载重量应折减)。

8)立柱接至全高后，装上天轮组，将梯笼升高到离天轮1.5m左右，钢丝绳绕过天轮其下端与平衡重用卡子(绳夹)固定，当钢丝绳直径为18.5mm时，应使用Yb－20型号的卡子，不少于4个，间距按100～120mm卡牢。当配重碰到下面缓冲弹簧时，梯笼顶离天轮架的距离应不少于300mm。

9)梯笼升至柱顶,使平衡铁落地,然后再点动慢慢上升 50cm 左右,梯笼不发生下滑即可开始按顺序拆除。

10)安装拆卸附壁杆,以及各层通道架设铺板时,梯笼应随之停置在作业层的高度,不得在拆除过程中同时上下运行。

11)在拆除平衡重之前,必须对升降机及附壁杆制动器的间隙、主传动机构的运行进行检查,确认正常后,方可拆除。

12)先把平衡重拆下平放,拆下钢丝绳及天轮组。

13)电梯立柱的纵向中心至建筑物的距离,应按照说明书并视现场的施工条件确定,优先选择较小距离,以利整机的稳定。一般承载力应不小于 $100kN/m^2$,基础用 C20 混凝土。

14)安装和拆除人员必须按高处作业要求,挂好安全带。

(3)运行操作安全要求

1)电梯运行前的准备工作(每天检查内容)要求。

①检查电梯的技术状况:

a. 立柱导轨架附墙支撑的螺栓连接是否可靠;

b. 检查齿轮齿条啮合,滚导轮与立柱之间间隙是否正常;

c. 梯笼、平衡重装置在运行范围内的绳轮系统是否有障碍,钢索与夹具的联系是否松动;

d. 检查电器控制箱,看电源开关是否在零位,电路是否正常;

e. 在传动机械运转时是否有噪声以及是否有异常声响,门的开启关闭电锁状况是否良好。

②仔细阅读上一班司机写的运转记录,以便了解机械状况。

③检查电缆导向上下,安全保护开关以及电磁制动器是否灵敏可靠。

2)电梯正常运转时的操作要求。

①电梯运行时,乘载人员必须听从司机指挥,严禁他人擅自操作。

②司机在操作时遇雷雨、大雾、导轨冰冻以及风力超过 6 级时严禁开车,并把梯笼停靠在地面。

③上电梯的货物在笼内注意荷载均匀分布,尽量紧靠立柱中心,严防单边偏重。

④电门合闸以后,司机不能离开梯笼岗位。操作时,司机必须精神集中、眼观四方。严禁与别人谈笑或看书等。遇有不正常声响,应立即停车检查。

⑤当发现电磁制动器、限速器以及其他安全装置出现失灵情况,应立即停车,修复后再开车。

3)建筑施工电梯由专人操作,定机定人。司机要身体健康,无心脏病、高血压、精神病、深度近视和其他不适应工作的慢性疾病。司机必须经过严格的专业训练，经地、市级劳动安全监察部门批准的专业培训中心考核合格者，发给证书才准许电梯操作。

4)电梯下降，撬动制动器的方法。

①把另一台传动机中间法兰盘上的检查盖取下，并用撬杆插入该传动机组的联轴节孔内。撬动时，须用手拉电动机尾部的把手，以松开制动器。

②撬动完成以后，盖上检查盖，并把另一传动机组上的楔块取下，使两传动机组恢复原状，制动器都抱闸。

③每撬一次，需使制动器抱闸一次(否则梯笼要坠落)。

④如电梯已越过限位块或安装梯笼时，电梯可进行撬动升降。在着手撬动前，要切断电源。用特制的木块松开一台传动机组的制动器。

5)当电梯在运行中由于断电或其他原因需要停车时，梯笼能靠自重滑到下一层的停靠站上。这时应提起两个电机上的制动器电磁铁或松开制动盘，使梯笼缓慢下滑。但不允许超过额定运行速度，否则限速器将动作。但每下降 20m，要停止下滑 1min，使制动器冷却。

6)工作结束时的操作要求。

①打扫梯笼，并做好电梯运转记录。

②工作结束必须将电梯降至地面，拉开梯笼内开关以及地面的总开关，切断电源，并检查梯笼内机械动力部分，有否过热或损坏现象。

③锁好电器控制盒，并将钥匙移交下一班司机。

(4)维护保养要求

1)每周保养的内容

①保持电动机冷却风扇的清洁。

②检查所有立柱和附墙支撑的连接点，同时检查立柱上齿条的紧固螺栓。

③检查减速器的油位及油污情况，必要时补充新油。

④检查制动器的制动力矩是否符合要求，检查方法可参照说明书。

⑤检查梯笼双行门的连锁装置。

⑥检查电缆支承壁和电缆导架之间的相对位置。

⑦检查电缆导向架和所有的板簧。

⑧检查立柱导轨架上的限位块位置是否正确。

⑨检查门和安全栅门的连锁装置、上下限位开关和均衡装置开关。可试验分别开着栅门，切断限位开关和均衡装置开关来启动电梯，这时电梯应无法启动。每次试验仅检查一项功能。另外，试开着梯笼单行门启动电梯，在电梯离地面 2m 左右时应自动停车。

⑩确保滚轮和反滚轮在传动机械底架上紧固可靠,同时检查机械底架螺栓固紧情况。

检查对重导向滚轮的调整和固定情况。检查钢绳均衡装置、天轮和对重钢丝绳托架。按操作说明要求,确保每天进行检查。确保动力电缆无损坏。

2)每月周期保养的内容。除每周保养内容以外,还要检查下述内容:

①用塞片检查涡轮减速器的涡轮磨损是否在要求的范围内。

②检查小齿轮和齿条的磨损情况。

③根据电梯润滑位表,逐步进行润滑。

3)每季周期保养的内容。除每月周期保养内容以外,还需检查下述内容:

①试验超载保护是否失效。

②用坠落式试验来检查限速器的可靠性。

③检查滚珠轴承的间隙、梯笼导向滚轮的磨损。如滚轮被磨损,则可在偏心轴上调整。如轴承被磨损,则更换导向轮滚轮或轴承。

4)每年周期保养内容。除每季保养内容以外,还要检查下述内容:

①检查立柱顶上天轮的滚珠轴承的磨损情况。必要时加以更换。

②检查电动机和涡轮减速器之间联轴器的可靠性。

第七章 建设工程应急救援与事故处理

第一节 建设工程应急救援预案与演练

一、应急救援预案

制定事故应急预案是贯彻落实"安全第一、预防为主、综合治理"方针，提高应对风险和防范事故的能力，保证职工安全健康和公众生命安全，最大限度地减少财产损失、环境损害和社会影响的重要措施。

事故应急预案在应急系统中起着关键作用，它明确了在突发事故发生之前、发生过程中以及刚刚结束之后，谁负责做什么、何时做，以及相应的策略和资源准备等。它是针对可能发生的重大事故及其影响和后果的严重程度，为应急准备和应急响应的各个方面所预先作出的详细安排，是开展及时、有序和有效事故应急救援工作的行动指南。

1. 基本概念

(1)应急救援是指危险源、环境因素控制措施失效情况下，为预防和减少可能随之引发的伤害和其他影响，所采取的补救措施和抢救行动。

(2)应急救援预案是指事先制定的，关于重大生产安全事故发生时进行紧急救援的组织、程序、措施、责任以及协调等方面的方案和计划，是制定事故应急救援工作的全过程。

(3)应急救援组织是指施工单位内部专门从事应急救援工作的独立机构。

(4)应急救援体系是指保证所有的应急救援预案的具体落实，所需要的组织、人力、物力等各种要素及其配合关系的综合，是应急救援预案能够落实的保证。

(5)应急管理的模式基本上有预防、准备、响应、恢复4个环节组成，各环节的内容和措施见表7-1。

表7-1 应急管理阶段划分

阶段	含义	内容与措施
预防	无论事故是否发生，企业和社会都处于风险之中	安全规划、应急教育、监测预警、安全研究、制定法规及标准、灾害保险、税收和强制等激励措施

（续）

阶段	含义	内容与措施
准备	事故发生之前采取的行动，目的是提高应急能力	应急方针政策、应急预案、应急通告与警报、应急医疗、应急中心、应急资源、制定互助协议、应急培训与演习
响应	事故期间所采取的挽救生命和财产，稳定和控制事态一系列行动	启动应急报警系统、启动应急救援中心、报告有关政府机构、提供应急援助、发布紧急公告、疏散与避难、搜寻与营救
恢复	使生产、生活恢复到正常状态，包括短期恢复和长期恢复	清理废墟、损害评估、消毒、去污、保险赔偿、灾后重建、预案复审

2. 事故应急预案编制的基本要求

编制应急预案必须以客观的态度，在全面调查的基础上，以各相关方共同参与的方式，开展科学分析和论证，按照科学的编制程序，扎实开展应急预案编制工作，使应急预案中的内容符合客观情况，为应急预案的落实和有效应用奠定基础。

应急预案的编制应当符合下列基本要求：

(1)符合有关法律、法规、规章和标准的规定；

(2)结合本地区、本部门、本单位的安全生产实际情况；

(3)结合本地区、本部门、本单位的危险性分析情况；

(4)应急组织和人员的职责分工明确，并有具体的落实措施；

(5)有明确、具体的事故预防措施和应急程序，并与其应急能力相适应；

(6)有明确的应急保障措施，并能满足本地区、本部门、本单位的应急工作要求；

(7)预案基本要素齐全、完整，预案附件提供的信息准确；

(8)预案内容与相关应急预案相互衔接。

3. 事故应急预案编制的原则

(1)重点突出，具有针对性。应根据对危险源与环境因素的识别结果，结合本单位或本工程项目的安全生产的实际情况，确定易发生事故的部位，分析可能导致发生事故的原因，确定安全措施失效时所采取的补充措施和抢救行动，及针对可能随之引发的伤害和其他影响采取的措施。

(2)应与建设工程施工安全计划同步编写。

(3)规定事故应急救援工作的全过程，适用于施工单位项目经理部施工现场范围内可能出现的事故或紧急情况的救援和处理。

(4)实行施工总承包的，总承包单位应当负责统一编制应急救援预案，工程总承包单位和分包单位按照应急救援预案，各自建立应急救援组织或者配备应急救援人员，配备救援器材、设备，并定期组织演练。

(5)落实组织机构，统一指挥、职责明确，明确施工单位及项目各部门的组织、分工、配合、协调。施工单位应急救援组织机构一般由公司总部、施工现场项目经理部两级构成。

(6)程序简单，具有可行性、可操作性。保证在突发事故时，应急救援预案能及时启动，并紧张有序地实施。

(7)贯彻“安全第一，预防为主”的原则、“以人为本，快速有效”的原则、“属地救援”原则。

4. 事故应急预案编制程序

安全生产事故应急预案编制包括下面6个步骤：

(1)成立工作组。结合本单位部门职能分工，成立以单位主要负责人为领导的应急预案编制工作组，明确编制任务、职责分工、制定工作计划。

(2)资料收集。收集应急预案编制所需的各种资料(相关法律法规、应急预案、技术标准、国内外同行业事故案例分析、本单位技术资料等)。

(3)危险源与风险分析。在危险因素分析及事故隐患排查、治理的基础上，确定本单位的危险源、可能发生事故的类型和后果，进行事故风险分析并指出事故可能产生的次生衍生事故，形成分析报告，分析结果作为应急预案的编制依据。

(4)应急能力评估。对本单位应急装备、应急队伍等应急能力进行评估，并结合本单位实际，加强应急能力建设。

(5)应急预案编制。针对可能发生的事故，按照有关规定和要求编制应急预案。应急预案编制过程中，应注重全体人员的参与和培训，使所有与事故有关人员均掌握危险源的危险性、应急处置方案和技能。应急预案应充分利用社会应急资源，与地方政府预案、上级主管单位以及相关部门的预案相衔接。

(6)应急预案的评审与发布。评审由本单位主要负责人组织有关部门和人员进行。外部评审由上级主管部门或地方政府负责安全管理的部门组织审查。评审后，按规定报有关部门备案，并经生产经营单位主要负责人签署发布。

需要指出的是，应急预案的改进是预案管理工作的重要内容，与以上6项工作共同构成一个工作循环，通过这个循环可以持续改进预案的编制工作，完善预案体系。

5. 事故应急预案主要内容

应急预案是整个应急管理体系的反映，它不仅包括事故发生过程中的应急响应和救援措施，而且还应包括事故发生前的各种应急准备和事故发生后的短期恢复，以及预案的管理与更新等。通常，完整的应急预案主要包括以下六个方面的内容：

(1)应急预案概况

应急预案概况主要描述建筑工程施工单位概况以及危险特性状况等，同时对紧急情况下应急事件、适用范围和方针原则等提供简述并作必要说明。应急救援体系首先应有一个明确的方针和原则来作为指导应急救援工作的纲领。方针与原则反映了应急救援工作的优先方向、政策、范围和总体目标，如保护人员安全优先，防止和控制事故蔓延优先，保护环境优先。此外，方针与原则还应体现事故损失控制、预防为主、统一指挥以及持续改进等思想。

(2)事故预防

预防程序是对潜在事故、可能的次生与衍生事故进行分析并说明所采取的预防和控制事故的措施。

应急预案是有针对性的，具有明确的对象，其对象可能是某一类或多类可能的重大事故类型。应急预案的制定必须基于对所针对的潜在事故类型有一个全面系统的认识和评价，识别出重要的潜在事故类型、性质、区域、分布及事故后果，同时，根据危险分析的结果，分析应急救援的应急力量和可用资源情况，并提出建设性意见。

1)危险分析

危险分析的最终目的是要明确应急的对象(可能存在的重大事故)、事故的性质及其影响范围和后果严重程度等，为应急准备、应急响应和减灾措施提供决策和指导依据。危险分析包括危险识别、脆弱性分析和风险分析。危险分析应依据国家和地方有关的法律法规要求，根据具体情况进行。

2)资源分析

针对危险分析所确定的主要危险，明确应急救援所需的资源，列出可用的应急力量和资源，包括：

①各类应急力量的组成及分布情况；

②各种重要应急设备、物资的准备情况；

③上级救援机构或周边可用的应急资源。

通过资源分析，可为应急资源的规划与配备、与相邻地区签订互助协议和预案编制提供指导。

3)法律法规要求

有关应急救援的法律法规是开展应急救援工作的重要前提保障。编制预案前，应调研国家和地方有关应急预案、事故预防、应急准备、应急响应和恢复相关的法律法规文件，以作为预案编制的依据。

(3)准备程序

准备程序应说明应急行动前所需采取的准备工作,包括应急组织及其职责权限、应急队伍建设和人员培训、应急物资的准备、预案的演习、员工的应急知识培训、签订互助协议等。

应急预案能否在应急救援中成功地发挥作用,不仅仅取决于应急预案自身的完善程度,还依赖于应急准备的充分与否。应急准备主要包括各应急组织及其职责权限的明确、应急资源的准备、应急人员培训、预案演练和互助协议的签署等。

1)机构与职责

为保证应急救援工作的反应迅速、协调有序,必须建立完善的应急机构组织体系,包括城市应急管理的领导机构、应急响应中心以及各有关机构部门等。对应急救援中承担任务的所有应急组织,应明确相应的职责、负责人、候补人及联络方式。

2)应急资源

应急资源的准备是应急救援工作的重要保障,应根据潜在事故的性质和危险分析,合理组建专业和社会救援力量,配备应急救援中所需的各种救援机械和装备、监测仪器、堵漏和清消材料、交通工具、个体防护装备、医疗器械和药品、生活保障物资等,并定期检查、维护与更新,保证始终处于完好状态。另外,对应急资源信息应实施有效的管理与更新。

3)教育、培训与演习

为全面提高应急能力,应急预案应对应急教育、应急训练和演习做出相应的规定,包括其内容、计划、组织与准备、效果评估等。

员工意识和自我保护能力是减少重大事故伤亡不可忽视的一个重要方面。作为应急准备的一项内容,应对员工的日常教育做出规定,使他们了解潜在危险的性质和对健康的危害,掌握必要的自救知识,了解预先指定的主要及备用疏散路线和集合地点,了解各种警报的含义和应急救援工作的有关要求。

应急演习是对应急能力的综合检验。合理开展由应急各方参加的应急演习,有助于提高应急能力。同时,通过对演练的结果进行评估总结,有助于改进应急预案和应急管理工作中存在的不足,持续提高应急能力,完善应急管理工作。

4)互助协议

当有关的应急力量与资源相对薄弱时,应事先寻求与邻近区域签订正式的互助协议,并做好相应的安排,以便在应急救援中及时得到外部救援力量和资源的援助。此外,也应与社会专业技术服务机构、物资供应企业等签署相应的互助协议。

(4)应急程序

在应急救援过程中,存在一些必需的核心功能和任务,如接警与通知、指挥与控制、警报和紧急公告、通信、事态监测与评估、警戒与治安、人群疏散与安置、医疗与卫生、公共关系、应急人员安全、消防和抢险、泄漏物控制等,无论何种应急过程都必须围绕上述功能和任务开展。应急程序主要指实施上述核心功能和任务的程序和步骤。

1)接警与通知

准确了解事故的性质和规模等初始信息是决定启动应急救援的关键。接警作为应急响应的第一步,必须对接警要求作出明确规定,保证迅速、准确地向报警人员询问事故现场的重要信息。接警人员接受报警后,应按预先确定的通报程序,迅速向有关应急机构、政府及上级部门发出事故通知,以采取相应的行动。

2)指挥与控制

重大安全生产事故应急救援往往需要多个救援机构共同处置,因此,对应急行动的统一指挥和协调是有效开展应急救援的关键。建立统一的应急指挥、协调和决策程序,便于对事故进行初始评估,确认紧急状态,从而迅速有效地进行应急响应决策,建立现场工作区域,确定重点保护区域和应急行动的优先原则,指挥和协调现场各救援队伍开展救援行动,合理高效地调配和使用应急资源等。

3)警报和紧急公告

当事故可能影响到周边地区,对周边地区的公众可能造成威胁时,应及时启动警报系统,向公众发出警报,同时通过各种途径向公众发出紧急公告,告知事故性质,对健康的影响、自我保护措施、注意事项等,以保证公众能够及时做出自我保护响应。决定实施疏散时,应通过紧急公告确保公众了解疏散的有关信息,如疏散时间、路线、随身携带物、交通工具及目的地等。

4)通信

通信是应急指挥、协调和与外界联系的重要保障,在现场指挥部、应急中心、各应急救援组织、新闻媒体、医院、上级政府和外部救援机构之间,必须建立完善的应急通信网络,在应急救援过程中应始终保持通信网络畅通,并设立备用通信系统。

5)事态监测与评估

在应急救援过程中必须对事故的发展势态及影响及时进行动态的监测,建立对事故现场及场外的监测和评估程序。事态监测与评估在应急救援中起着非常重要的决策支持作用,其结果不仅是控制事故现场,制定消防、抢险措施的重要决策依据,也是划分现场工作区域、保障现场应急人员安全的重要依据。即使在现场恢复阶段,也应当对现场和环境进行监测。

6)警戒与治安

为保障现场应急救援工作的顺利开展,在事故现场周围建立警戒区域,实施交通管制,维护现场治安秩序是十分必要的,其目的是要防止与救援无关人员进入事故现场,保障救援队伍、物资运输和人群疏散等的交通畅通,并避免发生不必要的伤亡。

7)人群疏散与安置

人群疏散是减少人员伤亡扩大的关键,也是最彻底的应急响应。应当对疏散的紧急情况和决策、预防性疏散准备、疏散区域、疏散距离、疏散路线、疏散运输工具、避难场所以及回迁等作出细致的规定和准备;还应考虑疏散人群的数量、所需要的时间、风向等环境变化。

8)医疗与卫生

对受伤人员采取及时、有效的现场急救,合理转送医院进行治疗,是减少事故现场人员伤亡的关键。医疗人员必须了解施工现场主要的危险,掌握对受伤人员进行正确消毒和治疗方法。

9)应急人员安全

重大事故尤其是涉及危险物质的重大事故的应急救援工作危险性极大,必须对应急人员自身的安全问题进行周密的考虑,包括安全预防措施、个体防护设备、现场安全监测等,明确紧急撤离应急人员的条件和程序,保证应急人员免受事故的伤害。

10)抢险与救援

抢险与救援是应急救援工作的核心内容之一,其目的是为了尽快地控制事故的发展,防止事故的蔓延和进一步扩大,从而最终控制住事故,并积极营救事故现场的受害人员。尤其是涉及危险物质的泄漏、火灾事故,其消防和抢险工作的难度和危险性十分巨大,应对消防与抢险的器材和物资、方法和策略以及现场指挥等做好周密的安排和准备。

11)危险物质控制

危险物质的泄漏或失控,将可能引发火灾、爆炸或中毒事故,对工人和设备等造成严重危险。而且,泄漏的危险物质以及夹带了有毒物质的灭火用水,都可能对环境造成重大影响,同时也会给现场救援工作带来更大的危险。因此,必须对危险物质进行及时有效的控制,如对泄漏物的围堵、收容和洗消,并进行妥善处置。

(5)现场恢复

现场恢复也可称为紧急恢复,是指事故被控制住后所进行的短期恢复,从应急过程来说意味着应急救援工作的结束，进入到另一个工作阶段，即将现场恢复到一个基本稳定的状态。大量的经验教训表明，在现场恢复的过程中仍存在潜在的危险，如余焊复燃、受损建筑倒塌等，所以应充分考虑现场恢复过程中可能的危险。该部分主要内容应包括：宣布应急结束的程序；撤离和交接程序；恢复正常状态的程序；现场清理和受影响区域的连续检测；事故调查与后果评价等。

(6)预案管理与评审改进

应急预案是应急救援工作的指导文件。应当对预案的制定、修改、更新、批准和发布做出明确的管理规定，保证定期或在应急演习、应急救援后对应急预案进行评审和改进，针对各种实际情况的变化以及预案应用中所暴露出的缺陷，持续地改进，以不断地完善应急预案体系。

以上这六个方面的内容相互之间既相对独立，又紧密联系，从应急的方针、策划、准备、响应、恢复到预案的管理与评审改进，形成了一个有机联系并持续改进的体系结构。这些要素是重大事故应急预案编制所应当涉及的基本方面，在编制时，可根据职能部门的设置和职责分配等具体情况，将要素进行合并或增加，以更符合实际。

二、应急救援演练

应急演练是应急管理的重要环节，在应急管理工作中有着十分重要的作用。通过开展应急演练，可以实现评估应急准备状态，发现并及时修改应急预案、执行程序等相关工作的缺陷和不足；评估安全生产事故的应急能力，识别资源需求，澄清相关机构、组织和人员的职责，改善不同机构、组织和人员之间的协调问题；检验应急响应人员对应急预案、执行程序的了解程度和实际操作技能，评估应急培训效果，分析培训需求。同时，作为一种培训手段，通过调整演练难度，可以进一步提高应急响应人员的业务素质和能力。

1. 应急救援演练的目的

(1)检验预案。通过开展应急演练，查找应急预案中存在的问题，进而完善应急预案，提高应急预案的实用性和可操作性。

(2)完善准备。通过开展应急演练，检查应对突发事件所需应急队伍、物资、装备、技术等方面的准备情况，发现不足及时予以调整补充，做好应急准备工作。

(3)锻炼队伍。通过开展应急演练，增强演练组织单位、参与单位和人员等对应急预案的熟悉程度，提高其应急处置能力。

(4)磨合机制。通过开展应急演练，进一步明确相关单位和人员的职责任务，理顺工作关系，完善应急机制。

(5)宣传培训。通过开展应急演练，普及应急知识，提高员工安全生产意识和自救应急能力。

2. 应急救援演练的原则

(1)结合实际、合理定位。紧密结合应急管理工作实际,明确演练目的,根据资源条件确定演练方式和规模。

(2)着眼实战、讲求实效。以提高应急指挥人员的指挥协调能力、应急队伍的实战能力为着眼点。重视对演练效果及组织工作的评估、考核,总结推广好经验,及时整改存在问题。

(3)精心组织、确保安全。围绕演练目的,精心策划演练内容,科学设计演练方案,周密组织演练活动,制定并严格遵守有关安全措施,确保演练参与人员及演练装备设施的安全。

(4)统筹规划、厉行节约。统筹规划应急演练活动,适当开展跨部门的综合性演练,充分利用现有资源,努力提高应急演练效益。

3. 应急救援演练的类型

应急演练按照组织方式及目标重点的不同,可以分为桌面演练和实战等。

(1)桌面演练。桌面演练是一种圆桌讨论或演习活动;其目的是使各级应急部门、组织和个人在较轻松的而环境下,明确和熟悉应急预案中所规定的职责和程序,提高协调配合及解决问题的能力。桌面演练的情景和问题通常以口头或书面叙述的方式呈现,也可以使用地图、计算机模拟、视频会议等辅助手段,有时被分别称为图上演练、沙盘演练、计算机模拟演练、视频会议演练等。

(2)实战演练。实战演练是以现场实战操作的形式开展的演练活动。参演人员在贴近实际状况和高度紧张的环境下,根据演练情景的要求,通过实际操作完成应急响应任务,以检验和提高相关应急人员的组织指挥、应急处置以及后勤保障等综合应急能力。

4. 应急演练的组织与实施

一次完整的应急演练活动要包括计划、准备、实施、评估总结和改进等五个阶段(图 7-1)。

计划阶段的主要任务:明确演练需求,提出演练的基本构想和初步安排。

准备阶段的主要任务:完成演练策划,编制演练总体方案及其附件,进行必要的培训和预演,做好各项保障工作安排。

图 7-1 应急演练基本流程示意图

实施阶段的主要任务:按照演练总体方案完成各项演练活动,为演练评估总结收集信息。

评估总结阶段的主要任务：评估总结演练参与单位在应急准备方面的问题和不足，明确改进的重点，提出改进计划。

改进阶段的主要任务：按照改进计划，由相关单位实施落实，并对改进效果进行监督检查。

(1)计划

演练组织单位在开展演练准备工作前应先制定演练计划。演练计划是有关演练的基本构想和对演练准备活动的初步安排，一般包括演练的目的、方式、时间、地点、日程安排、演练策划领导小组和工作小组构成、经费预算和保障措施等。

在制定演练计划过程中需要确定演练目的、分析演练需求、确定演练内容和范围、安排演练准备日程、编制演练经费预算等。

1)梳理需求

演练组织单位根据自身应急演练年度规划和实际情况需要，提出初步演练目标、类型、范围，确定可能的演练参与单位，并与单位的相关人员充分沟通，进一步明确演练需求、目标、类型和范围。

①确定演练目的，归纳提炼举办应急演练活动的原因、演练要解决的问题和期望达到的效果等。

②分析演练需求，首先是在对所面临的风险及应急预案进行认真分析的基础上，发现可能存在的问题和薄弱环节，确定需加强演练的人员、需锻炼提高的技能、需测试的设施装备、需完善的突发事件应急处置流程和需进一步明确的职责等。

然后仔细了解过去的演练情况：哪些人参与了演练、演练目标实现的程度、有什么经验与教训、有什么改进、是否进行了验证。

③确定演练范围，是根据演练需求及经费、资源和时间等条件的限制，确定演练事件类型、等级、地域、参与演练机构及人数和适合的演练方式。

事件类型、等级：根据需求分析结果确定需要演练的事件。

地域：选择一个现实可行的地点，并考虑交通和安全等因素。

演练方式：考虑法律法规的规定、实际的需要、人员具有的经验、需要的压力水平等因素，确定最适合的演练形式。

参与演练的机构及人数：根据需要演练的事件和演练方式，列出需要参与演练的机构和人员。

2)明确任务

演练组织单位根据演练需求、目标、类型、范围和其他相关需要，明确细化演练各阶段的主要任务，安排日程计划，包括各种演练文件编写与审定的期限、物资器材准备的期限、演练实施的日期等。

3)编制计划

演练组织单位负责起草演练计划文本，计划内容应包括：演练目的需求、目标、类型、时间、地点、演练准备实施进程安排、领导小组和工作小组构成、预算等。

4)计划审批

演练计划编制完成后，应按相关管理要求，呈报项目经理批准。演练计划获准后，按计划开展具体演练准备工作。

(2)准备

演练准备阶段的主要任务是根据演练计划成立演练组织机构，设计演练总体方案，并根据需要针对演练方案进行培训和预演，为演练实施奠定基础。

演练准备的核心工作是设计演练总体方案。演练总体方案是对演练活动的详细安排。

演练总体方案的设计一般包括确定演练目标、设计演练情景与演练流程、设计技术保障方案、设计评估标准与方法、编写演练方案文件等内容。

1)成立演练组织机构

演练应在相关预案确定的应急领导机构或指挥机构领导下组织开展。演练组织单位要成立由单位领导组成的演练领导小组，通常下设策划部、保障部和评估组；对于不同类型和规模的演练活动，其组织机构和职能可以适当调整。演练组织机构的成立是一个逐步完善的过程，在演练准备过程中，演练组织机构的部门设置和人员配备及分工可能根据实际需要随时调整，在演练方案审批通过之后，最终的演练组织机构才得以确立。

①演练领导小组

演练领导小组负责应急演练活动全过程的组织领导，审批决定演练的重大事项。演练领导小组组长一般由演练组织单位的负责人担任；副组长一般由演练组织单位安全负责人担任；小组其他成员一般由各部门负责人担任。

②策划部

策划部负责应急演练策划、演练方案设计、演练实施的组织协调、演练评估总结等工作。策划部设总策划、副总策划，下设文案组、协调组、控制组、宣传组等。

③保障部

保障部负责调集演练所需物资装备，购置和制作演练模型、道具、场景，准备演练场地，维持演练现场秩序，保障运输车辆，保障人员生活和安全保卫等。其成员一般是演练组织单位及参与单位后勤、财务、办公等部门人员，常称为后勤保障人员。

④评估组

评估组负责设计演练评估方案和编写演练评估报告，对演练准备、组织、实施及其安全事项等进行全过程、全方位评估，及时向演练领导小组、策划部和保障部提出意见、建议。其成员一般是具有一定演练评估经验和突发事件应急处置经验的专业人员，常称为演练评估人员。

⑤参演队伍和人员

参演队伍包括应急预案规定的有关应急管理部门工作人员、各类专兼职应急救援队伍以及志愿者队伍等。参演人员承担具体演练任务，针对模拟事件场景做出应急响应行动。

演练组织机构的部门设置和人员配备及分工可能根据实际需要随时调整。

2)确定演练目标

演练目标是为实现演练目的而需完成的主要演练任务及其效果。演练目标一般需说明“由谁在什么条件下完成什么任务，依据什么标准或取得什么效果”。

演练组织机构召集有关方面和人员，商讨确认演练范围、演练目的需求、演练目标以及各参与机构的目标；并进一步商讨，为确保演练目标实现而在演练场景、评估标准和方法、技术保障及对演练场地等方面的具体指标。

演练目标应简单、具体、可量化、可实现。一次演练一般有若干项演练目标，每项演练目标都要在演练方案中有相应的事件和演练活动予以实现，并在演练评估中有相应的评估项目判断该目标的实现情况。

3)演练情景事件设计

演练情景事件是为演练而假设的一系列突发事件，为演练活动提供了初始条件并通过一系列的情景事件，引导演练活动继续直至演练完成。

其设计过程包括：确定原生突发事件类型、请专家研讨、收集相关素材、结合演练目标、设计备选情景事件、研讨修改确认可用的情景事件、各情景事件细节确定。

演练情景事件设计必须做到真实合理，在演练组织过程中需要根据实际情况不断修改完善。演练情景可通过《演练情景说明书》和《演练情景事件清单》加以描述。

4)演练流程设计

演练流程设计是按照事件发展的科学规律，将所有情景事件及相应应急处置行动按时间顺序有机衔接的过程。其设计过程包括：确定事件之间的演化衔接关系；确定各事件发生与持续时间；确定各参与部门和角色在各场景中的期望行动以及期望行动之间的衔接关系；确定所需注入的信息及注入形式。

5)技术保障方案设计

为保障演练活动顺利实施，演练组织机构应安排专人根据演练目标、演练情景事件和演练流程的要求，预先进行技术保障方案设计。当技术保障因客观原因确难实现时，可及时向演练组织机构相关负责人反映，提出对演练情景事件和演练流程的相应修改建议。当演练情景事件和演练流程发生变化时，技术保障方案必须根据需要进行适当调整。

6)评估标准和方法选择

演练评估组召集有关方面和人员，根据演练总体目标和各参与机构的目标以及演练的具体情景事件、演练流程和技术保障方案，商讨确定演练评估标准和方法。

演练评估应以演练目标为基础。每项演练目标都要设计合理的评估项目方法、标准。根据演练目标的不同，可以用是非选择(如是否判断，多项选择)、主观评分(如 1-差、3-合格、5-优秀)、定量测量(如响应时间、被困人数、获救人数)等方法进行评估。

为便于演练评估操作，通常事先设计好评估表格，包括演练目标、评估方法、评价标准和相关记录项等。有条件时还可以采用专业评估软件等工具。

7)编写演练方案文件

文案组负责起草演练方案相关文件。演练方案文件主要包括演练总体方案及其相关附件。根据演练类别和规模的不同，演练总体方案的附件一般有演练人员手册、演练控制指南、技术保障方案和脚本、演练评估指南、演练脚本和解说词等。

8)落实各项保障工作

为了按照演练方案顺利安全实施演练活动，应切实做好人员、经费、场地、物资器材、技术和安全方面的保障工作。

①人员保障

演练参与人员一般包括演练领导小组、演练总指挥、总策划、文案人员、控制人员、评估人员、保障人员、参演人员、模拟人员等，有时还会有观摩人员等其他人员。在演练的准备过程中，演练组织单位和参与单位应合理安排工作，保证相关人员参与演练活动的时间；通过组织观摩学习和培训，提高演练人员素质和技能。

②经费保障

演练组织单位每年要根据具体应急演练方案规划编制应急演练经费预算，纳入该单位的年度财政(财务)预算，并按照演练需要及时拨付经费。对经费使用情况进行监督检查，确保演练经费专款专用、节约高效。

③场地保障

根据演练方式和内容，经现场勘察后选择合适的演练场地。桌面演练一般可选择会议室或应急指挥中心等；实战演练应选择与实际情况相似的地点，并根据需要设置指挥部、集结点、接待站、供应站、救护站、停车场等设施。演练场地应有足够的空间，良好的交通、生活、卫生和安全条件。

④物资和器材保障

根据需要，准备必要的演练材料、物资和器材，制作必要的模型设施等，主要包括信息材料、物资设备、通信器材和演练情景模型等。

⑤安全保障

应急演练组织单位要高度重视应急演练组织与实施全过程的安全保障工作。在应急演练方案编制中，应充分考虑应急演练实施中可能面临的风险，制定必要的应急演练安全保障措施或方案。大型或高风险应急演练活动要按规定制定专门应急预案，采取预防和控制措施。

9）培训

为了使演练相关策划人员及参演人员熟悉演练方案和相关应急预案，明确其在演练过程中的角色和职责，在演练准备过程中，可根据需要对其进行适当培训。

在演练方案或准后至演练开始前，所有演练参与人员都要经过应急基本知识、演练基本概念、演练现场规则、应急预案、应急技能及个体防护装备使用等方面的培训。对控制人员要进行岗位职责、演练过程控制和管理等方面的培训；对评估人员要进行岗位职责、演练评估方法、工具使用等方面的培训；对参演人员要进行应急预案、应急技能及个体防护装备使用等方面的培训。

（3）实施

演练实施是对演练方案付诸行动的过程，是整个演练程序中核心环节。

1）演练前检查

演练实施当天，演练组织机构的相关人员应在演练开始前提前到达现场，对演练所用的设备设施等的情况进行检查，确保其正常工作。

按照演练安全保障工作安排，对进入演练场所的人员进行登记和身份核查，防止无关人员进入。

2）演练前情况说明和动员

导演组完成事故应急演练准备，以及演练方案、演练场地、演练设施、演练保障措施的最后调整后，应在演练前夕分别召开控制人员、评估人员、演练人员的情况介绍会，确保所有演练参与人员了解演练现场规则以及演练情景和演练计划中与各自工作相关的内容。演练模拟人员和观摩人员一般参加控制人员情况介绍会。

导演组可向演练人员分发演练人员手册,说明演练适用范围、演练大致日期(不说明具体时间)、参与演练的应急组织、演练目标的大致情况、演练现场规则、采取模拟方式进行演练的行动等信息。演练过程中,如果某些应急组织的应急行为由控制人员或模拟人员以模拟方式进行演示,则演练人员应了解这些情况,并掌握相关控制人员或模拟人员的通讯联系方式,以便演练时与实际应急组织发生联系。

3)演练启动

演练目的和作用不同,演练启动形式也有所差异。

示范性演练一般由演练总指挥或演练组织机构相关成员宣布演练开始并启动演练活动。检验性和研究性演练,一般在到达演练时间节点,演练场景出现后,自行启动。

4)演练执行

演练组织形式不同,其演练执行程序也有差异。

①实战演练

应急演练活动一般始于报警消息,在此过程中,参演应急组织和人员应尽可能按实际紧急事件发生时的响应要求进行演示,即"自由演示",由参演应急组织和人员根据自己关于最佳解决办法的理解,对情景事件做出响应行动。

演练过程中参演应急组织和人员应遵守当地相关的法律法规和演练现场规则,确保演练安全进行,如果演练偏离正确方向,控制人员可以采取"刺激行动"以纠正错误。"刺激行动"包括终止演练过程,使用"刺激行动"时应尽可能平缓,以诱导方法纠偏,只有对背离演练目标的"自由演示"才使用强刺激的方法使其中断反应。

②桌面演练

桌面演练的执行通常是五个环节的循环往复:演练信息注入、问题提出、决策分析、决策结果表达和点评。

③演练解说

在演练实施过程中,演练组织单位可以安排专人对演练过程进行解说。解说内容一般包括演练背景描述、进程讲解、案例介绍、环境渲染等。对于有演练脚本的大型综合性示范演练,可按照脚本中的解说词进行讲解。

④演练记录

演练实施过程中,一般要安排专门人员,采用文字、照片和音像等手段记录演练过程。文字记录一般可由评估人员完成,主要包括演练实际开始与结束时间、演练过程控制情况、各项演练活动中参演人员的表现、意外情况及其处置等内容，尤其要详细记录可能出现的人员“伤亡”（如进入“危险”场所而无安全防护，在规定的时间内不能完成疏散等）及财产“损失”等情况。

照片和音像记录可安排专业人员和宣传人员在不同现场、不同角度进行拍摄，尽可能全方位反映演练实施过程。

5)演练结束与意外终止

演练完毕，由总策划发出结束信号，演练总指挥或总策划宣布演练结束。演练结束后所有人员停止演练活动，按预定方案集合进行现场总结讲评或者组织疏散。保障部负责组织人员对演练场地进行清理和恢复。

演练实施过程中出现下列情况，经演练领导小组决定，由演练总指挥或总策划按照事先规定的程序和指令终止演练：出现真实突发事件，需要参演人员参与应急处置时，要终止演练，使参演人员迅速回归其工作岗位，履行应急处置职责；出现特殊或意外情况，短时间内不能妥善处理或解决时，可提前终止演练。

6)现场点评会

演练组织单位在演练活动结束后，应组织针对本次演练现场点评会。其中包括专家点评、领导点评、演练参与人员的现场信息反馈等。

(4)评估总结

1)评估

演练评估是指观察和记录演练活动，比较演练人员表现与演练目标要求，并提出演练发现问题的过程。演练评估目的是确定演练是否已经达到演练目标的要求，检验各应急组织指挥人员及应急响应人员完成任务的能力。要全面、正确的评估演练效果，必须在演练地域的关键地点和各参演应急组织的关键岗位上，派驻公正的评估人员。评估人员的作用主要是观察演练的进程，记录演练人员采取的每一项关键行动及其实施时间，访谈演练人员，要求参演应急组织提供文字材料，评估参演应急组织和演练人员表现，并反馈演练发现。

应急演练评估方法是指演练评估过程中的程序和策略，包括评估组组成方式、评估目标与评估标准。评估人员较少时可仅成立一个评估小组并任命一名负责人。评估人员较多时，则应按演练目标、演练地点和演练组织进行适当的分组，除任命一名总负责人，还应分别任命小组负责人。评估目标是指在演练过程中要求演练人员展示的活动和功能。评估标准是指供评估人员对演练人员各个主要行动及关键技巧的评判指标，这些指标应具有可测量性，或力求定量化，但是根据演练的特点，评判指标中可能出现相当数量的定性指标。

情景设计时，策划人员应编制评估计划，应列出必须进行评估的演练目标及相应的评估准则，并按演练目标进行分组，分别提供给相应的评估人员，同时给评估人员提供评价指标。

2)总结报告

①召开演练评估总结会议

在演练结束后一个月内,由演练组织单位召集所有演练参与部门,讨论本次演练的评估报告,并从各自的角度总结本次演练的经验教训,讨论确认评估报告内容,并讨论提出总结报告内容,拟定改进计划,落实改进责任和时限。

②编写演练总结报告

在演练评估总结会议结束后,由文案组根据演练记录、演练评估报告、应急预案、现场总结等材料,对演练进行系统和全面的总结,并形成演练总结报告。演练参与单位也可对本单位的演练情况进行总结。

演练总结报告的内容包括:演练目的,时间和地点,参演单位和人员,演练方案概要,发现的问题与原因,经验和教训,以及改进有关工作的建议、改进计划、落实改进责任和时限等。

3)文件归档与备案

演练组织单位在演练结束后应将演练计划、演练方案、各种演练记录(包括各种音像资料)、演练评估报告、演练总结报告等资料归档保存。

对于由上级有关部门布置或参与组织的演练,或者法律、法规、规章要求备案的演练,演练组织单位应当将相关资料报有关部门备案。

(5)改进

1)改进行动

对演练中暴露出来的问题,演练组织单位应按照改进计划中规定的责任和时限要求,及时采取措施予以改进,包括修改完善应急预案、有针对性地加强应急人员的教育和培训、对应急物资装备有计划地更新等。

2)跟踪检查与反馈

演练总结与讲评过程结束之后,演练组织单位应指派专人,按规定时间对改进情况进行监督检查,确保本单位对自身暴露出的问题做出改进。

第二节　建设工程事故处理

一、建设安全生产事故分类

1. 按事故的原因及性质分类

从建筑活动的特点及事故的原因和性质来看,建筑安全事故可以分为四类,即生产事故、质量问题、技术事故和环境事故。

(1)生产事故

生产事故主要是指在建筑产品的生产、维修、拆除过程中,操作人员违反有关施工操作规程等而直接导致的安全事故。这类事故一般都是在施工作业过程中出现的,事故发生的次数比较频繁,是建筑安全事故的主要类型之一。目前我国对建筑安全生产的管理主要是针对生产事故。

(2)质量问题

质量问题主要是指由于设计不符合规范或施工达不到要求等原因而导致建筑结构实体或使用功能存在瑕疵,进而引起安全事故的发生。在设计不符合规范标准方面,主要是一些没有相应资质的单位或个人私自出图和设计本身存在安全隐患。在施工达不到设计要求方面,一是施工过程违反有关操作规程留下的隐患;二是有关施工主体偷工减料的行为导致的安全隐患。质量问题可能发生在施工作业过程中,也可能发生在建筑实体的使用过程中。特别是在建筑实体的使用过程中,质量问题带来的危害是极其严重的,如果在外加灾害(如地震、火灾)发生的情况下,其危害后果是不堪设想的。质量问题也是建筑安全事故的主要类型之一。

(3)技术事故

技术事故主要是指由于工程技术原因而导致的安全事故,技术事故的结果通常是毁灭性的。技术是安全的保证,曾被确信无疑的技术可能会在突然之间出现问题,起初微不足道的瑕疵可能导致灾难性的后果,很多时候正是由于一些不经意的技术失误才导致了严重的事故。在工程技术领域,人类历史上曾发生过多次技术灾难,包括人类和平利用核能过程中的切尔诺贝利核事故、"挑战者"号航天飞机爆炸事故等。在工程建设领域,这方面惨痛失败的教训同样也是深刻的,如 1981 年 7 月 17 日美国密苏里州发生的海厄特摄政通道垮塌事故。技术事故的发生,可能发生在施工生产阶段,也可能发生在使用阶段。

(4)环境事故

环境事故主要是指建筑实体在施工或使用的过程中,由于使用环境或周边环境原因而导致的安全事故。使用环境原因主要是对建筑实体的使用不当,比如荷载超标、静荷载设计而动荷载使用以及使用高污染建筑材料或放射性材料等。对于使用高污染建筑材料或放射性材料的建筑物,一是给施工人员造成职业病危害,二是对使用者的身体带来伤害。周边环境原因主要是一些自然灾害方面的,比如山体滑坡等。在一些地质灾害频发的地区,应该特别注意环境事故的发生。环境事故的发生,我们往往归咎于自然灾害,其实是缺乏对环境事故的预判和防治能力。

2. 按事故类别分类

按事故类别分,建筑业相关职业伤害事故可以分为 12 类,即:物体打击、车辆伤害、机械伤害、起重伤害、触电、灼烫、火灾、高处坠落、坍塌、爆炸、中毒和窒息、其他伤害。

(1)物体打击事故

1)物体打击事故基本概念

①物体打击事故是指施工人员在操作过程中受到各种工具、材料、机械零部件等从高空下落造成的伤害,以及各种崩块、碎片、锤击、滚石等对人体造成的伤害,器具飞击、料具反弹等对人体造成的伤害等,物体打击事故不包括因爆炸引起的物体打击。

②一直以来,物体打击事故都是造成现场操作人员伤亡的重要原因之一,为此,国家制定发布了不少法规,对防止物体打击事故的发生曾做过许多规定:《建筑施工安全检查标准》(JGJ 59—2011)规定,脚手架外侧挂设密目安全网,安全网间距应严密,外脚手架施工层应设 1.2m 高的防护栏杆,并设挡脚板;《建筑施工高处作业安全技术规范》(JGJ 80—2011)规定,施工作业场所有坠落可能的物件,应一律先行撤除或加以固定。拆卸下的物体及余料不得任意乱置或向下丢弃。钢模板、脚手架等拆除时,下方不得有其他操作人员等。

2)物体打击事故的常见形式。建筑工程施工现场的物体打击事故不但直接造成人员伤亡,而且对建筑物、构筑物、设备管线、各种设施等也都有可能造成损害。造成物体打击伤害的主要物体是建筑材料、构件和机具,物体打击事故的常见形式有以下几种:

①由于空中落物对人体造成的砸伤。

②反弹物体对人体造成的撞击。

③材料、器具等硬物对人体造成的碰撞。

④各种碎屑、碎片飞溅对人体造成的伤害。

⑤各种崩块和滚动物体对人体造成的砸伤。

⑥器具部件飞出对人体造成的伤害。

(2)高处坠落事故

1)高处坠落事故基本概念

①高处作业是指在坠落高度基准面 2m 以上(含 2m),有可能坠落的作业处进行的作业。操作人员在高处作业中临边、洞口、攀登、悬空、操作平台及交叉作业区坠落事故即为高处坠落事故。高处作业可分为临边作业、洞口作业、悬空作业三大类。

②高处坠落事故频发率在建筑业伤亡事故中占有相当高的比率,为防止高处坠落事故的发生,国家相继颁发并实施了许多相关安全法规,如《建筑施工高处作业安全技术规范》(JGJ 80—2011)、《龙门架及井架物料提升机安全技术规

范》(JGJ 88—2010)、《建筑机械使用安全技术规程》(JGJ 33—2012)等。

2)常见的高处坠落事故形式

高处坠落事故受害者不仅仅为施工操作工人,还有工程技术人员和专职安全员;高处坠落事故责任者包括建筑企业负责人、工程技术人员、专职安全员和操作工人,特别是未经安全培训的新入场工人;高处坠落事故部位多发生在脚手架和预留洞口等部位,尤其是从脚手架或操作平台坠落导致伤亡事故的案例最多;高处坠落事故时间阶段多发生在从施工准备到主体结构施工阶段,以及装饰工程施工和工程收尾等各个阶段。高处坠落事故的常见形式主要以下几种:

①从脚手架及操作平台上坠落。

②从平地坠落入沟槽、基坑、井孔。

③从机械设备上坠落。

④从楼面、屋顶、高台等临边坠落。

⑤滑跌、踩空、拖带、碰撞等引起坠落。

⑥从“四口”坠落。

(3)触电事故

1)触电事故基本概念

①施工现场临时用电是相对于施工现场以外正式工业与民用“永久”性用电而提出的一种专属施工现场内部的用电,是由施工现场临时用电工程提供电力并用于施工现场施工的用电。施工现场临时用电有临时性、移动性和露天性等特点。施工现场临时用电虽然属于暂设,但是不能有“临时”的观点,应有正规的电气设计,加强用电管理。

②触电伤害分电击和电伤两种,电击是指直接接触带电部分,使人体通过一定的电流,是有致命危险的触电伤害;电伤是指皮肤局部的创伤,如灼伤、烙印等。

③施工现场的触电事故主要有三类:施工人员触碰电线或电缆线;建筑机械设备漏电;对高压线防护不当导致触电。

2)触电事故的常见形式

①带电电线、电缆破口、断头。

②电动设备漏电。

③起重机部件等触碰高压线。

④挖掘机损坏地下电缆。

⑤移动电线、机具,电线被拉断、破皮。

⑥电闸箱、控制箱漏电或误触碰。

⑦强力自然因素导致电线断裂。

⑧雷击。

(4)机械伤害事故

1)机械伤害基本概念

①施工机械、机具对操作人员砸、撞、绞、碾、碰、割、戳等造成的伤害,称为机械、机具伤害。

②建筑施工现场常见的导致机械伤害事故的机械、机具有:木工机械、钢筋加工机械、混凝土搅拌机、砂浆搅拌机、打桩机、装饰工程机械、土石方机械、各种起重运输机械等。造成死亡事故的常见机械有龙门架及井架物料提升机、各类塔式起重机、外用施工电梯、土石方机械及铲土运输机械等。

2)机械伤害常见事故形式

①机械转动部分的绞、碾和拖带造成的伤害。

②机械部件飞出造成的伤害。

③机械工作部分的钻、刨、削、砸、割、扎、撞、锯、戳、绞、碾造成的伤害。

④进入机械容器或运转部分导致受伤。

⑤机械失稳、倾覆造成的伤害。

(5)坍塌事故

1)坍塌事故基本概念

①坍塌:一般是指建筑物、堆置物倒塌和土石方塌方等。坍塌事故与高处坠落事故、触电事故、物体打击事故、机械伤害事故被列为“五大伤害”。

②导致坍塌事故的主要原因:一是施工单位不重视安全生产、缺乏安全管理经验;二是盲目施工,不编制安全施工方案,缺乏安全技术措施。主要体现在:开挖基坑、基槽时,边坡坡度过陡,且没有采取临时支撑等措施;现浇混凝土梁、板支撑体系没有经过设计计算,模板或支撑构件的强度、刚度不足,模板支撑体系失稳造成倒塌;梁板混凝土强度未达到设计要求,提前拆模;脚手架、操作平台等集中堆放材料过多造成倒塌等。

2)坍塌事故的常见形式

①基槽或基坑壁、边坡、洞室等土石方坍塌。

②地基基础悬空、失稳、滑移等导致上部结构坍塌。

③工程施工质量极度低劣造成建筑物倒塌。

④塔吊、脚手架、井架等设施倒塌。

⑤施工现场临时建筑物倒塌。

⑥现场材料等堆置物倒塌。

⑦大风等强力自然因素造成的倒塌。

3. 按事故严重程度分类

可以分为轻伤事故、重伤事故和死亡事故三类。

4. 按事故等级分类

(1)伤亡事故是指职工在劳动的过程中发生的人身伤害、急性中毒事故，即职工在本岗位劳动，或虽不在本岗位(但被企业领导指派到企业外从事本企业)劳动，由于企业的设备和设施不安全、劳动条件和作业环境不良或管理不善而发生的人身伤害(轻伤、重伤、死亡)和急性中毒事件。当前伤亡事故统计中除职工以外，还应包括企业雇用的农民工、临时工等。

(2)建筑施工企业的伤亡事故，是指在建筑施工过程中，由于危险有害因素的影响而造成的各类伤害。

(3)按国务院2007年4月9日发布的《生产安全事故报告和调查处理条例》(国务院令第493号)，根据生产安全事故(以下简称事故)造成的人员伤亡或者直接经济损失，把事故分为如下几个等级：

1)特别重大事故，是指造成30人以上死亡，或者100人以上重伤(包括急性工业中毒，下同)，或者1亿元以上直接经济损失的事故；

2)重大事故，是指造成10人以上30人以下死亡，或者50人以上100人以下重伤，或者5000万元以上1亿元以下直接经济损失的事故；

3)较大事故，是指造成3人以上10人以下死亡，或者10人以上50人以下重伤，或者1000万元以上5000万元以下直接经济损失的事故；

4)一般事故，是指造成3人以下死亡，或者10人以下重伤，或者1000万元以下直接经济损失的事故。

条例中所称的“以上”包括本数，所称的“以下”不包括本数。

5. 建筑工程最常发生事故的类型

根据对全国伤亡事故的调查统计分析，建筑业伤亡事故率仅次于矿山行业。其中高处坠落、物体打击、机械伤害、触电、坍塌为建筑业最常发生的五种事故，近几年来已占到事故总数的80%～90%，应重点加以防范。

二、事故报告与调查处理

1. 安全生产事故报告

(1)报告程序。事故发生后，事故现场有关人员应当立即向本单位负责人报告。单位负责人接到报告后，应当于1h内向事故发生地县级以上人民政府安全生产监督管理部门和负有安全生产监督管理职责的有关部门报告。事故报告应当及时、准确、完整，任何单位和个人对事故不得迟报、漏报、谎报或者瞒报。

安全生产监督管理部门和负有安全生产监督管理职责的有关部门接到事故报告后，应当依照下列规定上报事故情况，并通知公安机关、劳动保障行政部门、工会和人民检察院：

1)特别重大事故、重大事故逐级上报至国务院安全生产监督管理部门和负有安全生产监督管理职责的有关部门；

2)较大事故逐级上报至省、自治区、直辖市人民政府安全生产监督管理部门和负有安全生产监督管理职责的有关部门；

3)一般事故上报至设区的市级人民政府安全生产监督管理部门和负有安全生产监督管理职责的有关部门。

安全生产监督管理部门和负有安全生产监督管理职责的有关部门逐级上报事故情况，每级上报的时间不得超过 2h。事故报告后出现新情况的，应当及时补报。自事故发生之日起 30 日内，事故造成的伤亡人数发生变化的，应当及时补报。道路交通事故、火灾事故自发生之日起 7 日内，事故造成的伤亡人数发生变化的，应当及时补报。

安全生产监督管理部门和负有安全生产监督管理职责的有关部门依照前款规定上报事故情况，应当同时报告本级人民政府。国务院安全生产监督管理部门和负有安全生产监督管理职责的有关部门以及省级人民政府接到发生特别重大事故、重大事故的报告后，应当立即报告国务院。必要时，安全生产监督管理部门和负有安全生产监督管理职责的有关部门可以越级上报事故情况。

(2)报告事故的内容。报告事故应当包括：

1)事故发生单位概况；

2)事故发生的时间、地点以及事故现场情况；

3)事故的简要经过；

4)事故已经造成或者可能造成的伤亡人数(包括下落不明的人数)和初步估计的直接经济损失；

5)已经采取的措施；

6)其他应当报告的情况。

(3)事故发生单位负责人接到事故报告后，应当立即启动事故相应应急预案，或者采取有效措施，组织抢救，防止事故扩大，减少人员伤亡和财产损失。

事故发生地有关地方人民政府、安全生产监督管理部门和负有安全生产监督管理职责的有关部门接到事故报告后，其负责人应当立即赶赴事故现场，组织事故救援。

事故发生后，有关单位和人员应当妥善保护事故现场以及相关证据，任何单位和个人不得破坏事故现场、毁灭相关证据。因抢救人员、防止事故扩大以及疏通交通等原因，需要移动事故现场物件的，应当做出标志，绘制现场简图并做出书面记录，妥善保存现场重要痕迹、物证。

2. 事故调查组成立与事故调查程序

事故发生后，由各级政府及相关部门组织事故调查组对事故展开调查，对于不同的事故等级事故调查组的组成不同。

(1)特别重大事故由国务院或者国务院授权有关部门组织事故调查组进行调查。

(2)重大事故、较大事故、一般事故分别由事故发生地省级人民政府、设区的市级人民政府、县级人民政府负责调查。省级人民政府、设区的市级人民政府、县级人民政府可以直接组织事故调查组进行调查，也可以授权或者委托有关部门组织事故调查组进行调查。

(3)未造成人员伤亡的一般事故，县级人民政府也可以委托事故发生单位组织事故调查组进行调查。

另外，事故发生的项目部应积极配合事故调查组调查、取证，为调查组提供一切便利。不得拒绝调查、不得拒绝提供有关情况和资料。若发现有上述违规现象，除对责任者视其情节给予通报批评和罚款外，责任者还必须承担由此产生的一切后果。

安全生产事故调查组成立后，事故调查按下列程序执行：

伤亡事故调查程序：调查前的准备→事故现场处理与勘查→物证收集→事故材料收集→证人材料收集→影像及事故图→事故原因分析→事故责任分析→对责任人的处理建议和事故预防措施→根据事故调查情况撰写企业职工伤亡事故调查报告书。

3. 事故原因分析与事故调查报告

事故原因包括人的不安全因素、物的不安全状态和管理上的不安全因素三个方面，其主要内容如下：

(1)人的不安全因素

人的不安全因素可分为人的客观不安全因素和人的主观不安全行为两大类。

1)人的客观不安全因素

①心理上的不安全因素，是指人在心理上具有影响安全的性格、气质和情绪，如懒散、粗心等；

②生理上的不安全因素，包括视觉、听觉等感觉器官，体能、年龄及疾病等不适合工作或作业岗位要求的影响因素；

③能力上的不安全因素，包括知识技能、应变能力、资格等不能适应工作和作业岗位要求的影响因素。

2)人的主观不安全行为在施工现场的类型

①操作失误，忽视安全、忽视警告；

②造成安全装置失效；

③使用不安全设备；

④用手代替工具操作；

⑤物体存放不当；

⑥冒险进入危险场所；

⑦攀坐不安全位置；

⑧在起吊物下作业、停留；

⑨在机器运转时进行检查、维修、保养等工作；

⑩有分散注意力行为；

⑪没有正确使用个人防护用品、用具；

⑫不安全装束；

⑬对易燃易爆等危险物品处理错误。

(2)物的不安全状态

物的不安全状态主要包括：

1)防护等装置缺乏或有缺陷；

2)设备、设施、工具、附件有缺陷；

3)个人防护用品缺少或有缺陷；

4)施工生产场地环境不良，如现场布置杂乱无序、视线不畅、沟渠纵横、交通阻塞、材料工具乱堆乱放、机械无防护装置、电器无漏电保护、粉尘飞扬、噪声刺耳等，使劳动者生理、心理难以承受环境因素，诱发安全事故。

(3)管理上的不安全因素

管理上的不安全因素也称管理上的缺陷，主要包括三个方面。一是对物的管理失误，包括技术、设计、结构上有缺陷，作业现场环境有缺陷，防护用品有缺陷等；二是对人的管理失误，包括教育、培训、指示和对作业人员的安排等方面的缺陷；三是对工作管理的失误，包括对作业程序、操作规程、工艺过程的管理失误，以及对采购、安全监控、事故防范措施的管理失误。

(4)事故调查报告

事故调查组在对事故原因和事故责任进行分析的基础上，认定事故责任，并制定事故预防措施，最终形成事故调查报告，事故调查报告的内容和要求如下：

事故调查组应当自事故发生之日起 60 日内提交事故调查报告；特殊情况下，经负责事故调查的人民政府批准，提交事故调查报告的期限可以适当延长。但延长的期限最长不超过 60 日。事故调查报告应当包括下列内容：

1)事故发生单位概况；

2)事故发生经过和事故救援情况；

3)事故造成的人员伤亡和直接经济损失；

4)事故发生的原因和事故性质；

5)事故责任的认定以及对事故责任者的处理建议；

6)事故防范和整改措施。

4. 事故处理

(1)事故处理要求

重大事故、较大事故、一般事故，负责事故调查的人民政府应当自收到事故调查报告之日起15日内做出批复；特别重大事故，30日内做出批复，特殊情况下，批复时间可以适当延长，但延长的时间最长不超过30日。

有关机关应当按照人民政府的批复，依照法律、行政法规规定的权限和程序，对事故发生单位和有关人员进行行政处罚，对负有事故责任的国家工作人员进行处分。

事故发生单位应当按照负责事故调查的人民政府的批复，对本单位负有事故责任的人员进行处理。负有事故责任的人员涉嫌犯罪的，依法追究刑事责任。

(2)事故发生单位事故处理

1)事故处理要坚持“四不放过”的原则，即事故原因没有查清不放过；事故责任者没有严肃处理不放过；广大员工没有受教育不放过；防范措施没有落实不放过。

2)在进行事故调查分析的基础上，事故责任项目部应根据事故调查报告中提出的事故纠正与预防措施建议，编制详细的纠正与预防措施，经公司安全部门审批后，严格组织实施。事故纠正与预防措施实施后，由公司安全部门负责实施验证。

3)对事故造成的伤亡人员工伤认定、劳动鉴定、工伤评残和工伤保险待遇处理，由公司工会和安全部门按照国务院《工伤保险条例》和所在省市综合保险有关规定进行处置。

4)事故发生单位应当认真吸取事故教训，落实防范和整改措施，防止事故再次发生。防范和整改措施的落实情况应当接受工会和职工的监督。事故处理的情况由负责事故调查的人民政府或者其授权的有关部门、机构向社会公布，依法应当保密的除外。

5)事故调查处理结束后，公司或项目部(分公司)安全部门应负责将事故详情、原因及责任人处理等编印成事故通报，组织全体职工进行学习，从中吸取教训，防止事故的再次发生。每起事故处理结案后，企业安全部门应负责将事故调查处理资料收集整理后实施归档管理。

(3)安全事故的法律责任

1)事故发生单位主要负责人有下列行为之一的，处上一年年收入40%～

80%的罚款；属于国家工作人员的，并依法给予处分；构成犯罪的，依法追究刑事责任。

①不立即组织事故抢救的。

②迟报或者漏报事故的。

③在事故调查处理期间擅离职守的。

2)事故发生单位及其有关人员有下列行为之一的，对事故发生单位处100万元以上500万元以下的罚款；对主要负责人、直接负责的主管人员和其他直接责任人员处上一年年收入60%～100%的罚款；属于国家工作人员的，并依法给予处分；构成违反治安管理行为的，由公安机关依法给予治安管理处罚；构成犯罪的，依法追究刑事责任。

①谎报或者瞒报事故的。

②伪造或者故意破坏事故现场的。

③转移、隐匿资金和财产，或者销毁有关证据、资料的。

④拒绝接受调查或者拒绝提供有关情况和资料的。

⑤在事故调查中作伪证或者指使他人作伪证的。

⑥事故发生后逃匿的。

3)事故发生单位对事故发生负有责任的，依照下列规定处以罚款：

①发生一般事故的，处10万元以上20万元以下的罚款。

②发生较大事故的，处20万元以上50万元以下的罚款。

③发生重大事故的，处50万元以上200万元以下的罚款。

④发生特别重大事故的，处200万元以上500万元以下的罚款。

4)事故发生单位主要负责人未依法履行安全生产管理职责，导致事故发生的，依照下列规定处以罚款；属于国家工作人员的，并依法给予处分；构成犯罪的，依法追究刑事责任。

①发生一般事故的，处上一年年收入30%的罚款。

②发生较大事故的，处上一年年收入40%的罚款。

③发生重大事故的，处上一年年收入60%的罚款。

④发生特别重大事故的，处上一年年收入80%的罚款。

5)有关地方人民政府、安全生产监督管理部门和负有安全生产监督管理职责的有关部门有下列行为之一的，对直接负责的主管人员和其他直接责任人员依法给予处分；构成犯罪的，依法追究刑事责任。

①不立即组织事故抢救的。

②迟报、漏报、谎报或者瞒报事故的。

③阻碍、干涉事故调查工作的。

④在事故调查中作伪证或者指使他人作伪证的。

6)事故发生单位对事故发生负有责任的，由有关部门依法暂扣或者吊销其有关证照；对事故发生单位负有事故责任的有关人员，依法暂停或者撤销其与安全生产有关的执业资格、岗位证书；事故发生单位主要负责人受到刑事处罚或者撤职处分的，自刑罚执行完毕或者受处分之日起，5 年内不得担任任何生产经营单位的主要负责人。

为发生事故的单位提供虚假证明的中介机构，由有关部门依法暂扣或者吊销其有关证照及其相关人员的执业资格；构成犯罪的，依法追究刑事责任。

7)参与事故调查的人员在事故调查中有下列行为之一的，依法给予处分；构成犯罪的，依法追究刑事责任。

①对事故调查工作不负责任，致使事故调查工作有重大疏漏的。

②包庇、袒护负有事故责任的人员或者借机打击报复的。

5. 安全生产事故结案材料的归档

每起伤亡事故处理结案后，公司安全部门应负责将事故调查处理资料收集整理后实施归档管理。

(1)伤亡事故资料主要包括以下内容：

1)物证、人证材料；

2)职工伤亡事故登记表；

3)事故责任者自述材料；

4)技术鉴定和试验报告；

5)直接和间接经济损失材料；

6)现场调查记录、图纸、照片；

7)有关事故的通报、简报及文件；

8)医疗部门对伤亡人员的诊断书；

9)职工死亡、重伤事故调查报告及批复；

10)注明参加调查组人员姓名、职务、单位；

11)发生事故时工艺条件、操作情况和设计资料。

(2)生产安全事故档案主要包括以下资料：

1)事故快报表；

2)事故调查报告；

3)事故调查笔录；

4)事故调查处理报告；

5)对事故责任者的处理决定；

6)企业职工伤亡事故月报表；

7)企业职工伤亡事故年统计表;

8)安全生产监察局、安全监督站对事故处理的批复;

9)事故现场照片、示意图、亡者身份证、死亡证、技术鉴定等资料;

10)其他有关的资料。

三、应急救护与自救

1. 现场自救互救的概念、步骤及急救设施

(1)现场自救互救基本概念

施工现场急救是指对建筑施工现场突发性的病人或伤者,由其本人或别人应用急救知识和简单的急救技术所做的临时处理措施,在最大程度上稳定伤病者的伤情或病情,维持伤病者的最基本体征,如呼吸、脉搏、血压等。施工现场急救并非治伤或治病,而是防止伤势或病情恶化的应急措施,现场急救的同时必须向社会呼救,等医生到达后应立即全面接受治疗。

积极、有效的自救与互救,关系到伤病患者生命和伤害的结果,是减少伤亡的有力措施。对伤者或病患的紧急处理措施,越快处理效果越好。职工必须根据自己的工作环境特点,认识和掌握常见事故规律,熟悉事故发生前的预兆和事故发生后的征兆,牢记各类事故的避灾要点,努力提高自己的自主保安意识和抗御灾害的能力。

(2)现场自救互救的基本步骤

1)脱离危险区。抢救施工现场安全事故造成人员伤亡时,在靠近任何事件受害者前,必须先检查是否对施救者自身构成危险,并保护好施救者自己。如果此时危险依然存在,应采取正确的方法使伤员和自己转移到更安全的地点。同时对现场进行排查,确保在第一时间内找到所有伤患者,以便及时施救。

2)判断患者伤情,正确施救。对施工现场遇到的伤害或突发性疾病,不可过分惊慌,发生此类事后重要的是做初步的诊治和判断。不论是意外受伤、突然发病或其他大小症状均需先行处理,且尽可能快速实施急救措施。在没有移动伤员之前先进行最初的检查,若遇到不知如何处理的事故时,不可任意移动患者,否则会使病情恶化。若一次事故中出现的伤员较多,首先应该明白急救处理和治疗的是何类病人,呼吸困难、心率失常、流血不止的伤员应优先考虑。判断形势并正确处理的正确顺序为:

恢复和保持呼吸频率/心率正常→止血→保护伤口→固定骨折→安抚惊恐不安者。

3)及时呼救,寻求医疗救护。因条件和技术等因素决定,现场所采取急救措施不能彻底救治伤病患者,只算是稳定伤情、防止伤情蔓延扩大的初级救生。所

以，事故现场对伤员进行急救的同时，必须及时向社会医疗机构呼救，并安排专人负责迎接医疗救护车。现场急救与社会呼救应同时进行，直到医疗救护人员到达现场接替为止。

4)排查潜在伤员患者。有些时候，在突发事故案发现场，没有发现危及伤病的体征，但是患者身体潜在的损伤、骨折和病变等却在事后突然表现出来。所以在对伤病患者展开急救的同时，有必要对在事故中其他有受伤可能的人员进行彻底检查，以便及时施行必要的急救措施和稳定病情。

(3)施工现场急救设施

1)应急电话。工地应安装电话，无条件安装电话的工地应配置移动电话，座机电话可安装于办公室、值班室、警卫室内，一般应放在室内靠近现场通道的窗扇附近，电话机旁应张贴常用紧急查询电话和工地主要负责人和上级单位的联络电话，以便在节假日、夜间等情况下使用，房间无人上锁时，如果有紧急情况无法开锁，可击碎窗玻璃，用电话向有关部门、单位、人员拨打电话报警求救。

拨打应急电话时要尽量讲清楚伤者(事故)发生在什么地方，什么路几号、靠近什么路口、附近有什么特征；说清楚伤情(病情、火情、案情)和已经采取了些什么措施，以便让救护人员事先做好急救的准备；告知自己的单位、姓名、事故地点、电话号码，以便救护车(消防车、警车)找不到所报地方时，随时通过电话通信联系。在结束报救电话之前，应询问接报人员还有什么问题不清楚，如无问题才能挂断电话。通完电话后，应派人在现场外等候接应救护车，同时把救护车进入工地现场的路上障碍及时予以清除，以利救护车能顺利到达现场及时进行抢救。

2)急救箱

①急救箱的配备：急救箱的配备应以简单和适用为原则，器械敷料及医疗药物等应保证现场急救的基本需要，可根据不同情况予以增减，定期检查补充，确保随时可供急救使用。

器械敷料类配备内容：体温计、血压计、听诊器、止血带、针灸针、镊子、止血钳(大、小)、剪刀、无菌橡皮手套、棉球、棉签、无菌敷料、绷带、三角巾、胶布、夹板、别针、消毒注射器(或一次性针筒)、静脉输液器、心内注射针头两个、气管切开用具(包括大、小银制气管套管)、张口器及舌钳、手术刀、氧气瓶(便携式)及流量计、手电筒(电池)、保险刀、病史记录等。

②应急药物配备内容：现场备用应急药物主要包括常用10%葡萄糖、10%葡萄糖酸钙、25%葡萄糖、维生素、酚磺乙胺、生理盐水、碘酒、安定、肾上腺素、异丙基肾上素、阿托品、毒毛旋花子苷水、异搏定、慢心律、硝酸甘油、毛花苷C、氨茶碱、亚硝酸戊烷、洛贝林回苏灵咖啡因、尼可刹米、异戊巴比妥钠、乳酸钠、氨水、安洛血、苯妥英钠、碳酸氢钠、酒精、乙醚、0.1%新吉尔灭酊、高锰酸钾等。

③急救箱使用注意事项：施工现场配备的急救箱应安排专人保管，但不要上锁；放置在合适的位置，使现场人员都知道；定期更换超过消毒期的敷料和过期药品，每次急救后要及时补充相关药品。

3）其他应急设备和设施。施工现场还应配备用于设置警戒区域的隔离带，以及各类安全禁止、警告、指令、提示标志牌和安全带、安全绳、担架等，并配备用于夜间及黑暗处急救、逃生使用的照明灯具、电筒等设备。

2. 现场自救互救方法

（1）常用止血法

1）止血带止血法。当现场出现有四肢大血管出血，尤其是动脉出血，这时应用止血带止血法进行止血。止血带止血法适用范围：受伤肢体有大而深的伤口，血流速度快；肢体完全离断或部分离断；多处受伤，出血量大或受伤部位能看见喷泉一样出血。

2）指压止血法。指压止血法是常用的止血方法，在外伤出血时应首先采用。适用范围：适用于小静脉出血；毛细血管出血；头部、躯体、四肢及身体各部位伤口，如果是动脉出血应与止血带配合使用。一个人负了伤，只要立刻果断地用手指或手掌用力压紧伤口附近靠近心脏一端的动脉跳动处，并把血管紧压在骨头上，就能很快收到临时止血的效果。

（2）常用伤口包扎法

当发现被救出的人身上有外伤时，应立即按正确的搬运方法把伤员抬到安全地点，并尽快脱掉（或剪开）伤员身上的衣服，及时进行伤口止血、包扎。包扎时先对创伤处用消毒的敷料或清洁的医用纱布覆盖，再用绷带或干净的布条包扎。在肢体骨折时，可借助绷带包扎夹板来固定受伤部位上下两个关节，减少损伤和疼痛，预防休克。注意不可用水清洗伤口里的灰土等杂物，包扎时避免用手直接触及伤口，更不可用脏布包扎。

（3）人工呼吸法

事故现场发现有昏迷的伤员患者，应把伤员抬到新鲜风流环境中，要以最快的速度和极短的时间检查一下伤员瞳孔有无光反射，摸摸有无脉搏跳动，听听有无心跳，用棉絮放在受伤者的鼻孔处观察有无呼吸，按一下指甲有无血液循环，同时还要检查有无外伤和骨折。一旦确定病人呼吸停止，应立即对患者进行人工呼吸。

（4）体外挤压恢复心脏跳动法

让伤员仰卧在板床或地面上，头低于心脏水平或抬高两下肢，以利静脉回流。把伤员的衣服和裤带全部解开（冬季应注意采取保暖措施），抢救者站在患者左侧或跪在伤员的腰部两侧，一手掌根部置于患者胸骨下 1/3 段，即中指对准颈部凹陷的下缘，手掌贴胸平放，掌腕放在伤员左乳头下方处，另一手掌交叉重叠于该手背上，肘关节伸直，借助自身重力垂直向下挤压伤员的胸廓，压陷深度3～4cm，然后突然松开（此时手掌可不离开胸壁），如此反复进行，每分钟约60～80次，直到伤员复苏或确认无效为止。

操作时应注意正确定位，用力适当，应有节奏地反复进行。不可因用力过猛造成继发性组织器官损伤或肋骨骨折等二次事故。抢救时必须兼顾心跳和呼吸，可以采取口对口人工呼吸和体外挤压恢复心脏跳动法同时进行。

(5)伤员搬运

在对现场突发事故伤员采取急救的过程中，要坚持“三先三后”原则，即：对窒息（呼吸道完全堵塞）或心跳、呼吸停止不久的伤员，必须先复苏，后搬运；对出血伤员，必须先止血，后搬运；对骨折伤员，必须先固定，后搬运。经现场止血、包扎、固定后的伤员患者，应尽快地搬运转送医院接受进一步治疗，不正确的搬运方法将导致继发性创伤，甚至威胁伤员患者的生命。

1)轻伤员搬运。针对手足等局部受伤且伤情不重的伤员可采用抱、扶、背的方法将伤员送往医院。可采取单人背负搬运，也可采取两人配合坐椅式搬运。

2)骨折伤员搬运。在肢体受伤后局部出现疼痛、肿胀、功能性障碍、畸形变化等骨折症状时，必须在止血、包扎、固定后方可搬运。注意防止骨折断端可能因为搬运振动而错乱移位，加重伤情。

3)重伤员搬运。重伤员如大出血、脊柱骨折、大腿骨折等，一定要用担架抬送。对脊柱骨折的伤员不可随便搬动和翻动，更不准背、抱，不能用软担架抬送。把伤员移至担架上时，要2～3人齐心协力，轻抬轻放，避免脊柱弯曲扭动，防止加重伤情。搬运过程中，应注意给伤员做好保暖。抬担架的人要步调一致，不可左右晃动，任何情况下，都应保持担架高低一致。如没有专用担架，应就地取材，自制临时担架。

(6)火灾自救及烧伤、灼烫急救

1)火灾自救。施工现场一旦发生火灾，当采取相应灭火措施仍无法避免火灾时，应立即撤离火灾区。衣服着火，应立即倒在地上翻滚或翻入附近的水沟中或潮湿地上，以便迅速压灭或冲灭火苗。不得慌乱地喊叫、奔跑，以免风助火威，造成呼吸道烧伤。火灾现场自救注意事项如下。

①火灾袭来时要迅速疏散逃生，不要贪恋财物。

②身上着火时，可就地打滚，或用厚重衣物覆盖压灭火苗。

③大火封门无法逃生时，可用浸湿的被褥衣物等堵塞门缝，泼水降温，呼救待援。

④必须穿越浓烟逃走时，应尽量用浸湿的衣物裹住身体，用湿毛巾或湿布捂

住口鼻，或贴近地面爬行。

⑤救火人员应注意自我保护，使用灭火器材救火时应站在上风位置，以防因烈火、浓烟熏烤而受到伤害。

2)烧伤、灼烫急救

①肢体被明火烧伤时，可用自来水冲洗或浸泡伤患处，避免受伤面扩大。

②肢体被沸水或蒸汽烫伤时，应立即剪开已被沸水湿透的衣服和鞋袜。然后将受伤的肢体浸于冷水中，可起到止痛和消肿的作用。如贴身衣服与伤口粘在一起时，可用剪刀先剪开，然后慢慢将衣服脱去，切勿强行撕脱，以免使伤口加重。

③如果是用电造成火灾，应使用干粉灭火器进行灭火，不得使用泡沫灭火器，更不准使用水熄灭电路起火。灭火时应先切断电源、煤气总开关。

④严禁用红汞、碘酒和其他未经医生同意的药物涂抹烧伤或烫伤创面，应用消毒纱布覆盖在伤口上，并迅速将伤员送往医院救治。

(7)溺水急救

1)尽快把溺水者捞救出水，并以最快的速度撬开他的嘴，清除堵塞在嘴和鼻孔里的泥土或其他杂物，并把他的舌头拉出来，使呼吸道畅通。

2)及时对患者进行控水，可根据实际情况采取以下方法：

①膝顶控水法：急救者取半跪的姿势，把溺水者的腹部放在自己的膝盖上，使头部下垂，并不断压迫他的背部，把灌入胃里的水控出来。

②肩扛控水法：可将溺水者腹部放在急救者肩上，急救者上、下耸肩或快速奔走，使积水不断控出。

③提腰控水法：把溺水者腰部向上提，使他的背部向上、头部下垂，以便积水从溺水者的胃里流出。

3)控水后，若溺水者呼吸已停、心跳未停，应立即做人工呼吸。如心跳已停止，应做体外挤压恢复心脏跳动，同时进行口对口人工呼吸，必须连续进行，直到复苏或确实无效时才能停止。呼吸恢复后，进行四肢向上按摩，以促进血液循环，可服少量浓茶或热姜汤以抗寒。

4)在进行抢救的同时，要派人立即向医疗机构呼救。

(8)高处坠落急救

1)现场急救。对于高处坠落到地面的伤员，应初步检查伤情，不能随便搬动或摇动患者，必须立即向社会医疗机构呼救。如有肢体大量出血，应在保持患者体位不动的情况下采取适当措施及时止血，并进行初步包扎。如果现场确定四肢骨折，应按正确方法及时进行固定。

2)伤员搬运，参见第(5)项“伤员搬运”的相关内容。

(9)触电急救

1)迅速关闭开关,切断电源,或用绝缘物切断电源,尽快让触电者与电源脱离。救护者在断开电源开关确定患者脱离电源之前,不能触摸受伤者。

2)如果一时不能切断电源,救助者应穿上胶鞋或站在干的木板凳子上,双手戴上厚的塑胶手套,用干的木棍、扁担、竹竿等不导电的物体,挑开受伤者身上的电线,尽快将受伤者与电源隔离。

3)切断电源时,不得用绝缘状况不明的斧子砍断电缆,以免自身触电,引起新的事故;必须妥善处理被挑开的漏电电源电线,以免造成他人再次触电。有条件时,要先戴上绝缘手套,穿上绝缘鞋;在触电者没有脱离电源之前,不要直接接触触电者。

4)对触电者的急救应分秒必争,触电者脱离电源后,应立即检查其心跳与呼吸。对呼吸停止、心跳尚存者应立即进行口对口人工呼吸。发现伤员心跳停止或心音微弱,应立即进行胸外心脏按压,同时进行口对口人工呼吸。

5)除少数确实已证明被电死者外,抢救需维持到使触电者恢复呼吸心跳,或确诊已无生还希望为止。发生呼吸心跳停止的病人,病情都很危重,应一面进行抢救,一面紧急把病人送就近医院治疗。在转送医院的途中,抢救工作不能中断。人在触电后,有时会有较长时间的"假死",因此,急救者应耐心进行抢救,绝不要轻易中止。

6)处理电击伤伤口时应先用碘酒纱布覆盖包扎,然后按烧伤处理。电击伤的特点是伤口小、深度大,所以应注意防止继发性大出血。千万要注意,不可盲目地给触电者打强心针。

(10)中毒急救

1)一氧化碳中毒急救

发现有人因有害气体中毒或窒息时,应立即打开门窗通风,迅速把患者抬到新鲜风流环境中,进行抢救(冬季应注意给患者保暖)。在救护中,急救人员一定要沉着,动作要迅速。轻度中毒,数小时后即可恢复,中、重度中毒应尽快向急救中心呼救。

确保中毒者呼吸道通畅,神志不清者应将头部偏向一侧,以防呕吐物吸入呼吸道引起窒息,要立即给中毒者闻氨水解毒,有条件的话给病人吸氧,对于昏迷者或抽搐者,可头置冰袋,切忌采用冷冻、灌醋或灌酸菜汤等不科学的做法。

如果一氧化碳中毒者呼吸虽已停止,但心脏还有跳动,应解开衣服,搓擦他的皮肤,并立即进行人工呼吸。

2)食物中毒急救

建筑工地常见食物中毒事故多为误食发芽土豆、未熟扁豆、变质食物及用于混凝土添加剂的亚硝酸钠和硫酸钠，或酒精中毒等。食物中毒以呕吐和腹泻为主要表现，常在食后 1h 到 1 天内出现恶心、剧烈呕吐、腹痛、腹泻等症，继而可出现脱水和血压下降而致休克。肉毒杆菌污染所致食物中毒病情最为严重，可出现吞咽困难、失语、复视等症。食物中毒的处理办法如下：

①立即停止食用可疑中毒食物，食物中毒早期应禁食，但不宜过长。

②剧烈呕吐、腹痛、腹泻不止者可注射硫酸阿托品。

③有脱水征兆者及时补充体液，可饮用加入少许食盐、糖的饮品，或静脉输液。

④肉毒杆菌食物中毒者应速送医院急救，给予抗肉毒素血清等。

⑤对于一般神志清醒者应设法催吐，尽快排除毒物。可大量饮用清水或淡盐水后，用筷子等刺激咽后壁或舌根部，造成呕吐动作，将胃内食物吐出来，反复多次，直到吐出物呈清亮为止。

⑥对于催吐无效或神志不清者，应及时送往医院进行洗胃，以减少毒素的吸收。

(11)刺伤、戳伤急救

刺伤、戳伤是指因刀具、玻璃、铁丝、铁钉、铁棍、钢针、钢钎等尖锐物品刺戳所造成的意外伤害。处理戳伤应注意以下急救要点：

1)对于较轻的刺伤和戳伤，在进行创口消毒清洗后，用干净的纱布等包扎止血，或就地取材使用代替品初步包扎，再去医院进一步包扎。

2)对于仍停留在体内的铁钉、铁棍、钢针、钢钎等硬器，不要立即拔出，应用清洁纱布或其他布料(或干净的手绢)按在伤口四周以止血，并妥当地将硬器固定好，防止脱落，尽快将患者送往医院手术取出。

3)如果刺入伤口的物体较小，可用环形垫或用其他纱布垫在伤口周围。用干净的纱布覆盖伤口，再用绷带加压包扎，但不要压及伤口。如果戳伤比较严重，则应及时送医院救治。

4)对于刺中腹部导致肠道等内脏脱出来时，不得将脱出的肠道等内脏再送回腹腔内，以免加大感染，可在脱出的肠道上覆盖消毒纱布，再用干净的盆或碗倒扣在伤口上，用绷带或布带进行固定，同时迅速送往医院抢救。

5)对于施工现场出现的各类刺伤、戳伤等，无论伤口深浅，均应去医院接收注射治疗，防止引起破伤风。

(12)坍塌急救

坍塌伤害是指由于土体塌方而造成人员被土石等物体压埋，发生掩埋窒息或造成人员肢体损伤的事故。现场抢救坍塌事故被埋压的人员时，应注意以下急救要点：

1)先认真观察事故地点塌方的情况,如发现现场土、石壁有再塌落的危险时,要先维护好土、石壁,通过由外向里,边支护边掏洞的办法,小心地把遇险者身上的土、石搬开,把被埋压者救出来。

2)尽早先将患者头部露出来,立即清除其口腔内的泥土等杂物,保持呼吸道畅通。

3)如果石块较大,无法搬运,可用千斤顶等工具抬起,然后把石块拨开。不得生拉硬拽拖出患者,也不得镐刨锤打移除大石块。

4)救出伤员后,应立即判断伤员的伤情,根据实际情况采取正确的急救方法。

5)在搬运伤员过程中,防止肢体活动,无论有无骨折,均需用夹板固定,将肢体暴露在凉爽的空气中;对于脊椎骨折的患者,避免脊柱弯曲扭动,防止加重伤情。

(13)电焊光伤眼急救

电焊工在电焊施工操作过程中,长时间不戴防护眼镜看电焊弧光,眼睛会被电弧光中强烈的紫外线所刺激,从而发生电光性眼炎,即平常所说的电弧光“打”了眼睛,电光性眼炎的主要症状是眼睛磨痛、流泪、怕光。从眼睛被电弧光照射到出现症状,大约要经过 2～10h。

从事电焊工作的工人,禁止不戴防护眼镜进行电焊操作,以免引起不必要的事故。电焊工操作时,应穿电焊工作服、绝缘鞋和戴电焊手套、防护面罩等安全防护用品,防止被强光刺伤眼睛。

发生电光性眼炎,可去医院用 4%奴夫卡因药水点眼,症状会很快缓解。如果电光性眼炎的发病在夜间或在家里出现,可用煮过而又冷却的鲜牛奶点眼以止痛;可用毛巾浸冷水敷眼,闭目休息等自我急救措施缓解疼痛。经过应急处理后,除了休息外,还要注意减少光的刺激,并尽量减少眼球转动和摩擦。

(14)中暑急救

中暑是指人员因处于高温高热的环境而引起的疾病。施工现场发现有人中暑时首先应迅速转移中暑患者,将中暑者迅速移至阴凉通风的地方,解开衣服、脱掉鞋子,让其平卧,头部不要垫高,保持患者呼吸畅通;用凉水或 50%酒精擦其全身,直到皮肤发红,血管扩张以促进散热、降温;对于能饮水的患者应鼓励其多喝凉盐开水或其他饮料,不能饮水者,应进行静脉补液,以补充水分和无机盐类;对于呼吸衰竭或循环衰竭时的患者,可在医生叮嘱下分别注射相应药物;在患者痊愈前,应进行严密观察,精心护理,在医疗条件不完善的情况下,应及时把患者送往就近医院进行抢救。

(15)传染病患者急救

施工现场一旦发现有传染病患者,应立即报告相关领导,把患者送往医院进行诊治，陪同人员必须做好防护隔离措施；对可能出现病因的场所进行隔离、消毒，严格控制疾病的再次传播；如发现员工有集体发烧、咳嗽等不良症状，应立即报告现场负责人和有关主管部门，对患者进行隔离加以控制，同时启动应急救援方案。由于施工现场的施工人员较多，如若控制不当，容易造成集体感染传染病。因此需要采取正确的措施加以处理，防止大面积人员感染传染病。另外，应加强现场员工的教育和管理，落实各级责任制，严格履行员工进出现场登记手续，做好病情的监测工作。

四、工伤处理

为了保障因工作遭受事故伤害或者患职业病的职工获得医疗救治和经济补偿，促进工伤预防和职业康复，分散用人单位的工伤风险，各单位均应依照法律的规定为员工缴纳工伤保险。因此，建筑工程单位的职工均有依法享受工伤保险待遇的权利。

用人单位和职工应当遵守有关安全生产和职业病防治的法律法规，执行安全卫生规程和标准，预防工伤事故发生，避免和减少职业病危害。职工发生工伤时，用人单位应当采取措施使工伤职工得到及时救治。

1. 工伤认定

(1)职工有下列情形之一的，应当认定为工伤：

①在工作时间和工作场所内，因工作原因受到事故伤害的；

②工作时间前后在工作场所内，从事与工作有关的预备性或者收尾性工作受到事故伤害的；

③在工作时间和工作场所内，因履行工作职责受到暴力等意外伤害的；

④患职业病的；

⑤因工外出期间，由于工作原因受到伤害或者发生事故下落不明的；

⑥在上下班途中，受到非本人主要责任的交通事故或者城市轨道交通、客运轮渡、火车事故伤害的；

⑦法律、行政法规规定应当认定为工伤的其他情形。

(2)职工有下列情形之一的，视同工伤：

①在工作时间和工作岗位，突发疾病死亡或者在 48h 之内经抢救无效死亡的；

②在抢险救灾等维护国家利益、公共利益活动中受到伤害的；

③职工原在军队服役，因战、因公负伤致残，已取得革命伤残军人证，到用人单位后旧伤复发的。

职工有上述(2)中第①、第②种情形的，按照本条例的有关规定享受工伤保险待遇；职工有第③种情形的，按照本条例的有关规定享受除一次性伤残补助金以外的工伤保险待遇。

(3)职工符合上述的规定，但是有下列情形之一的，不得认定为工伤或者视同工伤：

①故意犯罪的；

②醉酒或者吸毒的；

③自残或者自杀的。

(4)工伤职工有下列情形之一的，停止享受工伤保险待遇：

①丧失享受待遇条件的；

②拒不接受劳动能力鉴定的；

③拒绝治疗的。

2. 工伤认定申请的提交与受理

职工发生事故伤害或者按照职业病防治法规定被诊断、鉴定为职业病，所在单位应当自事故伤害发生之日或者被诊断、鉴定为职业病之日起 30 日内，向统筹地区社会保险行政部门提出工伤认定申请。遇有特殊情况，经报社会保险行政部门同意，申请时限可以适当延长。

用人单位未按前款规定提出工伤认定申请的，工伤职工或者其近亲属、工会组织在事故伤害发生之日或者被诊断、鉴定为职业病之日起 1 年内，可以直接向用人单位所在地统筹地区社会保险行政部门提出工伤认定申请。

按照《工伤保险条例》规定应当由省级社会保险行政部门进行工伤认定的事项，根据属地原则由用人单位所在地的设区的市级社会保险行政部门办理。

用人单位未在规定的时限内提交工伤认定申请，在此期间发生符合法律规定的工伤待遇等有关费用由该用人单位负担。

提出工伤认定申请应当提交下列材料：

(1)工伤认定申请表；

(2)与用人单位存在劳动关系(包括事实劳动关系)的证明材料；

(3)医疗诊断证明或者职业病诊断证明书(或者职业病诊断鉴定书)。

工伤认定申请表应当包括事故发生的时间、地点、原因以及职工伤害程度等基本情况。

工伤认定申请人提供材料不完整的，社会保险行政部门应当一次性书面告知工伤认定申请人需要补正的全部材料。申请人按照书面告知要求补正材料后，社会保险行政部门应当受理。

社会保险行政部门受理工伤认定申请后，根据审核需要可以对事故伤害进行调查核实，用人单位、职工、工会组织、医疗机构以及有关部门应当予以协助。

职业病诊断和诊断争议的鉴定，依照职业病防治法的有关规定执行。对依法取得职业病诊断证明书或者职业病诊断鉴定书的，社会保险行政部门不再进行调查核实。

职工或者其近亲属认为是工伤，用人单位不认为是工伤的，由用人单位承担举证责任。

社会保险行政部门应当自受理工伤认定申请之日起60日内作出工伤认定的决定，并书面通知申请工伤认定的职工或者其近亲属和该职工所在单位。社会保险行政部门对受理的事实清楚、权利义务明确的工伤认定申请，应当在15日内作出工伤认定的决定。作出工伤认定决定需要以司法机关或者有关行政主管部门的结论为依据的，在司法机关或者有关行政主管部门尚未作出结论期间，作出工伤认定决定的时限中止。

社会保险行政部门工作人员与工伤认定申请人有利害关系的，应当回避。

3. 劳动能力鉴定

职工发生工伤，经治疗伤情相对稳定后存在残疾、影响劳动能力的，应当进行劳动能力鉴定。劳动能力鉴定是指劳动功能障碍程度和生活自理障碍程度的等级鉴定。

劳动功能障碍分为十个伤残等级，最重的为一级，最轻的为十级。生活自理障碍分为三个等级：生活完全不能自理、生活大部分不能自理和生活部分不能自理。

劳动能力鉴定由用人单位、工伤职工或者其近亲属向设区的市级劳动能力鉴定委员会提出申请，并提供工伤认定决定和职工工伤医疗的有关资料。省、自治区、直辖市劳动能力鉴定委员会和设区的市级劳动能力鉴定委员会，分别由省、自治区、直辖市或设区的市，各自所辖的社会保险行政部门、卫生行政部门、工会组织、经办机构代表以及用人单位代表组成。

劳动能力鉴定委员会建立医疗卫生专家库。列入专家库的医疗卫生专业技术人员应当具备下列条件：

(1)具有医疗卫生高级专业技术职务任职资格；

(2)掌握劳动能力鉴定的相关知识；

(3)具有良好的职业品德。

设区的市级劳动能力鉴定委员会收到劳动能力鉴定申请后，应当从其建立的医疗卫生专家库中随机抽取3名或者5名相关专家组成专家组，由专家组提出鉴定意见。设区的市级劳动能力鉴定委员会根据专家组的鉴定意见作出工伤职工劳动能力鉴定结论；必要时，可以委托具备资格的医疗机构协助进行有关的诊断。

设区的市级劳动能力鉴定委员会应当自收到劳动能力鉴定申请之日起60日内作出劳动能力鉴定结论，必要时，作出劳动能力鉴定结论的期限可以延长30日。劳动能力鉴定结论应当及时送达申请鉴定的单位和个人。

申请鉴定的单位或者个人对设区的市级劳动能力鉴定委员会作出的鉴定结论不服的，可以在收到该鉴定结论之日起15日内向省、自治区、直辖市劳动能力鉴定委员会提出再次鉴定申请。省、自治区、直辖市劳动能力鉴定委员会作出的劳动能力鉴定结论为最终结论。

劳动能力鉴定工作应当客观、公正。劳动能力鉴定委员会组成人员或者参加鉴定的专家与当事人有利害关系的，应当回避。

自劳动能力鉴定结论作出之日起1年后，工伤职工或者其近亲属、所在单位或者经办机构认为伤残情况发生变化的，可以申请劳动能力复查鉴定。劳动能力鉴定委员会依照以上规定进行再次鉴定和复查，鉴定的期限依照上述的规定执行。

4. 工伤保险待遇

职工因工作遭受事故伤害或者患职业病进行治疗，享受工伤医疗待遇。职工治疗工伤应当在签订服务协议的医疗机构就医，情况紧急时可以先到就近的医疗机构急救。

治疗工伤所需费用符合工伤保险诊疗项目目录、工伤保险药品目录、工伤保险住院服务标准的，从工伤保险基金支付。工伤保险诊疗项目目录、工伤保险药品目录、工伤保险住院服务标准，由国务院社会保险行政部门会同国务院卫生行政部门、食品药品监督管理部门等部门规定。

职工住院治疗工伤的伙食补助费，以及经医疗机构出具证明，报经办机构同意，工伤职工到统筹地区以外就医所需的交通、食宿费用从工伤保险基金支付，基金支付的具体标准由统筹地区人民政府规定。

工伤职工治疗非工伤引发的疾病，不享受工伤医疗待遇，按照基本医疗保险办法处理。工伤职工到签订服务协议的医疗机构进行工伤康复的费用，符合规定的，从工伤保险基金支付。

社会保险行政部门作出认定为工伤的决定后发生行政复议、行政诉讼的，行政复议和行政诉讼期间不停止支付工伤职工治疗工伤的医疗费用。

工伤职工因日常生活或者就业需要，经劳动能力鉴定委员会确认，可以安装假肢、矫形器、假眼、假牙和配置轮椅等辅助器具，所需费用按照国家规定的标准从工伤保险基金支付。

职工因工作遭受事故伤害或者患职业病需要暂停工作接受工伤医疗的，在停工留薪期内，原工资福利待遇不变，由所在单位按月支付。

停工留薪期一般不超过12个月。伤情严重或者情况特殊,经设区的市级劳动能力鉴定委员会确认,可以适当延长,但延长不得超过12个月。工伤职工评定伤残等级后,停发原待遇,按照本章的有关规定享受伤残待遇。工伤职工在停工留薪期满后仍需治疗的,继续享受工伤医疗待遇。

生活不能自理的工伤职工在停工留薪期需要护理的,由所在单位负责。

工伤职工已经评定伤残等级并经劳动能力鉴定委员会确认需要生活护理的,从工伤保险基金按月支付生活护理费。

生活护理费按照生活完全不能自理、生活大部分不能自理或者生活部分不能自理3个不同等级支付,其标准分别为统筹地区上年度职工月平均工资的50%、40%或者30%。

职工因工致残被鉴定为一级至十级伤残的,根据《工伤保险条例》的规定享受一次性伤残补助金和伤残津贴。劳动、聘用合同期满终止,或者职工本人提出解除劳动、聘用合同的,由工伤保险基金支付一次性工伤医疗补助金,由用人单位支付一次性伤残就业补助金。一次性工伤医疗补助金和一次性伤残就业补助金的具体标准由省、自治区、直辖市人民政府规定。

5. 工亡补助

职工因工死亡,其近亲属按照下列规定从工伤保险基金领取丧葬补助金、供养亲属抚恤金和一次性工亡补助金。

(1)丧葬补助金为6个月的统筹地区上年度职工月平均工资。

(2)供养亲属抚恤金按照职工本人工资的一定比例发给由因工死亡职工生前提供主要生活来源、无劳动能力的亲属。标准为:配偶每月40%,其他亲属每人每月30%,孤寡老人或者孤儿每人每月在上述标准的基础上增加10%。核定的各供养亲属的抚恤金之和不应高于因工死亡职工生前的工资。供养亲属的具体范围由国务院社会保险行政部门规定。

(3)一次性工亡补助金标准为上一年度全国城镇居民人均可支配收入的20倍。

伤残职工在停工留薪期内因工伤导致死亡的,其近亲属享受第(1)项规定的待遇。

一级至四级伤残职工在停工留薪期满后死亡的,其近亲属可以享受第(1)项和第(2)项规定的待遇。

第八章 建设工程项目环境管理

第一节 建设工程项目环境影响评价与验收管理

一、环境影响评价

(1)建设项目的环境影响评价工作，由取得相应资格证书的单位承担。根据建设项目对环境的影响程度，按照下列规定对建设项目的环境保护实行分类管理：

1)建设项目对环境可能造成重大影响的，应当编制环境影响报告书，对建设项目产生的污染和对环境的影响进行全面、详细的评价；

2)建设项目对环境可能造成轻度影响的，应当编制环境影响报告表，对建设项目产生的污染和对环境的影响进行分析或者专项评价；

3)建设项目对环境影响很小，不需要进行环境影响评价的，应当填报环境影响登记表。

建设项目环境保护分类管理名录，由国务院环境保护行政主管部门制订并公布。

(2)建设项目环境影响报告书，应当包括下列内容：

1)建设项目概况；

2)建设项目周围环境现状；

3)建设项目对环境可能造成影响的分析和预测；

4)环境保护措施及其经济、技术论证；

5)环境影响经济损益分析；

6)对建设项目实施环境监测的建议；

7)环境影响评价结论。

涉及水土保持的建设项目，还必须有经水行政主管部门审查同意的水土保持方案。建设项目环境影响报告表、环境影响登记表的内容和格式，由国务院环境保护行政主管部门规定。

(3)建设单位应当在建设项目可行性研究阶段报批建设项目环境影响报告

书、环境影响报告表或者环境影响登记表；但是，铁路、交通等建设项目，经有审批权的环境保护行政主管部门同意，可以在初步设计完成前报批环境影响报告书或者环境影响报告表。

按照国家有关规定，不需要进行可行性研究的建设项目，建设单位应当在建设项目开工前报批建设项目环境影响报告书、环境影响报告表或者环境影响登记表；其中，需要办理营业执照的，建设单位应当在办理营业执照前报批建设项目环境影响报告书、环境影响报告表或者环境影响登记表。

(4)建设项目环境影响报告书、环境影响报告表或者环境影响登记表，由建设单位报有审批权的环境保护行政主管部门审批；建设项目有行业主管部门的，其环境影响报告书或者环境影响报告表应当经行业主管部门预审后，报有审批权的环境保护行政主管部门审批。

海岸工程建设项目环境影响报告书或者环境影响报告表，经海洋行政主管部门审核并签署意见后，报环境保护行政主管部门审批。

环境保护行政主管部门应当自收到建设项目环境影响报告书之日起 60 日内、收到环境影响报告表之日起 30 日内、收到环境影响登记表之日起 15 日内，分别作出审批决定并书面通知建设单位。

预审、审核、审批建设项目环境影响报告书、环境影响报告表或者环境影响登记表，不得收取任何费用。

(5)建设项目环境影响报告书、环境影响报告表或者环境影响登记表经批准后，建设项目的性质、规模、地点或者采用的生产工艺发生重大变化的，建设单位应当重新报批建设项目环境影响报告书、环境影响报告表或者环境影响登记表。

建设项目环境影响报告书、环境影响报告表或者环境影响登记表自批准之日起满 5 年，建设项目方开工建设的，其环境影响报告书、环境影响报告表或者环境影响登记表应当报原审批机关重新审核。原审批机关应当自收到建设项目环境影响报告书、环境影响报告表或者环境影响登记表之日起 10 日内，将审核意见书面通知建设单位；逾期未通知的，视为审核同意。

(6)建设单位编制环境影响报告书，应当依照有关法律规定，征求建设项目所在地有关单位和居民的意见。

二、建设项目竣工环境保护验收管理

建设项目竣工环境保护验收是指建设项目竣工后，环境保护行政主管部门根据《建设项目竣工环境保护验收管理办法》的规定，依据环境保护验收监测或调查结果，并通过现场检查等手段，考核该建设项目是否达到环境保护要求的活动。

(1)建设项目竣工环境保护验收范围包括：

1)与建设项目有关的各项环境保护设施，包括为防治污染和保护环境所建成或配备的工程、设备、装置和监测手段，各项生态保护设施；

2)环境影响报告书(表)或者环境影响登记表和有关项目设计文件规定应采取的其他各项环境保护措施。

(2)建设项目的主体工程完工后，其配套建设的环境保护设施必须与主体工程同时投入生产或者运行。需要进行试生产的，其配套建设的环境保护设施必须与主体工程同时投入试运行。

建设项目试生产前，建设单位应向有审批权的环境保护行政主管部门提出试生产申请。

(3)环境保护行政主管部门应自接到试生产申请之日起 30 日内，组织或委托下一级环境保护行政主管部门对申请试生产的建设项目环境保护设施及其他环境保护措施的落实情况进行现场检查，并做出审查决定。

对环境保护设施已建成及其他环境保护措施已按规定要求落实的，同意试生产申请；对环境保护设施或其他环境保护措施未按规定建成或落实的，不予同意，并说明理由。逾期未做出决定的，视为同意。

试生产申请经环境保护行政主管部门同意后，建设单位方可进行试生产。

(4)建设项目竣工后，建设单位应当向有审批权的环境保护行政主管部门，申请该建设项目竣工环境保护验收。

进行试生产的建设项目，建设单位应当自试生产之日起 3 个月内，向有审批权的环境保护行政主管部门申请该建设项目竣工环境保护验收。

对试生产 3 个月确不具备环境保护验收条件的建设项目，建设单位应当在试生产的 3 个月内，向有审批权的环境环境保护行政主管部门提出该建设项目环境保护延期验收申请，说明延期验收的理由及拟进行验收的时间。经批准后建设单位方可继续进行试生产。试生产的期限最长不超过一年。核设施建设项目试生产的期限最长不超过二年。

(5)根据国家建设项目环境保护分类管理的规定，对建设项目竣工环境保护验收实施分类管理。

建设单位申请建设项目竣工环境保护验收，应当向有审批权的环境保护行政主管部门提交以下验收材料。

1)对编制环境影响报告书的建设项目，为建设项目竣工环境保护验收申请报告，并附环境保护验收监测报告或调查报告。

2)对编制环境影响报告表的建设项目，为建设项目竣工环境保护验收申请表，并附环境保护验收监测表或调查表。

3)对填报环境影响登记表的建设项目,为建设项目竣工环境保护验收登记卡。

4)对主要因排放污染物对环境产生污染和危害的建设项目,建设单位应提交环境保护验收监测报告(表)。

5)对主要对生态环境产生影响的建设项目,建设单位应提交环境保护验收调查报告(表)。

环境保护验收监测报告(表),由建设单位委托经环境保护行政主管部门批准有相应资质的环境监测站或环境放射性监测站编制。

环境保护验收调查报告(表),由建设单位委托经环境保护行政主管部门批准有相应资质的环境监测站或环境放射性监测站,或者具有相应资质的环境影响评价单位编制。承担该建设项目环境影响评价工作的单位不得同时承担该建设项目环境保护验收调查报告(表)的编制工作。

承担环境保护验收监测或者验收调查工作的单位,对验收监测或验收调查结论负责。

(6)环境保护行政主管部门应自收到建设项目竣工环境保护验收申请之日起 30 日内,完成验收。

环境保护行政主管部门在进行建设项目竣工环境保护验收时,应组织建设项目所在地的环境保护行政主管部门和行业主管部门等成立验收组(或验收委员会)。

验收组(或验收委员会)应对建设项目的环境保护设施及其他环境保护措施进行现场检查和审议,提出验收意见。

建设项目的建设单位、设计单位、施工单位、环境影响报告书(表)编制单位、环境保护验收监测(调查)报告(表)的编制单位应当参与验收。

(7)建设项目竣工环境保护验收条件是:

1)建设前期环境保护审查、审批手续完备,技术资料与环境保护档案资料齐全;

2)环境保护设施及其他措施等已按批准的环境影响报告书(表)或者环境影响登记表和设计文件的要求建成或者落实,环境保护设施经负荷试车检测合格,其防治污染能力适应主体工程的需要;

3)环境保护设施安装质量符合国家和有关部门颁发的专业工程验收规范、规程和检验评定标准;

4)具备环境保护设施正常运转的条件,包括:经培训合格的操作人员、健全的岗位操作规程及相应的规章制度,原料、动力供应落实,符合交付使用的其他要求;

5)污染物排放,符合环境影响报告书(表)或者环境影响登记表和设计文件中提出的标准及核定的污染物排放总量控制指标的要求;

6)各项生态保护措施,按环境影响报告书(表)规定的要求落实,建设项目建设过程中受到破坏并可恢复的环境,已按规定采取了恢复措施;

7)环境监测项目、点位、机构设置及人员配备,符合环境影响报告书(表)和有关规定的要求;

8)环境影响报告书(表),提出需对环境保护敏感点进行环境影响验证,对清洁生产进行指标考核,对施工期环境保护措施落实情况进行工程环境监理的,已按规定要求完成;

9)环境影响报告书(表),要求建设单位采取措施削减其他设施污染物排放,或要求建设项目所在地地方政府或者有关部门采取"区域削减"措施满足污染物排放总量控制要求的,其相应措施得到落实。

对符合上述规定的验收条件的建设项目,环境保护行政主管部门批准建设项目竣工环境保护验收申请报告、建设项目竣工环境保护验收申请表或建设项目竣工环境保护验收登记卡。

对填报建设项目竣工环境保护验收登记卡的建设项目,环境保护行政主管部门经过核查后,可直接在环境保护验收登记卡上签署验收意见,作出批准决定。

建设项目竣工环境保护验收申请报告、建设项目竣工环境保护验收申请表或者建设项目竣工环境保护验收登记卡未经批准的建设项目,不得正式投入生产或者使用。

第二节　建设工程项目环境管理

一、环境保护

1. 节约能源资源

(1)施工总平面布置、临时设施的布局设计及材料选用应科学合理,节约能源。临时用电设备及器具应选用节能型产品。施工现场宜利用新能源和可再生资源。

(2)施工现场宜利用拟建道路路基作为临时道路路基。临时设施应利用既有建筑物、构筑物和设施。土方施工应优化施工方案,减少土方开挖和回填量。

(3)施工现场周转材料宜选择金属、化学合成材料等可回收再利用产品代替,并应加强保养维护,提高周转率。

(4)施工现场应合理安排材料进场计划,减少二次搬运,并应实行限额领料。

(5)施工现场办公应利用信息化管理,减少办公用品的使用及消耗。

(6)施工现场生产生活用水用电等资源能源的消耗应实行计量管理。

(7)施工现场应保护地下水资源。采取施工降水时应执行国家及当地有关水资源保护的规定,并应综合利用抽排出的地下水。

(8)施工现场应采用节水器具,并应设置节水标识。

(9)施工现场宜设置废水回收、循环再利用设施,宜对雨水进行收集利用。

(10)施工现场应对可回收再利用物资及时分拣、回收、再利用。

2. 大气污染防治

(1)施工现场的主要道路应进行硬化处理。裸露的场地和堆放的土方应采取覆盖、固化或绿化等措施。

(2)施工现场土方作业应采取防止扬尘措施,主要道路应定期清扫、洒水。

(3)拆除建筑物或构筑物时,应采用隔离和洒水等降噪、降尘措施,并应及时清理废弃物。

(4)土方和建筑垃圾的运输必须采用封闭式运输车辆或采取覆盖措施。施工现场出口处应设置车辆冲洗设施,并应对驶出车辆进行清洗。

(5)建筑物内垃圾应采用容器或搭设专用封闭式垃圾道的方式清运,严禁凌空抛掷。

(6)施工现场严禁焚烧各类废弃物。

(7)在规定区域内的施工现场应使用预拌混凝土及预拌砂浆。采用现场搅拌混凝土或砂浆的场所应采取封闭、降尘、降噪措施。水泥和其他易飞扬的细颗粒建筑材料应密闭存放或采取覆盖等措施。

(8)当市政道路施工进行铣刨、切割等作业时,应采取有效防扬尘措施。灰土和无机料应采用预拌进场,碾压过程中应洒水降尘。

(9)城镇、旅游景点、重点文物保护区及人口密集区的施工现场应使用清洁能源。

(10)施工现场的机械设备、车辆的尾气排放应符合国家环保排放标准。

(11)当环境空气质量指数达到中度及以上污染时,施工现场应增加洒水频次,加强覆盖措施,减少易造成大气污染的施工作业。

3. 水土污染防治

(1)施工现场应设置排水沟及沉淀池,施工污水应经沉淀处理达到排放标准后,方可排入市政污水管网。

(2)废弃的降水井应及时回填,并应封闭井口,防止污染地下水。

(3)施工现场临时厕所的化粪池应进行防渗漏处理。

(4)施工现场存放的油料和化学溶剂等物品应设置专用库房,地面应进行防渗漏处理。

(5)施工现场的危险废物应按国家有关规定处理,严禁填埋。

4. 施工噪声及光污染防治

(1)施工现场场界噪声排放应符合现行国家标准《建筑施工场界环境噪声排放标准》(GB 12523—2011)的规定。施工现场应对场界噪声排放进行监测、记录和控制,并应采取降低噪声的措施。

(2)施工现场宜选用低噪声、低振动的设备,强噪声设备宜设置在远离居民区的一侧,并应采用隔声、吸声材料搭设防护棚或屏障。

(3)进入施工现场的车辆严禁鸣笛。装卸材料应轻拿轻放。

(4)因生产工艺要求或其他特殊需要,确需进行夜间施工的,施工单位应加强噪声控制,并应减少人为噪声。

(5)施工现场应对强光作业和照明灯具采取遮挡措施,减少对周边居民和环境的影响。

二、绿色建筑与绿色施工

绿色建筑是指在建筑的全寿命周期内,最大限度地节约资源(节能、节地、节水、节材)、保护环境和减少污染,为人们提供健康、适用和高效的使用空间,与自然和谐共生的建筑。

绿色施工是指工程建设中,在保证质量、安全等基本要求的前提下,通过科学管理和技术进步,最大限度地节约资源(节材、节水、节能、节地)与减少对环境负面影响的施工活动。

1. 绿色建筑评价标准

(1)《绿色建筑评价标准》(GB/T 50378—2014)的特点

1)这是我国第一部多目标、多层次的绿色建筑综合评价标准。

多目标——节能、节地、节水、节材、环境、运营。

多层次——控制项、一般项、优选项,一级指标、二级指标。

综合性——最终定级是在分别考虑各目标的基础上综合制定,集成了规划、建筑、结构、暖通空调、给水排水、建材、智能、环保、景观绿化等多专业知识和技术。

2)适用范围

本标准适用于新建、扩建与改建的住宅建筑,及公共建筑中的办公建筑、商场建筑和旅馆建筑。目前已发展至对学校、医院、场馆乃至工业建筑绿色建筑标识的评定。

3)评定时段

绿色建筑定义中突出全寿命周期(含规划、设计、施工、运营、维修、拆解及废弃物处理各过程),评价标准里提出对规划、设计与施工阶段要进行过程控制。

实际操作中按工程进展阶段分为:"绿色建筑设计评价标识"(评价处于规划设计阶段与施工阶段的住宅与公建)和"绿色建筑评价标识"(评价已竣工并投入使用1年以上的住宅与公建)。

4)适用性

发展绿色建筑的初衷是针对面大量广的建筑,而不是高端建筑,所以标准强调的是适用技术、常规产品,造就的绿色建筑不是高科技的堆砌,涉及的成本增量是有限的。如节能设计就注重被动设计,强调建筑朝向、体型、窗墙比,再生能源注意太阳能与地热的利用;节水强调节水器具、设备和非传统水源(雨水和中水)的利用;节材强调利用商品混凝土、高强度钢、高性能混凝土、達筑垃圾等。

5)指标体系

绿色建筑评价指标体系由节地与室外环境、节能与能源利用、节水与水资源利用、节材与材料资源利用、室内环境质量和运营管理六类指标组成。每类指标包括控制项、一般项与优选项。绿色建筑评价的必备条件应为全部满足《绿色建筑评价标准》(GB/T 50378—2006)控制项要求。按满足一般项数和优选项数的程度,绿色建筑划分为三个等级。

6)评价方法。

通过条数计数法,评出最后的等级。方法简单易用,六大指标相对独立,不能串用。评价结果体现出在六个基本绿色性能方面具有一定的均衡性。具体要求见表8-1和表8-2。

表8-1　划分绿色建筑等级的项数要求(住宅建筑)

等级	一般项数(共40项)						优选项数(共6项)
	节地与室外环境(共9项)	节能与能源利用(共5项)	节水与水资源利用(共7项)	节材与材料资源利用(共6项)	室内环境质量(共5项)	运营管理(共8项)	
★	4	2	3	3	2	5	—
★★	6	3	4	4	3	6	2
★★★	7	4	6	5	4	7	4

表8-2　划分绿色建筑等级的项数要求(公共建筑)

等级	一般项数(共43项)						优选项数(共21项)
	节地与室外环境(共8项)	节能与能源利用(共10项)	节水与水资源利用(共6项)	节材与材料资源利用(共5项)	室内环境质量(共7项)	全生命周期综合性能(共7项)	
★	3	5	2	2	2	3	—
★★	5	6	3	3	4	4	6
★★★	7	8	4	4	6	6	13

7)定性定量相结合

本标准条文定性多,定量少。碍于基础研究的薄弱或内涵的约束,较多的条文限于定性判别,有些内容已有经验数据和测试依据,可做定量规定。基于工程技术人员习惯于定量标准可操作性强的需求,今后努力增加定量内容。

8)因地制宜

因地制宜是绿色建筑的灵魂,即要根据本土的气候、环境、资源、经济和文化五大要素,按照评价标准来制定切实可行的技术措施和选用产品。如在少水和缺水地区就不要求雨水利用;对日照时间短,太阳能辐射强度差的地区就不强调太阳能利用,对夏热冬暖地区就不考虑采暖的相关要求。具体做法是该条文可不参与评价,参评的总项数相应减少,等级划分时对项数的要求可按原比例调整确定。

(2)绿色建筑的发展动向

1)扩大原标准的适用范围,已从原定的住宅和公建(办公、商厦、宾馆)开始推广到学校、医院、体育场馆、科技馆、展览中心等建筑。

2)从早期的新建建筑发展到既有建筑的改造亦须提出申报绿色建筑的要求。

3)从原有的普通建筑到现在发展势头较快的超高层建筑(有些还是城市的标志工程)。

4)从原有的民用建筑已拓展到工业建筑(已编制完成绿色工业建筑评价导则并开始试评)。

5)100 个左右获得住房和城乡建设部认可的绿色建筑设计标识的项目逐步开始运营标识的认定。

6)对部分公共建筑不仅获得绿色建筑标识,还要实施能效标识。

7)绿色建筑已从“四节一环保”发展到建筑碳排放计量分析。

2. 绿色施工要点

绿色施工应对整个施工过程实施动态管理,加强对施工策划、施工准备、材料采购、现场施工、工程验收等各阶段的管理和监督。

(1)环境保护技术要点

国家环保部门认为建筑施工产生的尘埃占城市尘埃总量的 30%以上,此外建筑施工还在噪声、水污染、土污染等方面带来较大的负面影响,所以环保是绿色施工中一个显著的问题。

应采取有效措施,降低环境负荷,保护地下设施和文物等资源。

(2)节材与材料资源利用技术要点

节材是四节的重点,是针对我国工程界的现状而必须实施的重点问题。

1)审核节材与材料资源利用的相关内容,降低材料损耗率;合理安排材料的采购、进场时间和批次，减少库存；应就地取材，装卸方法得当，防止损坏和遗撒；避免和减少二次搬运。

2)推广使用商品混凝土和预拌砂浆、高强钢筋和高性能混凝土，减少资源消耗。推广钢筋专业化加工和配送，优化钢结构制作和安装方案，装饰贴面类材料在施工前，应进行总体排版策划，减少资源损耗。采用非木质的新材料或人造板材代替木质板材。

3)门窗、屋面、外墙等围护结构选用耐候性及耐久性良好的材料，施工确保密封性、防水性和保温隔热性，并减少材料浪费。

4)应选用耐用、维护与拆卸方便的周转材料和机具。模板应以节约自然资源为原则，推广采用外墙保温板替代混凝土施工模板的技术。

5)现场办公和生活用房采用周转式活动房。现场围挡应最大限度地利用已有围墙，或采用装配式可重复使用围挡封闭。力争工地临建房、临时围挡材料的可重复使用率达到70%。

(3)节水与水资源利用的技术要点

1)施工中采用先进的节水施工工艺。

2)现场搅拌用水、养护用水应采取有效的节水措施，严禁无措施浇水养护混凝土。现场机具、设备、车辆冲洗用水必须设立循环用水装置。

3)项目临时用水应使用节水型产品，对生活用水与工程用水确定用水定额指标，并分别计量管理。

4)现场机具、设备、车辆冲洗、喷洒路面、绿化浇灌等用水，优先采用非传统水源，尽量不使用市政自来水。力争施工中非传统水源和循环水的再利用量大于30%。

5)保护地下水环境。采用隔水性能好的边坡支护技术。在缺水地区或地下水位持续下降的地区，基坑降水尽可能少地抽取地下水；当基坑开挖抽水量大于50万m^3时，应进行地下水回灌，并避免地下水被污染。

(4)节能与能源利用的技术要点

1)制定合理施工能耗指标，提高施工能源利用率。根据当地气候和自然资源条件，充分利用太阳能、地热等可再生能源。

2)优先使用国家、行业推荐的节能、高效、环保的施工设备和机具。合理安排工序，提高各种机械的使用率和满载率，降低各种设备的单位耗能。优先考虑耗用电能的或其他能耗较少的施工工艺。

3)临时设施宜采用节能材料，墙体、屋面使用隔热性能好的材料，减少夏天空调、冬天取暖设备的使用时间及耗能量。

4)临时用电优先选用节能电线和节能灯具，照明设计以满足最低照度为原则，照度不应超过最低照度的20%。合理配置采暖、空调、风扇数量，规定使用时间，实行分段分时使用，节约用电。

5)施工现场分别设定生产、生活、办公和施工设备的用电控制指标，定期进行计量、核算、对比分析，并有预防与纠正措施。

(5)节地与施工用地保护的技术要点

1)临时设施的占地面积应按用地指标所需的最低面积设计。要求平面布置合理、紧凑，在满足环境、职业健康与安全及文明施工要求的前提下尽可能减少废弃地和死角，临时设施占地面积有效利用率大于90%。

2)应对深基坑施工方案进行优化，减少土方开挖和回填量，最大限度地减少对土地的扰动，保护周边自然生态环境。

3)红线外临时占地应尽量使用荒地、废地，少占用农田和耕地。利用和保护施工用地范围内原有的绿色植被。

4)施工总平面布置应做到科学、合理，充分利用原有建筑物、构筑物、道路、管线为施工服务。

5)施工现场道路按照永久道路和临时道路相结合的原则布置。施工现场内形成环形通路，减少道路占用土地。

(6)发展绿色施工的新技术、新设备、新材料与新工艺

1)施工方案应建立推广、限制、淘汰公布制度和管理办法。发展适合绿色施工的资源利用与环境保护技术，对落后的施工方案进行限制或淘汰，鼓励绿色施工技术的发展，推动绿色施工技术的创新。

2)大力发展现场监测技术、低噪声的施工技术、现场环境参数检测技术、自密实混凝土施工技术、清水混凝土施工技术、建筑固体废弃物再生产品在墙体材料中的应用技术、新型模板及脚手架技术的研究与应用。

3)加强信息技术应用，如绿色施工的虚拟现实技术、三维建筑模型的工程量自动统计、绿色施工组织设计数据库建立与应用系统、数字化工地、基于电子商务的建筑工程材料、设备与物流管理系统等。通过应用信息技术，进行精密规划、设计、精心建造和优化集成，实现与提高绿色施工的各项指标。

第三节　建设工程文明施工管理

一、文明施工的基本条件与要求

(1)文明施工的概念

文明施工是指工程建设实施过程中，保持施工现场良好的作业环境、卫生环境和工作秩序。施工现场文明施工的管理范围既包括施工作业区的管理，也包

括办公区和生活区的管理。

(2)文明施工主要内容

①规范施工现场的场容,保持作业环境的整洁卫生。

②科学组织施工,使生产有序进行。

③减少施工对周围居民和环境的影响。

④保证职工的安全和身体健康。

(3)文明施工的基本条件

①有整套的施工组织设计(或施工方案)。

②有健全的施工指挥系统及岗位责任制度。

③工序衔接交叉合理,交接责任明确。

④有严格的成品保护措施和制度。

⑤大小临时设施和各种材料、构件、半成品按平面布置堆放整齐。

⑥施工场地平整,道路畅通,排水设施得当,水电线路整齐。

⑦机具设备状况良好,使用合理,施工作业符合消防和安全要求。

(4)文明施工基本要求

①工地主要入口要设置简朴规整的大门,门旁必须设立明显的标牌,标明工程名称、施工单位及工程负责人姓名等内容。

②施工现场建立文明施工责任制,划分区域,明确管理负责人,实行挂牌制度,做到现场清洁整齐。

③施工现场场地平整,道路坚实畅通,有排水措施,基础、地下管道施工完后应及时回填平整,清除积土。

④现场施工临时水电要有专人管理,不得有长流水、长明灯。

⑤施工现场的临时设施,包括生产、办公、生活用房,和料场、仓库、临时上下水管道,以及照明、动力线路,要严格按照施工组织设计确定的施工平面图布置、搭设或埋设整齐。

⑥工人操作地点及周围必须清洁整齐,做到工完场地清,及时清除在楼梯、楼板上的杂物。

⑦砂浆和混凝土在搅拌、运输、使用过程中,要做到不洒、不漏、不剩,使用地点盛放砂浆、混凝土应有容器或垫板。

⑧要有严格的成品保护措施,禁止损坏污染成品,堵塞管道。高层建筑要设置临时便桶,禁止在建筑物内大小便。

⑨建筑物内清除的垃圾渣土,要通过临时搭设的竖井或利用电梯井或采取其他措施稳妥下卸,禁止从门窗向外抛掷。

⑩施工现场不准乱堆垃圾及余物,应在适当地点设置临时堆放点,并定期外

运。清运渣土垃圾及流体物品，要采取遮盖防漏措施，运送途中不得遗撒。

⑪根据工程性质和所在地区的不同情况，采取必要的围护和遮挡措施，并保持外观整齐清洁。

⑫针对施工现场情况，设置宣传标语和黑板报，并适时更换内容，切实起到表扬先进、促进后进的作用。

⑬施工现场禁止居住家属，严禁居民、家属、小孩在施工现场穿行或玩耍。

⑭现场使用的机械设备，要按平面布置规划固定点存放，遵守机械安全规程，经常保持机身及周围环境的清洁，机械的标记、编号明显，安全装置可靠。

⑮清洗机械排出的污水要有排放措施，不得随地排放。

⑯在用的搅拌机、砂浆机旁必须设有沉淀池，不得将浆水直接排放到下水道及河流等处。

⑰塔机轨道按规定铺设整齐稳固，塔边要封闭，道渣不外溢，路基内外排水畅通。

⑱施工现场应建立不扰民措施，针对施工特点设置防尘和防噪声设施，夜间施工必须有当地主管部门的批准。

三、文明施工管理的内容

1. 现场围挡

(1)施工现场必须采用封闭围挡，并根据地质、气候、围挡材料进行设计与计算，确保围挡的稳定性、安全性。

(2)围挡高度不得小于1.8m，建造多层、高层建筑的，还应设置安全防护设施。在市区主要路段和市容景观道路及机场、码头、车站广场设置的围挡高度不得低于2.5m，在其他路段设置的围挡高度不得低于1.8m。

(3)施工现场的施工区域应与办公、生活区划分清晰，并应采取相应的隔离措施。

(4)围挡使用的材料应保证围挡坚固、整洁、美观，不宜使用彩布条、竹笆或安全网等。

(5)市政工程现场，可按工程进度分段设置围栏，或按规定使用统一的连续性围挡设施。

(6)施工单位不得在现场围挡内侧堆放泥土、砂石、建筑材料、垃圾和废弃物等，严禁将围挡做挡土墙使用。

(7)在经批准临时占用的区域，应严格按批准的占地范围和使用性质存放、堆卸建筑材料或机具设备等，临时区域四周应设置高于1m的围挡。

(8)在有条件的工地，四周围墙、宿舍外墙等地方，应张挂、书写反映企业精神、时代风貌及人性化的醒目宣传标语或绘画。

(9)雨后、大风后以及冻融季节应及时检查围挡的稳定性,发现问题及时处理。

2. 封闭管理

(1)施工现场进出口应设置固定的大门,且要求牢固、美观,门斗按规定设置企业名称或标志(施工现场的门斗、大门,各企业应统一标准,施工企业可根据各自的特色,标明集团、企业的规范简称)。

(2)门口要设置专职门卫或保安人员,并制定门卫管理制度,来访人员应进行登记,禁止外来人员随意出入,所有进出材料或机具要有相应的手续。

(3)进入施工现场的各类工作人员应按规定佩戴工作胸卡和安全帽。

3. 施工场地

(1)施工现场的主要道路必须进行硬化处理,土方应集中堆放。集中堆放的土方和裸露的场地应采取覆盖、固化或绿化等措施。

(2)现场内各类道路应保持畅通。

(3)施工现场地面应平整,且应有良好的排水系统,保持排水畅通。

(4)制定防止泥浆、污水、废水外流以及堵塞排水管沟和河道的措施,实行三级沉淀、二级排放。

(5)工地应按要求设置吸烟处,有烟缸或水盆,禁止流动吸烟。

(6)现场存放的油料、化学溶剂等易燃易爆物品,应按分类要求放置于专门的库房内,地面应进行防渗漏处理。

(7)施工现场地面应经常洒水,对粉尘源进行覆盖或其他有效遮挡。

(8)施工现场长期裸露的土质区域,应进行力所能及的绿化布置,以美化环境,并防止扬尘现象。

4. 材料堆放

(1)施工现场各种建筑材料、构件、机具应按施工总平面布置图的要求堆放。

(2)材料堆放要按照品种、规格堆放整齐,并按规定挂置名称、品种、产地、规格、数量、进货日期等内容及状态(已检合格、待检、不合格等)的标牌。

(3)工作面每日应做到工完料清场地净。

(4)建筑垃圾应在指定场所堆放整齐并标出名称、品种,并做到及时清运。

5. 职工宿舍

(1)职工宿舍要符合文明施工的要求,在建建筑物内不得兼作员工宿舍。

(2)生活区应保持整齐、整洁、有序、文明,并符合安全、消防、防台风、防汛、卫生防疫、环境保护等方面的要求。

(3)宿舍应设置在通风、干燥、地势较高的位置,防止污水、雨水流入。

(4)宿舍内应保证有必要的生活空间,室内净高不得小于2.4m,通道宽度不得小于0.9m,每间宿舍居住人员不得超过16人。

(5)施工现场宿舍必须设置可开启式窗户,宿舍内的床铺不得超过2层,严禁使用通铺。

(6)宿舍内应设置生活用品专柜,有条件的宿舍宜设置生活用品储藏室。

(7)宿舍内严禁存放施工材料、施工机具和其他杂物。

(8)宿舍周围应当搞好环境卫生,按要求设置垃圾桶、鞋柜或鞋架,生活区内应提供为作业人员晾晒衣物的场地。

(9)宿舍外道路应平整,并尽可能地使夜间有足够的照明。

(10)冬季,北方严寒地区的宿舍应有保暖和防止煤气中毒措施;夏季,宿舍应有消暑和防蚊虫叮咬措施。

(11)宿舍不得留宿外来人员,特殊情况必须经有关领导及行政主管部门批准方可留宿,并报保卫人员备查。

(12)考虑到员工家属的来访,宜在宿舍区设置适量固定的亲属探亲宿舍。

(13)应当制定职工宿舍管理责任制,安排人员轮流负责生活区的环境卫生和管理,或安排专人管理。

6. 现场防火

(1)施工现场应建立消防安全管理制度、制定消防措施,施工现场临时用房和作业场所的防火设计应符合规范要求。

(2)根据消防要求,在不同场所合理配置种类合适的灭火器材;严格管理易燃、易爆物品,设置专门仓库存放。

(3)施工现场主要道路必须符合消防要求,并时刻保持畅通。

(4)高层建筑应按规定设置消防水源,并能满足消防要求,坚持安全生产的“三同时”。

(5)施工现场防火必须建立防火安全组织机构、义务消防队,明确项目负责人、其他管理人员及各操作人员的防火安全职责,落实防火制度和措施。

(6)施工现场需动用明火作业的,如电焊、气焊、气割、黏结防水卷材等,必须严格执行三级动火审批手续,并落实动火监护和防范措施。

(7)应按施工区域或施工层合理划分动火级别,动火必须具有“二证一器一监护”(焊工证、动火证、灭火器、监护人)

(8)建立现场防火档案,并纳入施工资料管理。

7. 现场治安综合治理

(1)生活区应按精神文明建设的要求设置学习和娱乐场所,如电视机室、阅览室和其他文体活动场所,并配备相应器具。

(2)建立健全现场治安保卫制度,责任落实到人。

(3)落实现场治安防范措施,杜绝盗窃、斗殴、赌博等违法乱纪事件发生。

(4)加强现场治安综合治理,做到目标管理、职责分明,治安防范措施有力,重点要害部位防范措施到位。

(5)与施工现场的分包队伍须签订治安综合治理协议书,并加强法制教育。

8. 施工现场标牌

(1)施工现场入口处的醒目位置,应当公示"五牌一图"(工程概况牌、管理人员名单及监督电话牌、消防保卫牌、安全生产牌、文明施工牌、施工现场总平面布置图),标牌书写字迹要工整规范,内容要简明实用。标志牌规格:宽 1.2m、高 0.9m,标牌底边距地高为 1.2m。

(2)《建筑施工安全检查标准》对"五牌"的具体内容未作具体规定,各企业可结合本地区、本工程的特点进行设置,也可以增加应急程序牌、卫生须知牌、卫生包干图、管理程序图、施工的安民告示牌等内容。

(3)在施工现场的明显处,应有必要的安全内容的标语,标语尽可能地考虑使用人性化的语言。

(4)施工现场应设置"两栏一报"(即宣传栏、读报栏和黑板报),应及时反映工地内外各类动态。

(5)按文明施工的要求,宣传教育用字须规范,不使用繁体字和不规范的词句。

9. 生活设施

(1)卫生设施

①施工现场应设置水冲式或移动式卫生间。卫生间地面应作硬化和防滑处理,门窗应齐全,蹲位之间宜设置隔板,隔板高度不宜低于 0.9m。

②卫生间大小应根据作业人员的数量设置。高层建筑施工超过 8 层以后,每隔 4 层宜设置临时卫生间,卫生间应设专人负责清扫、消毒,防止蚊蝇孳生,化粪池应及时清理。

③淋浴间内应设置满足需要的淋浴喷头,可设置储衣柜或挂衣架,并保证 24h 的热水供应。

④盥洗设施设置应满足作业人员使用要求,并应使用节水用具。

(2)现场食堂

①现场食堂必须有卫生许可证,炊事人员必须持身体健康证上岗。

②现场食堂应设置独立的制作间、储藏间,门扇下方应设不低于 0.2m 的防鼠挡板。

③现场食堂应设在远离卫生间、垃圾站、有毒有害场所等污染源的地方。

④制作间灶台及其周边应贴瓷砖,所贴瓷砖高度不宜低于 1.5m,地面应作

硬化和防滑处理

⑤粮食存放台与墙和地面的距离不得小于0.2m。

⑥现场食堂应配备必要的排风和冷藏设施。

⑦现场食堂的燃气罐应单独设置存放间，存放间应通风良好并严禁存放其他物品。

⑧现场食堂制作间的炊具宜存放在封闭的橱柜内，刀、盆、案板等炊具应生熟分开，食品应有遮盖，遮盖物品正面应有标识。

⑨各种食用调料和副食应存放在密闭器皿内，并应有标识。

⑩现场食堂外应设置密闭式潲水桶，并应及时清运。

(3)其他要求

①落实卫生责任制及各项卫生管理制度。

②生活区应设置开水炉、电热水器或饮用水保温桶，施工区应配备流动保温水桶。

③生活垃圾应有专人管理，分类盛放于有盖的容器内，并及时清运，严禁与建筑垃圾混放。

10. 保健急救

(1)施工现场应按规定设置医务室或配备符合要求的急救箱，医务人员对现场卫生要起到监督作用，定期检查食堂饮食卫生情况。

(2)落实急救措施和急救器材(如担架、绷带、夹板等)。

(3)培训急救人员，掌握急救知识，进行现场急救演练。

(4)适时开展卫生防病和健康宣传教育，保障施工人员身心健康。

11. 社区服务

(1)制定并落实防止粉尘飞扬和降低噪声的方案或措施。

(2)夜间施工除应按当地有关部门的规定执行许可制度外，还应张挂安民告示牌。

(3)严禁现场焚烧有毒、有害物质。

(4)切实落实各类施工不扰民措施，消除泥浆、噪声、粉尘等影响周边环境的因素。

四、文明工地的创建

1. 确定文明工地管理目标

创建文明工地是建筑施工企业提高企业形象，深入贯彻以人为本、构建和谐社会的重要举措，确定文明工地管理目标又是实现文明工地的先决条件。

(1)确定文明工地管理目标时，应考虑的因素。

①工程项目自身的危险源与不利环境因素识别、评价和防范措施。

②适用法规、标准、规范和其他要求的选择和确定。

③可供选择的技术和组织方案。

④生产经营管理上的要求。

⑤社会相关方(社区居委会或村民委员会、居民、毗邻单位等)的意见和要求。

(2)文明工地管理目标。工程项目部创建文明工地,管理目标一般应包括:

1)安全管理目标

①伤、亡事故控制目标;

②火灾、设备事故、管线事故以及传染病传播、食物中毒等重大事故控制目标;

③标准化管理目标;

2)环境管理目标

①文明工地管理目标;

②重大环境污染事件控制目标;

③扬尘污染物控制目标;

④废水排放控制目标;

⑤噪声控制目标;

⑥固体废弃物处置目标;

⑦社会相关方投诉的处理情况。

2. 建立创建文明工地的组织机构

工程项目经理部要建立以项目经理为第一责任人的创建文明工地责任体系,建立健全文明工地管理组织机构。

(1)工程项目部文明工地领导小组,由项目经理、项目副经理、项目技术负责人,以及安全、技术、施工等主要部门(岗位)负责人组成。

(2)文明工地工作小组主要包括以下工作小组:

①综合管理工作小组;

②安全管理工作小组;

③质量管理工作小组;

④环境保护工作小组;

⑤卫生防疫工作小组;

⑥季节性灾害防范工作小组等。

各地还可以根据当地气候、环境、工程特点等因素建立相关工作小组。

3. 制定创建文明工地的规划措施及实施要求

(1)规划措施。文明施工规划措施应与施工规划设计同时按规定进行审批。主要包括以下规划措施:

①施工现场平面划分与布置；

②环境保护方案；

③现场预防安全事故措施；

④卫生防疫措施；

⑤现场保安措施；

⑥现场防火措施；

⑦交通组织方案；

⑧综合管理措施；

⑨社区服务；

⑩应急救援预案等。

(2)实施要求。工程项目部在开工后，应严格按照文明施工方案(措施)组织施工，并对施工现场管理实施控制。

工程项目部应将有关文明施工的规划，向社会张榜公示，告知开、竣工日期，投诉和监督电话，自觉接受社会各界的监督。

工程项目部要强化全体员工教育，提高全员安全生产和文明施工的素质。工程项目部可利用横幅、标语、黑板报等形式，加强有关文明施工的法律、法规、规程、标准的宣传工作，使得文明施工深入人心。

工程项目部在对施工人员进行安全技术交底时，必须将文明施工的有关要求同时进行交底，并在施工作业时督促其遵守相关规定，高标准、严要求地做好文明工地创建工作。

4. 加强创建过程的控制与检查

对创建文明工地规划措施的执行情况，工程项目部要严格执行日常巡查和定期检查制度，检查工作要从工程开工做起，直至竣工交验为止。

工程项目部每月检查应不少于四次。检查应依据国家、行业、地方和企业等有关规定，对施工现场的安全防护措施、环境保护措施、文明施工责任制以及各项管理制度等落实情况进行重点检查。

在检查中发现的一般安全隐患和违反文明施工的现象，要按“三定”(定人、定期限、定措施)原则予以整改；对各类重大安全隐患和严重违反文明施工的现象，项目部必须认真地进行原因分析，制订纠正和预防措施，并对实施情况进行跟踪检查。

5. 文明工地的评选

施工企业内部的文明工地评选，应参照有关文明工地检查评分标准以及本企业有关文明工地评选规定进行。参加省、市级文明工地的评选，应按照本行政区域内建设行政主管部门的有关规定，实行预申报与推荐相结合、定期检查与不定期抽查相结合的方式进行评选。

(1)申报文明工地的工程，应提交的书面资料包括以下内容：

①工程中标通知书；

②施工现场安全生产保证体系审核认证通过证书；

③安全标准化管理工地结构阶段复验合格审批单；

④文明工地推荐表；

⑤设区市建筑安全监督机构检查评分资料一式一份；

⑥省级建筑施工文明工地申报表一式两份；

⑦工程所在地建设行政主管部门规定的其他资料。

(2)在创建省级文明工地项目过程中，在建项目有下列情况之一的，取消省级文明工地评选资格。

①发生重大安全责任事故的。

②省、市建设行政主管部门随机抽查分数低于 70 分的。

③连续两次考评分数低于 85 分的。

④有违法违纪行为的。

五、安全标志的管理

1. 安全色与安全标志的规定

(1)安全色。安全色是传递安全信息含义的颜色，用来表示禁止、警告、指令、指示等，其作用在于使人们能迅速发现或分辨安全标志，提醒人们注意，预防事故发生。安全色包括红、蓝、黄、绿四种颜色。

①红色表示禁止、停止、消防和危险。

②蓝色表示指令必须遵守。

③黄色表示注意、警告。

④绿色表示通行、安全和提供信息。

(2)安全标志。安全标志是用以表达特定安全信息的标志，由图形符号、安全色、几何形状(边框)或文字构成。安全标志的作用，主要在于引起人们对不安全因素的注意，预防事故发生，但不能代替安全操作规程和防护措施。

安全标志分禁止标志、警告标志、指令标志和提示标志四大类型。

①禁止标志。与安全有关的禁止标志有：禁止明火作业、禁止用水灭火、禁止启动、禁止合闸、修理时禁止转动、运转时禁止加油、禁止触摸、禁止通行、禁止攀登、禁止入内、禁止靠近、禁止堆放、禁止架梯、禁止抛物、禁止戴手套、禁止穿化纤服装、禁止穿带钉鞋。常用的禁止标志见图 8-1。禁止标志的基本特征：图形为圆形、黑色，白色衬底，红色边框和斜杠。

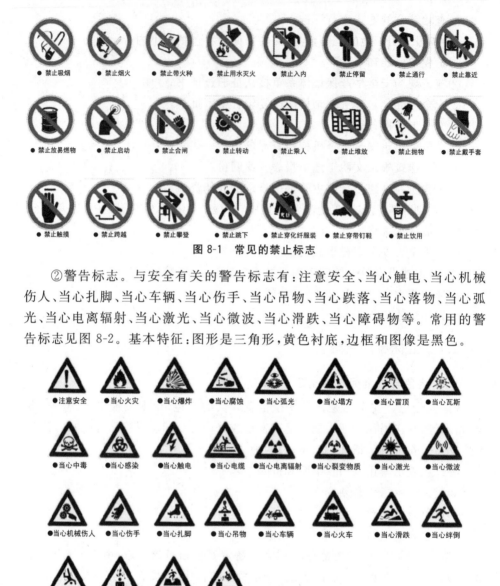

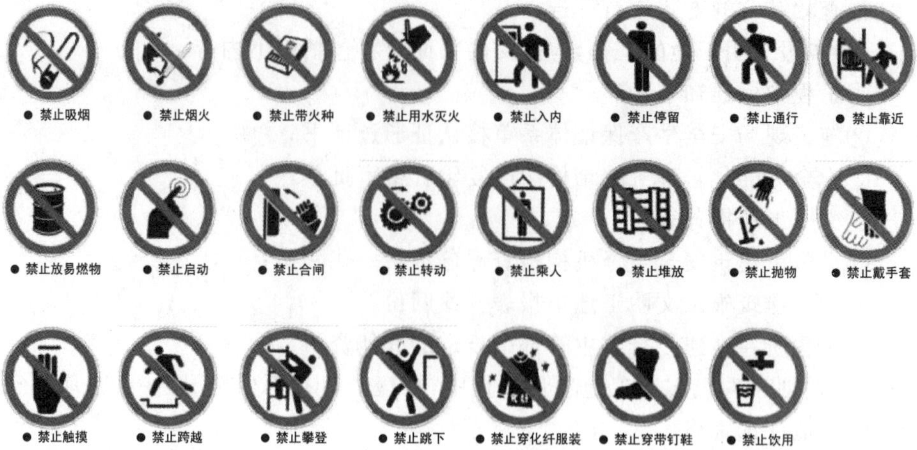

● 禁止吸烟
● 禁止烟火
● 禁止带火种
● 禁止用水灭火
● 禁止入内
● 禁止停留
● 禁止通行
● 禁止靠近
● 禁止放易燃物
● 禁止启动
● 禁止合闸
● 禁止转动
● 禁止乘人
● 禁止堆放
● 禁止抛物
● 禁止戴手套
● 禁止触摸
● 禁止跨越
● 禁止攀登
● 禁止跳下
● 禁止穿化纤服装
● 禁止穿带钉鞋
● 禁止饮用

图 8-1　常见的禁止标志

②警告标志。与安全有关的警告标志有：注意安全、当心触电、当心机械伤人、当心扎脚、当心车辆、当心伤手、当心吊物、当心跌落、当心落物、当心弧光、当心电离辐射、当心激光、当心微波、当心滑跌、当心障碍物等。常用的警告标志见图 8-2。基本特征：图形是三角形，黄色衬底，边框和图像是黑色。

●注意安全
●当心火灾
●当心爆炸
●当心腐蚀
●当心弧光
●当心塌方
●当心冒顶
●当心瓦斯
●当心中毒
●当心感染
●当心触电
●当心电缆
●当心电离辐射
●当心裂变物质
●当心激光
●当心微波
●当心机械伤人
●当心伤手
●当心扎脚
●当心吊物
●当心车辆
●当心火车
●当心滑跌
●当心绊倒
●当心坠落
●当心落榜
●当心坑洞
●当心烫伤

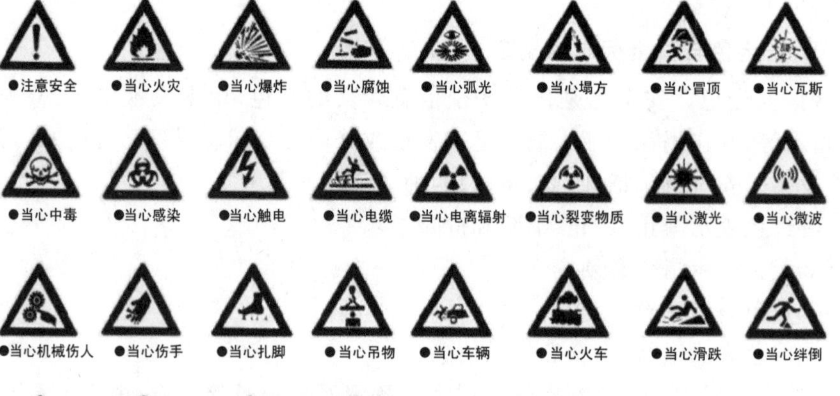

图 8-2　常见的警告标志

③指令标志。与安全有关的指令标志有：必须戴防护眼镜、必须戴防毒面具、必须戴防尘口罩、必须戴安全帽、必须戴防护帽、必须戴护耳器、必须戴防护手套、必须穿防护鞋、必须系安全带、必须穿工作服、必须穿防护服、必须用防护装置。常用的指令标志见图 8-3。指令标志的基本特征为圆形、蓝色衬底、图形是白色。

图 8-3　常见的指令标志

④提示标志。当安全标志本身不能够传递安全所需的全部信息时，用辅助标志给出附加的文字信息并且只能与安全标志同时使用。常用的提示标志见图 8-4。

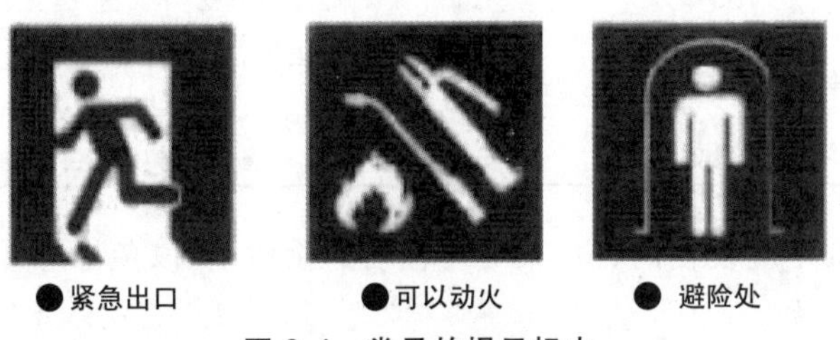

图 8-4　常见的提示标志

2. 安全标志的设置要求

(1)根据工程特点及施工不同阶段，有针对性的设置安全标志。

(2)必须使用国家或省市统一的安全标志，符合《安全标志及其使用守则》(GB 2894—2008)的规定。补充标志是安全标志的文字说明，必须与安全标志同时使用。

(3)各施工阶段的安全标志应是根据工程施工的具体情况进行增补或删减，其变动情况可在安全标志登记表中注明。

(4)标志牌应设在与安全有关的醒目地方，并使大家看见后，有足够的时间来注意它所表示的内容。

(5)施工现场安全标志的设置应按表8-3所示位置设置，并绘制安全标志设置位置平面图。

表8-3 施工现场安全标志的设置

类别		位置
禁止类(红色)	禁止吸烟	材料库房、成品库、油料堆放处、易燃易爆场所、材料场地、木工棚、施工现场、打字复印室
	禁止通行	外架拆除、坑、沟、洞、槽、吊钩下方、危险部位
	禁止攀登	外用电梯出口、通道口、马道出入口
	禁止跨越	首层外架四面、栏杆、未验收的外架
指令类(蓝色)	必须戴安全帽	外用电梯出入口、现场大门口、吊钩下方、危险部位、马道出入口、通道口、上下交叉作业
	必须系安全带	现场大门口、马道出入口、外用电梯出入口、高处作业场所、特种作业场所
	必须穿防护服	通道口、马道出入口、外用电梯出入口、电焊作业场所、油漆防水施工场所
	必须戴防护眼睛	马道出入口、外用电梯出入口、通道出入口、车工操作间、焊工操作场所、抹灰操作场所、机械喷漆场所、修理间、电镀车间、钢筋加工场所
警告类(黄色)	当心弧光	焊工操作场所
	当心塌方	坑下作业场所、土方开挖
	当心机械伤人	机械操作场所、电锯、电钻、电刨、钢筋加工现场、机械修理场所
提示类(绿色)	安全状态通行	安全通道、行人车辆通道、外架施工层防护、人行通道、防护棚

(6)标志牌不应设在门、窗、架等可移动的物体上，以免标志牌随母体物体相应移动，影响认读。

(7)标志牌应设置在明亮的环境中，牌前不得放置妨碍认读的障碍物。

(8)多个标志牌在一起设置时，应按警告、禁止、指令、提示类型的顺序，先左后右、先上后下地排列。

(9)标志牌设置的高度，应尽量与人眼的视线高度相一致。悬挂式和柱式的环境信息标志牌的下边缘距地面的高度不宜小于2m；局部信息标志的设置高度应视具体情况确定，一般为1.6～1.8m。

(10)安全标志牌应经常检查，至少每半年检查一次，如发现有破损、变形、褪色等不符合要求时应及时修整或更换。

第九章　建设工程职业健康安全资料管理

第一节　基 本 规 定

一、施工现场安全资料管理职责

1. 建设单位管理职责

(1)建设单位应当向施工单位提供施工现场及毗邻区域内的供水、排水、供电、供气、供热、通信、广播电视等地上和地下管线资料，气象和水文观测资料，毗邻建筑物和构筑物与地下工程的有关资料。

(2)在申请领取施工许可证时，负责提供建设工程有关安全施工措施的资料。

(3)建设单位应将施工现场安全资料的形成和积累纳入工程建设管理的各个环节，逐级建立健全工程施工现场安全资料岗位责任制，对施工现场安全资料的真实性、完整性和有效性负责。

(4)建设单位施工现场安全资料应随工程进度同步收集、整理，并保存到工程竣工。

(5)建设单位主管施工现场安全工作的负责人应负责本单位施工现场安全资料的全过程管理工作。施工过程中施工现场安全资料的收集和整理工作应有专人负责。

(6)监督、检查各参建单位工程施工现场安全资料的建立和积累。

(7)在编制工程概算时，应确定建设工程安全作业环境及文明安全施工措施所需费用，并负责统计费用支付的情况。

2. 监理单位管理职责

(1)监理单位应将施工现场安全资料的形成和积累纳入工程建设管理的各个环节，逐级建立健全工程施工现场安全资料岗位责任制，对施工现场安全资料的真实性、完整性和有效性负责。

(2)监理单位主管施工现场安全工作的负责人应负责本单位施工现场安全资料的全过程管理工作。施工过程中施工现场安全资料的收集和整理工作应有专人负责。

(3)监理单位施工现场安全资料应随工程进度同步收集、整理,并保存到工程竣工。

(4)对工程施工现场安全资料的形成、积累、组卷进行监督和检查。

(5)对施工单位报送的施工现场安全资料进行审核,并予以签认。

(6)负责监理单位施工现场安全资料的收集、整理、保存等管理工作。

3. 施工单位管理职责

(1)负责施工单位施工现场安全资料的收集、整理、保存等管理工作。

(2)施工单位应将施工现场安全资料的形成和积累纳入工程建设管理的各个环节,逐级建立健全工程施工现场安全资料岗位责任制,对施工现场安全资料的真实性、完整性和有效性负责。

(3)总包单位督促检查各分包单位编制施工现场安全资料。分包单位负责其分包范围内施工现场安全资料的编制、收集和整理,向总包单位提供备案。

(4)施工单位施工现场安全资料应随工程进度同步收集、整理,并保存到工程竣工。

(5)主管施工现场安全工作的负责人应负责本单位施工现场安全资料的全过程管理工作。施工过程中施工现场安全资料的收集和整理工作应有专人负责。

二、施工现场安全资料组卷要求

1. 质量要求

(1)施工现场安全资料的收集、整理应随工程进度同步进行,应真实反映工程的实际情况。

(2)施工现场安全资料应保证字迹清晰,不乱涂乱改,不缺页或无破损。签字、盖章手续齐全。计算机形成的工程资料应采用内容打印、手写签名的方式。

(3)施工现场安全资料组卷时应使用原件,因各种原因不能使用原件的,应在复印件上加盖原件存放单位公章,注明原件存放处,并有经办人签字及时间。

(4)资料表格中各类名称、单位等应采用全称,不宜使用简称,资料表格应填写完整。

(5)施工现场安全资料应采用活页的形式,组卷时可以根据实际情况分册装订。

2. 组卷原则

(1)施工现场安全资料必须按相关标准规范的具体要求进行组卷。

(2)卷内资料排列顺序依次为封面、目录、资料部分和封底。也可根据卷内资料构成具体确定。组成的案卷应美观、整齐。

(3)案卷页号的编写应以独立卷为单位,在案卷内资料材料排列顺序确定后,对有书写内容的页面进行页号编写。每卷应从阿拉伯数字"1"开始,用打号机或钢笔依次逐页连续标注页号。

(4)可根据卷内资料分类进行分册,但是各分册资料材料的顺序编号应在本卷内连续编排。

(5)案卷封面要包括卷名、案卷题名、编制单位、安全主管、编制日期、第×册共×册等。

(6)卷内资料、封面、目录、备考表等,应统一采用 A4 幅尺寸(297mm×210mm),大于 A4 幅面的资料应折叠(297mm×210mm),小于 A4 幅面的资料应用 A4 白纸衬托。

第二节　施工现场安全资料

一、施工现场安全资料的分类

建设工程施工现场安全资料,可分为安全生产保证体系文件和安全记录两大类,是建设单位、监理单位和施工单位,对建设工程施工项目进行规范化、标准化、制度化管理过程中所形成的文件资料和工作记录,施工现场安全资料既是相关单位对工程项目安全管理采取的一种有效手段,又是各单位对工程项目安全管理的工作体现。

1. 安全生产保证体系文件

(1)施工现场安全生产保证计划,如项目工程安全生产保证计划等。

(2)项目工程施工组织设计,如项目工程施工现场安全施工组织设计、施工现场临时用电施工组织设计等。

(3)分部分项工程专项施工方案,如基坑支护施工方案、土方开挖施工方案、模板施工专项技术措施等。

(4)各类程序文件,如分包控制程序、文件控制程序等。

(5)各类安全管理制度,如安全教育培训制度、安全检查验收制度、安全事故管理制度等。

(6)各类安全生产作业指导书,如各施工机械或各岗位工种安全操作规程、各类应急预案等。

2. 安全记录

(1)与策划活动有关的记录,如现场危险源及不利环境因素辨识与评价记录、安全技术文件审批记录等。

(2)与实施活动有关的记录,如各类安全技术交底记录、班前讲话记录等。

(3)与检查活动有关的记录,如施工现场安全检查评分记录等。

(4)与改进活动有关的记录,如事故隐患整改记录等。

二、施工单位施工现场安全资料

1. 工程项目施工现场安全管理资料

(1)工程概况表

《工程概况表》是对工程基本情况的简要描述,应包括工程的基本信息、相关单位情况和主要安全管理人员情况。

(2)项目重大危险源控制措施

项目经理部应根据项目施工特点,对作业过程中可能出现的重大危险源进行识别和评价,确定重大危险源控制措施,并按要求进行记录,每张表格只能记录一种危险源。

(3)项目重大危险源识别汇总表

项目经理部应依据项目重大危险源控制措施的内容,对施工现场存在的重大危险源进行汇总,按要求逐项填写,并由项目技术负责人批准发布。

(4)危险性较大的分部分项工程专家论证表和危险性较大的分部分项工程汇总表

按照国务院建设行政主管部门或其他部门规定,必须编制专项施工方案的危险性较大的分部分项工程和其他必须经过专家论证的危险性较大的分部分项工程,项目经理部应进行记录。对应当组织专家组进行论证审查的工程,项目经理部必须组织不少于5人的专家组,对安全专项施工方案进行论证审查。专家组应提出书面论证审查报告,并作为安全专项施工方案的附件。两份表格经项目监理部确认、项目经理部盖章后,报项目所在地区(县)建委安全监督机构。

(5)施工现场检查表

项目经理部和项目监理部每月至少两次对施工现场安全生产状况进行联合检查,检查内容应按照施工现场检查表的要求进行,对安全管理、生活区管理、现场料具管理、环境保护、脚手架、安全防护、施工用电、塔吊和起重吊装、机械安全、保卫消防等10项内容进行评价。对所发现的问题在表中应有记录,并履行整改复查手续。

(6)项目经理部安全生产责任制

项目经理部对各级管理人员、分包单位负责人、施工作业人员及各职能部门均应明确相应的安全生产责任,保障施工人员在作业中的安全和健康。

(7)项目经理部安全管理机构设置

项目经理部应成立由项目经理负责的安全生产领导机构，并按照有关文件要求，根据施工规模配备相应的专职安全管理人员或成立安全生产管理机构，并形成项目正式文件记录。

(8)项目经理部安全生产管理制度

项目经理部应依据现场实际情况制定各项安全管理制度，明确各项管理要求，落实各级安全责任。

(9)总分包安全管理协议书

总包单位不得将工程分包给不具备相应资质等级和没有安全生产许可证的企业，并应与分包单位签订安全生产管理协议书，明确双方的安全管理责任，分包单位的资质等级证书、安全生产许可证等相关证照的复印件应作为协议附件存档。

(10)施工组织设计、各类专项安全技术方案和冬雨季施工方案

施工组织设计应在正式施工前编制完成，对危险性较大的分部分项工程应制定专项安全技术方案，对冬季、雨季的特殊施工季节，应编制具有针对性的施工方案，并须履行相应的审核、审批手续。

(11)安全技术交底汇总表

工程项目应将各项安全技术交底按照作业内容汇总，并按照要求填写安全技术交底汇总表，以备查验。

(12)作业人员安全教育记录表

项目经理部对新入场、转场及变换工种的施工人员必须进行安全教育，经考试合格后方准上网作业；同时应对施工人员每年至少进行两次安全生产培训，并对被教育人员、教育内容、教育时间等基本情况进行记录。

(13)安全资金投入记录

应在工程开工前制定安全资金投入计划，并以月度为单位对项目安全资金使用情况进行记录。

(14)施工现场安全事故登记表

凡发生安全生产事故的工程，应按要求进行记载。事故原因及责任分析应从技术和管理两方面加以分析，明确事故责任。

(15)特种作业人员登记表

电工、焊(割)工、架子工、起重机械作业(包括司机、信号指挥等)、场内机动车驾驶等特种作业人员，应按照规定经过专门的安全教育培训，并取得特种作业操作证后，方可上岗作业。特种作业人员上岗前，项目经理部应审查特种作业人员的上岗证，核对资格证原件后在复印件上盖章并由项目部存档，并将情况汇总

填入特种作业人员登记表，报项目监理部复核批准。

(16)地上、地下管线保护措施验收记录表

地上和地下管线保护措施方案应在槽、坑、沟土方开挖前编制，地上、地下管线保护措施完成后，由工程项目技术负责人组织相关人员进行验收，并填写地上、地下管线保护措施验收记录表，报项目监理部核查，项目监理部应签署书面意见。

(17)安全防护用品合格证及检测资料

项目经理部对采购和租赁的安全防护用品及涉及施工现场安全的重要物资，包括脚手架钢管、扣件、安全网、安全带、安全帽、灭火器、消火栓、消防水带、漏电保护器、空气开关、施工用电电缆、配电箱等，应认真审核生产许可证、产品合格证、检测报告等相关文件，并予以存档。

(18)生产安全事故应急预案

项目经理部应当编制生产安全事故应急预案，成立应急救援组织，配备必要的应急救援器材和物资。定期组织演练，并对全体施工人员进行培训。

(19)安全标识

对施工现场各类安全标识的采购、发放、使用情况应进行登记，绘制施工现场安全标识布置平面图，有效控制安全标识的使用。

(20)违章处理记录

对施工现场的违章作业、违章指挥及处理情况进行记录，建立违章处理记录台账。

2. 工程项目生活区资料

(1)现场、生活区卫生设施布置图

现场和生活区卫生设施布置图应明确各个区域、设施及卫生责任人。

(2)办公室、生活区、食堂等各项卫生管理制度

办公区、生活区、食堂等各类场所应制定相应的卫生管理制度。

(3)应急药品、器材的登记及使用记录

应配备必要的急救药品和器材，并对药品、器材的使用情况进行登记。

(4)项目急性职业中毒应急预案

必须编制急性中毒应急预案，发生中毒事故时，应能有效启动。

(5)食堂及炊事人员的证件

施工现场设置食堂时，必须办理卫生许可证和炊事人员的健康合格证，并将相关证件在食堂明示，复印件存档备案。

3. 工程项目现场、料具资料

(1)居民来访记录

施工现场应设置居民来访接待室，对居民来访内容进行登记，并记录处理

结果。

(2)各阶段现场存放材料堆放平面图及责任划分

施工现场应绘制材料堆放平面图，现场内各种材料应按照平面图统一布置，明确各责任区的划分，确定责任人。

(3)材料保存、保管制度

应根据各种材料特性建立材料保存、保管制度和措施，制定材料领取、使用的各项制度。

(4)成品保护措施

应制定施工现场各类成品、半成品的保护措施，并将措施落实到相关管理和作业人员。

(5)现场各种垃圾存放、消纳管理资料

项目经理部应对垃圾、建筑渣土运输和处理单位的相关资料进行备案。

4. 工程项目环境保护资料

(1)项目环境管理方案

应根据项目施工特点，对作业过程中可能出现的环境危害因素进行识别和评价，确定环境污染控制措施，编制项目环境保护管理措施。

(2)环境保护管理机构及职责划分

应成立由项目经理负责的环境保护管理机构，制定相关责任制度，明确责任人。

(3)施工噪声监测记录

施工现场作业过程中，各类设备产生的噪声在场界边缘应符合国家有关标准，项目经理部应定期在施工场地边界对噪声进行监测，并将结果记入施工噪声监测记录表。

5. 工程项目脚手架资料

(1)脚手架、卸料平台和支撑体系设计及施工方案

落地式钢管扣件式脚手架、工具式脚手架、卸料平台及支撑体系等应在施工前编制相应专项施工方案。

(2)钢管扣件式支撑体系验收表

水平混凝土构件模板或钢结构安装使用的钢管扣件式支撑体系搭设完成后，工程项目部应依据相关规范、施工组织设计、施工方案及相关技术交底文件，由总承包单位项目技术负责人组织相关部门和搭设、使用单位进行验收，填写《钢管扣件式支撑体系验收表》，项目监理部对验收资料及实物进行检查并签署意见。其他结构形式的支撑体系也应参照此表根据施工方案及有关规定进行验收。

(3)落地式(或悬挑)脚手架搭设验收表

落地式(或悬挑)脚手架应根据实际情况分段、分部位,由工程项目技术负责人组织相关单位验收。六级以上大风及大雨后、停用超过一个月后均要进行相应的检查验收检查,相关单位参加。每次验收项目监理部对验收资料及实物进行检查并签署意见,合格后方可使用。

(4)工具式脚手架安装验收表

外挂脚手架、吊篮脚手架、附着式升降脚手架、卸料平台等搭设完成后,应由工程项目技术负责人组织有关单位进行验收,合格后方可使用,验收时可根据进度分段、分部位进行。每次验收时项目监理部对验收资料及实物进行检查并签署意见。

6. 工程项目安全防护资料

(1)基坑、土方及护坡方案,模板施工方案

基坑、土方、护坡和模板施工,必须按有关规定做到有方案、有审批。

(2)基坑支护验收表

基坑支护完成后施工单位应组织相关单位按照设计文件、施工组织设计、施工专项方案及相关规范进行验收,并登记。

(3)基坑支护沉降观测记录、基坑支护水平位移观测记录表

总承包单位和专业承包单位应按有关规定对支护结构进行监测,并按要求进行记录,项目监理部对监测的程序进行审核并签署意见。如发现监测数据异常的,应立即督促项目经理部采取必要的措施。

(4)人工挖孔桩防护检查表

项目经理部应每天对人工挖孔桩作业进行安全检查,项目监理部对检查表及实物进行检查并签署意见。

(5)特殊部位气体检测记录

对人工挖孔和密闭空间施工,应在每班作业前进行气体检测,确保施工人员安全,并将检测结果记录到特殊部位气体检测记录表。

7. 工程项目施工用电资料

(1)临时用电施工组织设计及变更资料

临时用电设备在5台及5台以上或设备总容量在50kW或50kW以上者,均应编制临时用电施工组织设计,并按照《施工现场临时用电安全技术规范》(JGJ 46—2012)的要求进行相关审核、审批手续。

(2)施工现场临时用电验收表

施工现场临时用电工程必须由总包单位组织验收,合格后方可使用,验收时可根据施工进度分项、分回路进行,并填写施工现场临时用电验收表。项目监理

部对验收资料及实物进行检查并签署意见。

(3)总、分包临电安全管理协议

总包单位、分包单位必须订立临时用电管理协议，明确各方相关责任，协议必须履行签字、盖章手续。

(4)电气设备测试、调试记录

电气设备的测试、检验凭单和调试记录应由设备生产者或专业维修者提供，项目经理部应将相关技术资料存档。

(5)电气线路绝缘强度测试记录

主要包括临时用电动力、照明线路及其他必须进行的绝缘电阻测试，工程项目应将测量结果按系统回路填入电气线路绝缘强度测试记录表后，报项目监理部审核。

(6)临时用电接地电阻测试记录表

主要包括临时用电系统和设备的重复接地、防雷接地、保护接地，以及设计有要求的接地电阻测试，工程项目应将测量结果填入临时用电接地电阻测试记录表后，报项目监理部审核。

(7)电工巡检维修记录

施工现场电工应按有关要求进行巡检维修，并由值班电工每日填写，每月送交项目安全管理部门存档。

8. 工程项目塔式起重机、起重吊装资料

(1)塔式起重机租赁、使用、拆装的管理资料

对施工现场租赁的塔式起重机，出租和承租双方应签订租赁合同，并签订安全管理协议书，明确双方责任和义务。委托安装单位拆装塔式起重机时，还应签订拆装合同。塔式起重机的拆装单位资质和相关人员的资格证等材料，及设备统一编号、检测报告等，应一并存档。

(2)塔式起重机拆装统一检查验收表格

塔式起重机安装过程中，安装单位或施工单位应根据施工进度分别认真填写有关内容。塔式起重机安装完毕后，应当由施工总承包单位、分包单位、出租单位和安装单位，共同进行验收。塔式起重机每次顶升、锚固时，均应填写记录。

塔式起重机安装验收完毕，在使用前，还应当经有相应资质的检验检测机构检测，检测合格后，总承包单位应按照要求报项目监理部。

塔式起重机拆卸时，拆装单位应填写记录。

(3)起重机械拆装方案及群塔作业方案、起重吊装作业的专项施工方案

塔式起重机安装与拆除、起重吊装作业等必须编制专项施工方案，涉及群塔(2 台及 2 台以上)作业时必须制定相应的方案和措施。群塔作业时，总承包单

位应根据方案要求，合理布置塔式起重机的位置，确保各相邻塔式起重机之间的安全距离，并绘制平面布置图。

(4)对塔机组和信号工安全技术交底

塔式起重机使用前，总承包单位与机械出租单位应共同对塔机组人员和信号工进行联合安全技术交底，就塔式起重机性能、安全使用及施工现场注意事项等内容对相关人员做出安全技术交底，并做好记录。

(5)施工起重机械运行记录

塔式起重机、施工电梯、移动式起重机及物料提升机等起重机械操作人员，应在每班作业后填写施工起重机械运行记录，运行中如发现设备有异常情况，应立即停机检查报修，排除故障后方可继续运行，同时将情况填入记录。起重机械运行记录每本填写完后送交设备产权单位存档。

9. 工程项目机械安全资料

(1)机械租赁合同、出租、承租双方安全管理协议书

对施工现场租赁的机械设备，出租和承租双方应签订租赁合同和安全管理协议书，明确双方责任和义务。

(2)物料提升机、施工升降机、电动吊篮拆装方案

施工现场物料提升机、施工升降机、电动吊篮安装前，应编制设备的安装、拆除方案，经审核、审批后方可进行安装与拆卸工作。

(3)施工升降机拆装统一检查验收表格

施工升降机安装过程中，安装单位或施工单位应根据施工进度分别填写有关内容。施工升降机安装完毕后，应当由施工总承包单位、分包单位、出租单位和安装单位共同进行验收，验收合格后方可使用。施工升降机每次接高时，均应填写记录。

施工升降机拆卸时，拆装单位应填写记录。

(4)施工机械(电动吊篮)检查验收表

电动吊篮安装完成后，应由项目经理部组织分包单位、安装单位、出租单位相关人员对设备进行安装验收，并填写记录表。

(5)施工机械检查验收表

施工现场各类机械进场安装或组装完毕后，项目经理部应按照要求组织相关单位进行验收，并将相关资料报送项目监理部。

(6)机械设备检查维修保养记录

项目经理部应建立机械设备的检查、维修和保养制度，编制设备保修计划。对设备的检查维修保养情况应有文字记录。

10. 工程项目保卫消防资料

(1)施工现场消防重点部位登记表

项目经理部应根据防火制度要求对施工现场消防重点部位进行登记。

(2)保卫消防设备平面图

保卫消防设施和器材平面图,应明示现场各类消防设施、器材的布置位置和数量。

(3)现场保卫消防制度、方案、预案

项目经理部应制定施工现场的保卫消防制度,现场保卫消防管理方案,重大事件、重大节日管理方案,现场火灾应急救援预案等相关技术文件,并将文件对相关人员进行交底。

(4)现场保卫消防协议

建设单位与总包单位、总包单位与分包单位,都必须签订现场保卫消防协议,明确各方相关责任,协议必须履行签字、盖章手续。

(5)现场保卫消防组织机构及活动记录

施工现场应设立保卫消防组织机构,成立义务消防队。定期组织教育培训和消防演练,各项活动应有文字和图片记录。

(6)施工项目消防审批手续

项目经理部应将消防安全许可证存档,以备查验。

(7)施工用保温材料产品检测及验收资料

施工现场使用的施工用保温材料、密目式安全网、水平安全网等材料应为阻燃产品,进场有相关验收手续,其产品资料、检测报告等技术文件项目经理部应予存档保管。

(8)消防设施和器材的验收、维修记录

施工现场各类消防设施、器材的生产单位应具有公安部门颁发的生产许可证,各类设施、器材的相关技术资料项目经理部应进行存档。项目经理部应定期对消防设施、器材检查,按使用年限及时更换、补充、维修,验收、维修等工作应有文字记录。

(9)防水施工现场安全措施及交底记录

施工现场防水作业施工时,应制定相关的防中毒、防火灾的安全防范技术措施,并对所有参与防水作业的施工人员进行书面交底,所有被交底人必须履行签字手续。

(10)警卫人员值班、巡查工作记录

施工现场警卫人员应在每班作业后填写警卫人员值班、巡查工作记录,对当班期间主要事项进行登记。

(11)用火作业审批表

作业人员每次用火作业前，必须到项目经理部办理用火申请，并按要求填写用火作业审批表，经项目经理部主管部门审批同意后方可用火作业。

11. **其他资料**

(1)安全技术交底表

分部分项工程施工前及有特殊风险的作业前，应对施工作业人员进行书面安全技术交底，其内容应按照施工方案的要求，讲明操作者的安全注意事项，保证操作者的人身安全并按分部分项工程和针对作业条件的变化具体进行。项目经理部应将安全技术交底按照交底内容分类存档。

(2)应知应会考核表登记及试卷

施工现场各类管理人员、作业人员，必须对其所从事工作安全生产知识进行必要的培训教育，考核合格后方可上岗，项目经理部应将考核情况造表登记，并按照考核内容分类存档。

(3)施工现场安全日志

施工现场安全日志应由专职安全管理人员按照日常检查情况逐日记载，单独组卷，其内容应包括每日检查内容和安全隐患的处理情况。

(4)班组班前讲话记录

各作业班组长于每班工作开始前，必须对本班组全体人员进行班前安全活动交底，其内容应包括：本班组安全生产须知和个人应承担的责任；本班组作业中的危险点和采取的措施。

(5)工程项目安全检查隐患整改记录

工程项目安全检查人员在检查过程中，针对存在的安全隐患应填写工程项目安全检查隐患整改记录。其中应包括检查内容及安全隐患，整改要求与整改后的复查情况等内容，并履行签字手续。